咖啡风味化学

Coffee Flavor Chemistry

曾凡逵　欧仕益　著

暨南大學出版社
JINAN UNIVERSITY PRESS

中国·广州

图书在版编目（CIP）数据

咖啡风味化学/曾凡逵，欧仕益著．—广州：暨南大学出版社，2014.10
ISBN 978－7－5668－1071－7

Ⅰ.①咖…　Ⅱ.①曾…　②欧…　Ⅲ.①咖啡—食品风味—化学—普及读物　Ⅳ.①TS273－49

中国版本图书馆 CIP 数据核字(2014)第 143409 号

出版发行：暨南大学出版社

地　址：中国广州暨南大学
电　话：总编室（8620）85221601
营销部（8620）85225284　85228291　85228292（邮购）
传　真：（8620）85221583（办公室）　85223774（营销部）
邮　编：510630
网　址：http：//www.jnupress.com　http：//press.jnu.edu.cn

排　版：广州市天河星辰文化发展部照排中心
印　刷：湛江日报社印刷厂

开　本：787mm×1092mm　1/16
印　张：18.25
字　数：410 千
版　次：2014 年 10 月第 1 版
印　次：2014 年 10 月第 1 次

定　价：39.80 元

序

咖啡是世界三大饮料作物（咖啡、茶叶、可可）之一，其产量、产值和消费量均居三大饮料作物之首，在国际贸易中，咖啡是继石油之后的第二大原料产品。近几年，包括我国在内的亚太地区，咖啡消费量每年以20%的速度增长，中国有望成为继美国之后的第二大咖啡消费国。国外对中国的茶叶比较了解，但对中国的咖啡知之甚少。2012年，中国云南省的咖啡种植面积达到了100万亩，主要分布于保山、德宏、普洱和临沧等地区。中国咖啡品质高，非常受咖啡加工企业的青睐。

咖啡有三大原生种，即阿拉比卡咖啡、罗伯斯塔咖啡和利比里亚咖啡。这三种咖啡在我国分别俗称小粒种咖啡、中粒种咖啡和大粒种咖啡，只有小粒种咖啡和中粒种咖啡有食用价值。小粒种咖啡一般在高海拔地区栽培（如我国的云南咖啡）。中粒种咖啡一般在低海拔地区栽培（如我国的海南咖啡）。小粒种咖啡可以单独饮用，而中粒种咖啡一般须与小粒种咖啡混合才能饮用。另外还有一种叫阿拉巴斯塔的咖啡，这种咖啡是阿拉比卡咖啡和罗伯斯塔咖啡的杂交品种，一般只是在研究文献中有报道。

咖啡风味化学的研究已经有200多年历史，研究者一直致力于咖啡风味物质的分离和鉴定，目前报道的咖啡风味物质已超过1 000种。生咖啡豆里含有一些挥发性风味物质，但咖啡饮料中大部分挥发性风味物质都是由生咖啡豆含有的风味前体物质在焙炒过程中发生复杂反应而产生的，特别是噻吩类化合物、噁唑类化合物和噻唑类化合物在生咖啡豆中是没有的，仅存在于焙炒咖啡的挥发性香气成分中。

作者详细阐述了咖啡风味化学的研究历史、发展现状、研究方法等相关内容；还介绍了世界著名产地咖啡——蓝山咖啡，特殊焙炒方式咖啡（焙炒过程添加蔗糖，西班牙、法国、葡萄牙、哥斯达黎加和阿根廷称之为“Torrefacto roasted coffee”），猫屎咖啡（经麝香猫消化系统发酵）等特殊品种咖啡的风味特征；此外还详细介绍了基于16－O－甲基咖啡醇检测高品质阿拉比卡咖啡中掺兑劣质罗伯斯塔咖啡的分析方法。

本书是一本非常有价值的食品风味化学专著。

中国工程院院士 薛群基

2014年5月

前 言

瑞士联邦理工学院的 Baggenstoss 博士在他毕业论文的前言中谈到，人们爱喝咖啡并不是因为咖啡具有多么好的营养价值或潜在的保健功能，而是因为咖啡除了有那么一点兴奋作用以外，其风味也比较独特。

18 世纪末，国外开始对咖啡风味进行研究。1956 年出现气相色谱以后，对咖啡风味的研究突飞猛进。目前，研究者在生咖啡豆中发现了 300 多种风味物质，在焙炒咖啡中发现了 850 多种风味物质。焙炒过程中超过 500 种风味物质是通过 Strecker 反应和 Maillard 反应产生的。随着仪器分析技术的进步，更多微量的风味物质将会被发现。

目前发现的咖啡风味物质包括烃类、醇类、醛类、酮类、酸类、酯类、内酯类、酚类、呋喃和吡喃类、噻吩类、吡咯类、噁唑类、噻唑类、吡啶类、吡嗪类、含氮类和含硫类化合物。在众多风味物质当中，焙炒咖啡的特征性风味物质一般认为只有 28 种：具有甜味/焦糖味的异丁醛、2－甲基丁醛、异戊醛、2，3－丁二酮、2，3－戊二酮、4－羟基－2，5－二甲基－3（2H）－呋喃酮、5－乙基－4－羟基－2－甲基－3（2H）－呋喃酮、香兰素，具有泥土气味的 2－乙基－3，5－二甲基吡嗪、2－乙烯基－3，5－二甲基吡嗪、2，3－二乙基－5－甲基吡嗪、2－乙烯基－3－乙基－5－甲基吡嗪、2－甲氧基－3－异丁基吡嗪，具有硫黄/焙炒气味的 2－糠基硫醇、2－甲基－3－呋喃硫醇、3－甲硫基丙醛、3－巯基－3－甲基－1－甲酸丁酯、3－甲基－2－丁烯－1－硫醇、甲硫醇、二甲基三硫化物，具有烟熏/酚类香味的愈创木酚、4－乙基愈创木酚、4－乙烯基愈创木酚、乙醛、丙醛、（E）－β－大马酮和具有辛辣味的 3－羟基－4，5－二甲基－2（5H）－呋喃酮、3－羟基－4－甲基－5－乙基－2（5H）－呋喃酮。这 28 种特征性风味物质是区分咖啡产地与品质的重要依据。咖啡品质的好与坏，不仅要看是否含有这 28 种特征性风味物质，还要考虑这 28 种风味物质的平衡。另外，16－O－甲基咖啡醇是检测高档阿拉比卡咖啡是否混杂低档罗伯斯塔咖啡的理想特征性风味物质，阿拉比卡咖啡不含该物质，该物质可以通过液相色谱来进行检测。罗伯斯塔咖啡具有泥土发霉气味是由于含有 2－甲基异莰醇，这种物质的嗅觉阈值非常低，罗伯斯塔咖啡中 2－甲基异莰醇的含量至少比阿拉比卡咖啡中的含量高 3 倍。

本书在参阅大量国内外咖啡方面的专著、学位论文、期刊论文、专利等文献的基础上，结合作者在咖啡方面的研究工作，经过多年的精心准备、筹划，在暨南大学出版社的大力支持下得以出版。本书由中国科学院兰州化学物理研究所曾凡逵副研究员和暨南大学理工学院食品科学与工程系欧仕益教授共同完成。全书最终由曾凡逵进行统稿、校正。

感谢就职单位领导、同仁为本书出版提供的支持与鼓励，衷心感谢暨南大学出版社对本书出版给予的关心与支持。

2014 年 5 月

于中国科学院兰州化学物理研究所

目　录

第一章
绪 论

第一节 咖啡简介

一、咖啡带

咖啡是茜草科（Rubiaceae）咖啡属（Coffea）多年生常绿灌木或小乔木，原产于非洲中北部，现已广泛种植于亚洲、非洲、拉丁美洲、大洋洲等热带、亚热带地区。种植咖啡的国家和地区多达76个，主要分布在南、北回归线之间，少数可以延伸到南北纬26°的亚热带地区。这一咖啡栽培区称为“咖啡带”（图1－1）。

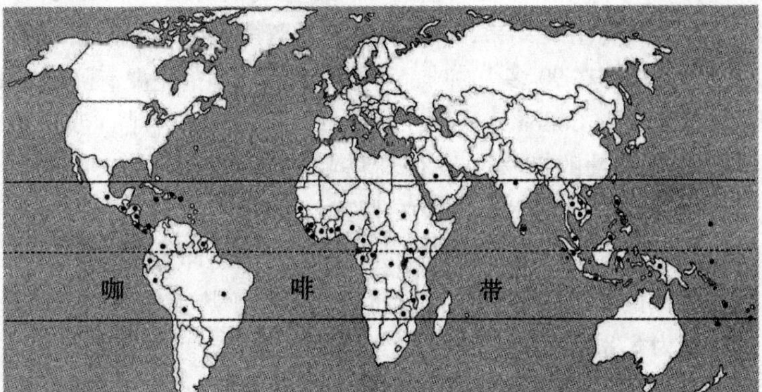

图1－1 世界咖啡产地分布示意图

二、咖啡豆

咖啡种类较多，有90多个品种。由于品种不同，咖啡树可以长到3～12 m高，通常将咖啡树修剪成2～2.5 m的高度以便采摘咖啡果实（主要靠密植增产）。咖啡叶呈卵形，花白色，果实直径约为1.5 cm。咖啡的果实（浆果）如图1－2所示，外皮呈绿色，成熟后变成红紫色或深红色；外皮包裹着具有甜味的中果皮（或者叫果肉）和坚硬的咖啡豆；咖啡豆由两个椭圆形的半球组成；这两个半球由一层非常结实的纤维状内果皮分开。有些咖啡豆（10% ~15%）只由一个球形的胚乳组成。人们通常所说的咖啡豆是指将深红色咖啡果实的外果皮和银皮（种皮）完全去除以后的核果。

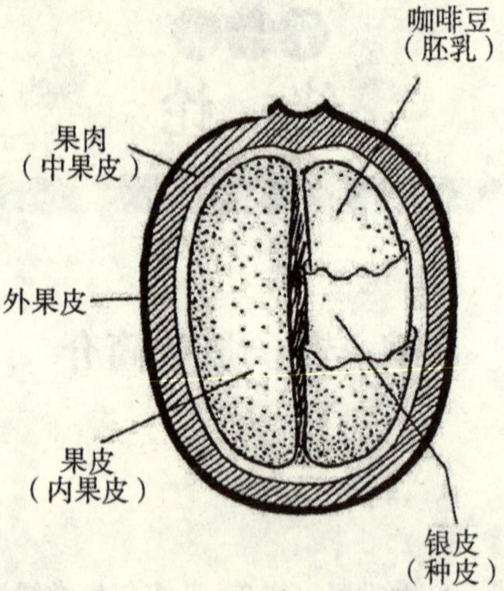

图 1 -2　咖啡果的纵切面示意图

三、咖啡栽培

咖啡树通常种植在热带高海拔地区（600 ~1 200 m），年平均温度为 15 ℃ ~25 ℃。新种植的咖啡树经过 3 ~4 年才开花结果，6 年后达到盛产期，可连续挂果 40 年，通常在挂果第10 ~15 年咖啡产量最大。在 90 多个咖啡品种中，栽培较多的主要有阿拉比卡咖啡（Coffea Arabica）和罗伯斯塔咖啡（Coffea Robusta）。其中，阿拉比卡咖啡（我国俗称“小粒种咖啡”）约占世界咖啡总产量的 75%；罗伯斯塔咖啡（我国俗称“中粒种咖啡”）约占 25%；利比里亚咖啡（我国俗称“大粒种咖啡”）和其他所有品种之和占比低于 1%。

较大规模栽培咖啡是从 15 世纪开始的，如斯里兰卡、印度尼西亚、巴西等地区；18 世纪后，咖啡已广泛种植于非洲、美洲、亚洲的热带和亚热带地区。据统计，2013 年度，世界生咖啡豆总产量为 878. 0 万吨，其中产量最大的四个国家分别为巴西（322. 2 万吨）、越南（148. 8 万吨）、印度尼西亚（55. 2 万吨）和哥伦比亚（54. 0 万吨）（表 1 -1）。

世界主要的咖啡产地有巴西、越南、哥伦比亚、印度尼西亚、墨西哥、印度和埃塞俄比亚等。其中巴西是世界第一大咖啡生产国，平均年产量约为 132 万吨，其中巴拉那州（Parana）、圣保罗州（Sao Paulo）、米纳斯吉拉斯州（Minas Gerais）和圣埃斯皮里图州（Espirito Santo）的产量最大，约占全国总产量的 98%。巴西咖啡大多是低酸度咖啡，口感柔滑。哥伦比亚是世界第二大咖啡生产国，平均年产量约为 78 万吨，主要种植阿拉比卡咖啡。该国咖啡生产地区主要位于安第斯（Andes）山麓。此地有三条科迪勒拉山脉（Cordilleras）南北向纵贯，正好伸向安第斯山。沿着这些山脉的高地种植咖啡，不同时期不同种类的咖啡豆相继成熟，整年都可收获咖啡豆。哥伦比亚是世界上最大的阿拉比卡咖啡豆出口国，也是世界上最大的水洗咖啡豆（washed beans）出口国。哥伦比亚咖啡分为顶级（Supremo）、优秀（Excelso）和极品（Unusual Good Quality，UGQ）三个等级。其中，优秀等级中的克洛斯（Klauss）咖啡出口到德国，欧罗巴（Europa）咖啡出口到北欧国家。在哥伦比亚的多数咖啡店都能买到优秀等级的咖啡和顶级咖啡，二者的专业规定区别为：顶级咖啡所用的咖啡豆较大，其原料取自新收获的咖啡豆，这样更容易保证产品的质量；优秀等级咖啡通常比顶级咖啡口感柔和，酸度也略高。二者均属于芳香型咖啡，颗粒适中、果实优良。哥伦比亚咖啡经常被描述为具有丝一般柔滑的口感。在所有的咖啡中，哥伦比亚咖啡均衡度最好，口味绵软柔滑，可随时饮用。

表 1－1　2008—2013 年全球咖啡产量统计　　单位：千包（60 千克/包）

	2008	2009	2010	2011	2012	2013
巴西	53 300	44 800	54 500	49 200	56 100	53 700
越南	16 980	18 500	19 415	26 000	24 950	24 800
印尼	10 000	10 500	9 325	8 300	10 500	9 200
哥伦比亚	8 664	8 100	8 525	7 655	9 000	9 000
埃塞俄比亚	5 500	6 000	6 125	6 320	6 325	6 350
印度	4 375	4 825	5 035	5 230	5 250	5 200
洪都拉斯	3 225	3 550	3 975	5 600	4 600	5 000
墨西哥	4 550	4 150	4 000	4 300	4 300	3 800
秘鲁	4 000	3 300	4 100	5 200	4 300	4100
危地马拉	3 980	4 010	3 960	4 410	4 210	3 885
其他	21 665	20 756	21 487	21 583	21 176	21 290
总计	136 239	128 491	140 447	143 798	150 711	146 325

咖啡的产地、生长纬度、海拔高度和小气候等都显著影响咖啡的生化成分，并最终影响咖啡风味。

四、咖啡消费

咖啡与可可、茶被称为世界三大饮料。咖啡产品在美国最受欢迎，销量最大，其次是德国、法国和日本。全世界喝咖啡的人数已超过 15 亿，每年消费咖啡 500 余万吨。但以个人消费量而言，饮用最多的则属芬兰、瑞典等北欧国家。据美国农业部园艺和热带产品处的统计，1990 年美国人均消费咖啡食品相当于 4.75 kg 咖啡豆，人均消费最高的芬兰达 10 kg。全球咖啡消费情况见表 1－2，世界咖啡市场价格随咖啡产销情况而变动，图 1－3 是 1998—2011 年世界咖啡市场价格波动变化图。

日本的一项流行病学调查研究发现经常喝咖啡的人不容易得抑郁症（Pham et al.，2013）。作者采用的研究方法为横向比较法，即通过饮食调查问卷获得消费者喝咖啡的量，以美国卫生机构官方心理测量表“流行病调查中心抑郁量表”为标准来判断其是否患有抑郁症，采用多因素 logistic 回归分析对数据进行处理。调查地点为日本东北九州的两个地区，对象年龄介于 20 ~ 68 岁，包括 325 名男性和 242 名女性。研究结果显示喝咖啡的人群患抑郁症的概率低。作者统计分析得出的结论排除了其他干扰因素的影响。

2011 年，美国一项针对喝咖啡对女性抑郁症影响的调查研究同样显示咖啡能降低女性抑郁症发病率（Lucas，2011）。2010 年，芬兰的一项针对芬兰中年男子喝咖啡对患抑郁症影响的调查同样显示喝咖啡能降低男性抑郁症发病率（Ruusunen，2010）。Kawachi 等（1996）报道喝咖啡的女性自杀率低。抑郁症是引起自杀的一个非常重要的原因。

表 1 - 2　全球咖啡消费情况

国家或地区	消费比例（%）
巴西	14
其他生产国	13
日本	6
其他亚洲和太平洋地区国家	4
美国	17
意大利	4
法国	4
德国	7
其他欧盟国家	21
其他进口国	10

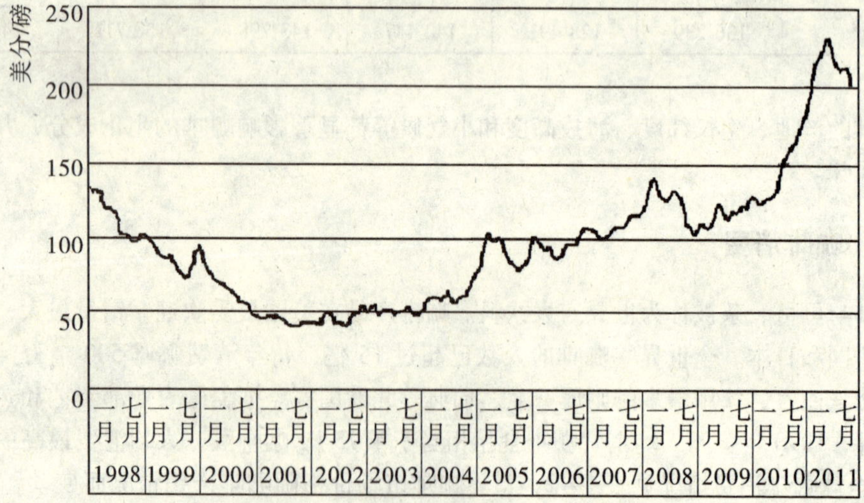

图 1 - 3　1998—2011 年世界咖啡市场价格

第二节　咖啡加工概述

整个咖啡的生产过程如图 1－4 所示。咖啡加工是指从田间将成熟的咖啡豆采摘后，进行脱皮、脱胶、干燥、脱壳、焙炒等加工的过程。脱壳以后的生咖啡豆还需要将瑕疵豆挑选除去，再用麻袋包装成生咖啡豆商品才能进行销售。国际贸易的生咖啡豆如图 1－5 所示，一般为每袋 60 kg，有些会在麻袋内增加一个防潮塑料薄膜袋（也叫 grain－proof bag）（图 1－5 右）。

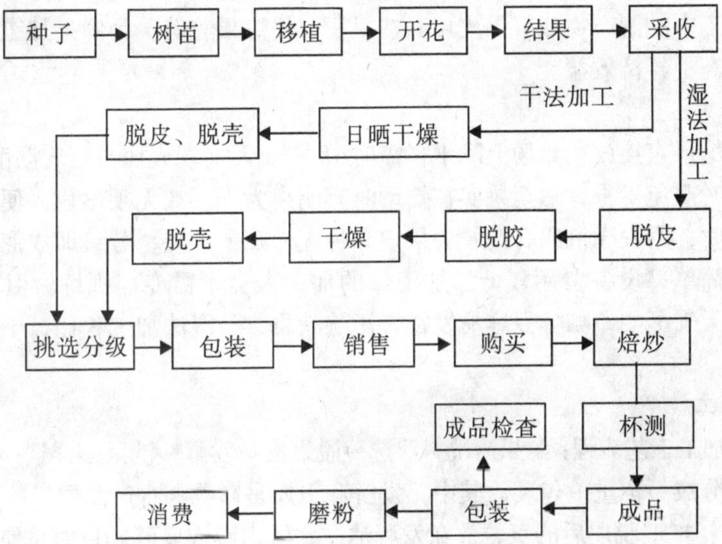

图 1－4　咖啡的生产过程

图 1－5　国际贸易中的生咖啡豆

一、咖啡初加工

（一）咖啡的采收

咖啡果实须适时进行采收，才能保证产量和质量；未成熟或过熟的果实加工成咖啡的质量都较差。试验证明：未熟果加工后绿色带银皮的咖啡豆所占比例最高，过熟果加工后褐色和黑色咖啡豆所占比例最高，只有成熟果加工后的咖啡豆才具有良好的饮用质量；未成熟果加工后的咖啡豆虽有60%外观正常，但饮用质量很差。

采果标准：咖啡果实呈红色为成熟的标志，此时是最适采收期；如果实为紫红或干黑则为过熟；如果实为绿色或微黄则表示还未成熟。果实成熟后即可分期分批适时采收，采收的绿果比例一般不得超过5%。

收果时期：小粒种咖啡的采收期较集中，应随熟随收；中粒种咖啡和大粒种咖啡的收获期较长，果实成熟后不易脱落，可待较多果实呈红色或紫色时成批采收。

（二）咖啡的初加工

咖啡初加工方法主要有干法加工和湿法加工，湿法加工又分为普通湿法和机械湿法两种。其中，干法加工的产品品质较差，市场竞争力不强，经济效益不高；湿法加工的咖啡豆质量好，加工中的副产物如鲜果皮可酿造果酒、提炼果胶等，为鲜果加工的综合利用提供了条件，提高了经济效益。

1. 干法加工

将采收的鲜果直接放在晒场上晒干，需时15～30天（视光照与空气湿度而定）。每天翻动3次，晒时避免发霉，晒至果实在摇动时有响声为干。如无须出售，便可放入仓库保存；需要出售时，用脱壳机或石磨脱去果皮和种壳，筛去杂质，分级即成商品豆。干法加工咖啡豆方法简单，设备费用较低，加工厂的加工人员不需专门训练。但因晒干时间较长，易受不良天气影响，咖啡豆容易发霉，影响品质，与湿法加工相比，干法加工的咖啡豆质量较差。

2. 湿法加工

咖啡湿法加工工艺流程：鲜果清洗→浮选→脱果皮→发酵→洗豆→浮选→浸泡→干燥→脱壳→风选→分级→称重→包装。其中，发酵和干燥是影响咖啡产品质量的重要环节。

（1）发酵：指把脱皮后的豆粒放在发酵池或水缸内浸泡发酵。目的是使豆粒表面的果胶在酶的作用下水解或降解，每隔12小时换水一次。小粒种咖啡在温度20 ℃左右发酵20～24 h即可；低于此温度，发酵时间可延长一些，为24～36 h。发酵过度会影响豆粒的品质和色泽；发酵不够则咖啡豆上胶质不易洗掉。中粒种咖啡的发酵时间为36～48 h。检验发酵是否适宜的最简易方法是将豆粒从发酵池取出，手搓豆粒有粗糙感时，则发酵完毕。发酵不足的咖啡豆水洗后还有果胶残留，咖啡豆有生青味；发酵过度的咖啡则产生臭洋葱味。发酵要掌握温度高、时间短，温度低、时间长的原则，以完全脱出胶为度。如果将脱皮咖啡豆置于塑料袋中在阳光下发酵，则只需几个小时，但加工出的咖啡豆品质不如浸泡发酵的咖啡豆。

咖啡豆质量差的最主要原因就是发酵过度。咖啡果胶化学成分复杂，其果胶物质（原果胶）占33%，还原糖（包括葡萄糖和果糖）占30%，非还原糖（蔗糖）占20%，植物纤维物质、灰分等占17%。发酵过程中，主要化学反应是通过酶的作用使果胶水解或降解，生成各种脂肪族有机酸，如乳酸、乙酸和后期出现的丙酸等。酶对温度十分敏感，温度升高会加快果胶降解，太高则酶活性受到抑制。酶分解果胶的过程中，一旦有害微生物活性起作用，就会引起豆粒腐烂。水浸泡发酵过程中产生的乳酸往往能起到抑制有害微生物生长的作用，这正是水浸泡发酵比无水发酵更能保证产品质量的重要原因之一。

（2）干燥：将发酵豆粒洗净、沥干后，其含水量为52% ~53%，需要干燥。咖啡豆仁被一层银皮包裹，银皮外还有一层质地致密的种壳，银皮和种壳结合紧密，这样的结构对干燥的影响比较大，无论是传热还是传质的阻力都比较大。

湿法加工咖啡豆的干燥过程实际上是热、湿的传递过程。介质将热量传给咖啡豆，使豆表和内部水分汽化排出。湿咖啡豆的干燥分为三个阶段：开始是升温阶段，随着干燥箱内温度的上升，咖啡豆吸收热量使豆表水分汽化，同时咖啡豆表温度上升；第二阶段为恒速干燥阶段，咖啡豆的温度不再升高，而湿度仍继续下降，汽热只是使水分转化为蒸汽，含水量随时间成比例减少，经过一段时间后，咖啡豆温度又开始上升；第三阶段为降速干燥阶段，经过恒速干燥阶段后，咖啡豆表已开始变干，吸热升温，并将热量向咖啡豆内部传递，使豆内部水分向豆表扩散，至豆表蒸发，由于此时传热至豆内部和内部水分向豆表扩散都较为缓慢，干燥速度低。咖啡豆干燥的第三阶段温度不能太高，否则会因传热快，内部水分扩散加剧，豆壳阻碍了水分扩散蒸发，内压增大，而出现爆腰现象，影响干燥品质。

国外将咖啡干燥过程分为六个阶段，各阶段含水量变化见表1－3。

表1－3　咖啡干燥各阶段的水分含量变化

干燥阶段	表皮阶段	白阶段	软黑阶段	中黑阶段	硬黑阶段	充分干燥阶段
水分含量（%）	55 ~ 45	44 ~ 33	32 ~ 22	21 ~ 16	15 ~ 12	11 ~ 10.5

第一阶段，表皮阶段，将豆洗净或从浸泡池取出后，必须将咖啡豆的水分含量从55%尽快降低到45%以下，否则咖啡容易变酸或出现洋葱味。

第二阶段，第一阶段干燥完毕后，种壳与豆仁之间不再有水分存在。这一阶段干燥必须经常搅翻，否则会出现咖啡豆颜色不一致，甚至变成臭豆。要防止太阳曝晒，以免造成种壳炸裂。因此，在中午温度最高时要适当荫蔽或增加摊晒层厚度、增加搅动次数。这个阶段剥去种壳的咖啡豆呈灰白色。

第三阶段，这个时期阳光射线能穿透种壳进入豆内部，从而引起必要的化学变化。一些国家的研究者认为，这个阶段是决定咖啡质量的关键，这时咖啡豆只能用阳光晒干，不能以人工干燥机（烘干机）代替。

第四阶段，咖啡豆已经变得坚硬，颜色变深。这个时期可厚晒，并可短时贮存。

第五阶段，干燥可快速进行，必要时可使用烘干机。这个阶段豆仁内部水分分布均匀，装袋贮存可达一个月而不会降低质量。

第六阶段，最后干燥阶段将咖啡水分含量降低到10.5% ~11%。

咖啡干燥是一个不可逆的生产过程，工作一开始就不能让咖啡豆再回潮，否则会造成大量的坏豆，如海绵豆和白豆等。

干燥方法有自然干燥法和机械干燥法。最简单的方法是自然干燥法：将洗过的豆粒摊开在温和的阳光下晒干，或置于通风处晾干。云南的一些农场用日晒结合火烤的方法来干燥咖啡豆：清洗后的豆粒在晒场上风干12 h，放入烤棚中用火烤24 h，棚内温度控制在50 ℃左右，使豆粒的水分含量迅速降至18%，然后日晒1 ~2天，暂存，待脱壳前再晒

1~2天，使豆粒的水分含量降至11%左右。这种干燥方式可解决阴雨天咖啡豆的干燥问题。另外还可采用太阳能除湿干燥、太阳能温室干燥和热气流干燥机干燥。

咖啡品种不同，加工得率差异显著。如加工1 kg生豆，阿拉比卡咖啡、罗伯斯塔咖啡和利比里亚咖啡鲜果的需要量分别为6.38 kg、4.35 kg和11.5 kg。

二、咖啡的焙炒

生咖啡豆无香味，咖啡的香气和滋味成分来源于咖啡豆焙炒过程中化学成分的变化，其中蔗糖、绿原酸、蛋白质、葫芦巴碱是焙炒过程中发生显著变化的成分，它们可能是咖啡香气的重要前体。

（一）咖啡焙炒方式

咖啡焙炒是一门非常依赖经验的技术。咖啡焙炒方式多种多样，从古代简单的焙炒方式（图1-6）到现在的手网焙炒［图1-7（a）］和大型水平鼓式焙炒机［图1-7（b）］。

图1-6　古老的咖啡焙炒方式

水平鼓式焙炒机适合工业化生产，热源可以用电也可以用煤气。手网焙炒适合家庭使用，设备简单、焙炒量少，在咖啡消费大国日本非常流行。手网焙炒最大的优点是能够及时除去烟雾，可减轻焙炒咖啡的烟熏味。图1-7（a）中的金属篓用于将焙炒好的咖啡摊凉，摊凉时用电吹风吹，让咖啡豆迅速降温。图1-8为家庭用小型咖啡焙炒机，这类焙炒机用电作为热源。目前市场上尚未见到这类国产咖啡焙炒机，价格也较贵（大约3 000元）。

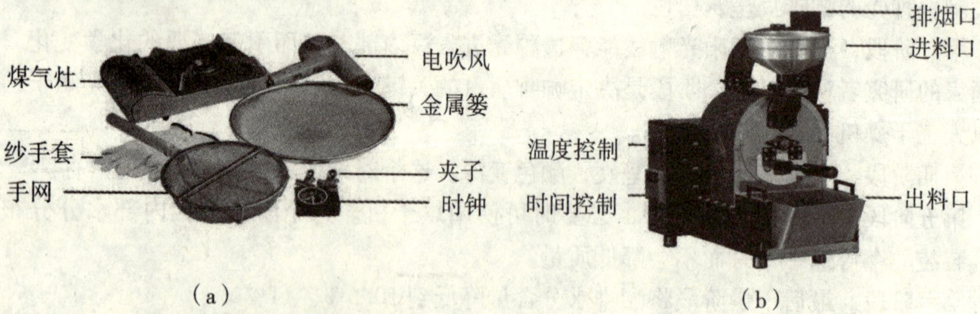

图1-7　手网焙炒装置（a）和水平鼓式焙炒机（b）

（二）咖啡焙炒工艺

1. 焙炒温度和时间的确定

图 1-8　家庭用小型咖啡焙炒机

焙炒温度和焙炒时间是咖啡焙炒过程中最重要的工艺参数。咖啡理想的香气和滋味的成分来源于咖啡豆焙炒过程中成分的变化。过度延长时间和提高温度会导致不希望发生的化学变化，使咖啡变得焦苦；而焙炒不足则会影响一些物质分解及芳香物质的形成，芳香味、滋味差。暨南大学生物医学工程研究所伍颜贞和黎仕钊报道：焙炒温度和焙炒时间是咖啡焙炒过程中最重要的工艺参数，它们与焙炒后咖啡粉中葫芦巴碱的残存量有函数关系。测定咖啡粉中葫芦巴碱的含量，有助于确定咖啡的最佳焙炒条件。用核磁共振技术检测拟定的焙炒温度和焙炒时间组合的焙炒咖啡粉中葫芦巴碱的含量，并与风味品尝试验相结合，有助于优化咖啡焙炒的最佳温度和时间等关键工艺条件。但作者只是对焙炒好的商品咖啡豆进行葫芦巴碱含量和风味分析，并没有在实验室焙炒咖啡豆。

2. 降温和脱银皮

图 1-9　咖啡豆降温转盘

将刚焙炒好的咖啡豆放在一个带风力反抽系统的转盘（图 1-9）上的目的是降温，散除余热，使焙炒咖啡豆尽快降温，减少芳香物质的损失，以及使咖啡豆表层已脱落的银皮借助反抽的力量抽走除净，减轻最终产品的苦涩味。

3. 研磨

焙炒过的咖啡豆在饮用前要用磨碎机研磨成小微粒。磨碎的咖啡粒度一般控制在 30 ~40 日为宜，此粒度过滤速度较好。咖啡不宜磨得太细，否则香味会很快挥发散失，因此都采用密封罐装或用复合塑料袋包装。图 1-10 为两款小型磨豆机。左图为比较经典的手动咖啡磨豆机，价格也比较便宜，调节中心转轴可以磨出粗细不同的咖啡，磨好的咖啡粉可以从底部抽屉里取出，但这种磨豆机操作起来会比较累；右图为电动磨豆机，在咖啡馆比较常见。

图 1-10　咖啡磨豆机

（三）咖啡焙炒程度

咖啡的味道，也就是酸味与苦味的品质与幅度、香气的强度与品质、涩味的有无、醇厚度，再加上霉味、发酵味等缺点，这些都是咖啡品质的组成部分，而这些在生豆阶段就决定了。而焙炒则是正确把握各种生豆的可能性，知道何种程度会扼杀风味、何种程度能有最佳表现，估算能够产生什么味道的咖啡，然后根据估算加工生豆。焙炒最难之处在于停止的最佳时间点。若没有在最佳时间点停止焙炒，则必定会影响到咖啡豆的风味。粗略区分焙炒度，有以下四个阶段：浅度焙炒、中度焙炒、中深度焙炒、深度焙炒。其中，浅度焙炒是指咖啡豆焙炒到接近第一次爆裂期。这种焙炒度会凸显酸味，因而不是很受欢迎。这种焙炒度最适合果肉薄、水分少的低海拔产地咖啡豆，也适用于成熟两年以上、干燥度正好的咖啡豆。中度焙炒是指咖啡豆焙炒到第一次爆裂期结束时。此焙炒度会让咖啡豆散发出咖啡该有的香气和味道。此种焙炒度适合水分含量少的加勒比海地区的咖啡豆和缺乏厚实味道的中低海拔产地的咖啡豆。中深度焙炒是指焙炒到第二次爆裂期正好结束的阶段，适用于曼特宁、夏威夷、可那等产地的咖啡豆。这种焙炒度不偏苦、不偏酸，最能展现出咖啡多层次的风味。深度焙炒是指将咖啡豆焙炒到全黑的状态。这种焙炒度的咖啡豆苦味明显、味道单纯，有的咖啡豆还会有烟熏味，适合果肉厚、酸味强的高地咖啡豆，例如哥伦比亚咖啡豆。

三、速溶咖啡加工

速溶咖啡是从焙炒后磨成粉的咖啡中提取有效成分后经干燥生产而成的。此过程中不免会有一部分芳香物质散失而使成品的风味、口感比不上现炒现磨现泡咖啡的浓郁纯正。因此，自 1938 年速溶咖啡诞生以来，恢复炒磨咖啡的风味和口感就一直成为速溶咖啡生产者不断努力的方向，并且逐步诞生了“喷雾干燥咖啡”、“冻干咖啡”等速溶咖啡产品。其中，利用真空冷冻干燥技术生产的冻干咖啡是目前世界上品质最佳、风味和口感最好的速溶咖啡。但由于设备的投入及运行成本相当高昂，企业的筹资难度和投资风险很大，因此我国目前还没有企业投产冻干咖啡。

（一）喷雾干燥速溶咖啡

喷雾干燥速溶咖啡的加工工艺流程：咖啡豆筛选→焙炒→研磨→萃取→浓缩蒸发→调配→喷雾干燥→包装。具体操作为：

1. 筛选

首先对原料咖啡豆进行筛选，咖啡豆应该是豆味新鲜、色泽明亮、颗粒完整均匀、碎豆及杂质少，无黑豆、霉豆、发泡豆，且水分含量 $<13\%$。

2. 焙炒

焙炒是速溶咖啡风味和品质形成的决定性工序。使用转筒式焙炒炉，焙炒温度和焙炒时间是关键控制因素。当咖啡豆达到所要求焙炒的程度时，关掉火力，停止加热，把烘烤好的咖啡豆排出炉体。

3. 研磨

焙炒好的咖啡豆最好先存放一天，让咖啡豆在焙炒过程中所产生的二氧化碳和其他气体进一步挥发和释放；同时也充分吸收空气中的水分，使咖啡豆适当变软，从而有利于萃取。

4. 萃取

萃取是在一定的温度和压力下，把咖啡的有效成分提取到水中，是生产速溶咖啡过程中最复杂的核心步骤。

5. 浓缩

过滤好的咖啡液要经浓缩以除去过多的水分。一般采用真空浓缩。

6. 喷雾干燥

喷雾干燥是速溶咖啡粉形成的过程。浓缩液与芳香液经过调配成咖啡液（混合液），咖啡液通过压力泵直接输送到塔顶的喷嘴。干燥塔的进口温度控制在250 ℃～270 ℃、出口温度控制在110 ℃～130 ℃，调节喷嘴与喷雾压力，使出来的咖啡粉成厚壁的中空球形颗粒，水分含量为3%左右。在喷雾干燥中要注意咖啡液的浓度，因为溶液浓度越高，黏度越大，表面张力越大，这样有利于厚壁中空颗粒的形成，同时可减少各运行参数和温度压力等的调节幅度。但也不是浓度越高越好，太高的浓度会使雾化度太低，造成雾化不良。因此咖啡液的浓度应控制在30%～40%。所得咖啡粉经包装即为成品。

（二）冷冻干燥速溶咖啡

利用真空冷冻干燥技术生产的冻干咖啡是目前世界上品质最佳、风味和口感最好的速溶咖啡。它避免了“喷雾干燥咖啡”生产中高温干燥过程对咖啡品质的影响，完好地保留了现炒现磨咖啡的风味和口感。

真空冷冻干燥咖啡技术的原理是：根据热力学相平衡理论，水的三相点（气、液、固三相共存）温度为0.009 8 ℃，压力为610.48 Pa。在水的相变过程中，当压力低于三相点压力时，固态的冰可以直接升华为气态的水蒸气逸出，而不经过转化为液态水的阶段。对于溶液中的水而言，同样存在三相点，只是压力和温度更低罢了。冻干咖啡技术就是利用这一特性，将咖啡浓缩液在低温中冻结，其中的水分被冻结成细小的冰晶微粒，然后在高真空条件下加热升华，从而达到低温干燥的目的。随着干燥过程的进行，升华由表及里向物料颗粒的中心推进，升华面上的冰晶不断升华成气体逸出，沿着细孔散到周围的环境中并不断被抽走以维持周围环境的气压始终低于升华面上的饱和蒸汽压，这样才能形成水汽向外迁移的动力。另外，升华所需热量由加热体通过辐射、传导等方式不断输给冻结部分，维持升华的不断进行。

冻干咖啡具有以下三个特点：①由于干燥过程在低温和高真空度下进行，热敏性很强的芳香物质得以保留，因此其香气浓郁，口感纯正；②冻干咖啡颗粒内部布满水蒸气逸出时留下的微孔，类似海绵状，因此速溶性非常好；③干燥过程不改变颗粒形状，因此制成的咖啡颗粒保持经冻结、破碎而得的棱角分明的小砂粒状，无干裂、无收缩、无表面硬化，色泽和形态都很理想。

第三节　中国咖啡现状

随着人们饮食习惯的改变和西方文化的影响，我国消费咖啡的人数将不断增加。据有关部门和专家预测，我国未来10年消费咖啡的人数将以年均10%以上的速度递增。2005

年9月26日，在第二届世界咖啡大会上，国际咖啡组织执行官内斯托尔·奥索里奥说："中国潜在的咖啡消费者有2亿~2.5亿人，虽然目前消费量不大，但增长势头非常可观，年增长率高达15%；而世界咖啡消费年增长率仅为2%。中国咖啡消费市场前景广阔，很有发展潜力。"据报道，未来10年，雀巢计划在中国投资5亿瑞士法郎（约合人民币33.6亿元），用于咖啡产品生产的各环节。

我国政府对发展咖啡产业十分重视。2007年7月，国家农业部制定颁布的《特色农产品区域布局规划（2006—2015年）》指出："把广东省雷州半岛、海南省西北部和云南省西南部列为咖啡发展的重点优势区域，建立优质咖啡种植园和精品咖啡脱壳加工厂；研发咖啡深加工新产品，建立咖啡交易中心，做强咖啡品牌。"2010年10月，国务院办公厅45号文件《关于促进我国热带作物产业发展的意见》指出："根据市场需求，依托资源优势，稳妥发展剑麻、咖啡、椰子、坚果、南药、香辛料等其他特色作物，开发各种深加工产品，延伸产业链，促进农民和农垦职工增收。"

云南和海南是我国咖啡的主产区，云南主要种植阿拉比卡咖啡，海南主要种植罗伯斯塔咖啡。2007年我国咖啡种植面积为2.06万公顷，年产量为2.85万吨，年均消费量约3万吨，总产值约2.81亿元。

一、云南咖啡

自2008年后，云南咖啡取得长足发展。2008年，云南省咖啡种植面积达到2.6万公顷，形成了一定的种植规模。

据云南省咖啡行业协会统计，截至2011年底，云南省咖啡种植总面积为6.13万公顷，其中，主要的三大产区保山市、普洱市、德宏州的咖啡种植面积分别为2.92万公顷、1.22万公顷、1万公顷。临沧也有部分咖农在种植咖啡。

据云南咖啡厂官方网站报道，2012年8月底，云南省咖啡行业协会会同有关单位和部门对云南省的咖啡种植面积作了详细调研。目前，云南省的咖啡种植面积已经超过100万亩，提前完成了《云南省咖啡产业发展规划（2010—2020）》中到2015年全省咖啡种植面积达100万亩的目标。

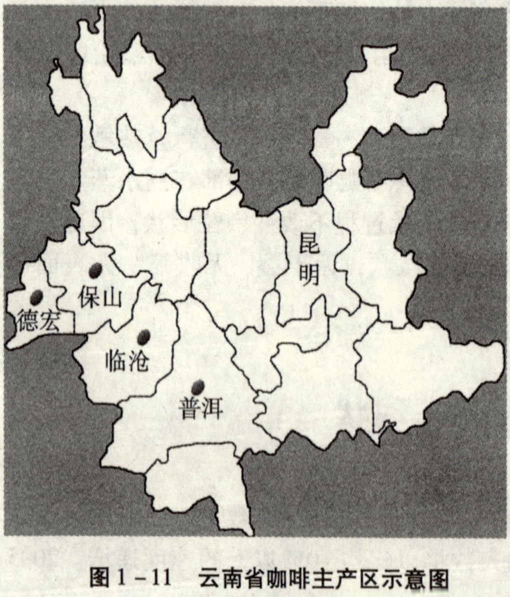

图1-11　云南省咖啡主产区示意图

云南咖啡主要种植在保山、德宏、普洱和临沧，红河、怒江、丽江及文山等地也有种植（图1-11）。2009年，普洱市种植面积17.8万亩，投产面积11.3万亩，咖啡生豆产量14 318吨；保山市种植面积12.89万亩，咖啡生豆产量12 627吨；临沧市种植面积2.54万亩，咖啡生豆产量3 100多吨；西双版纳、怒江、文山、红河等种植面积2万多亩，咖啡生豆产量3 000吨左右。

德宏有"中国咖啡之乡"的美称。截至2011年，全州共开发种植咖啡面积12.09万亩，占全国咖啡种植面积的30%。未来三年，德宏州的咖啡种植面积将达到20万亩。德宏州的咖啡种植海拔高度均在1 000米以上，其中有3万亩种植在海拔1 600米以上的山地上；加上德宏州种植咖啡主要使用有机肥和有机农药，所产咖啡品质较高，是世界难得的优质咖啡产地之一。

保山种植咖啡始于20世纪50年代中期，首株咖啡苗是已故爱国华侨梁金山先生从东南亚引进的当地著名的潞江坝小粒咖啡，品质极优，早在20世纪50年代末期就在英国伦敦被评为一等品。近年来，随着国际贸易的扩大，潞江坝的小粒咖啡更是闻名遐迩。欧美、阿拉伯国家，尤其是英国、美国、埃及、中国港澳商贾皆视其为咖啡上品，产品供不应求。2010年12月，经中国国家质检总局审核，决定对“保山小粒咖啡”实施国家地理标志产品保护。

临沧独特的地理位置和气候条件使其成为众多咖啡企业关注的焦点。相关企业先后在市内的耿马自治县孟定镇、临沧幸福农场建立了200亩、100亩的优质咖啡育苗基地，在耿马、镇康、云县、沧源、永德等地开展咖啡种植。

茶乡普洱栽培咖啡已有150年历史。20世纪90年代初，普洱市开始把发展咖啡作为调整产业结构、农民增收致富的优势骨干产业来培植。普洱市9县1区有54个乡（镇）种植咖啡。

云南咖啡为高品质的阿拉比卡咖啡，具有哥伦比亚“软咖啡”的特质，备受国内外市场的青睐。雀巢、麦斯威尔、星巴克等世界咖啡巨头也竞相去云南开辟原料基地。2009年全省咖啡出口2.7万吨，占全省总产量的77%、全国出口总量的95%，出口创汇6 538万美元。云南咖啡主要销往欧洲、美国、日本、韩国及新加坡等20多个国家和地区，其中，雀巢、麦斯威尔两大国际巨头的采购量达全省总产量的30%。

二、海南咖啡

海南的澄迈、万宁（兴隆）、琼海和文昌等地种植咖啡的历史非常悠久。海南咖啡产地分布如图1－12所示。著名的海南咖啡包括兴隆咖啡和福山咖啡等。兴隆咖啡产于海南兴隆华侨旅游经济区兴隆华侨农场，福山咖啡产于澄迈县福山镇。这两种咖啡都已申请国家地理标志产品保护。

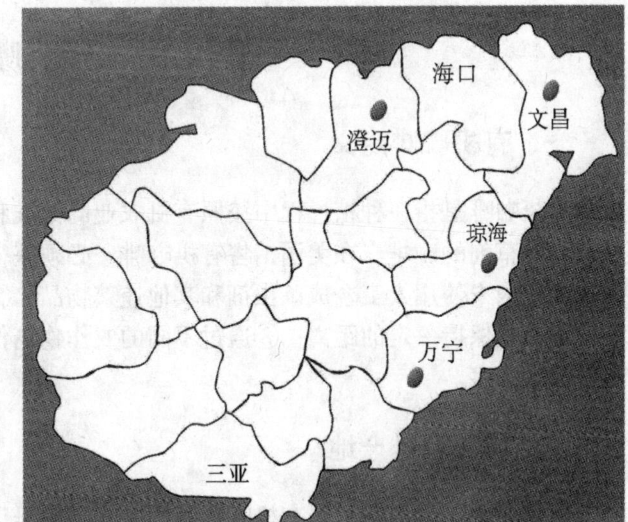

图1－12　海南咖啡产地示意图

（一）福山咖啡

澄迈县福山地区位于北纬19°、东经109°，地处海南岛北部沿海，海拔高度为21～300 m，常年平均气温为23 ℃～24 ℃，雨量充沛，终年无霜，年平均光照时间长达1 900小时。这样的地理环境比较适合种植罗伯斯塔咖啡。

1935年，印尼华侨陈显彰成功地将咖啡引种到福山镇，从此海南开始种植咖啡。为了提高产品质量，澄迈县大力发展标准化种植，于2008年建立了面积为3 000亩的国家级农业标准化示范区；三年来资金投入超过2 000万元；2010年10月，挂牌成立福山咖啡研究所。

为了提升品牌效应，澄迈县于2005年将福山咖啡列入该县的名牌产品培育计划；近年来还在岛内外、国内外开展大量招商推介活动；2009年11月，国家质检总局批准对福山咖啡实施地理标志产品保护。

第十一届海南岛欢乐节在澄迈县福山咖啡文化风情镇举行，这届欢乐节以咖啡为主题，对宣传福山咖啡起到了重要作用。

（二）兴隆咖啡

1953年，兴隆华侨农场刚刚成立不久，为了实现“以短养长”的目标（也就是用咖啡、香茅、水稻等短期作物收入来弥补橡胶等长期作物收入），兴隆开始引进咖啡种植。他们因地制宜，把罗伯斯塔咖啡作为最适合兴隆栽培的品种开始大面积种植。据说当时咖啡的种植面积非常大，整个兴隆有200多公顷。为了保证咖啡豆的品质，咖啡豆都是熟一粒摘一粒。20世纪90年代后，随着咖啡豆价格的不断下跌以及越南和马来西亚的低价咖啡豆的冲击，兴隆咖啡的种植面积不断减少，兴隆咖啡的辉煌时代已逐渐远去。

1960年2月7日，周恩来总理第一次到兴隆农场视察，品尝了兴隆咖啡后大为赞赏：“兴隆咖啡是世界一流的，我喝过许多外国咖啡，还是我们自己种的咖啡好喝。”一杯香味浓郁的咖啡，一位和蔼可亲的总理，为兴隆咖啡留下了一段美誉。追随伟人的足迹来到兴隆农场的古村连队，就会看到一块石碑，这是为了纪念当年周总理视察咖啡园而设立的。

2005年，海南省万宁市开始申报兴隆咖啡地理标志产品保护。2007年12月，国家质检总局批准对兴隆咖啡实施地理标志产品保护，保护范围为万宁市以兴隆华侨农场为中心及其周边的南桥镇、长丰镇、三更罗镇、礼纪镇现辖行政区域；质量技术要求包括立地条件、栽培技术、加工工艺、质量特色等达到国家对同类产品的相关规定。

第四节　有机咖啡

一、有机咖啡定义

有机咖啡是指在种植过程中按照有机农业的标准和技术，不使用人工合成的化肥、杀虫剂和除草剂的咖啡。在美国销售有机咖啡，必须获得有机认证并达到以下要求：①种植地3年以内未使用人工合成杀虫剂和其他违禁物品；②有机咖啡种植地与周边其他农作物种植地必须保持一定的距离；③通过不同的农作物轮作来控制水土流失，防止土壤养分耗尽和控制虫害。

二、有机咖啡产地

世界上主要生产和出口有机咖啡的国家是墨西哥、巴拉圭和厄瓜多尔。根据哥斯达黎加热带农业研究和培训中心（CATIE）的统计，世界上75%的有机咖啡来自拉丁美洲。

2007 年主要有机咖啡种植国家的种植面积见图 1－13。

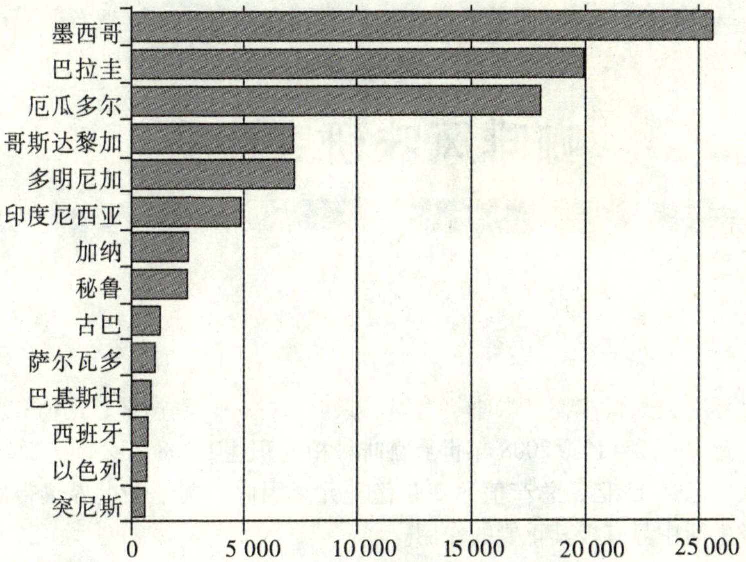

图 1－13　2007 年世界有机咖啡种植国家及面积（公顷）

2006 年，全球有机咖啡的产量为 6.7 万吨，约 50%（3.07 万吨）销往北美市场。2005 年，全球咖啡总量（包括有机咖啡）估计为 690 万吨，全球有机咖啡的产量大约占咖啡总产量的 1%。有机咖啡的种植商和销售商通常会提到有机咖啡抗氧化物质含量更高、抗疲劳作用更好、减肥作用更好和没有农药残留等优点。根据有机咖啡的定义，没有农药残留是毋庸置疑的。

三、有机咖啡生产成本及售价

单位种植面积的有机咖啡产量比非有机咖啡低 22% ~28%，而且有机咖啡的种植成本比非有机咖啡的种植成本高 5% ~7%，主要是由于劳动力成本比非有机咖啡高出 20%，因为有机咖啡需要人工除草，并且制备堆肥与购买化肥相比需要增加额外的劳动力，因此有机咖啡的价格比非有机咖啡高。

第二章

咖啡风味研究历史

咖啡是世界三大饮料作物（咖啡、可可、茶叶）之一，其产量、产值和消费量均居三大饮料作物之首（图 2 - 1）。2008 年世界咖啡种植面积达 1 208 万公顷，总产量达 804.98 万吨，饮用人数已达 15 亿，总产值达 200 亿美元。因此，咖啡在世界热带农业经济、国际贸易和人类生活中具有极其重要的作用。

图 2 - 1　咖啡（左）、可可（中）和茶叶（右）

咖啡受人喜爱的主要原因是其独特风味。麦斯威尔咖啡的广告词“滴滴香浓，意犹未尽”，雀巢咖啡的广告词“味道好极了”，都体现了风味对于咖啡的重要性。18 世纪末，国外开始对咖啡风味化学进行研究，至今已有 200 多年历史。本章将详细阐述咖啡风味化学的研究历史。

第一节　咖啡风味化学的早期研究（1800—1956 年）

咖啡风味化学的研究已经有 200 多年历史，研究者一直致力于咖啡风味物质的分离和鉴定。

18 世纪末，人们开始研究咖啡香气成分的形成。研究者将咖啡的香气成分提取出来进行鉴定。1807 年，Thomson 报道：Neuman 等化学家为了确定咖啡的化学组成和品质，做了大量研究试验。但是那个时代的研究方法比较简单，所采用的研究方法适用于所有焙炒食品。1846 年，Payen 报道：Chenevix 等研究者致力于咖啡化学组成的研究，但并不是很成功。他们认为咖啡存在“苦味机理”和“香味机理”。除了这些机理，他们还从咖啡中分离出一些物质：咖啡油、酸类物质、黏液物质、硫酸铝、氯化钾和少量白蛋白。其中，白蛋白是从煎煮咖啡形成的泡沫中分离出来的。由于现在获得那个时代的文献资料数量有限，关于 Chenevix 等人从咖啡中分离出来的物质成分的研究报告是值得怀疑的。

18 世纪末至 19 世纪早期，有机化学还处于初期阶段，研究者对天然产物中的酸类、酯类和碳水化合物等少数非挥发性物质进行了分离，但是鉴定技术跟不上。1786 年，Scheele 以五倍子为原料，分离结晶得到没食子酸，因此，没食子酸也称为五倍子酸，这是第一种被发现的植物芳香族酸类物质。Thénard（1818）报道了没食子酸具有酸味和辛辣气味，与焙炒咖啡中的酚酸物质一样，能够与氯化铁反应生成绿色产物，因此一直被认为是咖啡呈味物质之一。

1837 年，Robiquet 和 Boutron 对前人关于咖啡酸味物质的研究进行了总结：Cadet 认为“呈酸物质”是没食子酸，Grindel 认为“呈酸物质”是奎宁酸，Paysse 认为“呈酸物质”是一种特殊的未知酸类物质，Pfaff 则简单认为“呈酸物质”的存在是咖啡芳香气味形成的主要原因。这些对咖啡酸味物质的研究报道同样是值得怀疑的。然而，这些备受质疑的报道仍然被引用，因为这些是咖啡风味化学的最初研究结果，也是咖啡风味化学研究的重要组成部分。

1820 年，Runge 发现了咖啡因并对其进行分离。随后（1820—1830 年），Robiquet、Pelletier、Caventou 和 Pfaff 等也对咖啡因进行了相关报道。直到 1875 年，Medicus 才确定了这种生物碱的分子式。1895 年，Fischer 和 Ach 报道了咖啡因的化学合成方法。

1832 年，Weiss 发表了一篇题为“Coffea Arabica，Nach Seiner Zerstörenden Wirkung Auf Animalische Dünste，Als Schutzmittel Gegen Contagien”（Coffea arabica，its destructive effect on animal emanations as a protective agent against contagion）的论文，说明在那个时代科学家们已经对天然提取物的生理学作用产生了兴趣。这篇文章报道了焙炒咖啡对生物体的影响不仅仅是其本身能散发出气味，当房间受到动植物气味污染时，焙炒咖啡还可能具有除臭或快速有效且持久中和臭气的功能，如肉类和鸡蛋腐烂后散发出的恶臭、氨气等。在这篇文章当中，作者还引用了 Pfaff 和 Lampadius 的研究结果：生咖啡豆焙炒过程中会产生一种酸类物质和一种具有咖啡烧焦气味的“empyreumatic”油状物，并且这些物质能够吸附到衣物上。Weiss 认为这些物质不仅能对室内环境起到净化作用，而且具有消毒功能，能保护身体健康，防止传染病感染。Weiss 通过一盏灯灼烧咖啡粉，将散发出来的气味描述成舒服的、持久的和愉悦的，他甚至认为只要一滴咖啡“empyreumatic”油状提取物（他称之为“caffeesaüre”，这一类与后来发现的咖啡酸不同的复杂化合物）就足以净化一间中等大小的客厅并使其香气持久。Weiss 的说法并不是没有科学根据，后来在焙炒咖啡的挥发性成分中发现了许多具有消毒作用的酚类物质。

1832 年，Lampadius 证实了 Weiss 的观点，焙炒咖啡的芳香物质可代替醋用于房间消毒，并且焙炒咖啡的香气会令人非常愉悦，而醋的味道则不太好闻。Lampadius 认为咖啡焙炒过程所产生的香气成分中含有一种未知的挥发性酸类物质，这种酸类物质具有消毒作用。Lampadius 将生咖啡粉进行干馏，得到的产物主要是水、乙酸和“empyreumatic”油，质量之和占生咖啡豆总重量的8.3%。Lampadius 认为这种“empyreumatic”油属于有机物，因为其燃烧过程会产生黑烟。Lampadius 在不同时间于不同大小房间中进行咖啡提取物“empyreumatic”油的灼烧试验，结果表明该提取物具有防臭功效。Lampadius 对“caffeesaüre”（咖啡酸）和“brenzliche caffeefett”（灼烧产生的咖啡油）进行了进一步分析，除了醋酸，没有鉴定出其他挥发性物质。醋酸是生咖啡豆和焙炒咖啡的风味物质中最先鉴定出来的物质。后来，Radius（1832）在 Weiss 和 Lampadius 的试验基础上进行研究，在医院病房里对各种不同品质的咖啡进行焙炒实验，进一步证实了 Weiss 和 Lampadius 的观点。

1837 年，Robiquet 和 Boutron 探讨一个问题：咖啡的风味特征是由一种特殊成分造成的还是一系列组分共同形成的？但他们的研究结果没有回答这个问题。他们证实了咖啡挥发性香气成分中存在醋酸（1832 年，Lampadius 已经报道过），还从咖啡中分离出一种带有轻微亮黄色的晶体状物质，这种晶体在铂金盘上燃烧时，会散发出浅蓝色火焰并且可闻到一种非常浓烈的亚硫酸气味。因此，他们认为咖啡中含有少量的硫，而硫是一种具有消毒作用的元素。后来，Robiquet 和 Boutron 还从咖啡中提取分离得到一种白色颗粒状物质，这种物质在铂金盘上加热时，会散发出鱼油气味。除了咖啡因可通过结晶方法进行分离，其他芳香物质溶解在咖啡油中会形成一个很难分离的整体，Robiquet 和 Boutron 称之为“huile fixe”。Robiquet 和 Boutron 还提到了咖啡中含有两种脂肪性物质（fatty substances），一种类似于树脂，具有辛辣味；另一种像香油一般，具有甜味。另外，根据咖啡与三氯化铁反应会产生绿色物质，他们推测咖啡中含有五倍子酸、奎宁酸和其他未知化合物。Robiquet 和 Boutron 谨慎地判断：焙炒咖啡和生咖啡的风味化学物质很神秘。他们从咖啡中提取到了既不是咖啡油也不是咖啡风味物质的物质，这些提取物基本没有咖啡芳香特性。咖啡油大约占生咖啡质量的 1/8，经过焙炒后，咖啡油中含有很多香味物质。此外，Robiquet 和 Boutron 的研究结果还表明：所有咖啡制品都有咖啡因，与加工过程无关。

1844 年，Reichenbach 研究发现：在加热有机物（特别是食物）过程中，由于生成新物质而改变了其原有的颜色、气味与口感。Reichenbach 特别关注焙炒食品中含有的苦味物质，他认为白蛋白、果胶、树脂、淀粉、糖类、肉类、面包、血液或咖啡等任何有机物质，如果长时间加热，都会产生黑褐色的苦味物质。将这种黑褐色苦味物质通过酒精浸渍、过滤，再浓缩，得到一种成分相对简单的物质，他称之为“assamar”。按照当时盛行的标准方法对“assamar”的化学与物理性质进行分析，他声称分离得到的物质是一种透明无定形的具有吸湿性的琥珀色物质。该物质具有淡淡的气味并且有一点苦味，不受盐酸、氯气和氨水的影响。他还发现这种苦味物质存在于所有焙炒食品中，并且都具有吸湿性，能够使焦糖和杏仁饼变软变黏。Reichenbach 坚信焙炒咖啡中一定含有“assamar”，它比咖啡因还要苦。Reichenbach 认为如果能够工业化大量生产“assamar”，它不仅可用作调味品，还可用作滋补品和药品。

1844 年，对食物原料组成的研究非常热门。Rochleder 从生咖啡中分离出 4 种主要成分：木质纤维、脂肪、咖啡因和一种比酪蛋白更易于发酵的含氮化合物。Rochleder 成功识别了咖啡脂质中的棕榈酸，并且首次研究咖啡因与其他复杂酸类物质的关系。1846 年，Rochleder 报道了咖啡中的“légumine”天然蛋白并分离出糖、单宁酸、咖啡酸、甘油和油酸。可惜的是，由于这些物质的非挥发性以及当时的纯化手段比较落后、元素分析精密度不够，这些物质的分离对咖啡风味研究意义不大。

1846—1849 年，Payen 研究了焙炒咖啡的化学成分及含量（表 2 - 1），并发表了许多研究论文。在第一篇论文中，他对咖啡胚乳中的白色晶体物质进行了研究。这种物质在氨水中会变成亮绿色甚至是蓝色。他还建议把这种色素用于调配白酒和其他食品。Payen 通过分析不同焙炒温度下咖啡化学组成的变化，发现一种与咖啡因不同的含氮有机物质。该物质会产生难闻的焦油臭味。Payen 在其第一篇论文的结论里写道："大家都能接受咖啡具有一定的营养价值，但其主要价值在于它的风味，香气怡人还能起到兴奋作用。"为了尽可能将咖啡中的营养物质提取出来，可以增加水的用量（如水: 咖啡粉 = 20: 1），但这样冲泡出来的咖啡味道会很淡。此外，Payen 的第一篇论文还谈到咖啡饮料行业的发展促进了糖业的发展。Payen 的第二篇论文（1846）对咖啡中的绿原酸进行了研究。他先用乙醚将生咖啡豆中的咖啡因萃取出来并进一步纯化，然后用乙醇提取粉末状残渣，分离得到"abundant prismatic crystals grouped in spheroids"。原文中的描述为首次分离得到一种"double chloroginate of potash and caffeine"，称之为"natural salt of coffee"，其主要成分为"chloroginic"，其实该物质即为后来统一命名的"chlorogenic"（绿原酸）。Gorter（1908）对 Payen 分离的物质进行分析，并对绿原酸进行了鉴定。1932 年，Fischer 和 Dangschat 正式确定了绿原酸的分子结构。Payen 认为，咖啡精油中或多或少含有一些具有气味的物质，但是他并没有通过蒸馏、浸提、萃取、冷却、沉淀或蒸发等试验手段获取风味物质。Payen 首次采用质量百分比来描述咖啡中的芳香物质的含量，他说咖啡中含有 0.001% 的"the concrete insoluble essential oil"，0.002% 的"aromatic, fluid essence with a sweet smell, and a less soluble, pungent aromatic essence"。这是首次报道焙炒咖啡中的风味物质只占咖啡总质量的百万分之几（ppm 级）。Payen 还提到了焙炒对咖啡风味物质含量的影响。

表 2 - 1　焙炒咖啡化学成分（Payen，1846—1849）

化学成分	含量（%）
纤维素	34
水分	12
脂肪	10 ~ 13
葡萄糖、糊精、未知植物酸类物质	15.5
豆球蛋白、酪蛋白	10
绿原酸	3.5 ~ 5.0
含氮化合物	3
游离咖啡因	0.8
不溶性固体精油	0.001
具有愉悦香味的微溶性液体精油	0.002
矿物质：碳酸钾、氧化镁、磷酸盐、硫酸盐和硅酸盐等	6.697

1849 年，Payen 又提出了一种咖啡提取物的纯化方法，还对咖啡因的分析方法进行了报道，但是他给出的计算公式是错误的。他还尝试对其两年以前提取的绿原酸进行分析，但没有成功。Payen 在焙炒咖啡风味化合物中，检测出具有强挥发性、气味很难闻的碳水化合物。1861 年，Pelouze 和 Fremy 出版的专著里提到了 Payen 分离的咖啡香精油。

1853 年，Völckel 发表了一篇关于咖啡干馏有机物的文章。他对咖啡中碳水化合物的焦糖化反应进行了研究，尝试分离 Reichenbach 描述的“assamar”，结果得到了一系列颜色深浅不同的棕色焦糖类物质，没有办法进行进一步分析让他陷入了困境。1858 年，Vlaanderen 和 Mulder 从爪哇咖啡里分离出了“kaffeesäure”（$C_{14}H_8O_7$）及以酸形式存在的“kaffeansaure”（$C_{14}H_8O_8$）、“coerulinsauren”（$C_{14}H_8O_9$）和“kaffeelsaure”（$C_{14}H_8O_{12}$）。但这些物质纯度并不高，随后也没有相关研究证实其结果的可靠性。随后，Hlasiwetz（1867）发表了一篇关于咖啡单宁酸的文章并提到了 Vlaanderen 和 Mulder 的研究结果。

1880 年，Bernheimer 除了对非挥发性的咖啡因、“assamar”、油酸、棕榈酸、绿原酸及其分解产物、酚类物质等进行分析，还研究了挥发性的风味物质——乙酸。Bernheimer 采用专门的焙炒设备焙炒了 50 kg 生咖啡豆，发现焙炒过程中咖啡总重量损失了 25%，焙炒过程中会产生大量的二氧化碳，并且会有吡咯生成。此外，他还分离得到 5 L 液体浓缩物，提取到 680 g 固体物质，还首次制备了一种带愉悦气味的醚浸膏（采用蒸馏只能得到水、乙酸和一种带有丙酮气味的液体）。Bernheimer 采用逐步升温方式对焙炒咖啡进行蒸馏，当温度达到 190 ℃ ~200 ℃时，分离得到一种液体组分；当温度升高到 300 ℃时，发现有一种像黄油一般的物质渗出来，其气味如同腐败油脂的气味。他立即对该褐色油状物进行了分析，发现该物质不溶于热水、乙醇或乙醚，但能溶于氢氧化钠和硫酸。由于他只得到了 100 mg 该物质，便放弃了对其进行元素分析。随后，Bernheimer 对在 195 ℃ ~197 ℃时蒸馏得到的物质（称之为“caffeol”）进行了分析，希望能确定其组成或从其中分离出一种已报道的物质来。Bernheimer 确定咖啡风味化合物中含有一种分子式为 $C_8H_{10}O_2$ 的物质，该物质的气味类似于甲氧甲酚或白藜芦醇，该物质被推测为水杨醇的甲基衍生物，可能是 2 - 甲氧基乙醇或 2 -（甲氧基甲基）苯酚。由于只分离到 20 g 该物质，最后他也放弃了进一步分析。Bernheimer 从这批以 50 kg 生咖啡豆为原料的焙炒咖啡中分离得到 140 g咖啡因，占咖啡豆重量的0. 28%。Bernheimer 的研究结果表明：咖啡的主要化学成分是棕榈酸、咖啡因、“caffeol”（一种不确定的物质）、乙酸和碳酸。其中，对苯二酚、甲胺、吡咯和丙酮属于 Bernheimer 首次发现的咖啡风味化合物。

1880 年，Cech 发表了一篇关于咖啡油制备的文章，他从焙炒咖啡豆中提取咖啡油，其得率为 8% ~13%，并提到了咖啡油可用于调配酒。

1895 年，Monari 和 Scoccianti 论证了咖啡在焙炒过程中会生成吡啶，但是他们不能确定挥发性物质中是否含有甲胺和三甲胺。

1898 年，Jaeckle 重新对“caffeol”（分子式为 $C_8H_{10}O_2$）进行了研究。咖啡在焙炒过程中，分子量大的物质发生分解反应，产生很多复杂有机小分子物质的混合物，但这种混合物当时仍然被认为是组成比较简单的“caffeol”。Jaeckle 在一个公司的资助下对咖啡挥发性物质进行研究，采用的咖啡焙炒设备具有降温系统，得到的提取物具有较浓的香气，但尝起来带有酸味和苦味。Jaeckle 采用蒸馏法从咖啡中分离得到一种具有强烈醋酸味的精油，此外，他还分析发现了糠醛、三甲胺、蚁酸和间苯二酚，但并没有得到所谓的“caffeol”。

19 世纪，许多科研人员对咖啡风味物质进行了研究，鉴定出 10 种挥发性化合物：碳酸、蚁酸、乙酸、甲胺、三甲胺、丙酮、糠醛、糠醇、吡咯和吡啶，但后来的研究对这些鉴定出来的化合物提出了一些质疑。那个时代有机化合物的命名大多依靠各自的经验来进行，还不太规范，通过简单纯化提取的风味物质与合成化合物的命名难免存在争议。

1880 年，Bernheimer 通过蒸馏获得的“caffeol”香精油在 1902 年被 Erdmann 改名为“kaffeol”。Erdmann 接受了 Bernheimer 关于“caffeol”中存在水杨醇的甲基衍生物的假设，但否认其为 2－甲氧基乙醇，认为“caffeol”当中不存在该物质，因为 Cannizzaro 和 Körner（1872）已经合成了 2－甲氧基乙醇，该物质的物理性质和感官性质与“caffeol”明显不同。实际上在 Erdmann 之前，Bötsch（1880）已经指出“caffeol”中的水杨醇的甲基衍生物不是 2－甲氧基乙醇，而是 2－甲氧基甲基苯酚。可遗憾的是，1899 年，Thiele 和 Dimroth 制备出了 2－甲氧基甲基苯酚，并研究证明 2－甲氧基甲基苯酚也根本没有咖啡香味。

1902 年，Erdmann 采用新方法寻找、证实咖啡中挥发性风味物质的存在，他还结合有机合成技术，通过参照物对咖啡中风味物质存在的真实性进行了系统论证。在研究过程中，Erdmann 先采用水蒸馏法对 225 kg 焙炒咖啡粉进行蒸馏，然后对蒸馏所得产物用乙醚进行萃取，得到“kaffeol”，得率为 228 mg/kg，但后续对“kaffeol”的分析碰到了比较大的困难。Erdmann 通过常压蒸馏在 150 ℃～190 ℃获得了一种透明的酸性蒸馏物，在 230 ℃得到了几滴褐色液滴，剩余的褐色残渣很黏稠。Erdmann 又对 230 ℃蒸馏所得的样品进行了减压蒸馏，分离得到的萃取物主要成分是糠醇，约占总质量的 43%，沸点在 70 ℃～80 ℃之间。Erdmann 还将糠醇萃取物与二苯基脲氯反应制备得到了氨基甲酸酯晶体，并对氨基甲酸酯晶体的性质进行了论证。此外，Erdmann 从咖啡芳香油提取物的组分及其衍生物中还分离得到了甲基乙基醋酸。后来，Reichstein 和 Staudinger（1926）鉴定出了甲基乙基醋酸的结构。在减压蒸馏所得的挥发性较弱的化合物中，Erdmann 发现酚类物质具有咖啡香味。Erdmann 还对酚类物质进行了进一步分离，得到了愈创木酚、木焦油醇与其他几种酚类物质。这个发现论证了前面提到的咖啡具有抗菌作用的观点。Erdmann 的研究还发现：将一定质量比的蔗糖、生咖啡豆提取物和咖啡因进行焙炒，过滤后可得到一种类似咖啡风味的饮料，但把这三种物质的任何两种混合到一起焙炒都不能产生类似咖啡的风味。Erdmann 已经凭经验发现了加热糖和氨基酸、肽及其他含氮化合物会发生非酶促褐变反应。这个发现比 Maillard（1912）早 10 年。

1902 年以前研究者们在焙炒咖啡中鉴定出的风味物质如表 2－2 所示。

表 2-2 1902 年前从焙炒咖啡中鉴定出的风味物质

发现者及时间	风味物质
Lampadius（1832）	乙酸
Robiquet & Boutron（1837）	含硫化合物、没食子酸（即五倍子酸）
Rochleder（1844）	棕榈酸
Rochleder（1846）	油酸
Payen（1846）	绿原酸
Payen（1849）	挥发性烃类化合物
Bernheimer（1880）	甲胺、吡咯、丙酮、碳酸、对苯二酚
Monari & Scoccianti（1895）	吡啶
Jaeckle（1898）	糠醛、三甲胺、蚁酸、间苯二酚
Erdmann（1902）	糠醇、酚类化合物

1908 年，Gorter 对前 70 年（1837—1907 年）在咖啡中发现的非挥发性化合物进行了总结，还阐述了咖啡中分离得到的绿原酸通过碱水解可以生成咖啡酸（$C_9H_8O_4$）和奎宁酸（$C_7H_{12}O_6$）这一结论。

1912 年，Grafe 对“kaffeol”、“kaffeon”、“caféone”和“kaffeeöl”这些令人困惑的风味物质进行了研究，通过水蒸气蒸馏和乙醚萃取焙炒咖啡粉制备风味物质，得率为 0.3% ~0.45%。他指出萃取物的 38% 由醋酸和戊酸组成，50% 为糠醇和其他呋喃，其余为具有木馏油风味的酚类物质和具有咖啡特殊香味的嘧啶衍生物。Grafe 还对普通咖啡和脱咖啡因咖啡的营养成分进行了对比分析，并申请了脱咖啡因咖啡制备方法的专利。

1913 年，Bertrand 和 Weisweiller 首次在咖啡中发现了嘧啶，而且报道的嘧啶含量比其他所有以前在咖啡中发现的挥发性物质的含量之和还要高。在新鲜焙炒的几个商业咖啡样品中，他们研究发现嘧啶的含量为 200 ~250 mg/kg，还提议对咖啡饮料中的嘧啶是否对人体生理具有一定影响进行研究。

1921—1930 年，Reichstein 和 Staudinger 对咖啡风味进行了大量研究，他们的研究得到了“The Swiss Confederate Foundation for the Promotion of National Economics through Scientific Research”的支持，后来又得到了瑞士 International Nahrungs - und Genussmittel A. G. 公司的支持。他们通过经典衍生技术和对咖啡风味物质物理参数的测定，成功分离鉴定了 30 种新的化合物。他们的研究成果主要体现在专利方面：1926 年，Reichstein 和 Staudinger 申请了两个英国专利，一个是关于焙炒咖啡香气成分分离方法的（专利号为 246454），另一个是关于一种新的或者改正的咖啡油制备方法的（专利号为 260960）。当时业内人士对咖啡的风味特征已经达成了一个共识：咖啡的风味特征不是单独由某一种物质形成的，不过某些特殊的物质对咖啡风味的形成起到了至关重要的作用。Reichstein 和 Staudinger 后来又在对咖啡风味化合物的研究中检测到了糠硫醇，并且认为糠硫醇对咖啡风味的形成起到了至关重要的作用，这个观点得到业内人士普遍认可。此外，Reichstein 和 Staudinger 还采用化学方法合成了糠硫醇。纯的糠硫醇具有持久浓郁的气味，高度稀释后，糠硫醇具有令人愉悦的咖啡香味。为了从咖啡中提取风味物质，Reichstein 和 Staudinger 将大量新鲜的焙炒咖啡磨成咖啡粉，在真空条件下加热至 100 ℃，将挥发性化合物收集后再逐渐降温到 -180 ℃。这种处理方法不仅可以最大限度地浓缩咖啡风味物质，还能保持它们的结构不发生改变，避免不良副产物的形成。Reichstein 和 Staudinger 采用蒸馏法回收了一种性质极不稳定的黄色咖啡油，并保存于 -80 ℃条件下进行后续分析。他们从这种黄色咖啡油中鉴定了大量化合物（表2-3）。

表2-3　Reichstein 和 Staudinger 鉴定的咖啡挥发性香气成分（1926）

硫化氢	棕榈酸（软脂酸）
甲硫醇	乙酸、棕榈酸与提到的醇形成的酯
糠硫醇	乙酸甲酯
高级硫醇（Higher mercaptans）	3-甲基丁酸甲酯
二甲基硫醚	石炭酸（苯酚）
高级硫醚（Higher sulfides）	邻苯二酚（儿茶酚）
乙醛	愈创木酚
二甲基丁醛	p-乙烯基愈创木酚
糠醛	2，3-二羟基苯乙酮
甲基糠醛	高级苯酚和苯酚醚（Further phenols and phenol ethers of a higher valency）
2-乙酰基呋喃	麦芽酚（麦芽糖醇）
丙酮	嘧啶
高级脂肪醛和脂肪酮	吡嗪
呋喃酮	甲基吡嗪
二乙酰（2，3-丁二酮）	2，5-二甲基吡嗪
氨基甲酸（乙酰丙酰）	2，6-二甲基吡嗪
羰基硫氧化合物和羰基硫醇化合物	高级吡嗪同系物（Higher homologues of pyrazine）
甲醇	N-甲基吡咯
丙酮醇	高级吡咯（Further higher pyrroles）
呋喃甲醇（糠醇）	高级呋喃衍生物
醋酸（乙酸）	乙酸糠醇酯
乙戊酸（异缬草酸）	3-甲基丁酸甲酯
高级脂肪酸（Higher fatty acids）	萘

1950 年，美国纽约 Cargill Scientific 公司开始销售一种商品名为“coffee - captan”的产品，该产品的主要成分为糠硫醇。此外，德国霍尔茨明登的 Haarmann & Reimer 公司也将糠硫醇和其他一些化合物经过精心调配以商品名为“cofarom”进行销售。这两种商品的销

售促使 Reichstein 和 Staudinger 重新对他们于 1921—1930 年开展的研究工作进行进一步整理。1950—1955 年，Reichstein 和 Staudinger 又以论文形式对他们的研究结果进行了报道，他们强调糠硫醇本身不具有咖啡的芳香特征，但它是咖啡风味最具特色的组成部分之一。Reichstein 和 Staudinger 在他们的论文中列举了多项他们以前申请的专利，证明他们的研究工作是在这两种商品出现之前开展的，并强调他们申请的专利的有效性。

虽然当时还没有人对咖啡中存在的风味物质进行系统统计，但 Reichstein 和 Staudinger 相信他们鉴定出来的化合物在咖啡中的含量很高，而且对咖啡的整体风味起到了至关重要的作用。他们鉴定出来的大部分化合物在其他焙炒食品中也同样存在，例如焦化的白糖、可可、烤面包，有些化合物在木焦油中也能找到。Reichstein 和 Staudinger 在焙炒咖啡中还发现了一些新的化合物，某些化合物还是焙炒咖啡特有的，如甲硫醇。尽管甲硫醇含量很低，闻起来气味还怪怪的，但是甲硫醇是焙炒咖啡的特征风味物质。基于这一点，Reichstein 和 Staudinger 认为，许多众所周知的天然化合物与人工合成的风味物质，其本身的气味不一定好闻（特别是浓度很高时），但是将这些化合物稀释以后再添加到其他香精油中，又会形成新的、气味闻起来令人非常愉悦的香精油。Reichstein 和 Staudinger 曾经试图将咖啡中的风味物质进行重组，他们将从咖啡油中提取出来的 40 余种风味物质混合再用水稀释，得到的溶液具有咖啡的典型香气，但是与真正的咖啡饮料相比还是有一定的差距。

Reichstein 和 Staudinger（1955）还对生咖啡豆和焙炒咖啡豆的化学组成进行了比较分析，发现糖和单宁酸的含量在焙炒过程中都明显降低，但咖啡因的含量保持不变。他们还报道了咖啡中的脂肪在焙炒过程中并没有降解，但是对挥发性香味物质起到溶解吸收和保护的作用，在防止风味物质蒸发、氧化和变质失效等方面起到至关重要的作用。

1929 年，Schmalfuss 和 Barthmeyer 在不了解 Reichstein 和 Staudinger 的研究结果的情况下，对食品中的二乙酰进行了研究。研究结果表明：二乙酰具有焦糖味与黄油味，是由乙偶姻（3-羟基-2-丁酮）发生氧化后形成的。他们还对黄油、烟草、咖啡、可可、啤酒和蜂蜜中乙偶姻的含量进行了定量分析。

1937 年，Prescott 等发表了题为“The Staling of Coffee”的论文，对焙炒咖啡挥发性风味物质的稳定性及如何防止其分解进行研究，还提出了腐败咖啡或酸败咖啡风味的修正方法，并提出脂肪的氧化与不饱和键的饱和会导致咖啡形成酸败气味的假设。在这篇文章当中，Prescott 等认为氧化理论不能解释焙炒咖啡在放置过程中风味改变的原因，咖啡变质可能跟风味物质的水解、转化和挥发有关。

在对焙炒咖啡挥发性风味物质进行总结的基础上，Prescott 等采用不同的萃取方法萃取焙炒咖啡的香精油，发现香精油的含量很低。作者引用了 Erdmann（1902）的研究结果进行解释。Erdmann 采用 4 种不同的萃取方法，也只是从 150 kg 咖啡中获得了 83.3 g 香精油，并且从挥发油中只鉴定出了糠醇、糠醛和醋酸。

在这篇文章当中，Prescott 等对比了不同的萃取方式，最后选择了乙醚作为萃取溶剂，并且从乙醚的咖啡饮料萃取物中鉴定出了乙醇、醋酸、糠醛、乙酸糠醇酯、糠醇、甲酸糠酯以及少量苯酚等化合物。

Prescott 等在对他们的研究结果进行讨论时，赞同 Erdmann（1902）和 Grafe（1912）

的观点：糠醇是咖啡挥发性香精油的主要成分。但是，不同于 Erdmann 认为醋酸是咖啡主要挥发性物质，Prescott 等认为戊酸（甲基乙基醋酸）才是咖啡的主要挥发性物质。Prescott 等的这些研究结果都是建立在其对 Reichstein 和 Staudinger 于 1927 年申请专利的相关内容不了解的基础上进行的。

Prescott 等对 Sethness（1924）的研究结果提出了质疑，否定“caffeol”当中的含氮化合物对咖啡的风味产生很大贡献；他们更愿意接受 60 年以前（1880）Bernheimer 的说法，认为“caffeol”是水杨醇的甲基衍生物。

Prescott 等证明咖啡精油中含有大量的糠醇和醋酸以后，他们还认为咖啡的酸败是由糠醇和醋酸这两种物质或者这两种物质之间的相互反应造成的。他们将糠醇及其甲酸盐和醋酸盐密封保存在潮湿空气的测试管中，8 个星期以后发生了明显的聚合反应，并有树脂生成。Prescott 等并没有考虑不稳定的酚类物质会发生降解反应，某些不稳定的挥发性化合物会发生分解反应，都会对咖啡腐败变质造成一定的影响。从他们的这篇论文可以看出，他们希望找到除脂肪以外其他化合物对咖啡腐败具有影响，还申明了他们的结论是基于实验结果而不是纯主观推测。

1937 年，Prescott 等又发表了第二篇关于放置过程中咖啡品质变化的研究论文。在这篇论文当中，他们发现糠醇的氧化产物糠醛是一种具有气味的液体，且糠醛迅速发生分解反应，生成一种具有煤焦油气味的物质。Prescott 等在这篇论文当中鉴定了二乙酰、二乙基甲酮、正庚烷、2－甲氧基－4－乙烯基苯酚和愈创木酚这五种咖啡风味物质，其中 2－甲氧基－4－乙烯基苯酚和愈创木酚这两种风味物质，Reichstein 和 Staudinger 于 1926 年已经报道过。

Prescott 等不确定咖啡风味化合物中是否含有 4－乙烯基儿茶酚，但是他们首次鉴定出丁子香酚和香草酮（4－羟基－3－甲氧基苯乙酮），并且分离得到“kahweol”（后来被称为二萜）。“kahweol”曾由 Bengis 和 Anderson 于 1932 年首次在咖啡风味化合物中鉴定过。在这篇文章中，Prescott 等还首次从咖啡风味化合物中分离得到枞油烯、柠檬烯等萜烯类化合物，这个研究结果后来得到了 Stoll 等（1967）的证实。Prescott 等的研究结果表明萜烯是一种有味道和气味的挥发性化合物，但是性质不稳定，容易受到热、光、空气和化学试剂的影响。他们认为在咖啡的风味化合物不太确定的情况下，他们鉴定出来的物质可能具有比较重要的意义。因为萜烯属于碳氢化合物，所以，Prescott 等采用苯替代乙醚作为萃取剂萃取咖啡风味化合物中的萜烯类化合物。

从 Prescott 等的两篇论文还可以看出，他们对 19 世纪从咖啡中鉴定出来的风味化合物存在疑问。他们认为脂肪对咖啡的风味或芳香是没有作用的，因为脱脂肪的咖啡萃取物同样具有很好的咖啡风味。这个现象让他们重新思考一个问题：咖啡在焙炒过程中到底发生了什么化学反应，并提出三种不同的机理。然而，不可否认脂肪氧化是导致咖啡酸败的一个重要原因，但还有其他原因导致咖啡品质降低。值得注意的是，Prescott 等在发表第二篇关于放置过程中咖啡品质变化的研究论文时，已经知道了 Reichstein 和 Staudinger 的英国专利。他在论文中写道：Reichstein 和 Staudinger 是目前两个最好的有机化学家，Staudinger 因为其在有机物和高聚物的定性分析方面的造诣而闻名，Reichstein 首次人工合成了维生素 C。

1938 年，Johnston 和 Frey 发表了一篇关于咖啡挥发性风味物质的论文。这篇文章的研究目的是防止或延缓焙炒咖啡风味物质的变化。Johnston 和 Frey 在这篇文章中写道：如果咖啡中风味物质被完全准确确定，这项研究工作将会取得更多的成果并将会更有意义。Johnston 和 Frey 认为采用 Reichstein 和 Staudinger 报道的分析处理方法会使样品带有少量氧气和水分，加速风味物质的分解。因此，Johnston 和 Frey 采用高真空设备并在蒸馏过程中避免使用水。他们从咖啡中分离出了几种已经由 Reichstein 和 Staudinger 报道过的物质（事实上，焙炒咖啡中也确实存在这几种物质）以及由 Schmalfuss 和 Barthmeyer（1929）曾报道过的乙偶姻（3－羟基－2－丁酮）。Johnston 和 Frey 将自己的研究结果同 Prescott 的研究结果进行对比，证明 Reichstein 和 Staudinger（1926）报道鉴定的在咖啡样品中由分解反应形成的几乎所有化合物的确存在。Johnston 和 Frey 的研究结果与 Prescott 等的两篇关于咖啡在放置过程中风味物质可能发生的化学变化的论文的研究结果几乎完全一致：咖啡在放置过程中，各种风味化合物可能发生挥发、氧化、水解和聚合反应，但是这与咖啡脂肪没有任何关系。1938 年，Johnston 和 Frey 首次在咖啡风味化合物中鉴定出呋喃，并在他们的文章中进行了相关报道。

1948 年，Neu 采用柱色谱对咖啡风味物质萃取物进行分离，首次鉴定出二十九碳烷。1949 年，Hughes 和 Smith 发表了一篇关于焙炒咖啡挥发性风味物质组成的研究论文，但是没有鉴定出任何新物质。Hughes 和 Smith 认为焙炒咖啡挥发性物质具有焙炒咖啡的特征风味，还没有鉴定出的焙炒咖啡风味物质很可能是非挥发性化合物或易氧化的化合物。Hughes 和 Smith 主要也是研究焙炒咖啡在放置一段时间内风味物质所发生的变化。在仅有比色法、分析条件相对落后的情况下，Hughes 和 Smith 对前人已鉴定出的特征挥发性化合物进行了定量分析，特别研究了焙炒咖啡风味化合物中嘧啶、呋喃甲醛、醛类、二乙酰、乙偶姻、丙酮、挥发性酚类物质和硫化氢等在放置一段时间内所发生的变化。

1950 年，Moncrieff 发表了一篇题为“The Aroma of Coffee”的综述（分成 Part 1 和 Part 2 两部分），在 Part 1，作者没有讨论任何新发现的咖啡风味物质，只是对前 120 年咖啡风味化学的研究结果进行了总结。Moncrieff 在论文中特别强调：将咖啡进行蒸馏得到的一种最初被命名为“caffeol”的油状物，该油状物沸点低，具有焙炒咖啡的特征风味。对“caffeol”进行鉴定成为一代科学家的梦想，而实际上“caffeol”是由多种化合物组成的混合物。

1951 年，Kaufman 对咖啡风味化学的基础研究进行了总结，对生咖啡豆的加工、咖啡焙炒、包装等进行了综述，并且对咖啡粉或速溶咖啡萃取技术的发展趋势以及咖啡风味物质分析方面的基础研究提出了一些建议。作者坚持认为含硫化合物是咖啡的重要风味物质。

1956 年，Mabrouk 和 Deatherage 鉴定了丙酮酸。随后，Clements 和 Deatherage 于 1957 年提出焙炒咖啡中一些风味化合物的色谱分析方法，但是他们的研究结果也不一定很可靠，因为他们采用含氧酸 2，4－二硝基苯腙作为参照物，而咖啡中是否含有该物质尚不能确定。事实上，Clements 和 Deatherage 也试验性地鉴定出一些焙炒咖啡风味化合物，如丙酸和酪酸是由他们首次鉴定的。1957 年，Lockhart 首次在咖啡风味化合物中鉴定出乙醇和甲酸糠酯。1958 年，Högl 通过纸层析色谱对焙炒咖啡的一个非挥发性提取物进行了分析，并鉴定出羟甲基糠醛、焦棓酸、对苯二酚、麦芽酚和苯邻二酚，其中羟甲基糠醛和焦棓酸属于首次鉴定，而对苯二酚已经由 Bernheimer 于 1880 年鉴定过，麦芽酚和苯邻二酚已经由 Reichstein 和 Staudinger 于 1926 年鉴定过。

第二节　咖啡风味化学的近现代研究（气相色谱出现后）

1956 年，出现了新色谱分离技术——气相色谱（Gas Chromatography，GC）。20 世纪 60 年代，质谱（Mass Spectrometry，MS）和核磁共振（Nuclear Magnetic Resonance，NMR）陆续进入分析实验室，这些仪器设备的应用大大加速了食品挥发性风味物质的分析鉴定。

加上气相色谱出现之前的 Reichstein 和 Staudinger 团队，全球一共有 10 个科研团队对焙炒咖啡风味化学成分的研究作出了非常突出的贡献，这 10 个科研团队鉴定出的焙炒咖啡挥发性风味物质超过 600 种（表 2－4）。鉴定出来的咖啡风味化学物质数量在不断增加，再发现新的咖啡风味化学物质的难度越来越大。但是由于气相色谱、质谱与核磁共振等分析检测设备的灵敏度也在不断提高，部分含量极微的咖啡风味化合物陆续被鉴定出来，这些化合物将在第七章和第八章中详细列出。

表 2－4　10 个科研团队一共鉴定了焙炒咖啡中 77% 的风味物质

序号	研究者	研究单位	鉴定数量	研究年限
1	Stoll M.，Winter M.，Gautschi F.，Flament I. & Goldman I. M.	瑞士芬美意公司（Firmenich）	149	1957—1967
2	Vitzthum O. G.，Werkhoff P.，Holscher W.，Becker R.，Weisemann C.，Köhler H. S.，Steinhart H.，Bade-Wegner H.，Gutmann W.，Barthels M.，Bendig I.，Wollmann R. Nitz S. & Doehla B.	卡夫食品公司	145	1974—1997
3	Tressl R.，Silwar R.，Köppler H.，Grünewald K. G.，Bahri D.，Jensen A.，Kamperschroer & Rewicki D.	德国柏林工业大学化学技术与分析研究所	95	1978—1987
4	Gianturco M. A.，Friedel P.，Giammarino A. S.，Renner J. A.，Shephard F. W.，Krampl V.，Radford T.，Bondarovich H. A.，Flanagan V. & Pitcher R. G.	美国佐治亚州亚特兰大可口可乐公司	61	1962—1971
5	Baltes W.，Bochmann G. & Heinrich L.	德国柏林工业大学食品化学研究所	56	1986—1987

（续上表）

序号	研究者	研究单位	鉴定数量	研究年限
6	Merritt C. Jr. ,Robertson D. H. ,McAdoo D. J. , Bazinet C. & Sullivan J. H.	美国陆军马萨诸塞州纳提克实验室	56	1963—1970
7	Reichstein T. & Staudinger H.	瑞士 International Nahrungs-und Genussmittel A. G.	31	1926
8	Stoffelsma J. , Sipma G. , Kettenes D. K. & Pypker J.	荷兰 Polak's Frutal Works N. V.	30	1968
9	Reymond D. , Egli R. H. , Liardon R. , Müggler-Chavan F. , Vuataz L. , Ott U. , Aeschbacher H. U. , Wolleb U. , Löliger J. , Spadone J. C. , Woodman J. S. , Giddey A. , Pollien P. , Krebs. Y. , Chaintreau A. & Takeoka G.	瑞士雀巢公司	25	1963—1998
10	Zlatkis A. ,Sivetz M. ,Wang T. H. & Shanfield H.	美国休斯敦大学	18	1960—1983

Dimick 和 Corse 是最先使用气相色谱（GC）研究分析食品挥发性香气成分的人员。1956 年，他们发表了题为“气相色谱：分离和确定食品中挥发物的新方法（Gas chromatography：A New Method for the Separation and Identification of Volatile Materials in Foods）”的论文，遗憾的是，由于检测设备跟不上，Dimick 和 Corse 没有鉴定出任何新的咖啡风味化合物。1958 年，Gautschi 使用由 Palluy 自制的气相色谱设备对咖啡风味物质进行了分析研究，在 35 min 的运行时间里鉴定出 7 种挥发性脂肪族酸类物质：蚁酸、乙酸、丙酸、异丁酸、丁酸、异戊酸和戊酸。后来，Gautschi 又将待测样品与重氮甲烷进行反应制备出极性低、挥发性强的甲酯，可以在 25 min 内将蚁酸、乙酸、丙酸、异丁酸、丁酸、异戊酸和戊酸这 7 种挥发性脂肪族酸类化合物完全分离。

1958 年，Rhoades 对气相色谱进行了创新性应用，组装成世界上第一台商业化色谱仪（Vapor Fractometer Perkin－Elmer，Model 154）。这台气相色谱仪配置了外置气体取样阀和 2 m 长的铜管，铜管中装有干燥的涂有 20% 聚乙二醇 1 500 的耐高温材料，进样方式如图 2－2 所示，采用一股湿热的氦气吹扫加热好的咖啡原料。Rhoades 采用这台气相色谱仪在 45 ℃ 的恒温条件下分析咖啡粉的风味化合物，发现在色谱图上有 16 个明显的峰（图 2－3）。他鉴定出了乙醛、丙酮、甲醇、二甲基硫醚、丙醛、甲乙酮和二乙酰。遗憾的是，很久以前乙醛、丙酮和甲醇这三种物质就已经在咖啡风味化合物中被鉴定出来了。

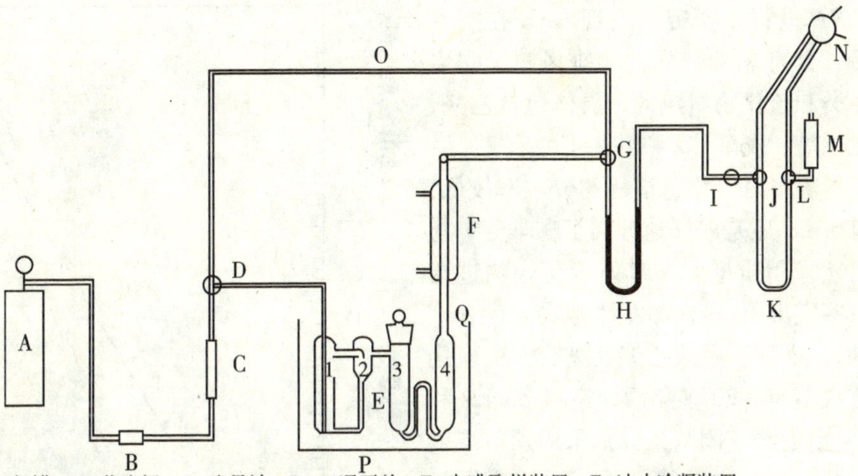

A. 氦气罐 B. 节流阀 C. 流量计 D. 三通开关 E. 咖啡取样装置 F. 冰水冷凝装置
G. 三通开关 H. 预备柱 I. 三通开关（抽真空用的管路） J. 三通开关 K. 分离柱
L. 三通开关 M. 流量计 N. 取样阀 O. 氦气旁通管 P. 2L 大烧杯 Q. 硅树脂密封

图 2－2 第一台气相色谱进样装置简图

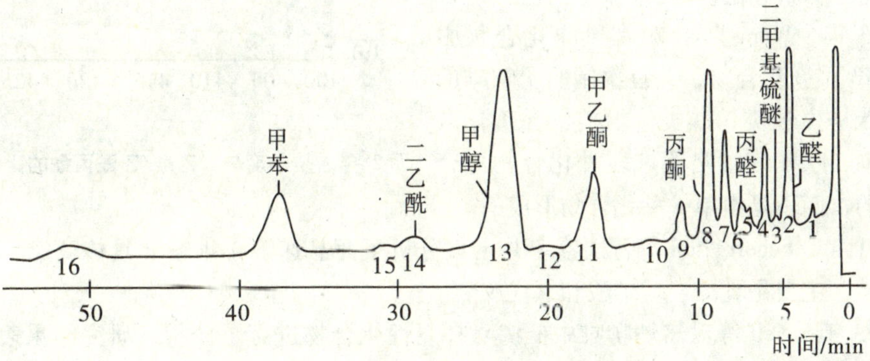

图 2－3 Rhoades 分析咖啡样品的 GC 图谱

两年以后（1960），Rhoades 以 7 个不同品种咖啡为原料，研究焙炒条件对咖啡挥发性风味物质浓度的影响。研究发现：在焙炒温度为 175 ℃左右时，硫化氢的浓度达到最高值；在焙炒温度为 200 ℃和 220 ℃时，甲酸甲酯和乙酰丙酰（2，3－戊二酮）的浓度分别达到最高值。Rhoades 首次鉴定并定量分析了异戊二烯、丙醛、正丁醛、异丁醛、异戊醛、2－丁酮、甲酸甲酯和 2－甲基呋喃这 8 种挥发性咖啡风味物质。Rhoades 的研究结果还表明：随着焙炒时间的延长，咖啡风味化合物中二乙酰与乙酰丙酰（2，3－戊二酮）之比增加，这个值可用于确定商品咖啡的焙炒程度（图 2－4）。

1960 年，美国德克萨斯州休斯敦大学的 Zlatkis 和 Sivetz 对两种类型的咖啡风味提取物进行了分析：第一种是挥发性很强的咖啡风味物质（Coffee Aroma Essence，CAE），该提取物是从商业过滤器上排出的气体中收集到的（焙炒咖啡中的含量为 200 ppm）；第二类是通过真空收集的挥发性较弱的干燥的风味物质（Dry Vacuum Aroma，DVA），该提取物先采用蒸汽蒸馏再用乙醚进行萃取。Zlatkis 和 Sivetz 分别采用气相色谱和气体分析仪对

CAE 和 DVA 进行了研究，发现 CAE 在空气中稀释后，具有非常强烈的咖啡风味，它主要是由醛类和硫化物组成的，具体包括乙醛、丙酮、二乙酰、戊醛、2 - 甲基丁醛和 3 - 甲基丁醛。尽管当时气相色谱柱的分辨率较低，Zlatkis 和 Sivetz 还是较好地分离了咖啡芳香物质。他们还采用质谱对咖啡风味化合物进行了分析，鉴定出 30 多种挥发性物质，其中 1, 3 - 戊二烯、戊醛、甲酸乙酯、噻吩、二硫化碳属于首次鉴定。20 多年后，来自 Zlatkis 和 Sivetz 实验室的研究团队又分别采用顶空浓缩（headspace concentration）、中心切割分离（heart cutting separation）、Tenax 吸附（Tenax adsorption）和气相色谱—质谱串联（GC - MS）技术对咖啡风味化合物中的微量挥发性物质进行了分析鉴定。

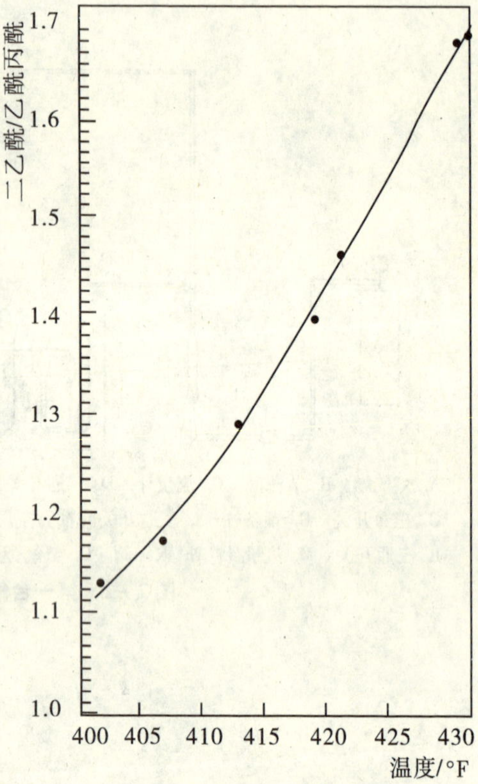

图 2 - 4　焙炒度与二乙酰/乙酰丙酰的比例关系

1983 年，Wang 等在咖啡风味化合物中鉴定出 13 种新化合物，并首次阐明了咖啡的特征风味是由酯类、醇类、酚类、含硫化合物、吡嗪、呋喃和吡咯等许多种化合物混合而形成的，而不是由单一种化合物形成的。

1961 年，Schormüller 等首次鉴定并定量分析了商品速溶咖啡粉（具体商家不明）中的有机酸，主要是乳酸、琥珀酸和氧代戊二酸。

1963 年，Self 等对焙炒咖啡中低沸点挥发性化合物进行了分析，研究结果表明：咖啡煮沸后，含有 6 种低沸点挥发性化合物，这 6 种挥发性化合物同样存在于煮土豆或其他食品中；大部分烹饪食品都可能产生相似的低沸点挥发性化合物，只是含量不同；由分解反应产生的普通挥发性物质几乎在所有生物烹饪材料中都存在，而且大部分都是由氨基酸参与反应产生的，这一点 Self 等通过模拟体系实验进行了验证。Self 等认为：不同食品具有不同风味，不是因为含有一种或多种独特的化学成分，而是由于低沸点物质的含量不同。此外，Self 等还在速溶咖啡粉中鉴定出了乙硫醇，这种风味化合物属于首次鉴定。

1963 年，美国陆军马萨诸塞州纳提克实验室（US Army Natick Laboratories, Natick, Mas., USA）的咖啡风味化学研究团队 Merritt 等（表 2 - 4）开始发表论文。他们采用当时被称为“现代技术”的气相色谱—质谱联用技术对咖啡风味化合物进行分析鉴定。以焙炒咖啡豆或焙炒咖啡粉为原料，在真空和室温条件下，通过完全静态的转移程序进行采样，采用加热，蒸汽、水或者溶剂萃取，再在液氮温度下的接收器里浓缩，最后采用 GC - MS联用技术对咖啡风味化合物进行分析鉴定。研究结果表明：焙炒咖啡的功能性芳香物质主要是醛类（50.7%）、酮类（21.5%）、酯类（10.3%）、杂环化合物（7.0%）、含硫化合物（4.3%）、醇类（2.4%）和腈类（1.7%）；而且通过比较样品和纯标准品的质谱一致性，首次在焙炒咖啡风味化合物中鉴定出丙烯醛、2，4-戊二醛、2，5-二甲基呋喃、2-磷酸甘油酸、丁烯腈、甲基乙基硫醚、二甲基二硫醚和乙基甲基二硫醚这8种化合物。

Merritt和Robertson在第二届咖啡化学国际研讨会（巴黎，1965）上报道了他们在咖啡风味化学研究方面的进展，文章于1966年发表。在这篇文章当中，作者对他们采用的特殊顶空进样装置与气相色谱—快速扫描质谱相结合的分析系统的细节进行了详细的描述，人们可以通过这套设备中的示波检测器和记录仪形象地观察到洗脱出来的咖啡风味化合物的质谱峰。这个实验结果是非常令人钦佩的，当时仅有少数几个分析实验室配置了这样高端的设备。Merritt团队采用这套设备一共鉴定出56种咖啡风味化合物，其中14种属于首次鉴定，主要是烃类化合物。Merritt等特别强调，对天然风味化合物的研究，必须与感官评价等分析方法相结合，否则对芳香物质检测的可信度不高。

Merritt团队的研究目的主要是提高速溶咖啡产品的市场可接受性，而不是证明每一种被鉴定的物质对咖啡风味的重要作用，也不是将分析结果用于市场上成品质量的判断。

1969年，在荷兰首都阿姆斯特丹召开的第四届咖啡化学国际研讨会上，Merritt等指出，对咖啡芳香化合物的组成研究不是为了完成一个咖啡风味物质的列表，而是为了明确这些风味物质与其前体物质的关系，以及这些风味化合物的形成机理，最终达到控制咖啡产品质量的目的。

为了明确生咖啡豆成分和焙炒咖啡香气成分的相关性，Merritt等（1970）研究了各种氨基酸的部分热分解产物，发现含有相同氨基酸的蛋白质加热分解的产物相同。鉴定出16种其他化合物以后，Merritt等希望出现一种新的分析技术能直接分析咖啡香气成分与其风味前体物质之间的关系，并希望这种新技术能够为评价和控制咖啡的质量提供可靠支撑。

1963年，美国佐治亚州亚特兰大可口可乐公司实验室的Gianturco等（表2-4）通过压榨整颗焙炒咖啡豆得到咖啡油。这种油是甘油酯的混合物。他们从这种咖啡油中分离出5种环二酮化合物。他们还在室温条件下采用气相色谱对从咖啡油中分离出的一种叫“aroma complex”（芳香混合物）的物质进行了分析（图2-5）。这种物质相对于焙炒咖啡的产率为0.025%。Gianturco和Friedel还报道了这种“芳香混合物”的合成方法。

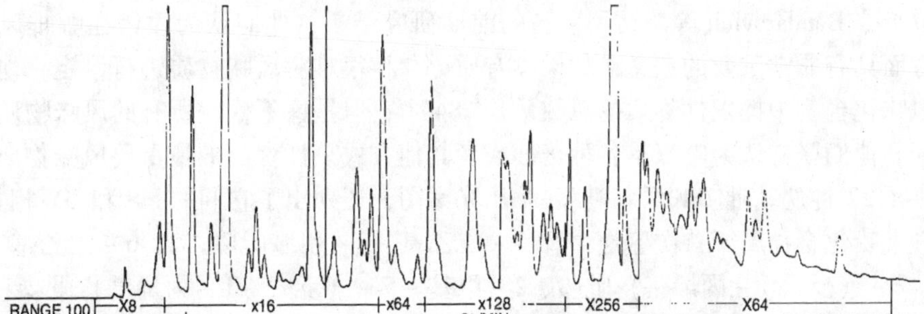

图2-5　咖啡油中“aroma complex”的气相色谱图

1964 年，Gianturco 等研究了咖啡中两种杂环化合物的结构以及四氢呋喃酮的一些合成方法。研究结果表明，由于“芳香混合物”的不稳定性、结构复杂性以及部分化合物浓度很低，其香气组分分析十分困难。

Gianturco 等采用气相色谱分离与红外光谱（Infrared Spectroscopy，IR）、质谱鉴定，研究发现了 2－甲基四氢呋喃－3－酮，并确定了 N－糠基吡咯的结构。其中，N－糠基吡咯早在 1926 年就已经由 Reichstein 和 Staudinger 首次在焙炒咖啡风味化合物中研究报道过，而且 Reichstein（1930）还报道了 N－糠基吡咯的合成方法。

Gianturco 等（1964）采用红外光谱从焙炒咖啡风味化合物中分离鉴定出 25 种简单的呋喃化合物和吡咯化合物。他们的这篇文章是专门针对“aroma complex”中挥发性很强的物质进行研究的。他们还进一步集中研究了“aroma complex”中的呋喃和吡咯，鉴定出 6 种新的呋喃和 8 种新的吡咯。他们还将从“aroma complex”中分离出来的组分 A 的红外光谱图（图 2－6）与 2－乙酰基呋喃的红外光谱图进行了对比。

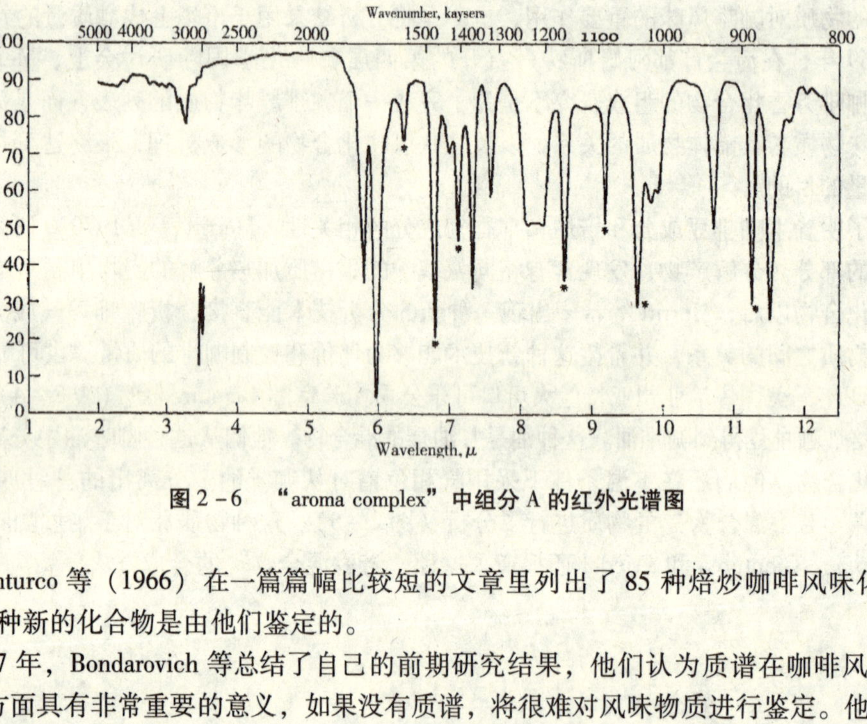

图 2－6　“aroma complex”中组分 A 的红外光谱图

Gianturco 等（1966）在一篇篇幅比较短的文章里列出了 85 种焙炒咖啡风味化合物，其中 12 种新的化合物是由他们鉴定的。

1967 年，Bondarovich 等总结了自己的前期研究结果，他们认为质谱在咖啡风味化合物分析方面具有非常重要的意义，如果没有质谱，将很难对风味物质进行鉴定。他们还估计咖啡风味化合物中挥发性物质的总数量是 284 个，但是这不代表所有的风味物质已全被鉴定出来。他们坚持认为吡嗪是各种焙炒或者其他方式烹饪食品的最重要风味物质。这篇文章列举了 22 种烷基吡嗪和烯基吡嗪的 IR 光谱图，还列出了它们的 MS 和 UV 相关数据。其中 5 种吡嗪化合物属于首次鉴定：2，3－二乙基－5－甲基吡嗪、2，6－二乙基－3－甲基吡嗪、2－（反式 1－丙烯基）吡嗪、2－甲基－5－（反式－1－丙烯基）吡嗪和 2－甲基－6－（反式 1－丙烯基）吡嗪。这篇文章还提到了鉴定出的其他 8 种化合物：正十四碳烷、十五烷、4 种环戊烯酮、2 种环己烯酮、1－羟基－2－丁酮醋酸、丙酮丙酸、2，4，5－三甲基－2H－呋喃－3－酮和 N－戊烷基吡咯。

1971 年，Friedel 等首次在咖啡中鉴定出 1 种酮、2 种呋喃、8 种吡嗪和丁醛肟等 12 种风味化合物。

Walter 等（1967）建议采用衍生技术作为气相色谱的样品制备方法，用于鉴定挥发性不强的化合物。他们通过衍生技术在咖啡风味物质中发现了 1，2 - 丙二酮（丙酮醛）和 1，2 - 环戊二酮。值得注意的是，衍生技术的缺点是在分析鉴定过程中可能会检测到人工合成的化合物。

从 1962 年开始，瑞士雀巢公司的 Reymond 等（表 2 - 4）发表了一系列咖啡风味化学方面的研究论文。他们的气相色谱仪采用的是一根不锈钢毛细管色谱柱和在当时来说非常灵敏的 β - 离子化^{90}Sr 检测器，采用气扫法（gas sweeping method）进样，分析对象包括焙烤咖啡挥发出来的气体、咖啡粉的水萃取物等。Reymond 等采用丙酮作为内标，根据保留时间对样品的气相色谱峰进行分析鉴定，还采用红外光谱仪对气相色谱分离出来 23 个组分中的 13 种风味物质的官能团进行了分析。他们的研究结果表明，咖啡的风味化合物中挥发性最强的组分包括甲烷、乙烯和二甲氧基乙烷。Reymond 等还对焙炒咖啡在放置过程中风味物质的变化进行了研究。他们采用热水萃取焙炒咖啡粉中的风味物质，研究了各种风味物质的平衡及变化规律。他们的研究结果表明，焙炒咖啡在放置期间，乙酸甲酯、乙醛、丙醛、异丁醛、丁醛、戊醛和甲基乙基乙醛的相对含量是增加的，2 - 甲基呋喃、甲酸甲酯、甲基乙基酮类化合物、二乙酰的相对含量是降低的。

Viani 等（1965）对前人鉴定的咖啡风味物质进行了总结，并采用几根不同的气相色谱柱（固定相不同）对咖啡挥发性香气成分进行了分析，鉴定出 38 种化合物。他们还通过红外光谱确定了 2，3 - 二甲基吡嗪、γ - 丁内酯、丙酮醇乙酸盐和 2，3 - 己二酮这 4 种新物质的结构。此外，Viani 等还通过高分辨率质谱确定了 2 - 甲基四氢呋喃 - 3 - 酮的结构，该物质曾经于 1964 年由 Gianturco 等分离出来。

由于常压水蒸气蒸馏无法将咖啡风味化合物中的高沸点物质提取出来，Reymond 等（1966）采用减压水蒸气蒸馏法提取了咖啡中的高沸点风味物质，随后又用二氯甲烷对萃取物的浓缩液进行萃取，再通过顶空进样进行气相色谱分析。他们以丁酸乙酯作为内标，将气相色谱顶空数据换算成咖啡饮料液体样品风味物质组成的数据，计算了咖啡饮料中风味物质的大致组成。他们研究发现尼加拉瓜咖啡（Nicaragua Coffee）的低压水蒸气蒸馏产物中含有的 18 种挥发性化合物中包括 3，4 - 二甲氧基苯乙烯。

Heins 等（1966）采用 GC - MS 分析咖啡香气成分，鉴定出 13 种化合物，其中 12 种化合物是首次在咖啡风味化合物中鉴定出的：苯、苯乙烯、1 - 己醇、2 - 丁醛、丙酸甲酯、乙酸丁酯、3 - 甲基呋喃、3 - 丙基呋喃、四氢呋喃、2 - 噻吩甲醇、2 - 乙基吡咯和二乙基二硫化物。

Kung 等（1967）对来源于哥伦比亚和桑托斯的 2 种阿拉比卡咖啡和 1 种未注明产地的罗伯斯塔咖啡饮料中的挥发性酸类物质进行了分析，通过 NMR 鉴定出甲酸；采用 GC 对正庚酸、壬酸和癸酸进行了分析。Parliament 等（1973）在咖啡风味化合物中鉴定出反式 2 - 壬烯醛，这种物质具有赋予焙炒咖啡（粉）一种新鲜冲泡木材的特征性气味的特点。Kung（1974）将咖啡风味化合物中鉴定出的 3 - 羟基 - 3 - 戊烯基 - 2 - 酮描述为具有令人愉悦的、类似黄油的焦糖香味，3 - 羟基 - 3 - 戊烯基 - 2 - 酮实际上是 2，3 - 乙酰基丙酮的互变异构体。

从时间上看，瑞士芬美意公司（表2－4）是1967年才开始咖啡风味化学方面的研究的，但根据该公司Stoll等人于1967年发表的文章来看，这个咖啡风味化学研究团队10年前（1957）就开始了咖啡风味化学的研究，文章推迟到1967年才发表主要是出于商业原因。芬美意公司（Firmenich）成立于1895年，总部位于瑞士日内瓦，是一家具有100多年历史的国际化私营公司，亦是全球最大的从事香精原料研究和生产的公司。如今，无论是技术力量还是销售额，该公司均在世界同行中名列前茅。

1958年，来自瑞士芬美意公司咖啡风味化学研究团队中的Gautschi等发表了一篇关于气相色谱分析咖啡中酸类物质的论文。1967年，Gautschi在意大利里亚斯特召开的第三届咖啡化学国际研讨会上，对咖啡风味化学的研究方法与结果进行了总结（文章于1968年刊登出来）。该论文对咖啡风味物质的浓缩步骤、分离程序和鉴定技术等进行了讨论。同样来自该团队的Flament等（1967）发表过一篇关于咖啡风味化学分析方法的论文，这篇论文介绍了一种原创性的、简单而有效的分析方法，即气相色谱和薄层色谱相结合的方法。

1967年，Gautschi等和Stoll等各发表了一篇论文，这两篇论文属于姊妹篇，一共列出了鉴定的203种咖啡风味化合物，其中近150种是首次在咖啡风味化合物中被鉴定出来的。这将近150种化合物主要是：烃类化合物（13种）、酮类化合物（22种）、酚类化合物（10种）、呋喃类化合物（37种）、噻吩类化合物（17种）和吡咯类化合物（9种）。

1967年，同样来自该研究团队的Goldman等在咖啡挥发性香气成分中鉴定出18种吡啶类和吡嗪类化合物。Stoll和Goldman对咖啡风味物质的分析研究超过7年，他们发表的论文中所涉及的化合物，在同一时期立即得到了其他研究团队的验证。

1968—1980年，瑞士芬美意公司一共申请了42个咖啡方面的专利。这些专利充分展示了他们在咖啡风味化学方面的研究成果，发明人主要是Winter、Firmenich和Cie等。这些专利都是关于从咖啡风味物质中鉴定出的或者潜在的活性物质的合成方法，以及这些化合物的理化性质、光谱学性质与感官特性。1971年，Büchi等证实了咖啡风味化合物中呋喃的合成方法，呋喃是由Stoll等（1967）首次在咖啡风味化合物中鉴定出的一种关键物质。

Broderick（1968）认为咖啡风味化合物中存在一些性质非常不稳定的未知物质（特别是在强挥发性的风味物质当中），它们会快速发生反应生成其他的物质。为了说明这个问题，作者阐述了洋葱中含有硫代丙醛（丙基乙硫醛），硫代丙醛即为一种性质非常不稳定的化合物，能快速发生聚合反应，因此无法分离得到，调香师也无法在调香过程中用到这种物质。Broderick推测“2－furancarbothialdehyde”（他曾错误地将其命名成“furfurl thioaldehyde”）理论上具有新鲜冲泡咖啡饮料的特征风味，但是他无法将该物质分离制备出来并解决其稳定性问题。Broderick还认为：如果不添加其他风味物质，仅凭新鲜焙炒咖啡在实际操作中无法制备出速溶咖啡。

1968年，荷兰Polak's Frutal Works N. V. 咖啡风味化学研究团队（表2－4）的Stoffelsma、Pypker等发表了两篇论文，列出了158种咖啡风味化合物，其中30种化合物属于首次报道，这30种新化合物包括5种酯类化合物、5种内酯类化合物和5种呋喃类化合物。他们采用的研究方法是：以焙炒咖啡（粉）为原料，通过水蒸气蒸馏得到风味物质，再进行浓缩和溶剂萃取以后进行GC、IR和MS分析。风味物质是通过将样品的IR光谱图、两根不同气相色谱柱的保留时间、质谱图同标准品的相应图谱进行对比来进行分析鉴定的。

1969—1971 年，其他人对咖啡风味化学的贡献包括：Feldman 等（1969）发现了 2 种酯类物质，Haberer（1970）和 Klöcking 等（1971）发现了 5 种酚类物质。

到了 20 世纪 70 年代，卡夫食品公司位于德国不来梅港市的咖啡风味化学研究团队发表了一系列科研论文。卡夫食品公司（Kraft Foods Inc.）成立于1852 年，是美国最大的食品和饮料企业，北美最大的食品生产商，世界第二大食品公司，现直属于菲利普·莫里斯公司（全世界最大的消费品集团）。卡夫食品公司已有 100 多年的历史，在超过 70 个国家开展业务，其产品在全球 150 个国家有售。

1974 年，来自该团队的 Vitzthum 和 Werkhoff 采用水蒸气蒸馏萃取咖啡风味物质，再通过 Porapad Q 对碱性和中性咖啡风味物质进行吸附浓缩，最后采用 GC－MS 通过玻璃毛细管气相色谱柱对咖啡风味物质进行了分析（图 2－7 为乙醚提取的咖啡碱性风味物质的 GC 图谱）。他们的研究鉴定了 80 种新的咖啡风味化合物，主要包括 7 种吡咯类化合物、20 种噁唑类化合物、25 种噻唑类化合物、6 种嘧啶类化合物和 20 种吡嗪类化合物。他们的文章旨在阐明噁唑类化合物和噻唑类化合物在食品风味中的重要作用。Vitzthum 和 Werkhoff 还意识到，尽管当时报道的咖啡挥发性物质的数量已经很多了，但这还只是冰山一角。

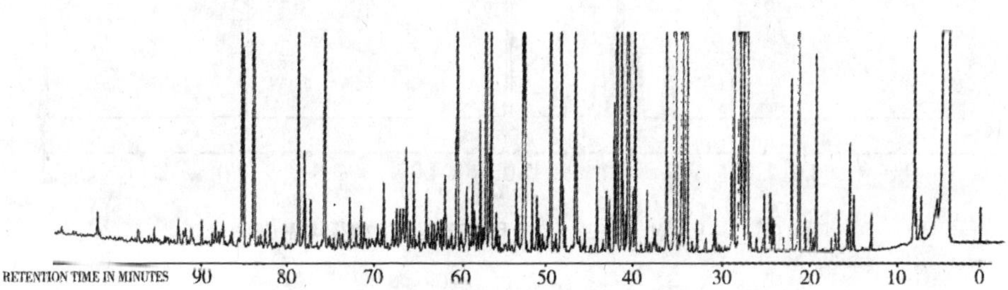

图 2－7　乙醚提取的咖啡碱性风味物质的 GC 图谱

1975 年，Vitzthum 和 Werkhoff 采用常压水蒸气蒸馏，并采用气相色谱对水蒸气蒸馏所得的挥发性风味物质进行了分析（图 2－8），在萃取物中首次鉴定出 17 种烷基化环戊醇和环己二烯，并对可能形成这些杂环化合物的前体物质及其质谱碎片形成的途径进行了讨论。

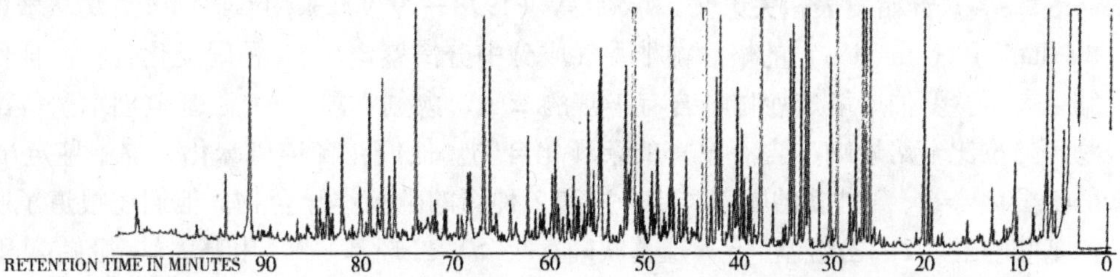

图 2－8　水蒸气蒸馏焙炒咖啡所得挥发性风味物质的 GC 图谱

1976 年，Vitzthum 和 Werkhoff 又在焙炒咖啡水蒸气蒸馏产物中发现了 120 种中性组分化合物，其中甲基乙烯基呋喃、烯基呋喃和 N－酰基吡咯等 29 种化合物是首次在焙炒咖啡风味化合物中鉴定的。他们将新鉴定的 29 种化合物的质谱数据列成了表格并进行了分析讨论，还通过核磁共振对咖啡风味物质 N－糠基－2－甲基吡咯进行了鉴定（图 2－9）。他们还报道了当时在焙炒咖啡中一共鉴定出大约 530 种风味物质。

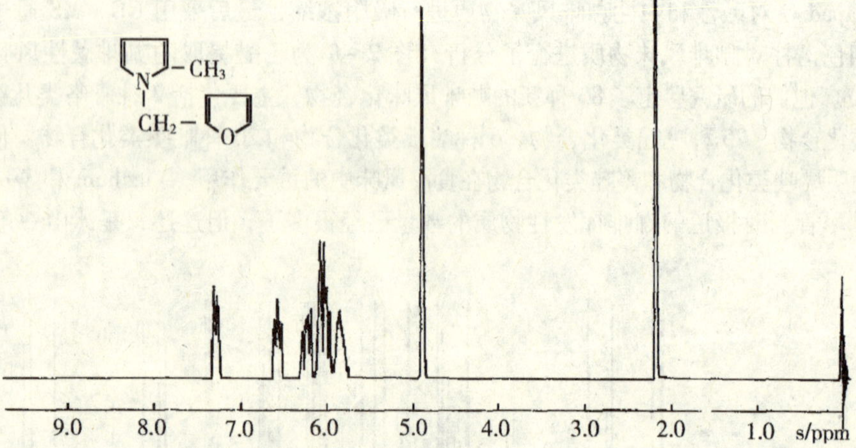

图 2－9　N－糠基－2－甲基吡咯的核磁共振谱图

1979 年，Gutmann 等对比分析了阿拉巴斯塔、阿拉比卡、罗伯斯塔三种焙炒咖啡的挥发性风味物质。在这篇文章中，Gutmann 采用 Tenax 聚合物进行顶空富集，然后进行 GC－MS 分析。研究结果表明：阿拉巴斯塔焙炒咖啡的芳香物质与阿拉比卡焙炒咖啡非常相似，证实了这两种焙炒咖啡风味关系比较近；罗伯斯塔焙炒咖啡比其他两种咖啡的气相色谱峰数量多。作者还报道了阿拉比卡焙炒咖啡和阿拉巴斯塔焙炒咖啡的风味化合物中有 11 种呋喃类化合物的含量较高，罗伯斯塔焙炒咖啡中有 4 种含硫化合物的含量较高。

从 1978 年开始，来自德国柏林工业大学化学技术与分析研究所的咖啡风味化学研究团队（表 2－4）开始发表相关论文，Tressl 等（1978—1979）采用 GC－MS 方法从蒸馏萃取（distillation－extraction）的焙炒咖啡香气成分中分离鉴定出 30 种酚类化合物。他们的研究结果表明：罗伯斯塔焙炒咖啡含有丰富的苯酚、愈创木酚、4－乙基愈创木酚等酚类化合物；阿拉比卡焙炒咖啡含有丰富的杂环化合物。他们在咖啡风味化合物中鉴定出 15 种新的酚类化合物、3 种新的呋喃类化合物和 2 种新的吡喃类化合物。他们还报道了呋喃醇、乙基呋喃醇、2－乙酰基－3－羟基呋喃、3，5－二羟基－2－甲基－4－吡喃酮和 2，3－二氢－3，5－二羟基－6－甲基－4－吡喃酮都具有典型的焦糖味。咖啡品种与焙炒条件会影响咖啡香气成分中酚类物质的类型与数量。

1981 年，Tressl 等对焙炒咖啡挥发性香气成分中的吡咯类化合物进行了研究，发现 27 种新的咖啡风味物质。他们通过蒸馏萃取新鲜焙炒咖啡的香气成分，采用 GC－MS 分析鉴定出 20 多种 N－烷基吡咯类化合物、15 种糠基吡咯类化合物，并进行半定量分析。研究结果表明：罗伯斯塔焙炒咖啡挥发性香气成分中的烷基吡咯类化合物比阿拉比卡焙炒咖啡的多，糠基吡咯类化合物比阿拉比卡焙炒咖啡的少。他们还对糠胺（呋喃甲胺）与糖的裂解产物发生反应生成咖啡风味物质的机理进行了推导。

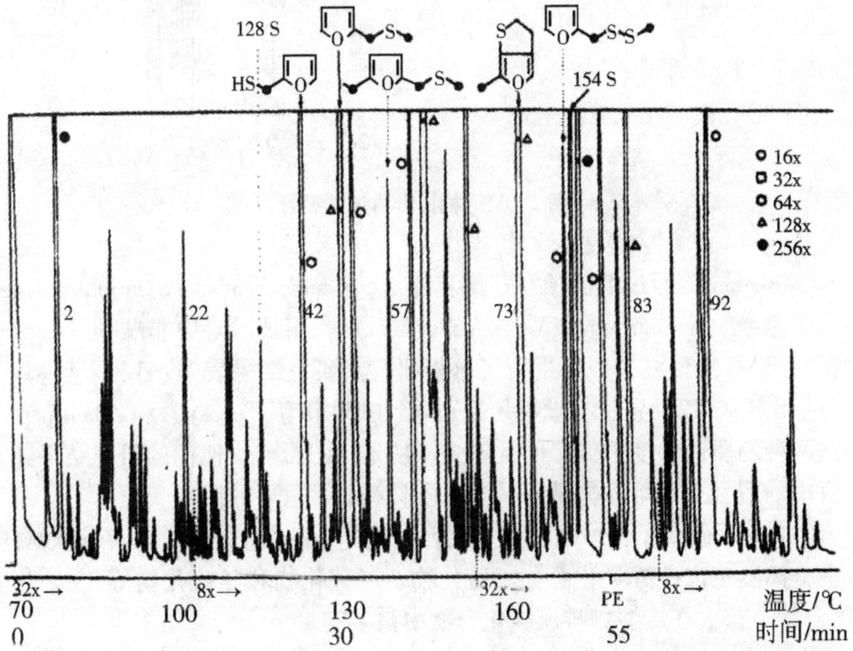

图 2－10　阿拉比卡咖啡风味提取物的毛细管气相色谱图

1981 年，Tressl 等还发表了一篇关于焙炒咖啡中含硫化合物的文章，通过蒸馏—萃取、吸附色谱和毛细管气相色谱—质谱法，在焙炒咖啡中发现了 23 种含硫化合物（硫醇、硫化物、二硫化物和三硫化物），其中 15 种含硫化合物属于在咖啡中首次鉴定，并对阿拉比卡焙炒咖啡、罗伯斯塔焙炒咖啡和速溶咖啡中硫成分的量进行了测定。作者的研究对象包括阿拉比卡咖啡（图 2－10）、罗伯斯塔咖啡和速溶咖啡。

1987 年，来自德国柏林工业大学食品化学研究所的咖啡风味化学研究团队（表 2－4）通过模拟反应体系对焙炒食品的香气成分的形成途径进行了研究。Baltes 和 Bochmann（1987）以丝氨酸、苏氨酸与蔗糖为原料（生咖啡豆中含有这些物质），模拟咖啡的焙炒过程（图 2－11），对风味物质的形成机理进行了研究，特别研究了丝氨酸与蔗糖、苏氨酸与蔗糖的模拟反应体系。他们的研究发现：这两个模拟反应体系生成的挥发性香气成分约 350 种，主要是呋喃类化合物、吡咯类化合物、吡嗪类化合物、吡啶类化合物和噁唑类化合物；他们还将模拟反应体系中生成的这些风味化合物与焙炒咖啡的挥发性香气成分进行对比分析，发现其中有 53 种化合物在焙炒咖啡香气成分中也存在。

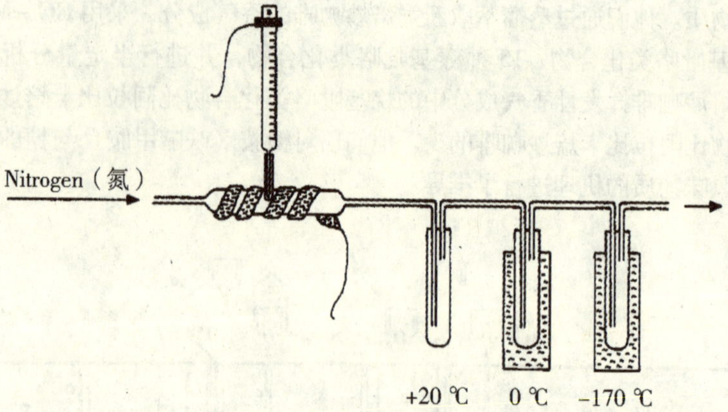

图 2-11　模拟咖啡焙炒装置

1988 年，Becker 等通过低温顶空富集装置（cryogenic headspace enrichment device）与双炉 GC-MS 系统（double-oven GC-MS system）联用技术对中非咖啡（Central African Coffee）“peasy”异味形成的原因进行了分析研究。研究结果表明：3-甲氧基-2-异丙基吡嗪和 3-甲氧基-2-异丁基吡嗪是分别导致咖啡具有“peasy”和“bell pepper”气味的物质；这两种物质的浓度很低，而且不受焙炒条件的影响。他们的研究结果还表明焙炒前生咖啡豆中的瑕疵豆对焙炒咖啡的最终品质具有非常重要的影响。

1989 年，Tressl 研究了焙炒咖啡挥发性香气成分中的含硫化合物，在焙炒咖啡挥发性香气成分中分离鉴定出硫醇类化合物、硫化物、二硫化物和三硫化物等 23 种化合物，其中 15 种化合物是首次在焙炒咖啡风味化合物中被鉴定。

1990 年，Holscher 等采用高分辨率气相色谱—嗅探技术（HRGC-sniffing technique）对从哥伦比亚焙炒咖啡中萃取的芳香物质进行了分析研究。这种分析技术 Grosch 曾于 1988 年报道过。在这篇文章当中，Holscher 等在气相色谱图上看到了 61 个峰，他们对 49 个峰（风味物质）的气味进行了描述并且列出其香味稀释系数（flavor dilution factor）。他们的研究结果表明：只有小部分挥发性香气成分是咖啡特征性风味，前面已经由 Vitzthum 等（1976）和 Becker 等（1988）报道在生咖啡豆中含有的呋喃醇、β-大马酮、2-甲基丁酸、3-甲基丁酸、2-甲基-3-呋喃硫醇和甲硫醇都是焙炒咖啡的特征性香气成分。其中只有 10 种物质对咖啡风味起重要作用：2-甲基-3-呋喃硫醇和甲硫基丙醛具有非常强的肉香味，3-巯基-3-甲基丁醇甲酸盐具有猫或黑醋栗的气味，由 Reichstein 和 Staudinger（1926）发现的 2-呋喃甲硫醇被认为是焙炒咖啡最典型的香气物质，前面已经由 Vitzthum 等（1976）和 Becker 等（1988）报道在生咖啡豆中含有的呋喃酮、β-大马酮、2-甲基丁酸和 3-甲基丁酸都对咖啡的风味起非常关键的作用，3-甲基-2-异丙基-吡嗪、异丁基吡嗪也属于焙炒咖啡的典型风味化合物。此外，Holscher 等发现在气相色谱—嗅探（GC-O）装置的气体出口处，具有辛辣气味和麝香猫气味的其他物质，但没有鉴定出具体是什么物质。高分辨气相色谱—嗅探技术证明只有相当少量的挥发性化合物对咖啡风味起关键作用。

1990 年，Vitzthum 等对阿拉比卡焙炒咖啡和罗伯斯塔焙炒咖啡的气相色谱峰与嗅觉气味进行比较分析，研究结果表明：罗伯斯塔咖啡具有典型的、刺鼻的橡胶气味，通常还有泥土和灰尘气味；而阿拉比卡焙炒咖啡具有温和的香气风味。作者在文章当中还回顾了前人对罗伯斯塔咖啡风味的研究，指出前人的研究结果表明罗伯斯塔咖啡含有很高浓度的酚类化合物、吡咯类化合物以及含硫化合物。作者对罗伯斯塔咖啡的泥腥味进行了解释：气相色谱分析表明罗伯斯塔咖啡具有泥土发霉气味是由于含有 2 - 甲基异莰醇，这种物质的嗅觉阈值非常低；罗伯斯塔咖啡中 2 - 甲基异莰醇的含量比阿拉比卡咖啡中的含量至少高 3 倍。

1992 年，Lee 等采用 GC - MS 方法分析研究了咖啡饮料中 44 种挥发性化合物的含量与冲泡时间的变化规律，得出的结论是：咖啡最适宜的冲泡时间不要超过 10 ~ 11 分钟。

1993 年，Ho 等研究了 Maillard 反应与咖啡香气产生之间的关系，并在咖啡风味化合物中鉴定出了 10 种新的化合物，主要是呋喃类化合物。

1997 年，Wöhrmann 等专门研究了咖啡的酸臭味（rancid and sweaty smelling notes），在生咖啡和焙炒咖啡中鉴定出了 5 种挥发性较弱的酸类物质。

1998 年，Bade - Wegner 等研究表明：发酵过度的生咖啡豆（over - fermented green coffee）具有无法忍受的、果味的、如青贮饲料发酵般的腐臭味（fruity，silage - like，rotten）。

1998 年，Ramos 等分别采用超临界流体萃取（Supercritical Fluid Extraction，SFE）、液—液萃取（Liquid - Liquid Extraction，LLE）和顶空固相微萃取（Headspace - Solid - Phase Microextraction，HSSPME）等方法萃取咖啡饮料中的香气成分，并采用 GC - MS 分析比较不同萃取方法对咖啡挥发性香气成分的影响。研究结果表明：超临界二氧化碳萃取咖啡饮料香气成分（图 2 - 12）与原咖啡饮料香气成分的嗅觉相似度最高，他们还对 15 种化合物进行了鉴定。

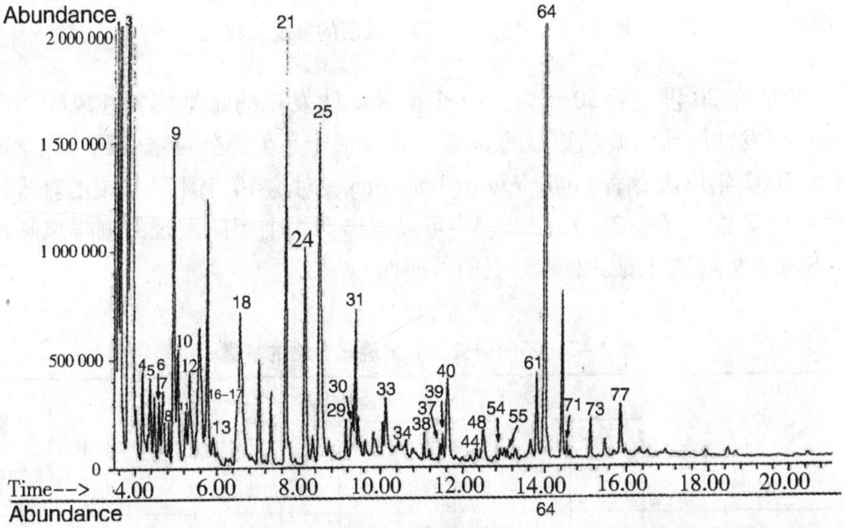

图 2 - 12　超临界二氧化碳萃取咖啡风味物质气相色谱图

近年来，研究者在咖啡风味化学的研究方面越来越重视感官分析的重要性。德国食品化学研究中心的咖啡风味化学研究团队在这个领域特别活跃，Grosch 等人发表了一系列文章，他们的研究重点是对已经鉴定出来的咖啡风味化合物，特别是特征性风味物质进行定性分析。雀巢公司的研究人员同样对这个领域非常感兴趣。更多的细节将会在第四章进行描述。

第三节 总 结

图 2－13 是焙炒咖啡近 850 种风味物质的发现历程。从图中可看出在气相色谱出现之前，研究者已经发现了 60 种咖啡风味物质，其中一半是由 Reichstein 和 Staudinger 发现的；气相色谱出现之后，大约有 100 篇科技论文报道了在咖啡中发现的新的风味物质。

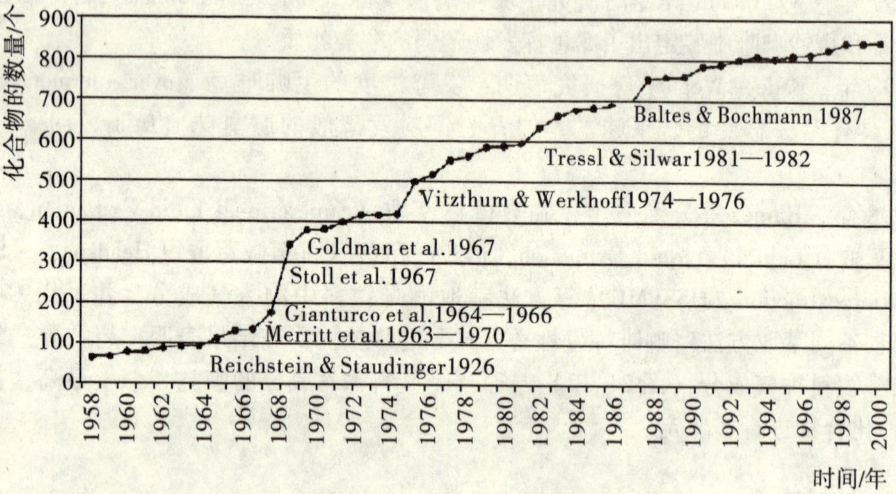

图 2－13 焙炒咖啡风味物质的发现历程

表 2－4 表明在 20 世纪后 50 年内，10 个研究团队发现的咖啡挥发性风味物质大约占已发现的咖啡挥发性风味物质总数量的 80%。来自瑞士芬美意公司咖啡风味化学研究团队的 Flamnet 于 2002 年出版专著 *Coffee Flavor Chemistry*，对这 10 个团队发现的咖啡风味物质进行了很好的分类总结（表 2－5）。从表中可以看出有 5 个团队发现的咖啡风味物质超过了 50 种（不考虑文献统计的遗漏和错误的可能性）。

表 2－5 不同研究团队发现化合物的种类

编号	种类	科研团队										种类总和
		1	2	3	4	5	6	7	8	9	10	
A	烃类	13	0	7	2	0	16	2	0	2	3	45
B	醇类	8	2	1	0	0	3	0	1	0	4	19

（续上表）

编号	种类	科研团队										种类总和
		1	2	3	4	5	6	7	8	9	10	
C	醛类	4	3	1	1	0	4	2	0	3	3	21
D	酮类	22	4	5	16	1	3	3	3	3	2	62
E	酸类	1	0	0	2	0	0	1	3	7	0	14
F	酯类	5	1	1	3	0	2	2	5	1	1	21
G	内酯类	0	0	0	1	1	0	0	5	1	0	8
H	酚类	10	1	15	2	14	0	5	0	2	0	49
I	呋喃和吡喃类	37	20	29	10	12	2	7	5	3	1	126
J	噻吩类	17	5	0	1	0	0	0	2	0	1	26
K	吡咯类	9	14	28	8	2	3	2	2	0	1	69
L	噁唑类	0	20	0	0	2	0	0	1	0	0	23
M	噻唑类	2	25	0	0	0	0	0	0	0	0	27
N	吡啶类	1	8	0	1	9	0	0	0	0	0	19
O	吡嗪类	17	39	0	13	15	0	4	2	1	0	91
P	含氮化合物	0	0	0	1	0	2	0	0	1	1	5
Q	含硫化合物	3	3	8	0	0	3	3	1	1	1	23
	团队总和	149	145	95	61	56	38	31	30	25	18	648

第一个研究团队（芬美意公司的 Stoll 等）研究发现了许多酮类、呋喃类、吡喃类、吡嗪类和噻吩类物质；第二个研究团队（卡夫食品公司的 Vitzthum 等）研究发现了许多杂环化合物，主要是吡嗪类、噻唑类、噁唑类和呋喃类物质；第三个研究团队（柏林工业大学化学技术与分析研究所的 Tressl 等）主要研究发现了呋喃类、吡咯类、苯酚类和含硫化合物，并重点研究了它们的形成途径；第四个研究团队（可口可乐公司的 Gianturco 等）最早鉴定出了焦糖物质（如环酮），并且揭示了吡嗪类、呋喃类和吡咯类物质对咖啡感官风味的影响；第五个研究团队（柏林工业大学食品化学研究所的 Baltes 等）主要是通过现代反应系统研究分离了吡嗪类、苯酚类、呋喃类和吡啶类的许多物质。

图 2 - 14 是焙炒咖啡挥发性化合物的类型和数量分布图。从图中可见，焙炒咖啡挥发性香气成分中种类最多的是呋喃和吡喃类化合物，其次是吡嗪类化合物、酮类化合物、酚类化合物、吡咯类化合物和酸类化合物。

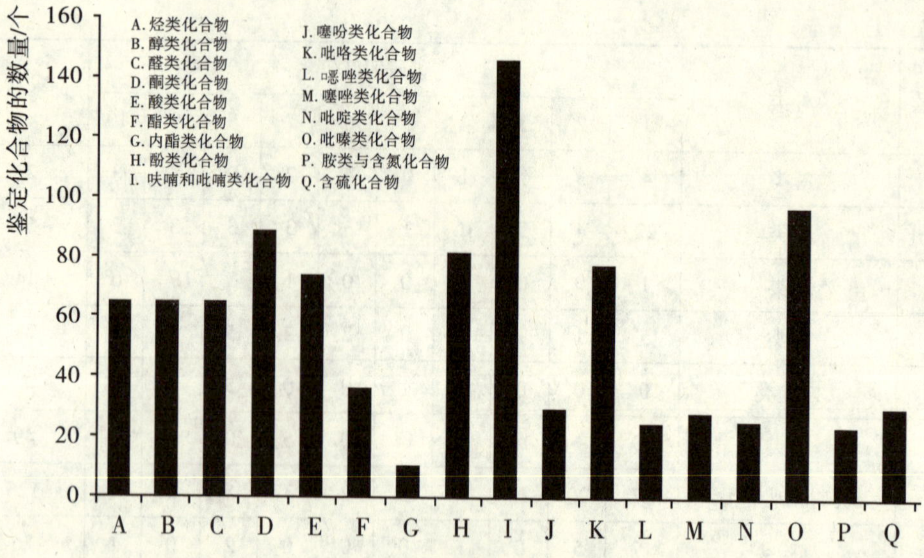

图 2-14　焙炒咖啡中鉴定的挥发性化合物类型与数量

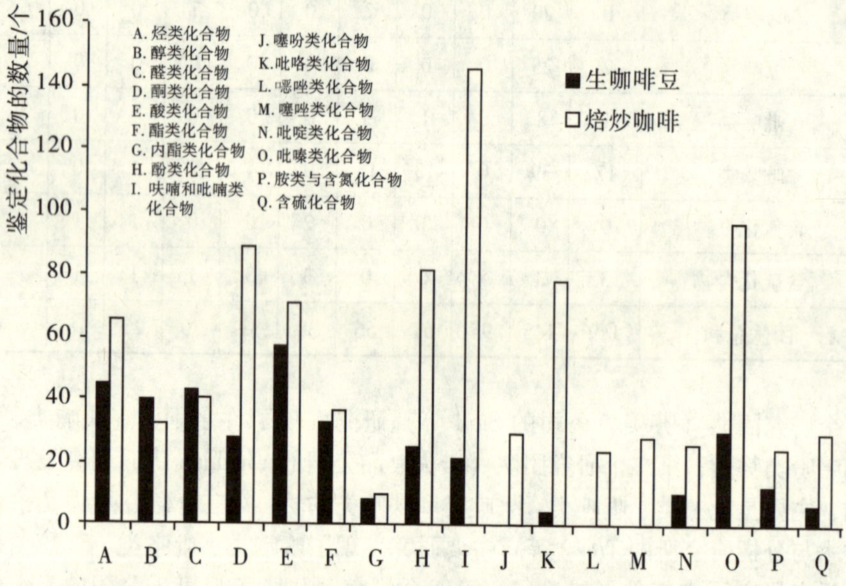

图 2-15　生咖啡豆和焙炒咖啡挥发性香气成分对比

图 2-15 将生咖啡豆和焙炒咖啡中挥发性香气成分中鉴定出来的化合物进行了对比：生咖啡豆挥发性香气成分中醇类化合物（B）比焙炒咖啡中的数量还要多；生咖啡豆的醛类化合物（C）和酯类化合物（F）的数量与焙炒咖啡相当；与生咖啡豆挥发性香气成分相比，焙炒咖啡挥发性香气成分中呋喃和吡喃类化合物（I）、吡嗪类化合物（O）、酮类化合物（D）和酚类化合物（H）的数量非常多，而噻吩类化合物（J）、噁唑类化合物（L）和噻唑类化合物（M）仅存在于焙炒咖啡挥发性香气成分中。焙炒对咖啡挥发性香气成分的影响也体现在吡咯类化合物（K）和含硫化合物（Q）的增加上。

Flamnet（2002）对在咖啡中发现的风味物质进行了总结。生咖啡豆中含有而焙炒咖啡中没有的物质为100种，焙炒咖啡中含有而生咖啡豆中没有的物质为650种，生咖啡豆和焙炒咖啡中都含有的物质为200种。在生咖啡豆中一共发现了300种风味物质，在焙炒咖啡中一共发现了850种风味物质，已报道的咖啡风味物质一共为950种。

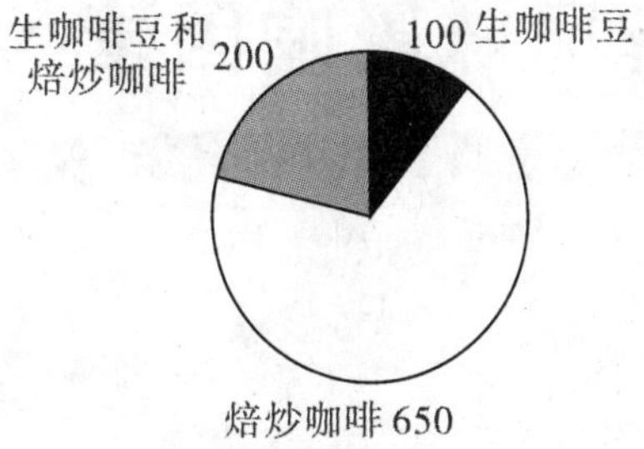

图2-16　生咖啡豆和焙炒咖啡风味物质含量

第三章

咖啡风味影响因素

瑞士联邦理工学院的 Baggenstoss 博士（2008）在他的毕业论文的前言中写道，人们喜欢喝咖啡不是因为咖啡具有多么好的营养价值或潜在的保健功能，而是因为咖啡除了有那么一点兴奋作用以外，其风味比较独特。这说明风味对咖啡的重要性。咖啡的风味受到很多因素影响，如咖啡品种及其产地、生咖啡豆加工工艺和贮藏条件、焙炒方式及贮藏条件等。

第一节　咖啡品种与产地对风味的影响

一、咖啡品种对风味的影响

咖啡有三大原生种（图 3－1）：阿拉比卡种、罗伯斯塔种和利比里亚种，其香味口感存在很大差异（表 3－1）。阿拉比卡咖啡具有咖啡因含量低和香味浓等特点，罗伯斯塔咖啡香味类似炒过的麦子，利比里亚咖啡具有苦味重的特点。阿拉比卡咖啡可以单独饮用，罗伯斯塔咖啡通常需要与阿拉比卡咖啡搭配才能饮用，利比里亚咖啡基本没有人饮用。市场上流通较多的也是阿拉比卡和罗伯斯塔两种咖啡。根据国际咖啡组织的统计，扣除各咖啡生产国国内交易的部分，在世界市场流通的咖啡中约 65% 为阿拉比卡咖啡，35% 为罗伯斯塔咖啡。

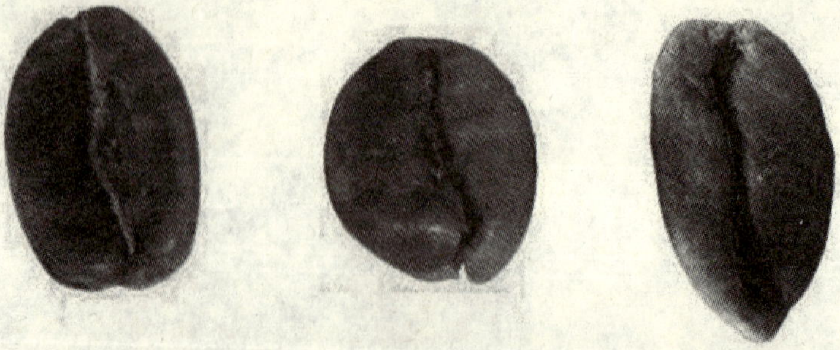

图－1　阿拉比卡咖啡（左）、罗伯斯塔咖啡（中）及利比里亚咖啡（右）

表3-1 三个不同品种咖啡的特征

咖啡品种	阿拉比卡种	罗伯斯塔种	利比里亚种
口味、香气	优质的香味与酸味	香味类似炒过的麦子，酸味不明显	苦味重
咖啡豆形状	扁平、椭圆形	较阿拉比卡种圆	汤匙状
原产地	埃塞俄比亚	非洲刚果	非洲西部
主要产地	南美洲、中美洲、非洲和亚洲	印度尼西亚、越南、阿尔及利亚	利比亚、科特迪瓦等西非国家
占世界生产量的比例	70% ~80%	20% ~30%	小
饮用情况	可以直接饮用	与阿拉比卡种混合	很少饮用

不同品种的咖啡其化学成分不同，从而影响咖啡的风味。例如蛋白质、脂肪和糖等风味前体物质含量不一样，这些物质在焙炒过程中发生化学变化，导致不同品种咖啡的风味差异。Blank 和 Grosch 等（1991）研究表明：阿拉比卡和罗伯斯塔两个咖啡品种的香味是不同的，阿拉比卡咖啡中含2，5-二甲基-4-羟基-3-二氢呋喃酮、异麦芽酚、5-羟基-5，6-二氢麦芽酚较多，而罗伯斯塔咖啡中含苯酚类、麦芽酚类较多。Vitzthum 等（1990）、Semmelroch 和 Grosch（1996）研究表明：阿拉比卡和罗伯斯塔咖啡制备的饮料香味也存在差异。罗伯斯塔咖啡的焙炒味、泥土味、烟熏味与酚类物质气味更强烈些，阿拉比卡咖啡的甜味、焦糖味和青豌豆味更强烈些。Heinrich 和 Baltes（1987）研究表明：罗伯斯塔咖啡中挥发性酚类化合物的含量比阿拉比卡咖啡的要高些。Mayer 等（2000）以印度尼西亚中度焙炒罗伯斯塔咖啡和哥伦比亚中度焙炒阿拉比卡咖啡为原料，采用稳定同位素稀释试验定量分析有效香气成分。该研究结果表明：与阿拉比卡咖啡相比，罗伯斯塔咖啡中的愈创木酚、4-乙基愈创木酚和4-乙烯基愈创木酚的浓度分别高9倍、11倍和3倍；罗伯斯塔咖啡中的2-乙基-3，5-二甲基吡嗪和2，3-二乙基-5-甲基吡嗪的浓度均高3倍（表3-2）。

表3-2 印度尼西亚罗伯斯塔和哥伦比亚阿拉比卡咖啡有效香气成分浓度差异

有效香气成分	阿拉比卡中的浓度（mg/kg）	罗伯斯塔中的浓度（mg/kg）
愈创木酚	3.2	28.2
4-乙基愈创木酚	1.61	18.1
4-乙烯基愈创木酚	55	178
2-乙基-3，5-二甲基吡嗪	0.326	0.940
2，3-二乙基-5-甲基吡嗪	0.090	0.310

二、咖啡产地对风味的影响

咖啡风味成分的主要部分来自生咖啡豆中的非挥发性成分，这些成分在咖啡焙炒过程中被分解。咖啡与其风味前体物质焙炒后风味化合物的类型和含量取决于咖啡生长地区的气候、土壤和种植技术。一般来说，高海拔地区生长的咖啡质量比低海拔的好些，这是因为高海拔产地的咖啡口感香气都较好；而且等量咖啡豆所萃取出的咖啡液，以高海拔产地的较多。欧洲对高海拔产地咖啡评价较高（表 3－3）。美国特质咖啡协会（Specialty Coffee Association of America，SCAA）认为精品咖啡应该是杯测得分 80～100 的咖啡。精品咖啡生长在特殊而又理想的气候条件下，具有一定的特色，瑕疵很少或者根本没有瑕疵，其独特的风味和口感源自栽培这种咖啡的土壤的特殊性及组成。

土质对咖啡香味有微妙影响，例如种植在偏酸性土壤上的咖啡酸味会较强烈。不同国家，因其特定的地理位置，生产的咖啡具有不同的特征，但都要通过感官评价员来进行评定。例如国际咖啡组织在巴黎举办的一次会议上，一共有 250 名来自咖啡消费国的品尝者，推举肯尼亚种植的咖啡具有最丰富的香气。

表 3－4 是全球主要的不同咖啡产地及相应咖啡的风味特征。

表 3－3　低海拔地产和高海拔地产咖啡的特征

产地海拔	颜色	豆质	香味	酸味	涩味	醇厚度	储存	烘焙	价格
低	淡绿色	柔软	弱	弱	弱	低	不适合	容易	低
高	深绿色	坚硬	强	强	强	高	适合	困难	高

表 3－4　全球著名咖啡产地及相应咖啡的风味特征

地区	咖啡品牌或产地	风味特征
中美洲及加勒比海地区	古巴图奇诺咖啡	风味纯正、颗粒适中，富有醉人的烟草味
	圣多明各咖啡（多米尼加）	清新淡雅，颗粒饱满，酸度极佳，香味怡人
	海地咖啡	颗粒饱满，风味浓郁，酸度由中到低，口感比较温和
	洪都拉斯	高酸性优质咖啡
	牙买加蓝山咖啡	风味浓郁、均衡，富有水果味和酸味，能满足人们各种需要
	尼加拉瓜	温和可口，颗粒适中，十分芳香
	巴拿马咖啡	柔滑、重量轻且酸味均衡，优质咖啡豆风味纯正、极富特色
南美洲	巴西咖啡	多种风味，但大多为低酸度咖啡，口感柔滑
	哥伦比亚咖啡	营养丰富、高均衡度，有时具有坚果味
	秘鲁咖啡	口味均衡，酸度可口
	蒙蒂贝洛（委内瑞拉）咖啡	味美、清淡，具有馥郁可口的水果味

（续上表）

地区	咖啡品牌或产地	风味特征
非洲	布隆迪	口味醇厚、味道芳香浓郁，具有极佳的酸度
	喀麦隆	口感丰富且柔和
	埃塞俄比亚	口感细腻丰富，有水果味和原野风味的酒香，非常独特
	肯尼亚	芳香、浓郁，带有水果风味，口感丰富完美
	马达加斯加	适中的酸度和均衡度
	南非	味道芳香而酸度较小
	坦桑尼亚	极品咖啡芳香诱人、浓郁爽口、酸度柔和，酸度低于肯尼亚咖啡，风味纯正，芳香四溢
亚洲	印度	滑腻可口，颗粒均匀，味浓，有辛辣味
	也门	略带酒香，辛辣刺激，异国风味，与众不同
	印度尼西亚	苏门答腊的咖啡颗粒重，含糖浆味和巧克力味；爪哇咖啡颗粒饱满，含辛辣味，酸度中等
	中国（云南）	浓而不苦，香而不烈，略带果味
	菲律宾	温和浓郁，有一丝辛辣味
	越南	口味适中，均衡度好
澳大利亚及太平洋边缘地区	澳大利亚	口味宜人，具有适合的酸度和独特的苦香味
	卡纳咖啡（夏威夷）	果实异常饱满、光泽鲜亮，口味浓郁芳香，有肉桂香料的味道，酸度也较均衡适度
	塔西提岛	优雅、圆润，香酸俱全，均衡度好
	巴布亚新几内亚	颗粒饱满，变化多端，口感丰盈
	新喀里多尼亚	丝一般的柔滑口感，具有很好的均衡度

第二节　生咖啡豆加工方式对风味的影响

生咖啡豆加工方式主要有湿法加工和干法加工两种。湿法加工首先要将咖啡果实的果肉去除，接着用发酵槽去除残留在内果皮上的黏膜，用水清洗后再干燥。干法加工是将咖啡果实摊放在露天晒场，以阳光曝晒干燥。为避免干燥不均匀或发酵，必须适时搅拌，日晒天数要视果实的成熟度而定。成熟度高的仅需数日，未成熟的果实则需要 1 ~2 周时间。

湿法加工的咖啡瑕疵豆较少，但是发酵过程中咖啡豆容易沾染上发酵臭味，使得咖啡豆有发酵味。研究表明：湿法加工的阿拉比卡咖啡品尝起来更新鲜，香味更浓，有花香味、酒香味、发酵味和青草味。

干法加工的咖啡豆品质较差。由于干法加工的咖啡豆通常混有未成熟的青色咖啡豆，烘焙后会产生令人作呕的臭味和腐败味。干法加工的咖啡豆容易混杂过多的瑕疵豆等杂质而影响咖啡风味。研究表明：干法加工的阿拉比卡咖啡品尝起来让人想起矿物油和碳的气味。干法加工由于微生物的作用，增加了咖啡的涩味和苦味，以及不期望的黄油味和青草味。

此外，生咖啡豆的贮藏也对风味有一定影响。尽管生咖啡豆比焙炒咖啡易于贮藏，但贮藏时间也不能过长。这是因为贮存过程中咖啡豆的油脂容易发生氧化，会降低咖啡产品品质。

第三节　咖啡焙炒方式对风味的影响

生咖啡豆基本上闻不到什么香味，焙炒后咖啡可散发出特有的香味。焙炒咖啡的风味物质主要是由焙炒加工产生的。不同的生咖啡豆经过不同程度的焙炒后，产生的风味物质的种类和数量也有所不同。咖啡的焙炒决定了生咖啡豆中有多少风味前体物质转变成风味物质。

尽管咖啡焙炒研究历史很悠久，但是焙炒技术仍然是一门对经验依赖性很强的技术。咖啡焙炒方式有很多，从咖啡焙炒使用的设备来分，咖啡焙炒方式可分为家庭式手网焙炒、焙炒盘焙炒、工业化的间歇式焙炒、连续式大型焙炒机焙炒；从咖啡焙炒时间来分，咖啡焙炒方式可分为高温短时间焙炒与低温长时间焙炒；从咖啡焙炒速度来分，咖啡焙炒方式可分为快速焙炒与慢速焙炒；从咖啡焙炒程度来分，咖啡焙炒方式大致可分为浅度焙炒、中度焙炒与深度焙炒。

一、焙炒时间对咖啡风味的影响

Juerg 等（2008）采用高温短时间与低温长时间两个焙炒体系，研究不同时间—温度的焙炒条件对咖啡风味形成的影响。研究发现：与低温长时间焙炒相比，高温短时间焙炒在咖啡香味形成和物理特性方面有明显差异。此外他们还研究过度焙炒对咖啡风味的影响。研究发现：通常，过度焙炒使大部分咖啡挥发性香气成分减少或保持不变，但是己醛、吡嗪和二甲基三硫化物在过度焙炒过程中含量增加。

二、焙炒速度对咖啡风味的影响

Nagaraju 等（1997）研究表明：与慢速焙炒咖啡相比，快速焙炒的咖啡可溶性固形物含量更高、绿原酸含量更高、挥发性物质含量更高，但是慢速焙炒烧焦味更淡。Schenker 等（2000）研究发现：快速烘焙时，咖啡豆体积膨胀更大，产生二氧化碳更多，油脂更容易从咖啡豆内部迁移到咖啡豆的表面。

三、焙炒程度对咖啡风味的影响

通常用颜色来判断咖啡的焙炒程度。除了颜色，还有一些指标可以间接地用来判断咖啡的焙炒程度，如咖啡豆焙炒过程中 pH 值变化、游离氨基酸含量、烷基吡嗪含量、绿原酸含量等物质的变化。

咖啡从浅度焙炒、中度焙炒到深度焙炒，其硫黄/焙炒气味、泥土气味与烟熏气味逐渐增强。Mayer 等（1999）以哥伦比亚阿拉比卡咖啡为原料，分别进行中度焙炒和深度焙炒，并对其有效香味进行分析。研究表明：与中度焙炒咖啡相比，深度焙炒咖啡中 2-糠基硫醇和愈创木酚含量分别增加了 63% 和 82%，所以深度焙炒咖啡的硫黄/焙炒气味与烟熏气味增强。从图 3-2 可见，从浅度焙炒到中度焙炒再到深度焙炒，2，3-丁二酮、2-糠基硫醇和愈创木酚的含量随着焙炒程度的增加而增加，特别是 2-糠基硫醇和愈创木酚从中度焙炒到深度焙炒，增加非常明显。不太稳定的 4-羟基-2，5-二甲基-3(2H)-呋喃酮从浅度焙炒到中度焙炒略有增加，从中度焙炒到深度焙炒明显降低；2-乙基-3，5-二甲基吡嗪从浅度焙炒到中度焙炒减少了，从中度焙炒到深度焙炒又增加了。

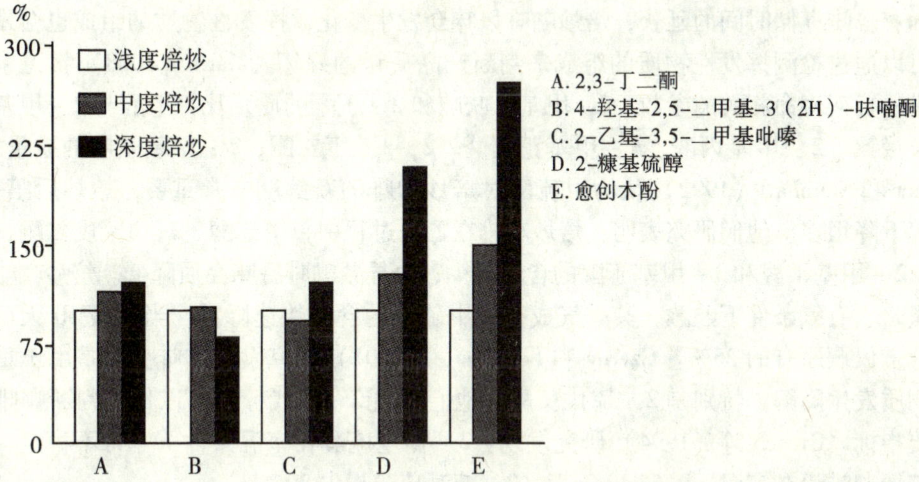

图 3-2　焙炒过程中有效香气成分含量变化图

Chahan 等（2002）通过顶空 GC-MS 分析生咖啡以及咖啡焙炒过程中其挥发性香气成分变化规律。研究发现：生咖啡挥发性香气成分主要是醇类化合物，但是醛类化合物、烃类化合物和有机酸含量十分丰富；咖啡焙炒第一阶段（从生咖啡豆到中度焙炒咖啡豆）主要是水和甲醇蒸发，乙酸、乙醛、吡啶和甲基丁醛等挥发性香气成分快速增加，中度焙炒咖啡中这些挥发性香气成分的浓度达到最大值；咖啡焙炒第二阶段（从中度焙炒咖啡豆到深度焙炒咖啡豆）所产生的挥发性香气成分中，呋喃类化合物、丁醛、2，3-乙酰基丙酮陆续出现，吡啶和吡嗪等挥发性香气成分浓度与焙炒时间成比例关系。研究表明：中度焙炒咖啡中，乙酰基丙酮、糠醛、5-甲基糠醛等大部分挥发性香气成分浓度达到最大值。

第四节　焙炒咖啡贮藏方式对风味的影响

焙炒咖啡风味物质非常不稳定，易受光、高温、湿度和氧气等因素的影响。这些影响因素都会加速焙炒咖啡产生不良气味，影响风味。Cardelli 和 Labuza（2001）的研究结果表明：影响焙炒咖啡风味物质稳定性的主要因素有 O_2 气体分压、贮藏温度和水分含量

(a_w)，影响因素从大到小排列为：O_2气体分压 > a_w > 温度。当O_2气体分压从 0.5 kPa 增加到 21.3 kPa，货架寿命缩短 95%；当a_w增加 0.1 时，货架寿命缩短 40%；温度每升高 10 ℃时，货架寿命缩短 20%。

焙炒咖啡长时间暴露在空气中，容易发生脂肪氧化反应，而脂肪氧化是焙炒咖啡变质的一个重要原因。焙炒咖啡里含有 10% ~15% 的脂肪，75% 为甘油三酯，亚油酸的含量为 40% ~55%（Speer et al.，2001）。咖啡中的亚油酸会自动氧化生成已醛，焙炒咖啡或咖啡粉暴露在空气中时间越长，已醛含量越高，已醛继续氧化生成有异味的挥发性物质。Spadone 和 Liardon（1990）研究表明：焙炒咖啡在贮藏过程中，其亚油酸自动氧化生成已醛，产生不良气味，导致咖啡品质下降。

随着咖啡存储时间的延长，焙炒咖啡风味会发生变化，挥发性物质的组成也会发生变化，可以通过检测挥发性物质的组成来判断产品质量的好坏。Marin（2008）报道了一些与咖啡粉货架寿命相关的参数：2 - 甲基 - 呋喃和 2 - 丁酮的质量比，甲醇与 2 - 甲基 - 呋喃的质量比，2 - 甲基丙醛、3 - 甲基正丁醛、2，3 - 丁二酮、2 - 甲基呋喃的质量之和。Holscher 和 Steinhart（1992）认为甲硫醇对焙炒咖啡的新鲜度非常重要，焙炒后第一天，甲硫醇下降很多。他们研究表明：焙炒咖啡在贮藏过程中，甲硫醇、2，3 - 戊二酮、甲基丙醇、2 - 甲基丁醛和 3 - 甲基丁醛的含量减少，会导致咖啡香味品质降低。焙炒咖啡在室温、黑暗、有氧条件下贮藏，其香气成分中甲硫醇的含量快速降低。当贮藏 10 天后，甲硫醇含量仅剩原有的 25%。Czerny 和 Schieberle（2001）研究发现咖啡变质是由于重要的香味物质发生降解，特别是 2 - 硫代糠酯。他们指出 2 - 硫代糠酯可以作为判断咖啡变质的重要指标。Grosch 等（1994）研究发现：2 - 糠基硫醇在室温条件下非常不稳定，阿拉比卡焙炒咖啡粉在室温下贮藏 40 天后，2 - 糠基硫醇损失 80%。

焙炒咖啡豆的香气成分很容易挥发，碾磨的焙炒咖啡粉货架寿命更短。Mayer 等（1999）的研究结果表明：焙炒咖啡在碾磨后，其香气成分立即发生变化。碾磨后，焙炒咖啡的泥土味与烟熏味缓慢增加，焙炒味与硫黄味几乎保持不变；碾磨后 15 min 内，焙炒咖啡的甜味与焦糖味的特征香味明显下降；碾磨后 3 个小时内，其甜味与焦糖味特征香味一直降低。Grosch 和 Mayer（2000）以哥伦比亚的阿拉比卡焙炒咖啡粉为原料，在室温下贮藏 30 min 后，采用顶空分析其 22 种有效香气成分。研究表明：甲硫醇和乙醛快速挥发，分别损失 66% 和 45%；在 30 min 内，4 - 羟基 - 2，5 - 二甲基 - 3(2H) - 呋喃酮、5 - 乙基 - 4 - 羟基 - 2 - 甲基 - 3(2H) - 呋喃酮和 3 - 羟基 - 4，5 - 二甲基 - 2（5H）- 呋喃酮只损失 1%（表 3 - 5）。

表 3 - 5　焙炒咖啡粉特征香气挥发程度（在 30 min 内）

特征香气成分	挥发损失程度（%）
甲基丙醛	25
2 - 甲基丁醛	32
3 - 甲基丁醛	27

（续上表）

特征香气成分	挥发损失程度（%）
2，3－丁二酮	19
2，3－戊二酮	25
4－羟基－2，5－二甲基－3(2H)－呋喃酮	1.4
5－乙基－4－羟基－2－甲基－3(2H)－呋喃酮	1.3
香兰素	20
2－乙基－3，5－二甲基吡嗪	12
2－乙烯基－3，5－二甲基吡嗪	6.6
2，3－二乙基－5－甲基吡嗪	13
2－乙烯基－3－乙基－5－甲基吡嗪	13
3－异丁基－2－甲氧基吡嗪	21
2－糠基硫醇	23
3－甲硫基丙醛	29
甲硫醇	66
愈创木酚	18
4－乙基愈创木酚	8.4
4－乙烯基愈创木酚	4.9
乙醛	45
(E)－β－大马酮	12
3－羟基－4，5－二甲基－2(5H)－呋喃酮	1.1

第五节　焙炒咖啡研磨方式对风味的影响

由于焙炒过程中咖啡豆内存在1.6 MPa的高压，粉碎时易挥发风味物质大量散失，使咖啡感官风味降低。研究表明：有22种风味物质散失严重，其中包含咖啡28种主要风味物质中的甲硫醇、2－甲基丁醛、3－甲基丁醛、糠硫醇等。以甲硫醇为例，当咖啡研磨5 min时，散失率已达到32%。为了探索咖啡研磨对咖啡感官风味的影响，中国热带农业科学院香料饮料研究所胡荣锁等（2012）利用植物粉碎机和臼式研磨机，将焙炒好的咖啡豆按不同时间粉碎研磨，用色差仪分析研磨过程中咖啡的光敏性变化以及用电子舌、电子鼻对咖啡研磨过程中的感官风味进行定性表征。研究结果表明：焙炒咖啡在研磨后的最初9 min里颜色逐渐变浅，然后随时间的增加而逐渐加深。在这9 min里有大量风味物质逸散，其后逸散速率减缓。电子鼻和电子舌的主成分分析和判断因子分析均表明：随着时间的增加，口感和香味逐渐发生变化，SQC结果表明不同研磨时间的样品虽然气味变化不是很大，但是口感变化较大。作者建议咖啡研磨时间最好控制在5 min内，以避免咖啡中风味物质大量散失，使咖啡感官风味降低。

此外，预热和蒸汽处理等各种前处理、焙炒咖啡的包装方式等对咖啡风味都有一定的影响。

第六节 速溶咖啡制备过程对风味的影响

速溶咖啡的制备过程对风味有较大的影响，很多环节会导致风味物质的损失。有人甚至非常“高调”地指出：“我只喝现磨咖啡。”

1975年，Clifford在一篇题为“The Composition of Green and Roasted Coffee Beans”的文章中指出将新鲜焙炒咖啡的风味物质看成100%，在速溶咖啡制备之前将焙炒咖啡磨成粉会导致14%的风味物质的损失；在随后的加工过程中，如萃取、浓缩和干燥，如果不采取一定的措施，又将会有72%的咖啡风味物质损失。因此最终所得到的速溶咖啡只保留了原始焙炒咖啡风味物质的14%。

为了防止速溶咖啡的风味物质损失，目前已经采用了很多种技术，如在研磨焙炒咖啡过程中对风味物质进行回收；在随后的速溶咖啡加工过程中也开发了一些技术以防止风味物质的损失，如在浓缩咖啡粉的萃取物之前将风味物质分离并收集起来（如汽提法），浓缩以后再将收集到的风味物质添加到浓缩物中去。

第四章

咖啡风味分析方法

良好的风味是构成食品质量的重要因素之一。风味物质的分离提取是分析研究食品风味物质的前提，它对于了解食品的化学组成、模拟食品的风味等具有重大的意义。本章在介绍咖啡风味评价方法之前，先简单介绍风味物质的分离提取方法。

第一节　风味物质的提取方法

目前，分离提取风味物质的常用方法很多，主要有溶剂提取法、同时蒸馏萃取法、顶空法、固相微萃取法、超临界流体萃取法等。此外，分子蒸馏萃取法、液—液萃取法、树脂吸附法、加速溶剂萃取法、超声波萃取法、搅拌棒吸附萃取法、溶剂辅助风味蒸发法等在风味物质提取上也有一定程度的应用。每种分离提取方法都有自身的优点和缺点，在实际操作中要根据研究对象的特性进行具体的选择。本节将结合在咖啡风味物质分析领域的实际应用，介绍溶剂提取法、同时蒸馏萃取法、顶空法、固相微萃取法和超临界流体萃取法。

一、溶剂提取法

溶剂提取法（Solvent Extraction，SE）就是直接从食品中萃取、分离挥发性物质，或从蒸馏的水溶液中萃取挥发性物质，它主要是通过挥发性物质在溶剂相和食品或溶剂相和蒸馏液中分配系数的不同，从而达到提取富集的目的。提取方法可分为静态和动态、热提和冷提（冷提即常温提取，适用于热敏性成分及淀粉含量高的食品）。在实际操作中，可根据食品的特性采用恰当的组合方式，如浸提法（静态冷提法）、渗渡法（动态冷提法）、煎煮法和回流提取法（静态热提法）以及索氏提取法（动态热提法）。

溶剂萃取法操作简单，成本低，可通过选择不同的萃取溶剂有针对性地提取特征香气成分。Dibert 和 Cros（1989）对溶剂萃取生咖啡豆中的脂肪和绿原酸进行了研究。作者分别采用正己烷和甲醇—水作为溶剂，通过固液萃取对咖啡脂肪和绿原酸进行了提取分离，探讨了咖啡粉的颗粒大小、物料比和温度对萃取的影响。结果表明传质过程受到咖啡粉内部固体阻力的影响，绿原酸的萃取动力学结果可以用扩散模型（菲克第二定律）来解释，表观扩散系数的值与浓度无关，但轻微受到温度的影响。对于咖啡油的萃取动力学，作者建立了长时间萃取（大于 30 min）的数学模型，短时间萃取（低于 10 min）结果的实验值比模型值要高；作者分析这可能是由浸出现象造成的。

二、同时蒸馏萃取法

该技术在 1956 年以前的有机化学中已经被广泛应用，但究竟是谁将蒸汽蒸馏和同时连续萃取结合起来不是太清楚。大家都广泛接受的一点是：同时蒸馏萃取法（Simultaneous Distillation Extraction，SDE）是由 Lickens 和 Nickerson 于 1964 年首次设计的样品前处理技术（Chaintreau，2001）。他们设计的第一套 SDE 装置是用于啤酒花油分析，装置见图 4－1(a)，在 A 和 B 两侧分别装有样品烧瓶和溶剂烧瓶（图中没有画出来）。同时蒸馏萃取法通过同时加热样品和有机溶剂至沸腾，从而实现蒸馏和提取同时进行。不同于传统的液—液萃取法以及水蒸汽蒸馏萃取法，它将芳香成分的浓缩与分离合二为一。因其具有良好的重复性和较高的萃取率，且操作简便，定性定量效果好，它已成为一种行之有效的前处理技术。目前，SDE 技术被广泛应用于食品分析、饮料、香精香料以及药物化学和发酵等领域中。

Lickens－Nickerson 同时蒸馏萃取法的基本过程是将样品（水溶液或者固体物质和水组成的浆料）放在装置左侧（A）下方的样品烧瓶里加热煮沸，在加热过程中不停地搅拌。挥发性物质随着蒸汽通过左侧管路不断上升；与此同时，溶剂放在装置右侧（B）下方的烧瓶里，在加热作用下产生蒸汽并随着右侧管路不断上升。含有挥发性物质的水蒸汽和溶剂蒸气同时在冷凝管上冷凝，萃取过程就发生在冷凝管表面形成的液膜上。载有样品的水相和溶剂相在冷凝管下方分层。随着萃取的进行，两相分别回流至两侧烧瓶中，蒸馏萃取过程循环进行，只需要少量溶剂就可提取大量样品，使香气成分得以浓缩。萃取结束以后，收集装置 B 侧烧瓶和冷凝管下方的溶剂相，将合并的溶剂相脱水、浓缩后即可用于测定。

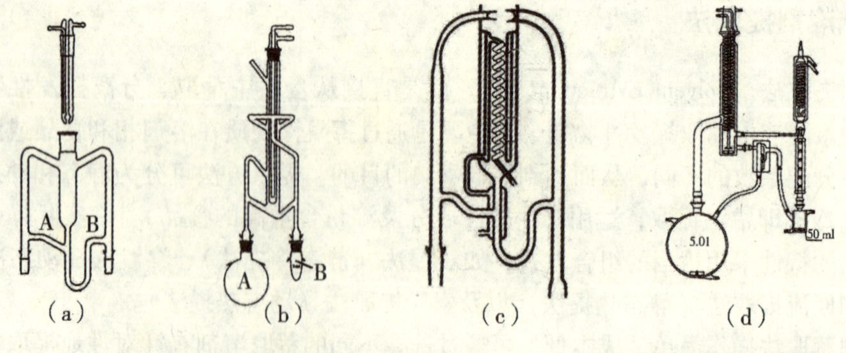

图 4－1　Lickens 和 Nickerson 设计的 SDE 装置（a）、Godefroot 等设计的微型 SDE 装置（b）、Flath 和 Forrey 设计的减压 SDE 装置（c）、Pollien 和 Chaintreau 设计的制备型 SDE 装置（d）

为了克服 Lickens - Nickerson 装置需要对萃取液进行后浓缩的缺陷，Godefroot 等（1981）设计出一种微型 SDE 装置［图 4 - 1（b）］。该装置能直接用吹扫气体将含有挥发性组分的有机相浓缩到 1 mL，不需要任何后浓缩技术即可直接进行气相色谱分析，因此被广泛用于风味物质提取实验室。后来，Seidel 和 Lindner 等又在 Godefroot 等的基础上设计了从土壤中分离农药的 SDE 装置。该装置将水蒸气直接通入样品瓶中，采用水浴加热，最终的检出限是 0.45 μg/L。同时，Augusto 等也对 SDE 装置进行了适当改造。改造后的装置与 Godefroot 装置有异曲同工之妙，不同之处在于分离室的位置低于溶剂回流室的最低点，该装置所允许使用的溶剂密度可小于水，比如戊烷、乙酸乙酯等。

但是，所有常压 SDE 装置（Atmospheric Pressure SDE，A - SDE）存在一些普遍问题：一是污染，不管是溶剂还是蒸馏水，它们所带来的污染都会给所分离物质的定性带来困难；二是氧化反应，很多样品中的一些敏感物质极易氧化，如一些不饱和脂肪酸、萜类等在高温下常发生氧化反应；三是热反应，伴随着长时间高温蒸馏，一些酯化反应、美拉德反应以及降解反应都可能引入一些新的物质。为了克服这些难题，减压同时蒸馏萃取（Vacuum - SDE，V - SDE）应运而生。其中 Flath 和 Forrey（1977）设计的一种 V - SDE 装置［图 4 - 1（c）］非常具有代表性。它可在一定程度上降低溶剂与样品的加热温度，样品瓶的温度一般控制在 45 ℃ ~65 ℃之间。虽然 V - SDE 装置能降低萃取温度，但是当样品瓶温度加热到 70 ℃时就会发生热降解反应。为此，很多研究者尝试在高真空下降低样品瓶加热温度，其中以 Maigniala 于 1992 年提出的静态真空装置最具代表性。为了避免真空泵给溶剂带来的损失，该装置还使用了一个阀门来调节真空压力，使其处于稳定的高真空状态。

图 4 - 1（d）是一款规模比较大的用于挥发性物质分离的 SDE 装置。这套装置既能在常压也能在减压条件下进行操作，溶剂的密度比水大或小都可以。该装置还能进行批次进料或连续进料操作。该装置除了能够制备足够的样品用于分析目的（进一步萃取分离、感官评价等），还能用于从废弃物中回收芳香物质，是一款制备型的 SDE 装置。

SDE 装置操作简单，使用溶剂少，挥发性成分的回收率高，是目前比较经典的香气物质的提取方法之一，适于提取沸点较高的挥发性、半挥发性组分。但是 SDE 装置收集到的香气物质有限，并且长时间的高温加热会使样品的香气发生反应。因此对于热敏性果蔬的香气物质可以采用减压蒸馏提取，降低系统的温度，使果蔬香气的提取在温和的条件下进行。

SDE 装置在咖啡香气成分分析过程中的样品制备方面具有广泛的用途。Variyar 等（2003）采用 GC - MS 和 HPLC 对季风咖啡和非季风咖啡的挥发性香气物质和非挥发性风味物质（咖啡因、绿原酸和咖啡酸）以及糖苷类香气化合物进行了分析，GC - MS 分析样品所用的前处理技术即为 Lickens - Nickerson 型 SDE 装置。

作者在使用 SDE 装置进行样品制备的时候，取 150 g 咖啡粉和 300 mL 蒸馏水混匀后放入 SDE 装置的样品瓶中，用乙醚作为溶剂，连续萃取了 2 h。然后在氮气保护下将溶剂缓慢地挥发掉，获得挥发性精油。将精油在 - 30 ℃下冷冻直到进一步进行 GC - MS 分析。作者在季风咖啡和非季风咖啡中都发现了 3 - 异丙基 - 2 - 甲氧基吡嗪、3 - 异丁基 - 2 - 甲氧基吡嗪、4 - 乙烯基愈创木酚、α - 大马酮、（E）- 2 - 壬烯醛、反 - 1，4 - 癸二烯醛、苯乙醛和 3 - 甲基苯甲酸，这几种物质都是生咖啡中的风味物质。季风咖啡中甲氧基吡嗪的含量较非季风咖啡低，而 4 - 乙烯基愈创木酚和异丁子香酚的含量较非季风咖啡高，这是导致季风咖啡产生辛辣味的重要原因。

Bonnländer 等（2006）通过 SDE 萃取和搅拌子吸附萃取进行样品前处理，随后采用多维气相色谱和双柱切换对生咖啡豆和焙炒咖啡中的对映体芳樟醇的比例进行了分析。

芳樟醇（3，7－二甲基－1，6－辛二烯－3－醇）属于链状萜烯醇类，包括两种光学异构体：3S－(+)－芳樟醇和 3R－(+)－芳樟醇。3S－(+)－芳樟醇具有甜的、花香和苦橙叶气味（嗅觉阈值为 7.4 ppb），而 3R－(+)－芳樟醇具有木材和薰衣草气味（嗅觉阈值为 0.8 ppb）。在全世界每年列出的最常用和用量最大的香料中，芳樟醇几乎每年都排在首位。可以说没有一瓶香水里面不含芳樟醇，没有一块香皂不用芳樟醇的。这并不奇怪，因为差不多所有的天然植物香料里面都有芳樟醇的“影子”，从 99% 到痕量的存在。Bonnländer 等通过分析得出的结论是：咖啡收获以后的处理方式会改变咖啡总对映体的比例，湿法加工的咖啡外消旋芳樟醇含量高，干法加工的咖啡 S－(+)－芳樟醇含量高。

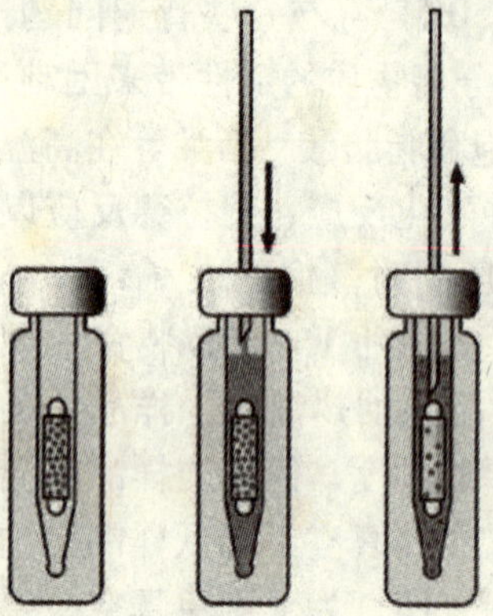

图 4－2 SBSE 反萃取过程

SBSE 是一种比较新的样品前处理方式，主要用于 LC－MS 的样品制备。SBSE 样品处理方式非常简单，在磁力搅拌子上涂有一层厚厚的聚二甲基硅氧烷膜作为萃取介质，萃取过程只需要将搅拌子放到样品里搅拌 1～2 h 进行吸附，色谱分析之前再进行一个反萃取过程即可。反萃取过程如图 4－2 所示，先将吸附有目标物质的搅拌子置于样品瓶中，然后加入有机溶剂，搅拌子上的物质就会溶解到有机溶剂中。

三、顶空法

顶空法（Headspace，HS），即将一定量的固（液）态样品置于有一定顶端空间的容器中，在一定的温度、压力、时间等条件下，样品的挥发性气体在容器内达到热力学上的平衡，收集上空气体的方法。顶空技术不需要溶剂，样品前处理速度快，但容易交叉污染，仅适用于挥发性成分的分析。与同时蒸馏萃取法和溶剂萃取法相比，该方法的优点是使待测物挥发后进样，可免去样品萃取、浓缩等步骤，不需要溶剂，无污染，快速便捷，还可避免供试品非挥发组分对柱色谱的污染，并能真实地反映物质的香气成分，可用于液体、气体或者固体中挥发性物质的分离，但要求待测物具有足够的挥发性。

顶空法包括静态顶空法和动态顶空法。静态顶空法如图 4－3 所示（Pardo，2000）。早期多采用静态法，此法操作简单，但样品的蒸汽体积过大会影响色谱柱的分离效能，蒸汽中大量水分也会缩短色谱柱的寿命。如果样品中待分析组分的含量不是很低，而水分又少时，静态法仍是一种有效的分析方法。静态顶空法的缺点是不能富集，对痕量化合物分析的灵敏度低。动态顶空法也称为吹扫捕集法（Purge and Trap），是用惰性气体如高纯度氮气不断通过待测样品，挥发性组分随气流进入捕集器；可改变基质相与空气相的浓度，从而改变平衡，达到富集的目的；富集于吸附剂后瞬间加热而解吸，由载气导入色谱柱进行分析。这种方法比静态法优越，因为它不仅适用于挥发性较高的组分，也可用于较难挥发及浓度较低的组分。该法能与毛细管色谱柱配合使用，对组分复杂、含量又低的样品更为有效，其缺点是费用高，解析时间长。

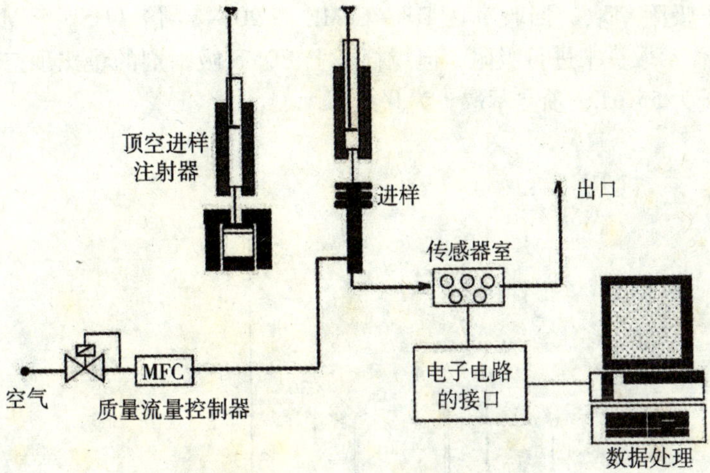

图 4 - 3　静态顶空进样

Bicchi 等（2002）分别采用顶空吸附萃取（Headspace Sorptive Extraction，HSSE）和搅拌子吸附色谱（Stir Bar Sorptive Extraction，SBSE）这两种无溶剂富集技术对哥斯达黎加阿拉比卡焙炒咖啡及其制作的咖啡饮料进行了样品分析前处理，然后进行 GC - MS 分析。HSSE 和 SBSE 的磁子上都有一层厚厚的聚二甲基硅氧烷（Polydimethylsiloxane，PDMS）作为吸附材料。PDMS 搅拌子和 HSSE 装置如图 4 - 4 所示。吸附过程是将 PDMS 搅拌子置于顶空（气相萃取或 HSSE）或者浸泡在液体中（固相萃取或 SBSE），然后通过毛细管GC - MS 的在线热解吸附功能对 PDMS 搅拌子上面的风味物质进行分析。他们还将 HSSE 和 SBSE 对 16 种咖啡挥发性风味物质的回收率和相对丰度同经典的静态顶空（Static - Headspace，S - HS）、顶空固相微萃取（Headspace Solid Phase Microextraction，HS - SPME）以及直接插入样品里的固相微萃取（In - Sample Solid Phase Microextraction，IS - SPME）进行了对比。

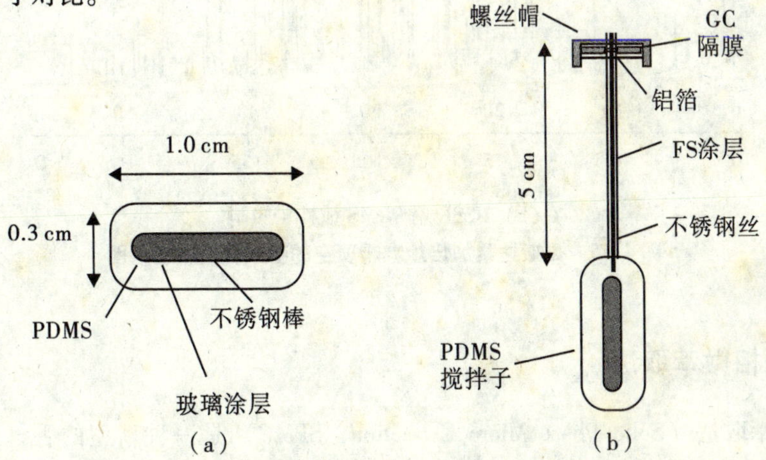

图 4 - 4　PDMS 搅拌子（a）和 HSSE 装置（b）

作者发现 HSSE 用 PDMS 搅拌子吸附萃取效果比 HS－SPME 效果好（图 4－5），HSSE 用 PDMS 搅拌子吸附萃取的回收率比 HS－SPME 高 20～80 倍。HS－SPME 虽然也是用 PDMS 100 纤维作萃取头来进行吸附，但搅拌子上 PDMS 吸附剂的量比顶空萃取头的要高出很多（搅拌子为 55 μL，顶空萃取头为 0.6 μL）。

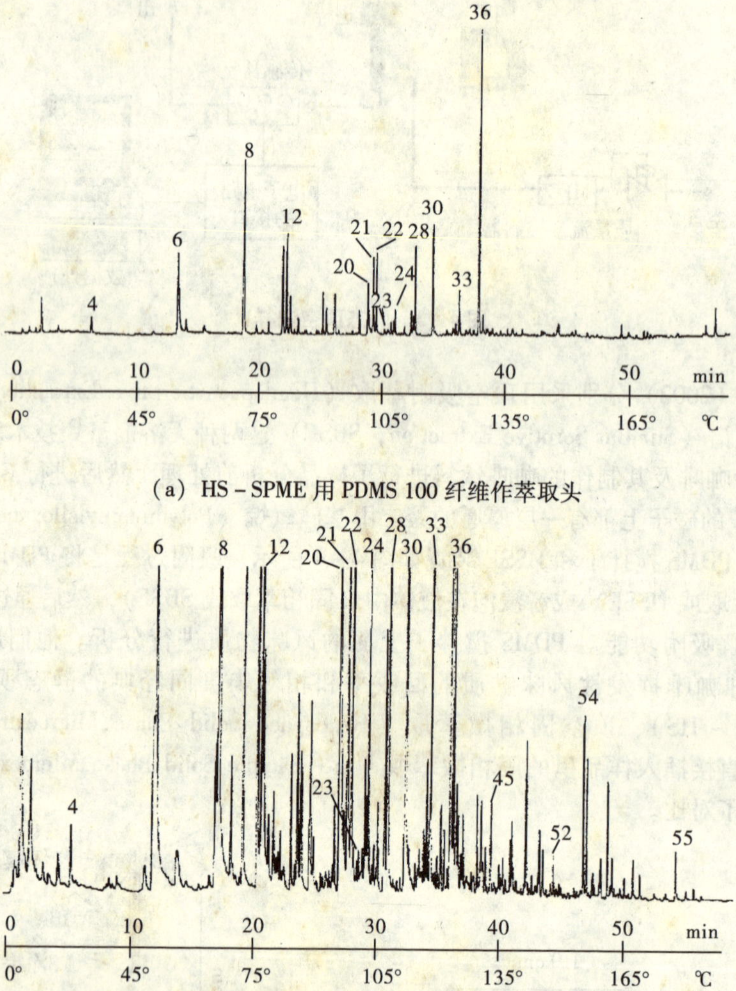

（a）HS－SPME 用 PDMS 100 纤维作萃取头

（b）HSSE 用 PDMS 搅拌子吸附

图 4－5　哥斯达黎加焙炒咖啡顶空的毛细管气相色谱图

四、固相微萃取法

固相微萃取法（Solid Phase Micro Extraction，SPME）是一种新型的香气成分提取方法。Kataoka 等（2000）对固相微萃取法在食品分析中的应用进行了综述。SPME 是 1990

年由加拿大滑铁卢大学的 Arhturbe 和 Pawliszyn 首创的。该技术集采样、萃取、浓缩、进样于一体，其显著优点是操作简单、所需时间短、不需要溶剂、用样量少、选择性强、成本低、容易实现自动化。由于 SPME 的富集作用，其检出限大大降低。

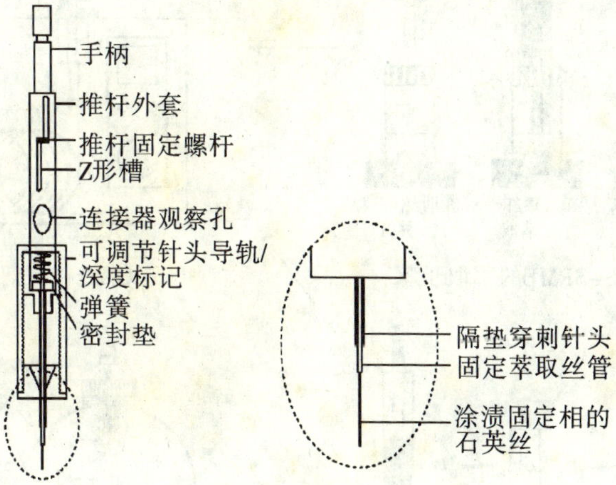

图 4－6　由 Supelco 公司设计的第一款 SPME 商品装置

1994 年，美国 Supelco 公司推出商品化固相微萃取装置（图 4－6）。其装置类似于一支气相色谱的微量进样器，由手柄和萃取头两部分构成。萃取头是一根涂有不同色谱固定相或吸附剂的熔融石英纤维，接不锈钢丝，外套细的不锈钢针管以保护石英纤维不被折断；纤维头可在针管内伸缩。手柄用于安装萃取头。固相微萃取装置的使用方法是：将纤维头浸入样品溶液中或顶空气体中一段时间，同时搅拌溶液以加速两相达到平衡，待平衡后将纤维头取出插入气相色谱汽化室，热解吸涂层上吸附的物质。被萃取物在汽化室内解吸后，靠流动相将其导入色谱柱，如此完成提取、分离、浓缩的全过程。其中，将萃取纤维置于液体或固体样品的顶空进行萃取的方法，称为顶空固相微萃取法（Headspace－SPME，HS－SPME）；而将萃取纤维直接插入较洁净的液体样品中萃取的方法，称为浸入固相微萃取法（Direct Immersion SPME，DI－SPME）。HS－SPME 和 DI－SPME 的操作步骤如图 4－7 所示。

固相微萃取技术最初用于环境化学，分析对象多为水、土壤等基体简单的样品，一般为手动方式（Manual SPME）。随着方法本身的不断完善及装置的改进，现已逐步发展到食品、生物等复杂的领域，而且商业化的自动固相微萃取（Auto SPME）也已推出。手动固相微萃取（Manual SPME）受环境影响大，实验条件不易控制，重复性差。自动固相微萃取（Auto SPME）的实验条件能精确控制，重复性好；与其他仪器联用可以实现连续、自动的样品分析。SPME 通常与 GC 或 GC－MS 联用，已成功地用于各种化学物质的分析，尤其适用于环境、食品、生物材料中的挥发性及半挥发性成分分析。

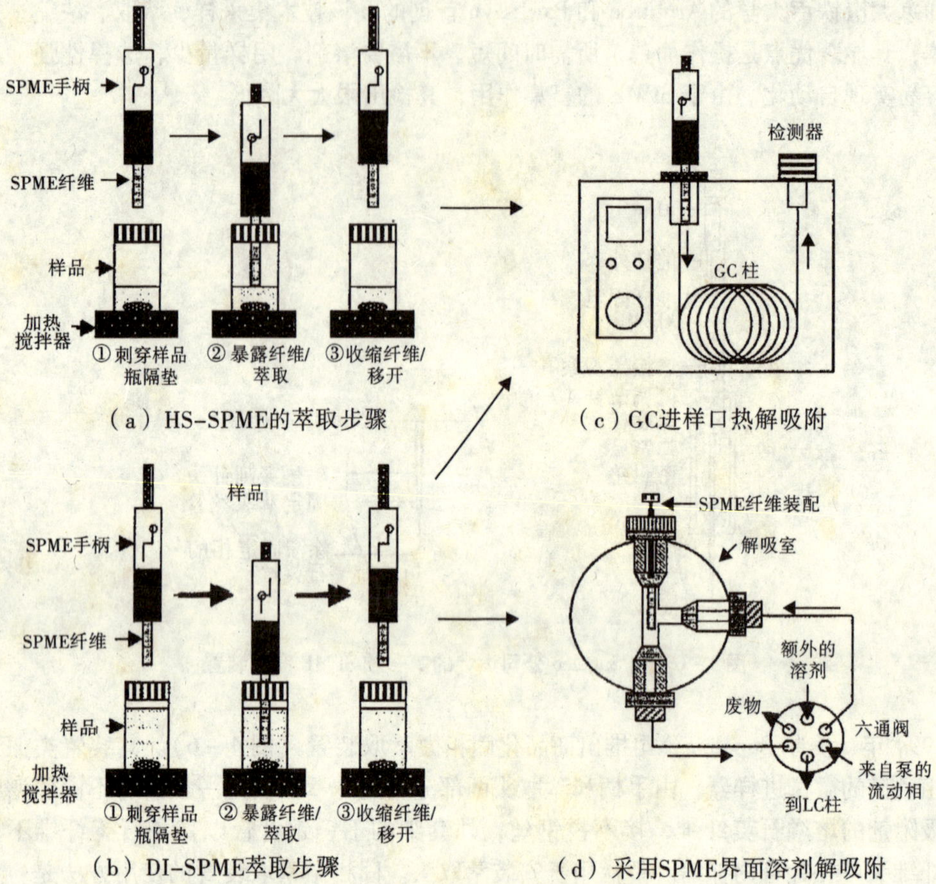

图 4-7　固相微萃取的操作步骤

SPME 也可与 HPLC 或 LC-MS 联用，分析一些在 GC 或 GC-MS 进样口容易分解的痕量挥发性物质或热不稳定性物质。另外，一种管内 SPME（In-Tube SPME，IT-SPME）技术目前也得到较广泛的应用，它的内部是涂有固定相的细管或毛细管，更适用于与 HPLC 在线联用，易于自动化（图 4-8）。

固相微萃取是一种新型的、环境友好的样品前处理技术，不需要有机溶剂，操作也很简便，并能与气相色谱、液相色谱联用，可以用于气体、液体、固体等样品中各类挥发性或半挥发性物质的分析。此技术发展至今只有短短的 10 年时间，已在环境、生物、工业、食品、临床医学等领域的各个方面得到广泛的应用。在食品领域，SPME 已应用于检测咖啡、果汁饮料、可乐、水果中的挥发性化合物。

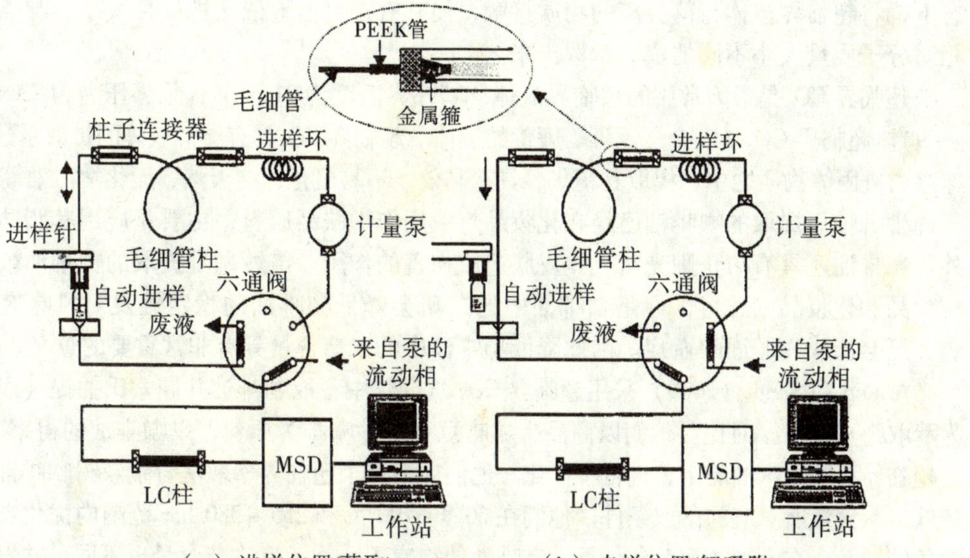

（a）进样位置(萃取)　　（b）走样位置(解吸附)

图 4－8　管内 SPME－LC－MS 系统

Hawthorne 等（1992）用 DI－SPME 对饮料中的咖啡因含量进行了检测，并采用熔融石英纤维进行萃取。该方法简单且速度快，而且不需要使用溶剂。他们将同位素标记的咖啡因加入饮料当中，然后将纤维浸入饮料中保持 5 min，吸附的咖啡因在气相色谱的进样口热解吸附，然后通过 GC－MS 对咖啡因含量进行定量分析。多次重复测试的相对标准偏差大约为 5 %，每个样品的整个分析过程包括样品制备和气相色谱分析只需要 15 min。

五、超临界流体萃取法

超临界流体萃取（Supercritical Fluid Extraction，SFE）是国际上最先进的物理萃取技术。在较低温度下，不断增加气体的压力，气体会转化成液体；当温度增高时，液体的体积增大。对于某一特定的物质而言总存在一个临界温度（T_c）和临界压力（P_c），高于临界温度和临界压力，物质不会成为液体或气体，这一点就是临界点。在临界点以上的范围内，物质状态处于气体和液体之间，这个范围之内的流体称为超临界流体（Supercritical Fluid，SF）。超临界流体具有类似气体的较强穿透力和类似液体的较大密度和溶解度，以及良好的溶剂特性，可作为溶剂进行萃取、分离单体。

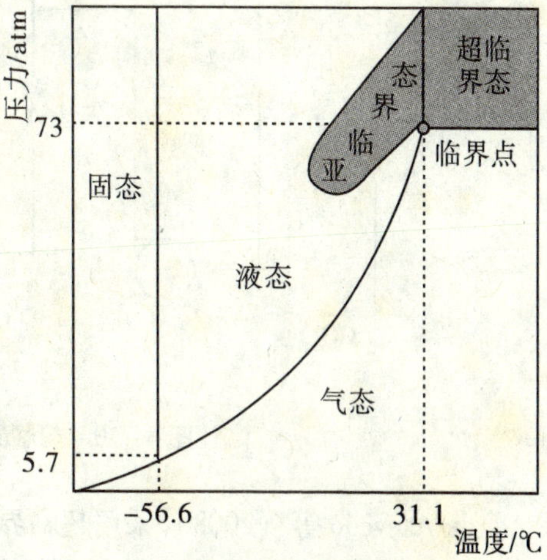

图 4－9　CO_2压力温度相位图

超临界流体萃取分离技术是利用超临界流体的溶解能力与其密度联系密切，通过改变压力或温度使超临界流体的密度大幅改变。在超临界状态下，将超临界流体与待分离的物质接触，使其有选择性地依次把极性大小、沸点高低和相对分子质量大小不同的成分萃取出来。

超临界 CO_2是最为常用的超临界流体，其临界温度为 31.1 ℃，临界压力为 73 atm（图 4－9）。超临界 CO_2是安全、无毒、廉价的液体。超临界 CO_2具有类似气体的扩散系数，能迅速渗透进固体物质之中，提取其精华，具有高效、不易氧化、纯天然、无化学污染等特点。

生咖啡豆提取的咖啡油已经在化妆品行业用作护肤品原料，主要是应用其脂肪酸。另外，咖啡油还具有防止阳光对人体皮肤造成伤害的作用。焙炒咖啡提取的咖啡油被广泛用作食品和化妆品的香料，但是咖啡油中的二萜会降低咖啡油的稳定性及对风味有不良影响，还会造成高胆固醇血症。因此降低咖啡油中的二萜含量具有非常重要的意义。

Araújo 和 Sandi（2006）采用超临界 CO_2 从咖啡中萃取咖啡油并同索氏抽提（以正己烷为萃取剂）进行了对比。他们以商品生咖啡豆和焙炒咖啡为原料，以咖啡油的得率为指标，对超临界萃取咖啡油的工艺进行了优化。他们还报道了超临界萃取法分别获得咖啡油最高和最低二萜含量所对应的萃取条件。他们在 60 ℃～90 ℃和 235～380 bar 范围内优化咖啡油萃取条件，发现在不同的实验条件下，咖啡油的得率不一样，且二萜含量也不同，并发现萃取所得咖啡油的量与二萜浓度成反比。通过 HPLC 分析，发现 70 ℃/253 bar 萃取生咖啡豆得到的咖啡油中二萜的含量最高，咖啡醇和咖啡豆醇之和为 453.3 mg/100 g，但这个值还是比用索氏抽提法提取生咖啡低 48%（860.1 mg/100 g）。在 70 ℃/371 bar 条件下萃取焙炒咖啡得到的二萜含量最低（209.1 mg/100 g），与 70 ℃/253 bar 萃取生咖啡豆相比，降低了 71.2%。

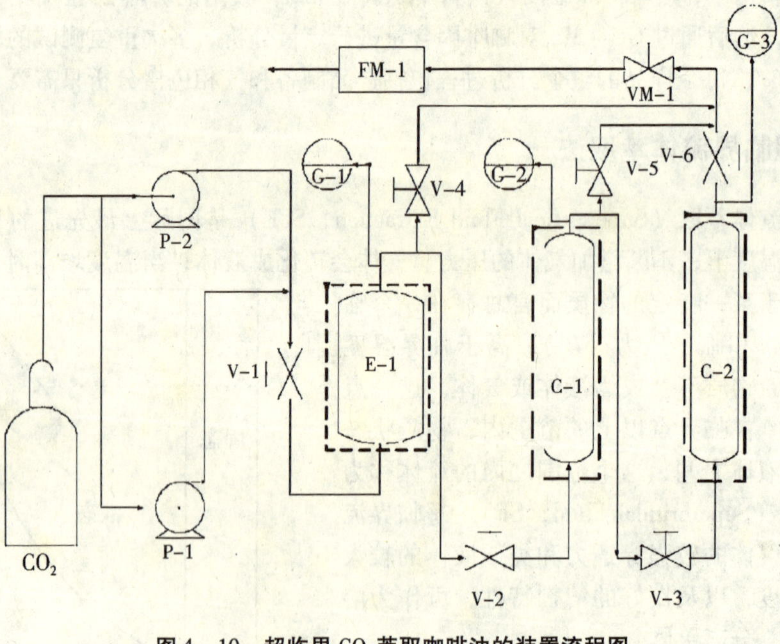

图 4－10　超临界 CO_2 萃取咖啡油的装置流程图

de Azevedo 等（2008）采用超临界二氧化碳从生咖啡豆中萃取咖啡油，还考察了不同夹带剂对咖啡油得率及咖啡因、绿原酸含量的影响。作者采用的超临界 CO_2 萃取装置如图

4－10 所示。考察的夹带剂分别为乙醇（5%，*w/W*）和异丙醇（5%，*w/W*），采用的萃取温度分别为 50 ℃和 60 ℃，萃取压力分别为 15.2 MPa、24.8 MPa 和 35.2 MPa。当采用纯的 CO_2 或者乙醇做夹带剂时，咖啡油的得率随萃取压力的增加而增加。当采用异丙醇做夹带剂时，咖啡油的得率同样随萃取压力的增加而增加。咖啡因的含量随萃取压力的增加先增加后降低；只有用异丙醇做夹带剂时，萃取的咖啡油里才含有绿原酸。使用纯的 CO_2 做萃取剂时，提高萃取温度会降低咖啡油的得率和咖啡因含量。当使用夹带剂时，咖啡油的得率以及咖啡因和绿原酸的含量随萃取温度的提高而增加。

第二节　风味物质的气相色谱—嗅觉测量法

目前，对于挥发性化合物的分析运用得最多的还是 GC－MS。GC－MS 虽然可以高效地在一次运行中分离和鉴定上百种挥发性成分，但食品中有些风味物质含量很低，GC－MS 无法加以鉴定；还有些组分在 GC－MS 检测中组分很高，但无风味贡献。而气相色谱—嗅觉测量法（Gas Chromatography－Olfactometry，GC－O）却能解决上述问题，它属于一种将嗅觉和仪器检测结合起来的分析技术，通过人的鼻子来进行气味检测。人的鼻子通常比任何物理检测器都更为敏感，GC－MS 不能检测的隐藏在杂质峰及大峰里面的很多微量成分，GC－O 都能检测出来。通过和 GC 色谱图的对比，GC－O 很容易区分出与气味无关的物质。

GC－O 最早是由 Fullerl 于 1964 年提出的，是将气味检测仪（或使用人的鼻子来分析气流中的气味活性）与分离挥发性物质的气相色谱仪结合的一种技术。GC－O 嗅觉检测法的原理非常简单（图 4－11），即在气相色谱柱末端安装分流口，分流口由惰性材料组成且对香气化合物无吸附作用，密封性要好；将经 GC 毛细管柱分离后得到的流出组分按一定的分流比分流到检测器（如氢火焰离子检测器 FID 或质谱 MS）和气味检测仪；将香气提取物注入连有气味检测仪的色谱柱中，而嗅闻人员坐在气味检测仪的出口处，记录他们在气体流出物中所闻到的香气，定性地描述香气信息以及香气的强度。

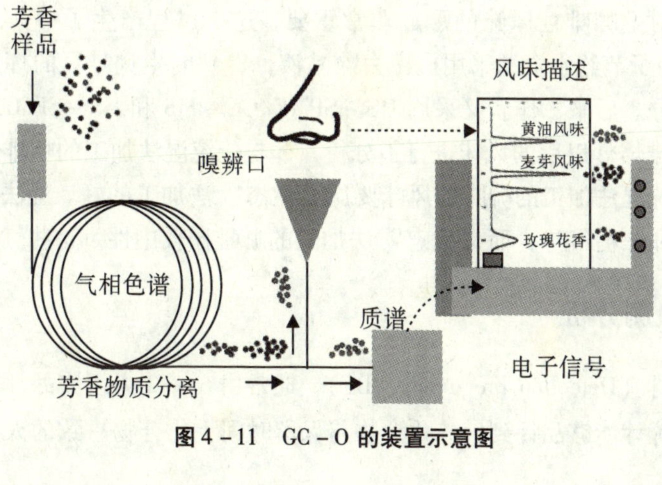

图 4－11　GC－O 的装置示意图

GC－O很好地利用人的鼻子这种高选择性的检测器，能够检测到一些低含量的强香味活性化合物，而这些化合物由于浓度太低而无法用经典仪器检测器来分离检测到，或者是因为其在检测器上的响应值太小而被忽略。GC－O使用已经有50年，期间也经历过一些改进，在很多方面的应用都显示了它强大的功能。常用的GC－O的方法主要有三种：芳香萃取物稀释分析、频率检测分析和时间—强度分析。

一、芳香萃取物稀释分析

芳香萃取物稀释分析（Aroma Extract Dilution Analysis，AEDA），是GC－O嗅闻检测技术中比较常用的一种方法。它提供了一种基于样品中气味浓度与其在空气中的感官阈值之间比例的定量描述方法。这些方法包括准备一系列气味化合物萃取液的稀释液，按如1：3、1：9、1：27的比例来逐步稀释，每次稀释后的样品再由GC－O来分析，直到GC－O不再检测到这种香气物质的存在才停止稀释。通过AEDA可计算出每种香气化合物的FD因子（Flavor Dilution Factor，香气稀释因子），即初始提取物中香气化合物的浓度与最大稀释后提取物中该化合物浓度的比值，也就是稀释倍数。FD因子越高则说明该香气物质浓度越大或者说其香气强度越大，属于重要的香气化合物。

Semmelroch和Grosch（1995）采用GCO－H（Gas Chromatography－Olfactometry of Decreasing Headspace Samples）对咖啡样品中挥发性强、可能是焙炒咖啡特征气味的物质进行了分析。结果显示：2，3－丁二酮、3－戊二酮、3－甲基－2－丁硫醇、3－甲硫基丙醛、糠（基）硫醇和甲酸－3－巯基－3－甲基丁酯既是焙炒阿拉比卡咖啡粉又是焙炒罗伯斯塔咖啡粉的关键气味物质，但2－甲基－3－呋喃硫醇、2，3－二乙基－5－甲基吡嗪和另外一种未知物质只是焙炒罗伯斯塔咖啡粉的特征气味物质。

Gonzalez－Rios等（2007）对三个品种的生咖啡豆的香气成分分别进行了顶空—固相微萃取/气相色谱—质谱法（HS－SPME/GC－MS）和顶空—固相微萃取/气相色谱—嗅觉测量法（HS－SPME/GC－O）分析。三个品种的咖啡分别采用了湿法加工和“生态”法加工，作者将不同加工方式的生咖啡豆挥发性风味物质进行了对比。结果表明生咖啡豆加工过程中的脱胶（去除咖啡豆表面的黏液）对咖啡的风味影响很大。湿法加工过程中微生物发酵去除黏液对生咖啡豆风味的形成非常重要，这个过程产生了怡人的水果香味；而“生态”法加工为了节约水资源采用机械去除黏液，得到的生咖啡豆的挥发性物质中含有令人不愉悦的成分。后来，作者又采用HS－SPME/GC－MS和HS－SPME/GC－O对“生态”法加工的咖啡焙炒以后的风味进行了分析，并与传统湿法加工的咖啡焙炒后的风味进行对比，发现传统湿法加工的咖啡的风味要比“生态”法加工的好。湿法加工的咖啡具有水果香味、花香和焦糖气味，而“生态”法加工的咖啡比较中性，这些气味特征不明显。

二、频率检测分析

频率检测分析（Detection Frequency，DF），通常由6～12人组成品评小组，对同一个样品进行分析。统计能够品评到气味化合物与保留时间上化合物一致的人员百分比，感觉到的化合物频数比其他物质高的被认为对样品气味具有最重要的影响。在DF图谱中，以保留时间（RT）或保留指数（RI）为横坐标，能闻到同一香气物质的嗅闻员人数为纵坐标。

频率检测法的重复性较好，对评价员的要求不高。嗅闻员闻到香气活性化合物的次数与感观分析的分值有显著的相关性，与香气化合物的强度也有相关性，但是得到的结果只与给定浓度的被分析物中的风味物强度有关，不能反映香气物质的真实强度。

三、时间—强度分析

时间—强度分析（Time - Intensity），也称Osme分析。即闻香员记录香气化合物的气味强度和持续时间并描述该气味的测量方法。而在频数检测和稀释到阈值方法中，只规定记录存在或不存在某种气味刺激。

第三节　风味物质的电子鼻分析

如果说GC - O是使用人的鼻子作为检测器来分析样品中的气味活性，那么电子鼻（Electronic Nose，E - Nose）则是模拟人类的嗅觉系统，设计研制的一种智能电子仪器。它能够克服生物嗅觉系统在灵敏度、易中毒、易疲劳等方面存在的缺陷。

一、电子鼻的基本原理

电子鼻又称气味扫描仪，是20世纪90年代发展起来的一种快速检测食品的新颖仪器。1961年，Moncrieff等利用仪器对气味进行分析，开创了采用仪器进行气味分析的先河。1964年，Wilkens和Hatman提出对嗅觉过程的电子模拟，这是有关电子鼻的最早报道。直到1987年，欧洲化学传感器会议上才正式提出“电子鼻”的概念。1994年，英国华威大学的Gardner和南安普顿大学的Bartlett使用了“电子鼻”这一术语并给出了定义：“电子鼻是一种由具有部分选择性的化学传感器阵列和适当的模式识别系统组成的，能识别简单或复杂气味的仪器。”

电子鼻的基本结构由硬件系统和软件系统两部分组成。硬件系统包括空气压缩机、气体净化器、自动进样器、传感器阵列等。其中气体传感器阵列是最重要的硬件组成，由具有广谱响应特性、较大的交叉灵敏度以及对不同气体有不同灵敏度的气敏元件组成。气敏元件相当于人类鼻子的嗅觉受体细胞，工作时对接触的气体能产生响应并产生一定的响应模式。软件系统则用于对硬件系统的监测，进行数据预处理和统计分析等。图4 - 12给出了电子鼻的基本构造。

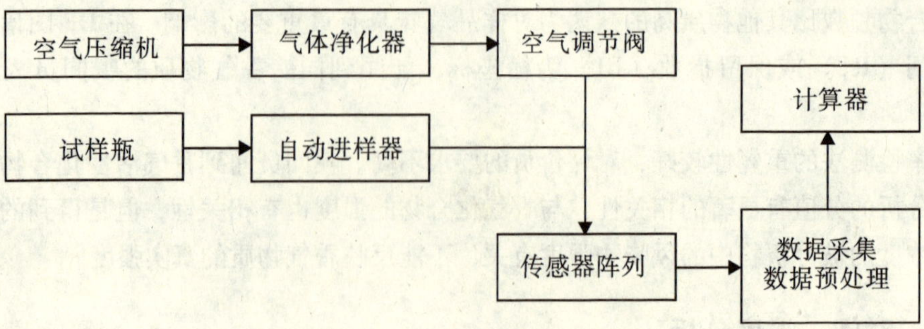

图 4－12　电子鼻的基本构造示意图

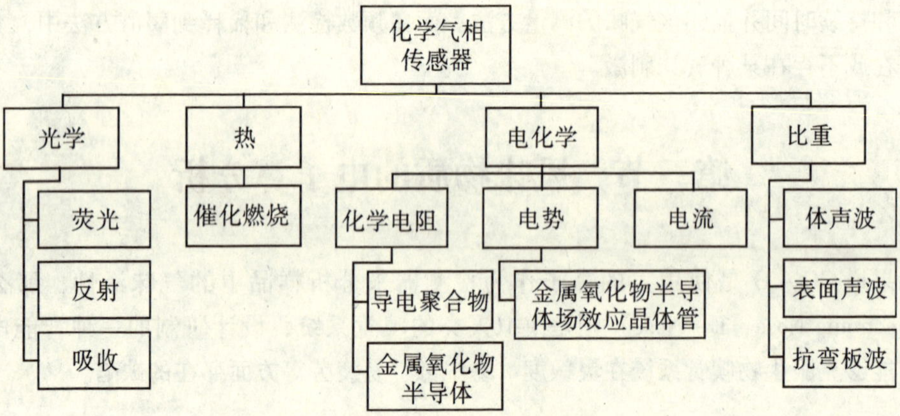

图 4－13　电子鼻中应用的传感器类型

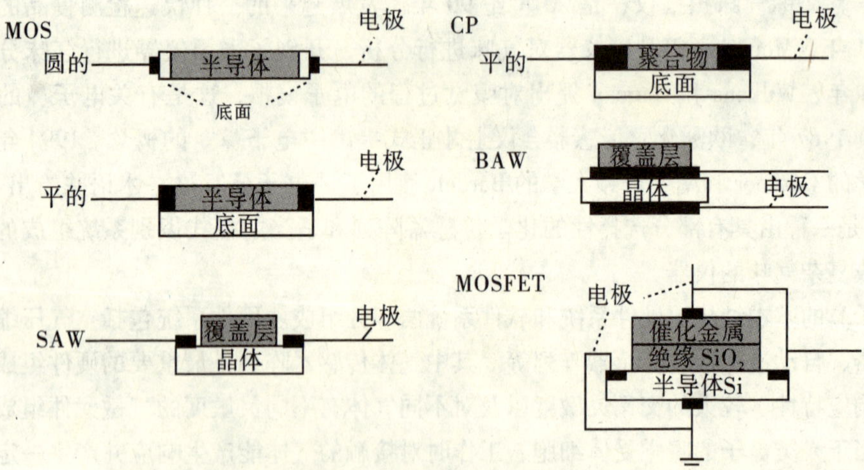

图 4－14　五种不同的传感器

注：MOS＝金属氧化物半导体，CP＝导电有机聚合物，BAW＝体声波，SAW＝表面声波，MOSFET＝金属氧化物半导体场效应晶体管。

电子鼻都是采用气体传感器，图 4－13 对电子鼻中应用的传感器类型进行了总结

(James et al.，2005)。气体传感器种类很多，但商业电子鼻用到的传感器种类并不是很多(图4-14)，常见的有金属氧化物半导体（Metal Oxide Semiconductors，MOS)、金属氧化物半导体场效应晶体管（Metal Oxide Semiconductor Field Effect Transistors，MOSFET)、导电有机聚合物（Conducting Organic Polymers，CP)、压电晶体（Piezoelectric Crystals）及体声波（Bulk Acoustic Wave，BAW)。这些传感器可以分为两类：热传感器（MOS、MOSFET）和冷传感器（CP、SAW、BAW)。热传感器在高温下工作，而且对水分不敏感，从一个样品到另一个样品的检测交叉污染也较少，具有较高的灵敏度。

金属氧化物半导体（Metal Oxide Semiconductors，MOS）传感器是一种基于化学物质的敏感性而开发的传感器，是电子鼻中应用最为广泛的传感器之一。图4-15为带垂直加热器的硅平板MOS传感器。

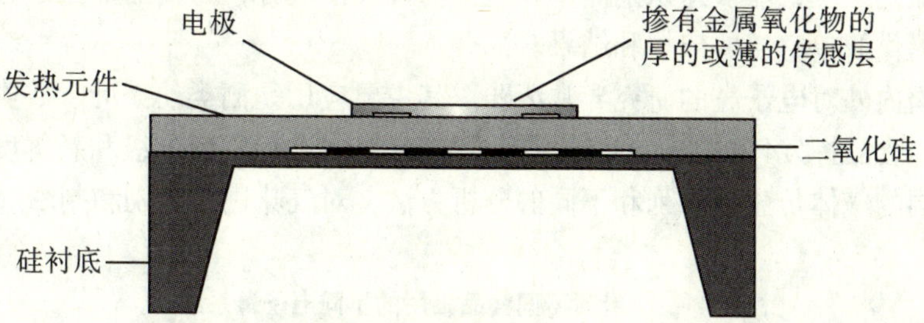

图4-15　带垂直加热器的硅平板MOS传感器

电子鼻的传感器收集数据以后需要进行统计分析（表4-1)。统计方法通常分为三类：①图形分析；②多变量分析，包括主成分分析（PCA)、判别分析（CDA)、特征权重(FW）和聚类分析（CA)；③网络分析，包括人工神经网络（ANN）和径向基函数(RBF)。具体统计方法的选择取决于现有的数据和对分析结果的要求。

表4-1　电子鼻应用的主要统计方法

模式识别方法	线性	定量计算
主成分分析（PCA)	是	否
判别分析（CDA)	是	是
特征权重（FW)	是	是
聚类分析（CA)	是	否
人工神经网络（ANN)	否	是
径向基函数（RBF)	否	是

电子鼻技术响应时间短、检测速度快；与常规理化分析法（如气相色谱法等）相比，样品无须前处理，基本不用有机溶剂；其测定评估范围广，可以检测各种不同种类的食品；并且能避免人为误差，重复性好；还能检测一些人鼻不能够检测的气体，如毒气或一些刺激性气体等。它在许多领域尤其是食品行业发挥着越来越重要的作用。

王俊等（2004）对于电子鼻在食品方面的应用作了综述，对于其在食品新鲜程度、果蔬成熟度的评价及其在饮料、酒类识别中的应用作了非常详细的阐述。可以看到，随着现代科技的不断发展，生物芯片、生物技术的发展和集成化技术的提高及一些纳米材料的应用，电子鼻将会有更广阔的应用前景。

二、电子鼻在食品风味化学物质分析中的应用

食品的风味是食品的重要品质之一。风味主要取决于挥发性成分的组成，对这些挥发性成分的常用检测方法主要是通过人的感官评定和气相色谱—质谱（GC－MS）等仪器分析。但人的感官评定存在抽象性和主观性；由于各种萃取手段使样品风味有一定的损失或改变，采用仪器分析不能体现食品原始的风味特征。而电子鼻（一种电化学传感器）具有特异的模式识别系统，能快速识别简单和复杂的挥发性成分，为食品加工过程的质量控制和风味检测提供简单直接的依据和结果。

目前，国内外对电子鼻的研究异常活跃。其主要应用是酒类、茶叶、谷类、奶酪、咖啡、鱼和肉等食品挥发气味的识别和分类，目的是对之进行质量分级和新鲜度判别。研究者分别用不同的气体传感器阵列和不同的分析方法，对气味进行鉴别和判断（表4－2）。

表4－2　针对不同食品采用的不同电子鼻系统

被测食品	电子鼻系统	传感器类型与数量	被测食品	电子鼻系统	传感器类型与数量
肉类	Alabaster	1 MOS	咖啡	ArcmaScan	32 CP
	FOX 2000	6 MOS		FOX 4000	18 MOS
	FOX 3000	12 MOS		FOX 3000	12 MOS
	NST 3210	10 MOSFET，4 MOS，1IR	可乐	FOX 2000	6 MOS
	ArcmaScan	32 CP	奶酪	FOX 2000	6 MOS
谷类	NST 3210	10 MOSFET，4 MOS，1IR		FOX 3000	12 MOS
	FOX 3000	12 MOS		ArcmaScan A20S	20 CP

三、电子鼻在咖啡风味化学中的应用

咖啡作为世界第一大饮料，电子鼻在其风味分析中应用的报道很多。咖啡中有机物的组成非常复杂，电子鼻主要用于评估咖啡品质，还能确定其档次。咖啡和茶一样，品质是通过感官评价师评价来确定的，评价的根据主要是香气和风味。咖啡挥发性风味物质的种类非常多，不同咖啡的香气和强度不一样。大部分挥发性的风味物质都是生咖啡豆中非挥发性的物质在焙炒过程中通过热反应生成的。一般认为生咖啡豆没有什么香气和风味但是

含有很多种挥发性物质。大部分挥发性物质在焙炒过程中浓度会增加，当然也有部分物质的浓度会减少。

Aishima 等（1991）对 6 个 MOS 传感器区分咖啡豆和速溶咖啡的灵敏度进行了分析。他们发现，响应值归一化以后再进行聚类分析，很容易将咖啡豆和速溶咖啡区分开来。对数据矩阵进行逐步线性判别分析，结果表明单独一个传感器（TGS - 812）就能区分咖啡香气，而且正确率达到了 78%。当使用 4 个传感器的时候，就能完美地区分两种现泡咖啡和两种速溶咖啡。不同传感器响应值之间的相关系数为 0.90 ~ 0.99，反映了传感器的交叉灵敏度。

Gardner 等（1992）采用 12 个 SnO_2 传感器检测三种商业咖啡（包含两种不同的咖啡豆混合方式和两种不同的焙炒程度），还对一种咖啡在焙炒过程中 6 个时间段进行了取样分析（图 4 - 16）。对于三种商业咖啡，当将所有数据都用于交叉验证建模时，区分的成功率达到了 89.9%，但是如果只用一半数据，区分的成功率则降低到了 81.1%。用于焙炒时间预测的准确度为 88.1%。这说明氧化锡气体传感器可用于不同的咖啡豆混合和咖啡焙炒程度的分析，证实了电子鼻可以在咖啡加工过程作为在线定量检测仪器应用。

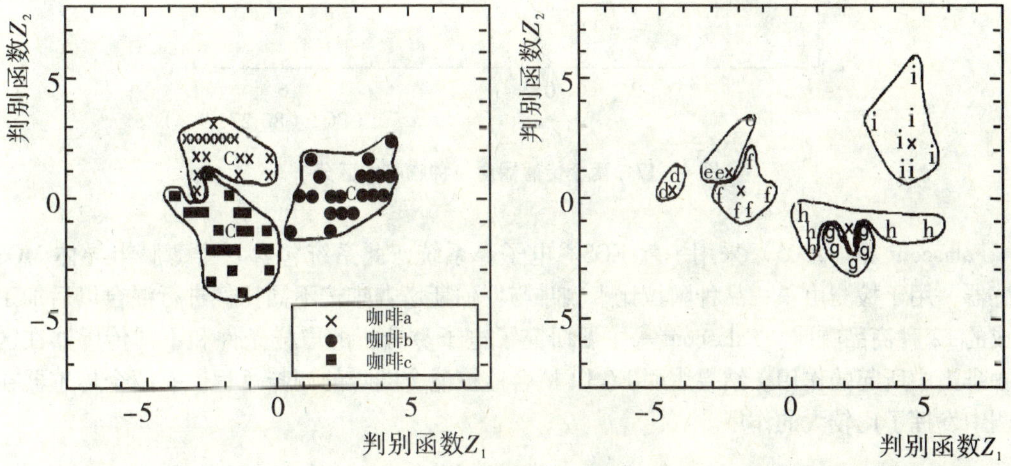

图 4 - 16　电子鼻对三种商业咖啡（a ~ c）和对一种咖啡在 6 个焙炒时间段（d ~ i）的区分

电子鼻在咖啡中的另外应用包括 Pardo 等（2000）的研究。他们采用了一个包含 4 个 SnO_2 薄膜传感器的电子鼻系统（其中两个传感器是纯的 SnO_2，另外一个掺有金，还有一个掺有铂），用于区分商业混合咖啡。他们将 12 种咖啡以意式特浓咖啡的形式进行了评价，还对每一种咖啡的 3 种不同状态进行了分析，3 种状态分别为咖啡豆、咖啡粉和冲泡好的咖啡液体。只需要 2 个传感器就能 100% 准确地区分咖啡豆（图 4 - 17）。对于咖啡粉，准确度只有 87.5%。另外，对于冲泡好的咖啡液体，该电子鼻系统基本上没有区分作用，作者将原因归结为很难保证抽样条件的重复性。随后，来自同一个实验室的 Pardo 等（2002）采用了一个掺有钯的 SnO_2 传感器用于评价两组咖啡。第一组为 6 种单一的咖啡和一种将阿拉比卡和罗伯斯塔咖啡混合起来的意式特浓咖啡，第二组为各种混合咖啡。他们使用电子鼻对最后的产品进行了感官分析并对比，通过主成分分析（PCA）和多层感知器（Multilayer Perceptron）区分第一组咖啡样品的准确率为82%；对于第二组，区分的准确率为87%。

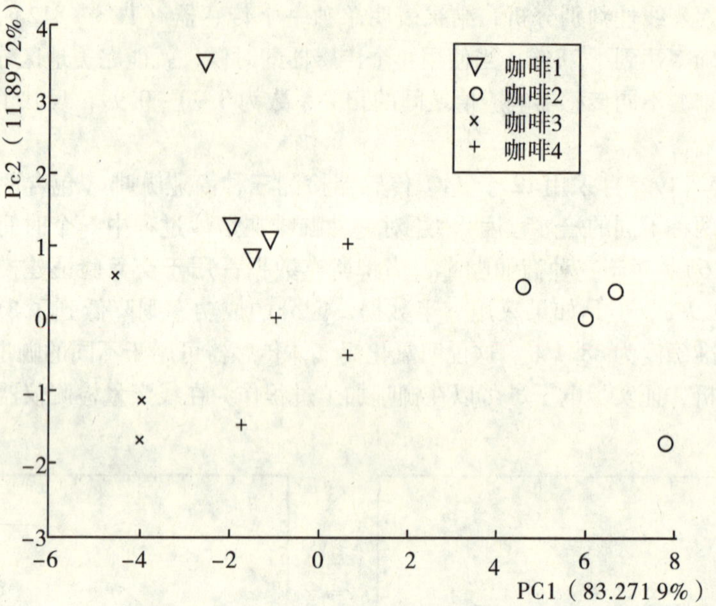

图4-17　两个传感器对4种咖啡的区分

Falasconi等（2005）采用一款EOS^{835}电子鼻系统，此系统包含6个薄膜半导体MOS传感器，用于检测由单一品种阿拉比卡咖啡与罗伯斯塔咖啡按不同比例进行混合以后加工而成的12种商品咖啡。Falasconi等主要研究了电子鼻分析的取样条件和不同传感器在区分咖啡当中所起的作用。结果表明EOS^{835}适合监控混合咖啡的调味过程，有两个传感器在检测中发挥了比较大的作用。

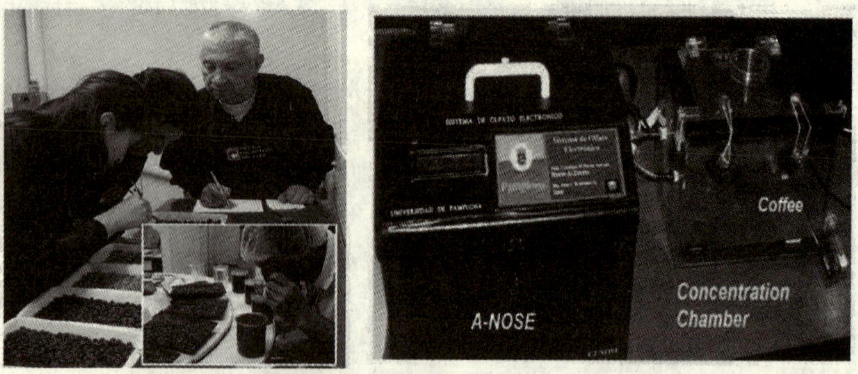

图4-18　咖啡人工杯测（左）和电子鼻“杯测”（右）

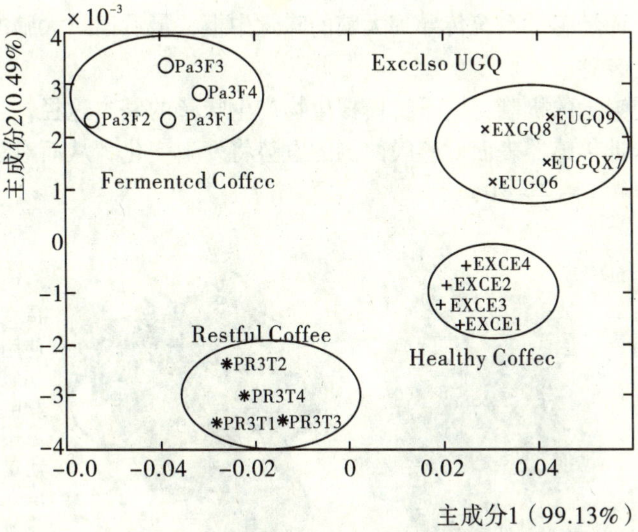

图4－19 “A－NOSE”电子鼻对哥伦比亚咖啡的区分

Rodríguez等（2010）采用一台“A－NOSE”的电子鼻对哥伦比亚咖啡样品进行“杯测”（图4－18）。结果表明电子鼻可用作咖啡杯测工具，电子鼻能准确判断生咖啡豆的品质，很适合咖啡工业的质量控制。他们的检测结果如图4－19所示，品质好的“Healthy Coffee”和“Excelso UGQ”位于PCA图的右侧，品质差的“Fermented Coffee”和“Restful Coffee”位于PCA图的左侧。检测过程每个样品都重复了4次，一共进行了16次试验。

第四节　风味物质的电子舌分析

电子舌技术是20世纪80年代中期发展起来的一种分析、识别液体成分的智能仪器技术。电子舌主要由传感器阵列、信号处理和模式识别系统组成。传感器阵列对液体样品作出响应并输出信号，信号经计算机系统进行数据处理后得到反映样品味觉特征的结果，实现了由仪器“味觉”对产品进行客观分析的目标。它可以对样品进行定性和定量分析，具有快速、实时、简便、可靠、高灵敏度等特点，已广泛应用于食品、环境、医药等领域。

一、电子舌的基本原理

人体口腔内的味感受体主要是味蕾，其次是自由神经末梢。味蕾通常由40～60个味细胞组成。味细胞表面由蛋白质、脂质及少量的糖类、核酸和无机离子组成。不同的呈味物质与味细胞上不同的受体发生作用。研究显示，酸、咸、苦味的受体都是脂质；同时，苦味受体也有可能与蛋白质相联系；而甜味受体和咸味受体只是蛋白质。味细胞后面连着传递信息的神经纤维。这些神经纤维再集成小束通向大脑。人体产生味感的基本途径是：首先具有一定水溶性的呈味物质吸附于受体膜表面并刺激其上的味感受体，然后通过一个收集和传递信息的神经感觉系统传导到大脑的味觉中枢，最后通过大脑的综合神经中枢系统分析，从而产生味感。

基于生物感受味觉的机制，电子舌模拟生物产生味感的基本途径，当其与被检测的液体饮料接触时，味觉传感器表面敏感膜两侧的电势将发生变化，从而对呈味物质产生响应以获得仪器“味觉”（图 4－20）。

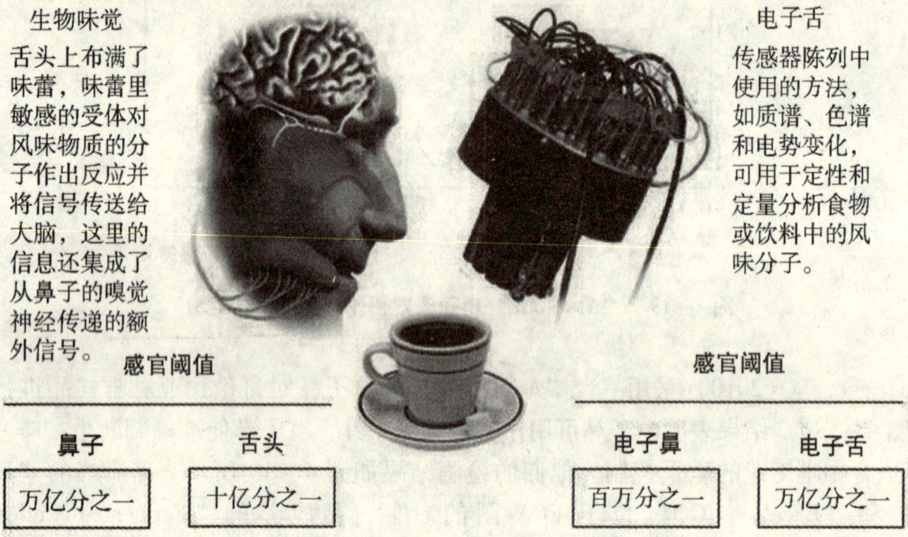

图 4－20　生物味觉和电子舌

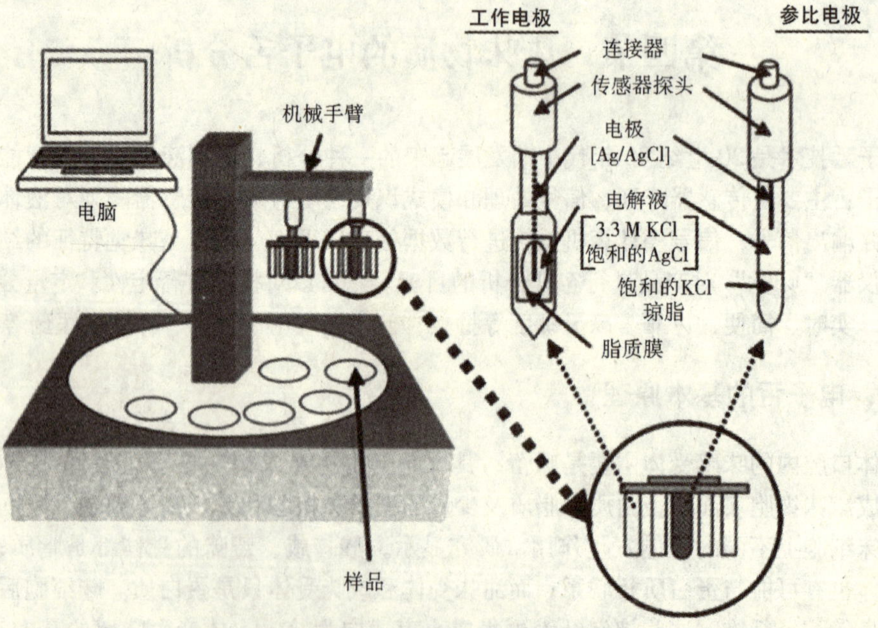

图 4－21　典型电子舌的构造图

典型电子舌的构造如图 4 - 21 所示（Riul Jr，2010）。电子舌使用类似于生物系统的材料做传感器的敏感脂膜。当类脂薄膜的一侧与味觉物质接触时，膜电势发生变化，从而产生响应，检测出各类味觉物质量化关系，同人的味觉感觉相匹配，从而分析出酸、甜、苦、咸、鲜等味觉指标。电子舌具有很高的灵敏度、可靠性和重复性，可以对样品的感官指标进行量化，从而客观地衡量样品的感官状态。基于电子舌的特点与检测中的优越性，它已有各种应用与潜在发展领域。国内外已在食品工业、医疗卫生、药品工业等方面报道了很多研究成果。西班牙科学家研发出一种电子舌，它能够分辨出西班牙起泡卡瓦酒（Cava）的不同等级。这种电子舌可能成为传统人类品酒师的竞争对手，甚至使他们面临失业的危险。

二、电子舌的类型

电子舌按照传感器阵列的不同可分为电位型、伏安型、光学型以及其他类型。

电位型电子舌的原理是：原电池内，化学反应的进行使自由电子发生转移。只要反应未达到平衡，就会有电势产生。在无电流通过的情况下测量膜两侧电池的电势，通过分析此电势差来研究样品的特性。其主要优点是操作简便、快速，能在有色或混浊试液中进行分析，适用于酒类检测系统，因为可以直接给出电位信号，较易实现连续测定与自动检测。其缺点是检测范围有限，因为有些膜只能对特定的离子和成分有响应。另外，这种感应器对电子元件的噪声敏感，对电子设备和监测仪器有较高的要求。

伏安分析法是在外加电压下测定通过溶液的电流来反映被测对象信息的一种有效而常用的分析方法，由于其高灵敏性、多功能性、简单性、鲁棒性等优点而在分析化学方面得到广泛应用。根据不同的分析对象，伏安法又可分为循环伏安法、反萃伏安法和脉冲伏安法等。与其他几种伏安法相比，脉冲伏安法具有更高的灵敏度和准确性。因此，脉冲伏安法在电子舌领域受到研究者的青睐。

目前光学型电子舌的传感器主要有两种：一种是光寻址电位传感器，其根据半导体内的光电效应原理，即当半导体受到一定波长的光照射时，半导体吸收光子发生禁带到导带的跃迁，产生电子空穴对，当光源在 LAPS 的上或下表面照射时，外电路中光电流的大小就反映了膜的响应；另一种是基于光化学原理的集成光学离子传感器，这种传感器主要基于传统化学分析方法中的一种显色反应，使之与微加工技术相结合，将酸碱指示剂和金属指示剂吸附在载体小球上，再放置在经微加工制备的微井中，颜色的变化通过 CCD 拍摄并存储到计算机中，通过计算机对实验数据进行处理和识别。

另外，还有根据声电效应来识别液体的 SH - SAW（Shear Horizontal Surface Acoustic Wave）电子舌、应用味觉物质使电解液电导率降低的原理制成的电导型电子舌以及采用纳米材料作为传感器部件的电子舌。

三、电子舌在食品风味化学物质分析中的应用

电子舌技术在茶叶品质评价、酒类识别、乳品检测、果汁饮料、微生物检测、发酵过程监控、食品成分模型分析等领域有广泛的应用。

茶汤鲜、甜、苦、酸、辛、厚等滋味是茶叶感官评判的重要因子，也是茶叶质量分级的重要依据。茶叶滋味的鉴定传统上一般依赖感官品评专家来判断，但培养专职品评员费用高、时间长，且人的感觉器官灵敏度会受到地域、性别、精神状态、“味蕾疲倦”及身体状况等因素的干扰，从而影响评定的准确性。近年来，电子舌技术在茶叶滋味品质的评判中受到相当的重视，越来越多的学者开展了这方面的工作，电子舌技术有望成为最有应用前景的技术之一。目前，茶叶领域的电子舌技术研究大多集中在对茶叶的分类方面；另外也有一些研究者将电子舌技术应用于茶叶呈味物质、电子舌与感官评价关系等的研究中。

目前电子舌在酒类的识别研究中，以红酒、啤酒居多。电子舌技术在乳品检测领域的应用主要是原料乳的品质测定，即区分不同来源的原料乳和不合格原料乳等。电子舌技术在果汁饮料领域的应用非常广泛，基于各种原理研制的电子舌被广泛应用于各种果汁的识别研究。研究者利用电子舌技术来区分不同品牌、产地、浓度的橙汁，鉴别果汁是否掺假，以及监测果汁的老化过程等。电子舌输出信号与果汁的品质成分关系的研究也有相关的报道。电子舌技术在检测微生物、监控发酵过程方面的研究也有不少报道。电子舌技术在物质成分的模型分析方面的应用主要是利用电子舌技术研究与食品滋味有关的某种或某些组成成分，而不是以某种食品为研究对象。

此外，有少量研究报道了电子舌技术在检测不同品质的橄榄油，评价其苦味和多酚含量等方面的应用。电子舌在鱼类、肉类的新鲜度检测，鉴别不同米饭味道等方面的研究也有报道。

四、电子舌在咖啡分析中的应用

电子舌很容易将咖啡同其他饮料区分开来。Toko（1994）采用电子舌对咖啡、啤酒和含有离子的水（模拟饮料）进行了分析，从图4－22中可以看出，三种饮料的区别非常明显。

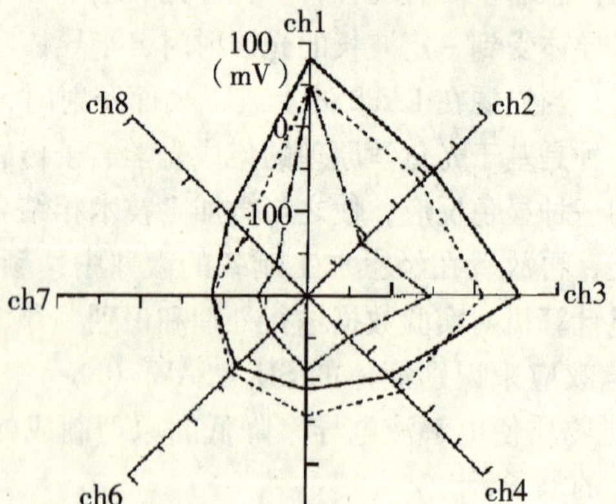

图4－22　电子舌区分咖啡（—·—）、啤酒（－ － － －）和含有离子的水溶液（——）的雷达图

Legin 等（1997）采用电子舌对速溶咖啡和现泡咖啡进行了分析。图 4 - 23 为一台配置了 21 个传感器的电子舌的分析结果。从主成分分析图（Principal Component Analysis，PCA）可以看出，这台电子舌能够将 Nescafé Gold 和 Nescafé Classic 这两种速溶甜咖啡同 Manhattan、Tchibo 和 Arabica 区分开（尽管每个样品只是测了 2 ~ 3 次），而且不同的样品没有出现重叠。从图中还能看出，电子舌也将 Nescafé Gold 和 Nescafé Classic 这两种速溶甜咖啡区分开了，Nescafé Gold 是采用冷冻干燥的，Nescafé Classic 是采用喷雾干燥的。

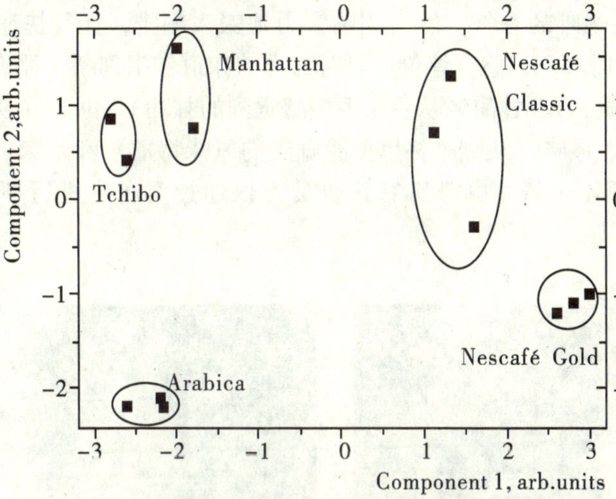

图 4 - 23　电子舌分析现泡咖啡和速溶咖啡的主成分分析图

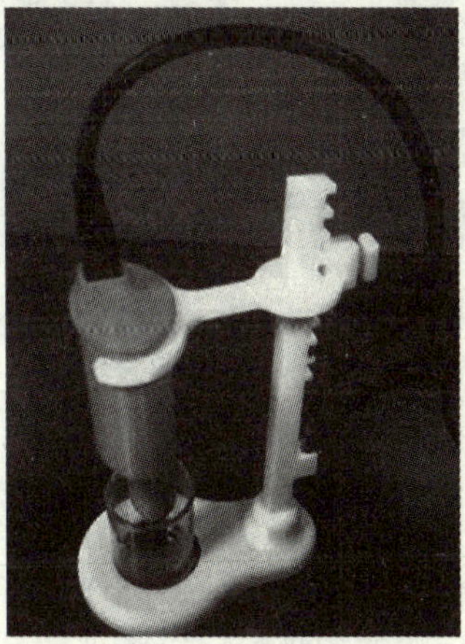

图 4 - 24　微型电子舌装置

电子舌属于精密而又昂贵的食品风味分析仪器。Kumar 等（2012）采用傅里叶变换阻尼谱制备了一种简单的新型电子舌（图 4 - 24）。该电子舌外形小巧，但根据对不同浓度的 $MgCl_2$ 溶液、NaCl 溶液、HCl 溶液以及水和茶多种样品的检测，结果表明该电子舌的区分效果良好。

第五节 咖啡杯测

咖啡杯测（Coffee Cupping），也称为咖啡感官评价（Coffee Testing），是对咖啡饮料的滋味和香气进行感官评价的一种方法。咖啡感官评价是一门专业技能，除了受过专业训练的职业品尝师，普通人也可以进行咖啡杯测。一个标准的咖啡杯测过程包括：先将鼻子凑近咖啡杯深深地吸入咖啡的香气，然后用嘴大力地啜入咖啡，让其快速散布于整个舌头（图 4-25）。通过咖啡杯测，感官评价员要对咖啡的味道作出判断，评价指标包括醇厚度（质感或口感，如油质感）、甘甜（从舌头两侧感觉到的甘甜）、酸味（从舌尖感觉到的酸味，像吃酸橙一样）、风味（从咖啡杯里面感觉到的风味特征）和余味。由于不同产地的咖啡滋味和香气特征不一样，咖啡感官评价员可以通过对咖啡进行杯测来判断咖啡的产地。

(a) 闻咖啡香气

(b) 品尝咖啡滋味

图 4-25 咖啡感官评价中

一、SCAA 式杯测方法

杯中放入中度研磨的咖啡粉（约 8 g），摇晃一下闻闻香气（Fragrance）。注入 150 mL 的热水蒸煮 3 min。将膨胀成圆丘状的咖啡粉层以汤匙切开。此时将鼻子凑近杯子，闻闻刚煮好的咖啡香味（Aroma）。

接下来，用汤匙将咖啡液上层的泡沫除去，稍微静置一下，再用汤匙舀一匙咖啡液，将咖啡吸入口中，使咖啡液在口中呈雾状散开。确认过香气后将咖啡液吐出。依次评价咖啡稍热时、稍冷时、冷却后的味道。要评价的项目如下：

①干香气 Fragrance（咖啡粉的香味）；

②湿香气 Aroma（咖啡液的香味）；

③甘甜 Sweetness；

④清爽的酸味 Acidity；

⑤风味 Flavor。

二、描述咖啡香气的词汇

（一）动物气味（Animal - like）

这种气味会让人联想到动物身上散发出来的气味。它不是麝香气味而是像潮湿的哺乳动物皮毛所散发出来的气味、汗水味，或动物的尿骚味。动物气味并不是咖啡的一种不好的气味，通常用于描述咖啡的浓烈气味。

（二）灰尘味（Ashy）

这种气味描述起来像烟灰缸的气味，吸烟人手指的气味或者当清扫壁炉时所闻到的气味。灰尘味并不是一种不好的气味，评价员一般在评价咖啡的焙炒程度时用这个词汇。

（三）烧焦味/烟熏味（Burnt/Smoky）

这种气味通常被描述成烟熏食品的气味。烟熏食品中这种气味是由燃烧木材产生的烟雾形成的。评价员在评价过度焙炒的咖啡时通常会用到这个词汇。

（四）化学试剂/药品味（Chemical/Medicinal）

这种气味会让评价员联想到化学试剂的气味、药品味或医院里的气味。

（五）巧克力味（Chocolate - like）

这种气味会让评价员联想到可可粉和巧克力的气味（包括黑巧克力和牛奶巧克力）。有时候巧克力味和甜味（sweet）描述的是同一种气味。

（六）焦糖味（Caramel）

这种气味会让评价员联想到糖加热融化成焦糖所散发出来的气味。评价员需要注意的是不能将烧焦味描述成焦糖味。焦糖味是糖加热融解但是没有烧焦发黑的味道。

（七）谷物/麦芽/吐司味（Cereal/Malty/Toast - like）

这种气味是指谷物、麦芽和吐司散发出来的香味，包括未煮过的和焙烤谷物（包括焙烤的玉米、大麦和小麦）以及麦芽提取物和新鲜烘焙的面包、吐司所散发出来的香气和风味。在描述咖啡的香气时使用这三个词汇表示的是同一个意思，可以相互替换。

（八）泥土味（Earthy）

泥土味并非指咖啡豆沾上泥土的味道。咖啡里含有一些香气成分，带有潮湿的泥土和腐殖质的气味，有时候会是一种霉味，会让评价员联想到生土豆的气味。亚洲咖啡通常有泥土味。某些商业咖啡会掺廉价的咖啡，其中所含的泥味可能是因为将咖啡豆铺在地上进行干燥，使用粗糙的加工技术而造成的。

（九）花香味（Floral）

这种气味和花香味很相似，如金银花、茉莉花、蒲公英和荨麻。花香味通常是在感觉到咖啡有浓郁的水果味或青草味时才能感觉到，通常不会单独感觉到花香味。

（十）水果/柑橘味（Fruity/Citrus）

这种气味通常会让评价员联想到水果的气味。咖啡的自然香气中通常有水果味，某些酸味比较重的咖啡会有柑橘味。评价员容易将这个词汇用来描述未成熟和成熟过头的咖啡果实。

（十一）青草味/生味/草药味（Grassy/Green/Herbal）

这三个词汇通常被用来描述咖啡所具有的如刚修剪过的草坪的气味，新鲜的青草或草药、绿叶、青豆，以及未成熟的水果的气味。

（十二）坚果味（Nutty）

这种气味会让评价员联想到新鲜坚果的气味，与腐败变质具有哈喇味的坚果不同，也不同于杏仁的苦味。

（十三）油脂哈喇味/腐烂味（Rancid/Rotten）

这两个词汇被用来描述咖啡所具有的脂肪氧化产生的哈喇味、腐败的坚果味和蔬菜的腐烂味。评价员需要注意的是，气味很浓但是没有腐败的咖啡不能用这两个词汇来描述。

（十四）橡胶味（Rubber－like）

这种气味会让评价员联想到热橡胶轮胎、橡胶皮带和橡胶刹车片散发出来的气味。橡胶味并不是指咖啡不良的气味，而是某些咖啡里存在的一种明显的气味。

（十五）香辛味（Spicy）

香辛味是指一种令人联想到某种特定香料的风味或气味，这种香气与丁香、肉桂皮和多香果等香辛料所散发出来的气味相似。印尼某些高海拔地区产的咖啡（尤其是陈年咖啡），蕴含小豆蔻般香甜的气味；而 Starbucks 的危地马拉安提瓜咖啡则带有胡椒般的辛味。评价员需要注意的是，不能用这个词汇来形容咸味和辣味香辛料（如辣椒）以及印度香料等散出来的气味。

（十六）香甜味（Sweet）

这个词汇被用于形容没有瑕疵、无尖酸风味、润口的咖啡。

（十七）烟草味（Tobacco－like）

这个词汇用来描述咖啡所具有的烟草的香气，但不是指烟草燃烧时所散发出来的气味。

（十八）葡萄酒香味（Winey）

这个词汇用来形容一种令人联想到葡萄酒的迷人风味，用来描述咖啡所具有的有如喝葡萄酒时所感觉到的气味、滋味和口感的一种综合体验；也指咖啡具有水果般酸度与滑润的醇度所营造出来的特殊对比风味。评价员需要注意的是，不能用这个词汇来形容酸的或发酵的风味。肯尼亚咖啡便是含有葡萄酒风味的最佳典范。

（十九）木材味（Woody）

这个词汇通常被用来描述咖啡所具有的干木头、橡木桶、死木头和硬纸板的气味。

三、描述咖啡滋味的词汇

（一）酸度（Acidity）

酸度是所有高海拔产地的咖啡所具有的酸辛、强烈的特质，类似于有机酸溶液的一种酸味。这里所指的酸味与苦味或发酸（sour）不同，与 pH 值无关，也与发酵过头的发酸滋味不同，而是促使咖啡发挥提振心神与清新味觉等功能的一种清新、活泼的特质，是咖啡喜爱者所期望的一种特质。

（二）苦味（Bitter）

苦味是一种基本味觉，感觉区分布在舌根部分。咖啡的苦味来自咖啡因、奎宁酸和其他一些生物碱。深度焙炒咖啡的苦味是刻意营造出来的，但最常见的苦味发生原因是咖啡粉用量过多而水太少。苦味并不是发酸（sour）的同义词。

（三）甘甜（Sweetness）

这个词通常被用来描述咖啡具有像蔗糖或果糖溶液一样的滋味，通常与水果味、巧克力味和焦糖味同时出现。甜味通常会在描述没有异味的咖啡时用到。

（四）咸味（Saltiness 或 Briny）

咖啡冲泡后，若加热过度，就会产生一种含盐的味道。这是一种与氯化钠或其他盐溶液一样的基本味觉，部分咖啡店的咖啡属于这种味道。

（五）发酸（Sourness）

这个词被用来描述咖啡具有的非常酸辛、刺鼻的令人不愉快的滋味（如醋或乙酸），有时候发酸这个词被用来描述发酵咖啡的香气。发酸的感觉区主要位于舌头后侧的味觉区。这是浅度烘焙咖啡的特点。

评价员需要注意的是，不能将发酸与酸度混淆起来，后者是指咖啡的一种令人愉快的期望的滋味。

四、描述咖啡口感的词汇

（一）醇度（Body）

醇度是冲泡好的咖啡饮用后在舌头上留下对咖啡的口感，是对咖啡饮料的物理性质的描述。醇度的变化可分为清淡如水、淡薄、中等、高等、脂状，甚至某些印尼的咖啡如糖浆般浓稠。对于一个业余的评价员，可以用喝牛奶来形容咖啡的醇度。浓稠的咖啡喝起来像全脂奶，淡薄的咖啡喝起来像脱脂奶。

（二）收敛性（Astringency）

收敛性是指咖啡的余味，喝完之后感觉口腔发干。收敛性是咖啡的一个不好的性质。

（三）清淡（Bland）

生长在低海拔地区的咖啡，口感通常相当清淡、无味。咖啡粉分量不足而水太多的咖啡也造成同样的清淡效果。

五、描述咖啡感官评价的其他词汇

（一）风味（Flavor）

风味是对香气、酸度与醇度的整体印象，可以用来形容对咖啡的整体感觉。例如“这种咖啡颇具风味”；或是脑海中曾经有过的类似经验，拿出来形容“这种咖啡具有一种令人联想到巧克力的风味”。

（二）香味（Aroma）

香味是指咖啡冲泡好后所散发出来的气息与香味。香味具有特异性又具有综合性。用来形容香味的词包括：焦糖味、炭烤味、巧克力味、果香味、草味、麦芽味、浓郁、丰富、香辛等。Bouquet 也是指香味，但是不太常用，专指研磨咖啡粉的味道。

（三）柔润（Soft）

用来形容如印尼咖啡般的低酸度咖啡，亦可形容为芳醇或香甜。

（四）狂野（Wild）

形容咖啡具有极端的口味特性。若无法接受，就会称之为古怪，但也可能是吸引你的特色，全看你的喜好。

（五）浓烈（Strong）

就技术上而言，浓烈形容的是各种味觉优缺或多寡，也指特定的调理成品中咖啡与水的相对比例。就通俗的用法而言，浓烈形容的是深度烘焙咖啡强烈的风味。此外，它也误导人们以为含有大量咖啡因的是罐装的清淡咖啡，因为其中含有较多的低原咖啡。

（六）辛烈（Tangy）

类似发酵过的酸味，实际上像是水果味，与酒味也有关。生长于哥斯达黎加高原的咖啡通常具有辛烈的风味。

（七）独特性（Exotic）

形容咖啡具有独树一帜的芳香与特殊气息，如花卉、水果、香料般的甜美特质。东非与印尼所产的咖啡通常具有这种特质。

（八）温和（Mild）

表示某种咖啡具有调和、细致的风味。生长于高原的拉丁美洲高级咖啡，通常被形容为质地温和。此外，它也是咖啡界的一种术语，用来指所有除了巴西生产的高原咖啡。

（九）芳醇（Mellow）

芳醇是对低至中酸度、平衡性佳的咖啡所用的形容词。

第五章

生咖啡风味物质

第一节　生咖啡非挥发性风味前体物质

1979 年，Poisson 发表了一篇关于生咖啡豆的化学组成和生物组成的综述。Poisson 在文章中提到一个观点：正确评价生咖啡豆的组成并不容易，因为生咖啡豆仍然是一个活的生命体，组分不断发生变化。而且，当时的分析方法还不是很准确，分离蛋白质、多肽、寡肽等大分子化合物的技术还达不到要求。近 20 年来，由于 GC－MS、LC－MS 等分析技术的应用，生咖啡豆化学成分的分析取得了巨大进步。

1961 年，Navellicr 对生咖啡豆的主要化学成分进行了分析，测得的结果是：碳水化合物 58%，木质素 2%，油脂 13%，蛋白质 13%，灰分 4%，非挥发性酸类物质 8%，葫芦巴碱 1%，咖啡因 1%。Derbesy 等（1969）研究报道了安哥拉生咖啡豆的化学组成。Roffi 等（1973）以 40 个不同产地的阿拉比卡和罗伯斯塔生咖啡与焙炒咖啡为原料，研究不同品种咖啡的化学组成，结果如表 5－1 所示。研究结果表明：生咖啡豆中所含化学成分相当丰富，包括碳水化合物、蛋白质、氨基酸、生物碱、绿原酸、酯类化合物等复杂成分，而且不同品种间，咖啡化学成分含量存在差异。

Smith（1963）和 Feldman 等（1969）通过对比生咖啡和焙炒咖啡的组成成分发现：在焙炒过程中，咖啡中蛋白质、绿原酸和蔗糖的含量都明显下降。研究结果表明：生咖啡的非挥发性组成成分对焙炒咖啡风味的影响显著。Russwurm（1970）以生咖啡为原料，通过分馏分析其芳香性风味前体物质，发现生咖啡豆中的碳水化合物、蛋白质、肽和游离氨基酸、多肽和色胺、油脂、酚酸类化合物、葫芦巴碱和各种非挥发性酸类物质是焙炒咖啡的风味前体物质。

Merritt 等（1970）首次报道了焙炒咖啡挥发性香气成分与生咖啡豆中非挥发性风味前体物质之间的关系。Thaler 和 Arneth 等（1970）以阿拉比卡咖啡为原料，研究了焙炒过程中碳水化合物的变化规律。Amorim 等（1974）研究了巴西咖啡中有机化合物与其咖啡饮料质量之间的关系。Amorim 和 Josephson（1975）以巴西咖啡为原料，研究了生咖啡豆中水可溶性蛋白质和非蛋白质的组成成分。Baltes（1979）发表一篇综述，阐述了咖啡非挥发性风味前体物质以及焙炒条件、单糖、氨基酸和绿原酸等对焙炒咖啡风味的影响。

表 5-1　生咖啡豆成分表

单位:%

化合物类型		阿拉比卡	罗伯斯塔
碳水化合物	蔗糖和还原糖	5.3~9.3	3.7~7.1
	阿拉伯聚糖	4	4
	甘露聚糖	22	22
	半乳聚糖	10~12	12~14
	葡聚糖	7~8	7~8
蛋白质		12	12
氨基酸		0.4~1.0	0.4~1.0
生物碱	咖啡因	0.6~1.5	2.2~2.7
	葫芦巴碱	1	1
绿原酸	咖啡奎宁酸	5.2~6.4	5.5~10
	阿魏奎宁酸	0.3~0.5	0.7~1.5
	双咖啡奎宁酸	0.7~1.0	1.4~2.5
	其他绿原酸	0.1	0.2~0.3
其他酸类（酒石酸、苹果酸、柠檬酸等）		2.5	2.5
酯类化合物	甘油三酯	10~14	8~10
	甾醇	2~3	2~3
	双萜	1~2	0.3~0.6
灰分		4	4

Clifford（1985）对生咖啡豆的化学特性和物理特性进行了综述，特别是生咖啡豆的非挥发性化学组成成分。Clifford 和 Kazi（1987）研究了生咖啡豆在成熟过程中绿原酸、咖啡因和葫芦巴碱含量的变化规律。Guyot 等（1988）以罗伯斯塔咖啡为原料，研究其脂肪酸、氨基酸、单糖、二糖、绿原酸、咖啡因和葫芦巴碱等化学组成成分以及对其相应咖啡饮料感官特性的影响。研究结果表明：未成熟的生咖啡豆中绿原酸、咖啡因、葫芦巴碱和阿拉伯聚糖的含量非常高。

Maria 等（1996）报道了一种采用高效凝胶过滤色谱同时检测生咖啡豆中绿原酸、葫芦巴碱和咖啡因的方法。Maria 等（1996）对焙炒脱脂咖啡中的水溶性成分进行了分析研究。Martin 等（1998）以 41 种阿拉比卡与罗伯斯塔生咖啡为原料，研究分析其绿原酸、咖啡因、葫芦巴碱、氨基酸和多酚类化合物的含量。研究结果表明：两个不同品种咖啡的咖啡因和总氨基酸含量存在差异。King 和 Solms（1981）研究报道了咖啡因—绿原酸复合物、咖啡因—酚类复合物是咖啡风味物质的有效增溶剂，这个性质能够改变咖啡风味。

目前，研究发现生咖啡非挥发性风味前体物质主要有含氮化合物、碳水化合物、酸类化合物、酯类化合物四大类化合物。

一、含氮化合物

(一) 生物碱类化合物

生咖啡豆中最重要、含嘌呤环的生物碱类物质是咖啡因。同时，生咖啡豆还含有少量咖啡因代谢物、茶碱和可可碱。Kappeler 和 Baumann（1986）研究报道了其他四种含量甚微的代谢产物：次黄嘌呤、苦茶碱、liberine 和 methylliberine（表 5 - 2）。但是在阿拉比卡咖啡中没有检测到苦茶碱和 methylliberine。Kappeler 和 Baumann 以阿拉比卡与罗伯斯塔生咖啡为原料，研究其生物碱的种类与含量。研究发现未成熟的生咖啡豆中茶碱、可可碱、苦茶碱和 liberine 的含量非常高；在生咖啡豆成熟过程中，可可碱与茶碱的含量比例没有发生变化。Wanner 等（1975）以不同品种的咖啡为原料，通过 UV 和 NMR 检测其 liberine 和 methylliberine 含量。Weidner 和 Maier（1999）以不同焙炒程度的罗伯斯塔咖啡为原料，研究其次黄嘌呤、可可碱、茶碱和苦茶碱的含量。研究发现：不同焙炒程度的罗伯斯塔咖啡的次黄嘌呤和可可碱含量相同，但苦茶碱和茶碱含量随着焙炒时间的增加而降低。Rakotomalala 等（1993）以马达加斯加野生咖啡为原料，研究其生物碱含量。研究发现两类咖啡因含量达到 0.8%，可可碱含量达到 0.03% ~0.08%，苦茶碱含量达到 1.46%，部分马达加斯加野生咖啡豆还含有茶碱。

Huck 等（2005）对咖啡中最主要的三种生物碱——可可碱、茶碱和咖啡因的分析方法进行了研究。传统的分析方法一般采用液相色谱法。作者分别采用两种不同固定相的液相色谱柱 Kovasil MS - C18 柱（无孔固定相）和 Nucleosil 100 - 5 C18 柱（多孔固定相）；流动相为 0.1% 乙酸/乙腈 =98/2（*v/v*），流速为 1 mL/min；紫外检测器的检测波长为 280 nm。检测结果如图 5 - 1 所示，图中的 1、2、3 号峰分别为可可碱、茶碱和咖啡因。结果表明采用无孔固定相的 Kovasil MS - C18 色谱柱效果较好、分析时间短（3 min 内三种物质全部出峰），而 Nucleosil 100 - 5 C18 柱需要 20 min。

表 5 - 2　生咖啡豆的生物碱类化合物

序号	名称	CAS 号	分子式	结构式
1	咖啡因（1，3，7 - 三甲基黄嘌呤）	58 - 08 - 2	$C_8H_{10}N_4O_2$	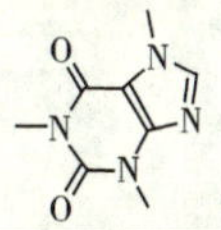
2	茶碱（1，3 - 二甲基黄嘌呤）	58 - 55 - 9	$C_7H_8N_4O_2$	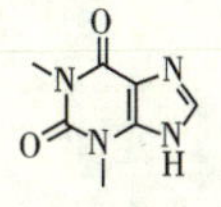
3	可可碱（3，7 - 二甲基黄嘌呤）	83 - 67 - 0	$C_7H_8N_4O_2$	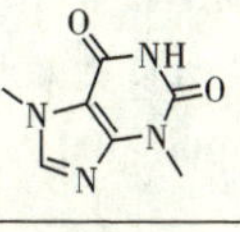
4	次黄嘌呤（1，7 - 二甲基黄嘌呤）	611 - 59 - 6	$C_7H_8N_4O_2$	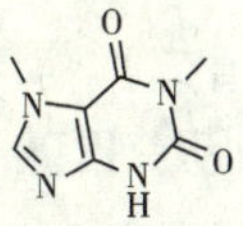

（续上表）

序号	名称	CAS 号	分子式	结构式
5	苦茶碱（四甲尿酸）	2309-49-1	$C_9H_{12}N_4O_3$	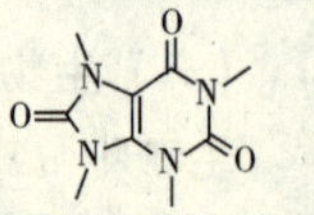
6	liberine	56119-16-5	$C_8H_{10}N_4O_3$	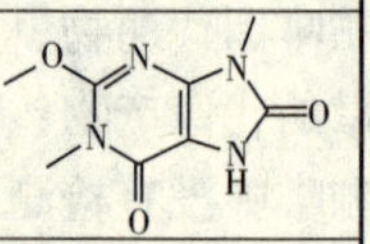
7	methylliberine	51168-26-4	$C_9H_{12}N_4O_3$	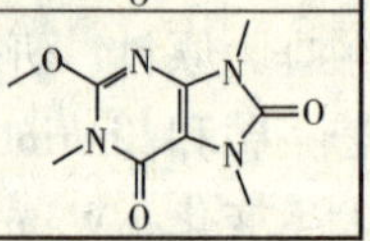

在这篇文章当中，Huck 等试图寻找新的分析方法。他们以液相色谱法作为参照，尝试了近红外光谱法（Near Infrared Spectroscopy，NIRS）随机对 83 个咖啡饮料样品的咖啡因、可可碱含量进行分析。结果显示，NIRS 对咖啡因、可可碱的检测限为 0.05 g/100 g，相对液相色谱的检测限 0.244 ~ 0.60 ng/100 g 要高；NIRS 不能用于分析茶碱，因为其在咖啡中的含量低于 NIRS 的检测限（0.05 g/100 g）。但是作者认为 NIRS 在咖啡工业中还是非常实用的，因为分析时间非常短，只需要数秒钟，能满足样品检测的高通量要求。

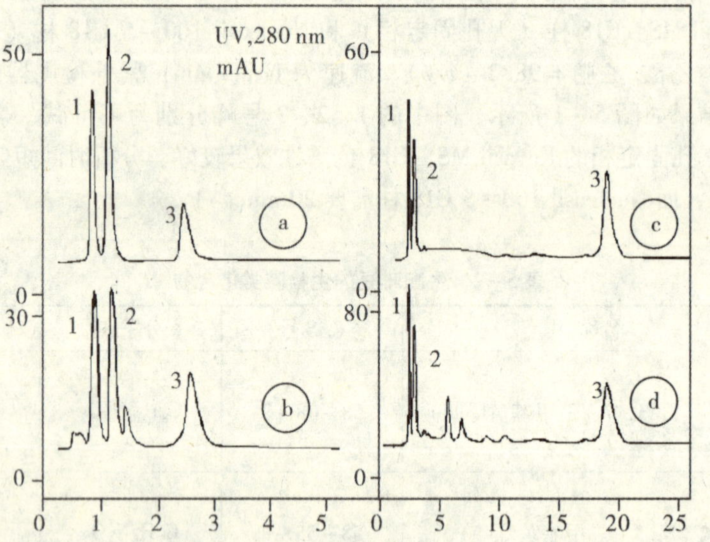

图 5-1　RP-LC-UV 分析可可碱、茶碱和咖啡因标准品（a 和 c）以及对咖啡饮料进行分析（b 和 d）

注：固定相，Kovasil MS-C18（1.5 μm，33 mm × 4.6 mm i. d.）（a 和 b）；Nucleosil 100-5 C18（5 μm，100 Å，250 mm × 4.0 mm i. d.）（c 和 d）。

（二）葫芦巴碱

葫芦巴碱（Trigonelline）的 CAS 编号为 535-83-1，分子式是 $C_7H_7NO_2$，结构式如

图 5－2 所示。葫芦巴碱是吡啶的衍生物。在焙炒过程中，葫芦巴碱是生成呋喃、吡嗪、烷基吡啶和吡咯等风味物质的前体物质（Ky et al.，2001）。葫芦巴碱在焙炒过程中脱甲基生成烟酸，烟酸属于一种水溶性的维生素 B，也叫尼克酸。

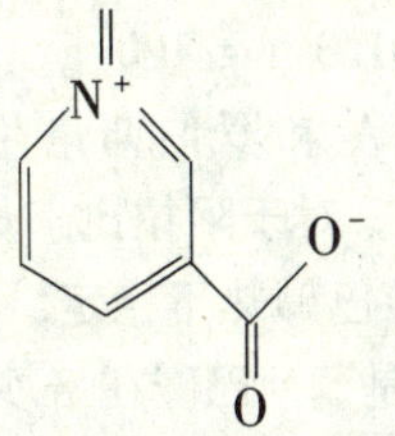

图 5－2　葫芦巴碱的分子结构式

1909 年，Polstorff 首次在阿拉比卡咖啡中分离出葫芦巴碱，随后 Gorter（1910）在 Liberia 咖啡中鉴定出葫芦巴碱并引用了 Polstorff 的研究结果。Hughes 和 Smith（1946）测定出生咖啡豆中葫芦巴碱的含量为 0.6%～1%。

Mazzafera（1991）以 28 个不同品种的咖啡为原料，测定其葫芦巴碱含量。研究结果表明：阿拉比卡咖啡中葫芦巴碱的含量为 2%，其他品种咖啡中葫芦巴碱的含量范围为 0.8%～3.0%。葫芦巴碱含量随品种不同而异。Stennert 和 Maier（1994）测得罗伯斯塔咖啡中葫芦巴碱的含量为 0.67%。

Macrae（1985）研究发现葫芦巴碱呈苦味，大约是咖啡因苦味强度的 1/4，其加热分解产物具有特定风味和营养价值，但其对咖啡饮料质量影响很小。

Stennert 和 Maier（1994）的研究结果表明：蒸汽加工不会影响咖啡豆中葫芦巴碱的含量。Stennert 和 Maier（1996）使用 GLC 新方法测定烟酸含量，研究表明可以通过葫芦巴碱和烟酸含量的比值来衡量咖啡焙炒程度。

Poisson（1979）研究表明：烟酸在酶催化下甲基化形成葫芦巴碱，其甲基来自蛋氨酸。

Perrone 等（2008）报道了一种同时快速测定咖啡中咖啡因、葫芦巴碱、烟酸和蔗糖含量的 LC－MS 方法。取 0.2 g 咖啡粉悬浮于 60 mL 沸水中，300 rpm 震荡 15 min 后用滤纸过滤，用 30 mL 水洗滤渣。对于速溶咖啡，取 0.1 g 样品直接用 60 mL 冷水悬浮，加 2 mL 饱和醋酸铅水溶液到样品中以后得到澄清的提取物，最后的溶液体积用水定容到 100 mL。胶体溶液用双层滤纸过滤，然后再用 0.22 μm 膜过滤，LC－MS 进样分析前用水稀释 1 倍。液相色谱条件：Waters 公司 Spherisorb® S5 ODS2（150×2.0 mm，5 μm）色谱柱；温度为 40 ℃；流动相 A：－0.3% 甲酸水溶液；流动相 B：－甲醇。进样分析前用 25% 比例的流动相 B 平衡柱子；进样后流动相 B 比例升高至 60%，直到分析结束（6 min）。质谱条件：雾化气（N_2）的流速为 3.0 L/min，挥发溶剂的温度调节为 300 ℃，质谱仪在单离子检测（SIM）模式下运行。通过与相应的标准品的保留时间和分子量进行对比来鉴定咖啡因、葫芦巴碱、烟酸和蔗糖，数据采用岛津公司的 LC－MS solution 软件进行分析。

LC－MS 分析咖啡中蔗糖、葫芦巴碱、烟酸和咖啡因的结果如图 5－3 所示，样品 A 为来自巴西的阿拉比卡生咖啡豆，样品 B 为来自哥伦比亚的阿拉比卡焙炒咖啡；1、2、3

和 4 分别为蔗糖、葫芦巴碱、烟酸和咖啡因。

作者采用 LC – MS 分析方法对生咖啡豆、不同焙炒度的咖啡和脱咖啡因的商业咖啡以及速溶咖啡进行了对比分析，结果如表 5 – 3 所示。阿拉比卡生咖啡豆 A 和阿拉比卡焙炒咖啡（C、D、E、G、H）的咖啡因的含量为 843.3 ~ 930.9 mg/100 g（干基），罗伯斯塔生咖啡豆 B 的咖啡因含量为 1 701.3 mg/100 g，脱咖啡因咖啡的咖啡因含量仅为 20.4 mg/100 g。阿拉比卡生咖啡豆 A 和罗伯斯塔生咖啡豆 B 的葫芦巴碱含量分别为 1 029.8 mg/100 g 和 900.6 mg/100 g。对于阿拉比卡焙炒咖啡，葫芦巴碱含量与咖啡豆的颜色（焙炒度）成负相关，说明葫芦巴碱热不稳定，在焙炒过程中发生了分解。在两种生咖啡豆中都没有检出烟酸，因为烟酸是葫芦巴碱在焙炒过程中经过热分解形成的。在商业焙炒咖啡（C – H）中，烟酸含量为 9.6 ~ 30.4 mg/100 g，深度焙炒样品（C 和 D）的烟酸含量高。阿拉比卡生咖啡豆 A 和罗伯斯塔生咖啡豆 B 的蔗糖含量分别为 8 346.9 mg/100 g 和 6 401.6 mg/100 g。商业焙炒的咖啡豆（C – H）的颜色和蔗糖含量同样为负相关，蔗糖在焙炒过程中也会发生分解反应，生成其他风味物质和有颜色物质。

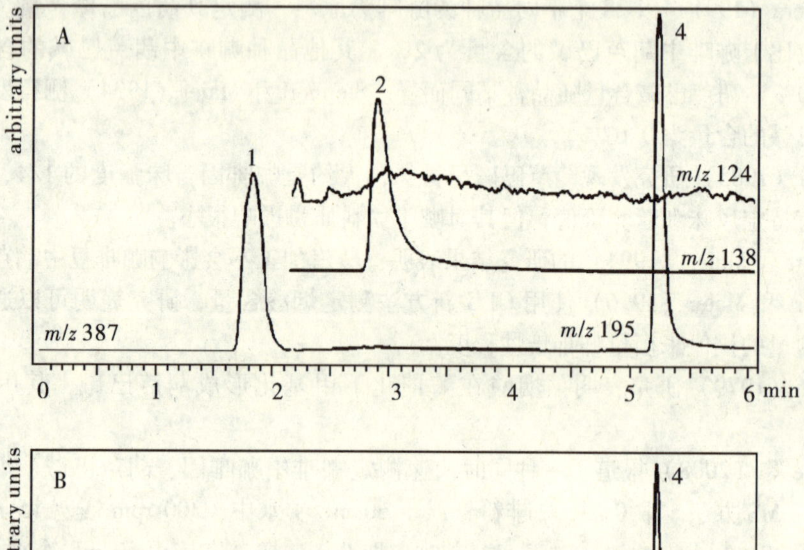

图 5 – 3 LC – MS 分离蔗糖、葫芦巴碱、烟酸和咖啡因

注：A——巴西阿拉比卡生咖啡豆；B——哥伦比亚阿拉比卡焙炒咖啡。

表 5－3　LC－MS 法同时测咖啡中的咖啡因、葫芦巴碱、烟酸和蔗糖含量

单位：mg/100 g

咖啡类型	咖啡样品	品种	来源	咖啡因	葫芦巴碱	烟酸	蔗糖
生咖啡	A	阿拉比卡	巴西	919.0 ±12.4	1 029.8 ±26.0	—	8 346.9 ±118.8
	B	罗伯斯塔	巴西	1 701.3 ±83.7	900.6 ±2.6	—	6 401.6 ±143.3
商业焙炒咖啡	C	阿拉比卡	夏威夷	851.6 ±10.0	279.7 ±9.4	29.5 ±0.4	15.9 ±0.7
	D	阿拉比卡	巴西	908.6 ±30.4	526.8 ±21.9	30.4 ±1.3	52.0 ±0.7
	E	阿拉比卡	巴西	843.3 ±28.9	641.3 ±23.0	20.3 ±0.8	79.2 ±2.0
	F	混合	非洲	1 456.0 ±8.6	592.2 ±18.5	13.7 ±0.1	87.8 ±3.2
	G	阿拉比卡	哥伦比亚	848.1 ±35.2	682.5 ±7.5	9.6 ±0.3	173.3 ±0.1
	H	阿拉比卡	巴西	930.9 ±34.9	955.7 ±33.5	10.3 ±0.2	183.8 ±8.3
脱咖啡因咖啡	I	混合	巴西	20.4 ±0.3	663.1 ±14.1	10.4 ±0.5	31.1 ±1.1
商业速溶咖啡	J	混合	巴西	2 054.7 ±14.0	917.4 ±4.1	36.3 ±1.1	129.9 ±3.6
	K	混合	巴西	2 163.4 ±10.6	832.8 ±21.0	34.2 ±1.2	128.1 ±3.4

（三）蛋白质和游离氨基酸

由于蛋白质结构复杂难以分析，前期研究者对咖啡中含有的蛋白质研究得不是很多。咖啡中蛋白质与其他含氮化合物种类繁多。蛋白质的分子量通常超过 150 000。采用凯氏定氮法测定蛋白质含量发现，阿拉比卡咖啡和罗伯斯塔咖啡的蛋白质含量都为 10% 左右。Thaler 和 Gaigl（1962）分析了咖啡蛋白的氨基酸组成，发现谷氨酸、天冬氨酸和亮氨酸含量高，分别占总蛋白含量的 19%、10% 和 9%。同时他们发现，与总蛋白氨基酸组成相比，咖啡清蛋白（水溶性蛋白）的蛋氨酸和组氨酸含量比较低。

生咖啡中含有 25 种游离氨基酸（表 5－4），其含量仅占氨基酸总量的 1%，但是游离氨基酸是焙炒咖啡的风味前体物质，显著影响咖啡香味的强度与品质。Guyot 等（1988）以罗伯斯塔生咖啡为原料，研究其成熟过程中游离氨基酸的变化规律，发现随着咖啡豆成熟度的增加，生咖啡中游离氨基酸含量增加。但是在生咖啡中没有检测到天冬酰胺酸、谷氨酸、甘氨酸和半胱氨酸这四种氨基酸。Ludwig 等（1997）发现肽类化合物和蛋白质也是焙炒咖啡风味前体物质。

表 5-4　生咖啡中的氨基酸

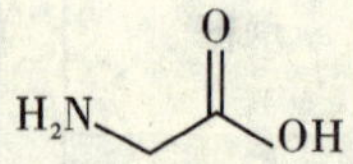	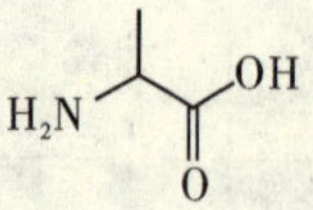	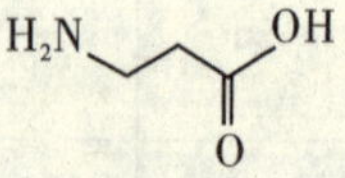	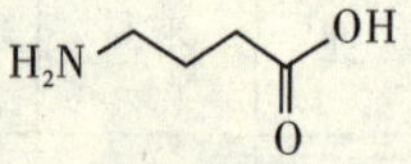	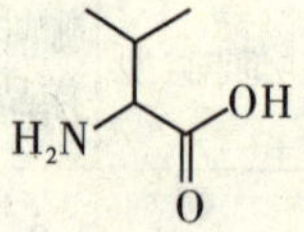
甘氨酸	丙氨酸	β-丙氨酸	γ-氨基丁酸	缬氨酸
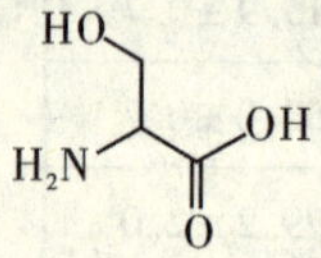	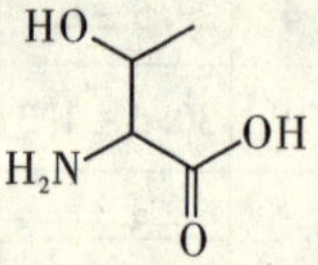	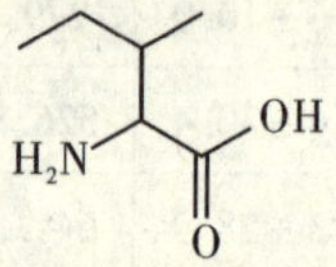	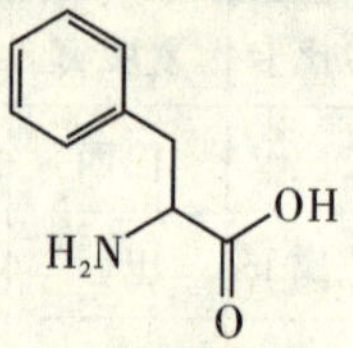	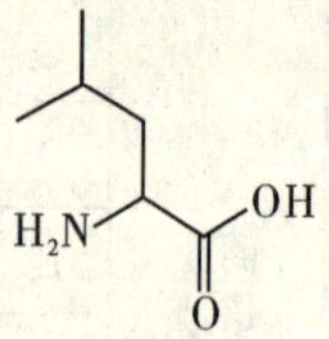
色氨酸	苏氨酸	异亮氨酸	苯丙氨酸	亮氨酸
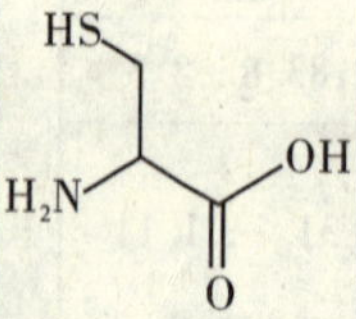	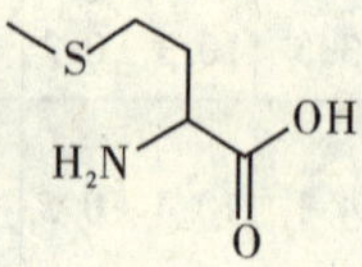	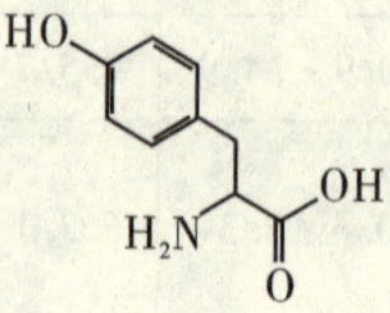	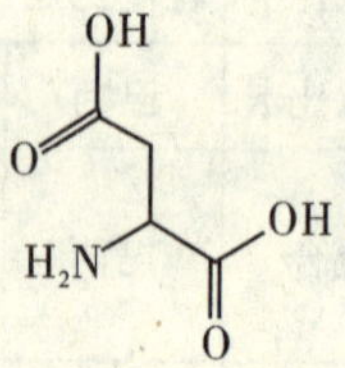	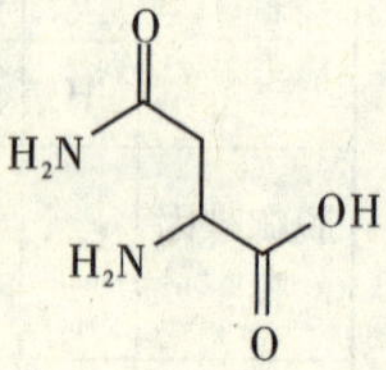
半胱氨酸	甲硫氨酸	酪氨酸	天冬氨酸	天冬酰胺酸
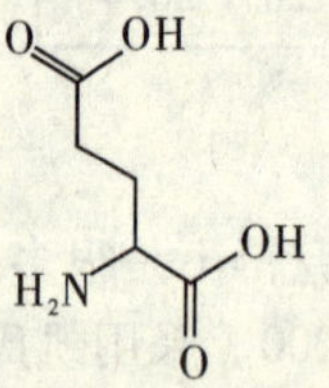	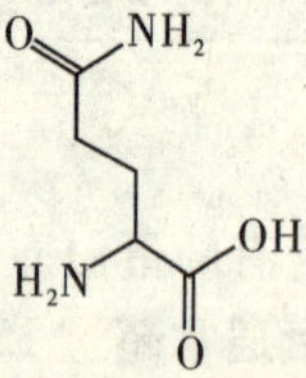	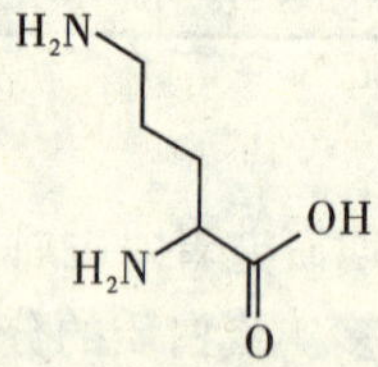	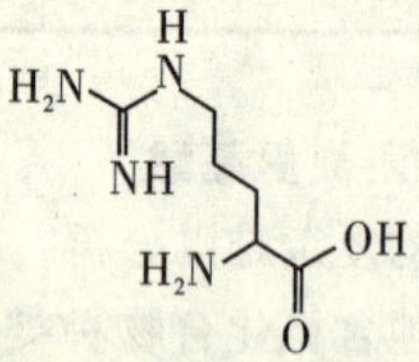	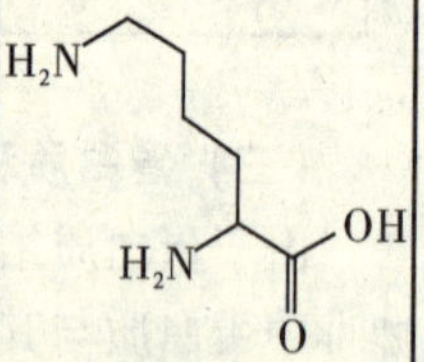
谷氨酸	谷氨酸盐	鸟氨酸	精氨酸	赖氨酸
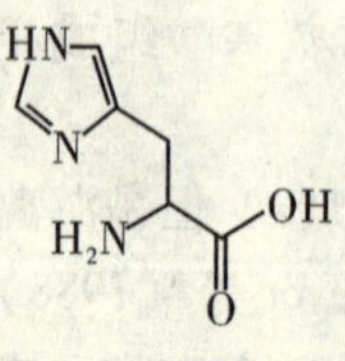	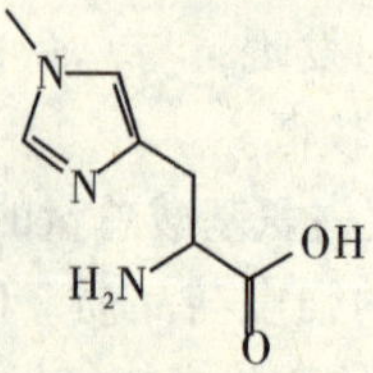	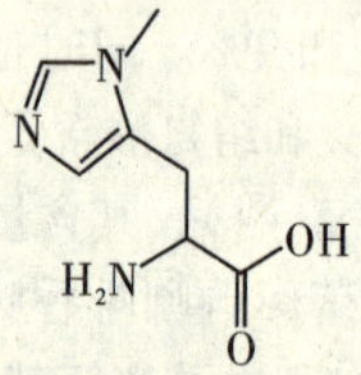	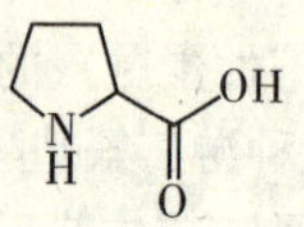	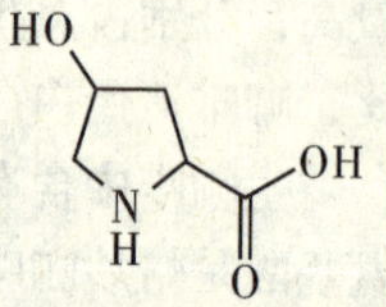
组氨酸	3-甲基组氨酸	1-甲基组氨酸	脯氨酸	羟脯氨酸

Feldman 等（1969）采用酸水解分析生咖啡与焙炒咖啡的氨基酸组成，发现其主要氨基酸是谷氨酸、天冬酰胺酸和亮氨酸。Roffi 等（1973）以 40 个安哥拉生咖啡样品为原料，研究其主要氨基酸组成。结果表明：安哥拉生咖啡的主要氨基酸是谷氨酸、天冬氨酸和亮氨酸，分别占总氨基酸含量的 13.1% ~19.9%、8.2% ~10.8%和6.2% ~8.9%。

Macdonald 和 Macrae（1986）以生咖啡与焙炒咖啡为原料，通过水萃取法测定游离氨基酸含量和酸水解法测定总氨基酸含量，还测定了含硫氨基酸含量，并用 HPLC 法定量测定色氨酸含量。发现除了丙氨酸、苯丙氨酸和色氨酸外，阿拉比卡咖啡和罗伯斯塔咖啡的总氨基酸含量相当。成熟咖啡豆中氨基酸总量、游离氨基酸含量都比不成熟的咖啡豆高，但成熟咖啡豆焙炒以后其氨基酸总含量比焙炒以前要低。

Arnold 等（1994）提出了一种测定生咖啡中游离氨基酸与总氨基酸含量的分析方法：采用 5 – 磺基水杨酸对生咖啡粉进行萃取，再采用 9 – 芴基氯甲酸甲酯试剂作为柱前衍生试剂对氨基酸进行衍生。研究发现：阿拉比卡咖啡和罗伯斯塔咖啡的主要氨基酸与微量氨基酸基本相同。微量游离氨基酸包括鸟氨酸、羟脯氨酸、β – 丙氨酸、苯丙氨酸和 3 – 甲基组氨酸。通过对阿拉比卡咖啡和罗伯斯塔咖啡中这些微量游离氨基酸的定量分析，发现阿拉比卡咖啡中这些微量游离氨基酸占总游离氨基酸的 2.8%，罗伯斯塔咖啡中这些微量游离氨基酸占总游离氨基酸的 1.9%。Arnold 和 Ludwig（1996）将采摘的咖啡经过干燥、发酵和保存等不同加工，测定其生咖啡中氨基酸的含量，发现在 20 ℃ ~40 ℃干燥后，生咖啡中游离氨基酸的含量发生变化。谷氨酸含量增加约 500 mg/kg（以干基计），天冬酰胺酸下降 110 ~780 mg/kg（以干基计），缬氨酸、苯丙氨酸、亮氨酸和异亮氨酸增加约 50 mg/kg（以干基计）。

Steinhart 和 Luger（1995）研究了蒸煮对生咖啡豆中游离氨基酸和总氨基酸含量的影响，发现在蒸煮过程中，游离氨基酸含量明显下降。在压力为 0.8 bar 下蒸煮，谷氨酸、天冬酰胺酸、亮氨酸、苯丙氨酸、色氨酸和赖氨酸含量明显下降；阿拉比卡咖啡比罗伯斯塔咖啡的游离氨基酸总量降低更多。他们将生咖啡豆在 100 ℃饱和蒸汽中蒸馏后分析咖啡中结合态氨基酸的含量，发现蒸煮 1 h 后，咖啡中结合态氨基酸的含量为生咖啡原有氨基酸的 95%；蒸煮 4 h 后，咖啡中结合态氨基酸含量为生咖啡原有氨基酸的 80% ~85%。

生咖啡中含有羟基苯丙烯酸和咖啡油衍生氨基酸等微量化合物。Morishita 等（1987）采用质谱和紫外法在商业生咖啡豆中检测到咖啡油色氨酸。

Macrae（1985）对生咖啡中的蛋白质与氨基酸进行了综述。生咖啡中的蛋白质是风味前体物质，在焙炒过程中参与咖啡风味与颜色的形成。与游离氨基酸相比，焙炒过程中结合态氨基酸参与更多反应，因为结合态氨基酸在焙炒过程中快速降解。然而，最近研究报道蛋白质与肽类化合物对咖啡风味形成有重要作用。与游离氨基酸相比，生咖啡中的蛋白质在加热反应中非常不稳定。焙炒过程中，生咖啡豆的游离氨基酸快速分解有利于氨基酸快速反应。Hofmann（1999）采用等摩尔的葡萄糖粉末与 L – 脯氨酸在 180 ℃下焙炒 15 min，发现产生了具有苦味的吡咯烷己糖还原酮、双吡咯烷类化合物。Ginz 和 Engelhardt（2000）研究表明：焙炒过程中，生咖啡中蛋白质的反应产物使得咖啡具有苦味。

生咖啡豆中氨基酸组成分析非常重要，因为氨基酸是 Maillard 反应的前体物质，对咖啡的颜色和风味的形成都有很大的影响，而且天冬酰胺还是生成丙烯酰胺的前体物质。

氨基酸组成分析可以采用高效液相色谱法（Murkovic & Derler，2006），先将生咖啡豆粉碎 30 s，然后球磨 20 min；取 200 mg 咖啡粉分散在 10 mL 0.1 N 的 HCl 溶液中，超声萃取 15 min 后用 0.45 μm 膜过滤，再用蒸馏水稀释到衍生所需要的浓度；用 2.5 mM α – 氨基乙酸的 0.1 N HCl 溶液作为内标；衍生时取 10 μL 样品加 10 μL 内标和 60 μL pH 8.8 的硼酸缓冲液，混匀后加 20 μL 衍生试剂（AQC，即 6 – 氨基喹啉基 – N – 羟基琥珀酰亚胺基氨基甲酸酯，AccQ·Flour，溶于乙腈，浓度为3 mg/mL)，在55 ℃下衍生10 min，然后用HPLC进行分析，检测器为荧光检测器。使用的液相色谱柱为AccQ·Tag氨基酸分析柱，洗脱方式为梯度洗脱：A——148 g三水醋酸钠和7.06 g三乙胺加入到1 L水，用50%的磷酸将pH调至5.7，然后定容到1 100 mL；B与A一样，但pH为6.80；C——乙腈；D——水。流速为1 mL/min。梯度洗脱表见表5-5，洗脱完以后用100%的C清洗7 min，然后再用60% C+40% D平衡9 min。

表5-5 HPLC法分析生咖啡豆氨基酸组成的梯度洗脱表

时间	A（%）	B（%）	C（%）	流速（mL/min）
0	90	10	0	1
0.5	89	10	1	1
20	88	10	2	1
30	86	9	5	1
36	63	25	12	1
36.5	0	87.5	12.5	1
36.8	22	65.5	12.5	1.3
40	22	65	13	1.3
50	22	63	15	1.3

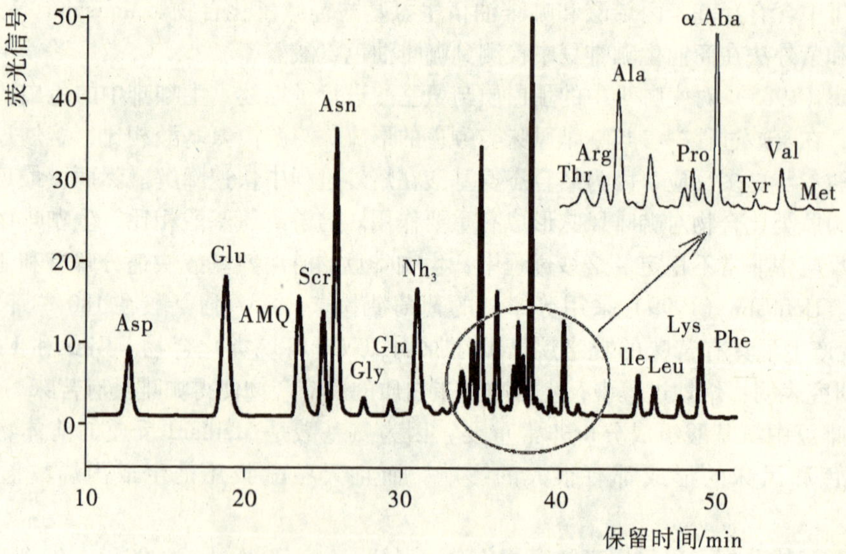

图5-4 HPLC法分析生咖啡豆氨基酸组成

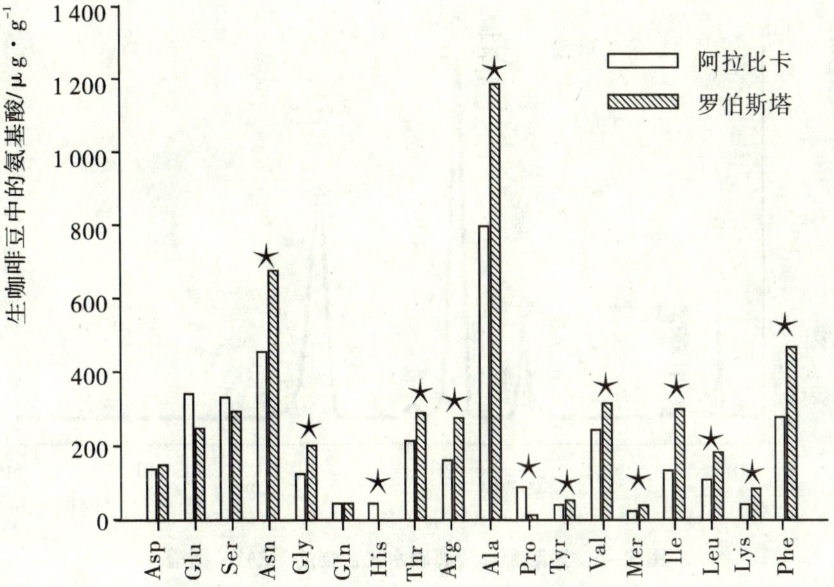

图 5－5　阿拉比卡和罗伯斯塔生咖啡豆中氨基酸组成（*表示差异显著）

HPLC 法分析生咖啡豆氨基酸组成如图 5－4 所示。从图中可以看出各种氨基酸都得到了较好的分离。定量分析结果如图 5－5 所示。从结果可以看出丙氨酸含量最高（410～1 400 μg/g），其次为天冬酰胺酸（280～960 μg/g）和苯丙氨酸（180～780 μg/g）。阿拉比卡咖啡和罗伯斯塔咖啡相比，大部分氨基酸（Asn、Gly、Thr、Arg、Ala、Tyr、Val、Met、Ile、Leu、Lys 和 Phe）的含量都显著偏低。

二、碳水化合物

碳水化合物是咖啡风味形成的重要前体物质，它们主要与氨基酸发生 Maillard 反应，小分子碳水化合物还可发生焦糖化反应。

生咖啡中碳水化合物总含量约占干基重量的 50%，分为还原糖与非还原糖两类，主要包括单糖、多糖和低聚糖。

（一）小分子量碳水化合物

生咖啡中主要的小分子量碳水化合物为蔗糖，单糖含量较低。许多研究表明：咖啡豆品种不同，蔗糖含量差异很大，阿拉比卡咖啡中蔗糖的含量是罗伯斯塔咖啡的两倍。文献报道阿拉比卡咖啡中蔗糖的含量一般为 5%～8.5%，罗伯斯塔咖啡中蔗糖的含量为 2%～5%。Silwar 和 Lüllman（1988）以生长在 13 个不同地区的 20 种生咖啡样品为原料，采用 HPLC 法分析其低分子量碳水化合物含量（表 5－6），发现罗伯斯塔咖啡中的还原糖比阿拉比卡咖啡多。

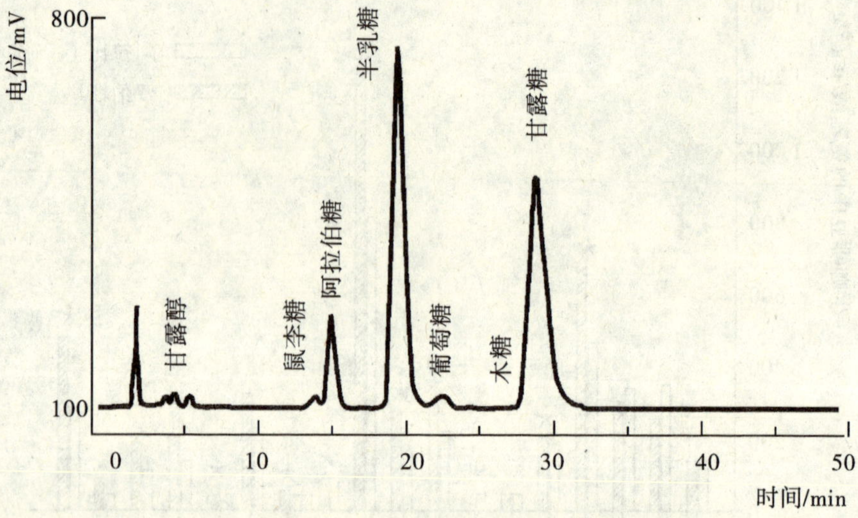

图 5-6　速溶咖啡游离碳水化合物的 HPAEC 图谱

以前研究者主要是采用 HPLC 或 GC 分析方法测定糖类物质含量。最近，离子交换色谱技术被广泛应用在食品分析中，它可以检测到低浓度的物质，目前已成为分析咖啡中糖类物质含量的首选方法。图 5-6 和图 5-7 分别为速溶咖啡中游离碳水化合物（水解以前）和总碳水化合物（水解以后）的 HPAEC（高效阴离子交换色谱层析法）图谱，具体分析方法参见 Prodolliet 等（1995）的文章，该方法同时也是 ISO 方法（ISO11292）和 AOAC 方法。Oestreich 和 Janzen（1995）的研究结果表明 HPAEC 和使用阳离子交换色谱柱的 HPLC 都可以用来分析咖啡替代品和咖啡饮料。

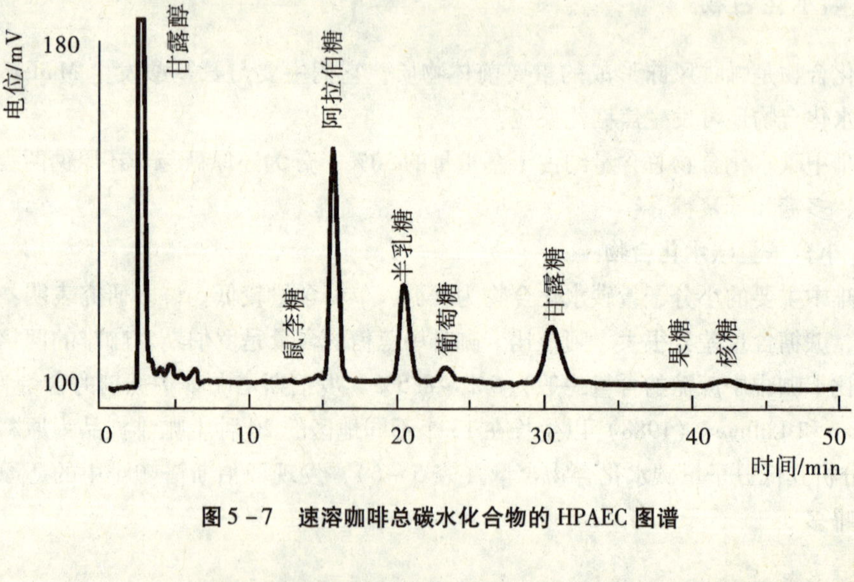

图 5-7　速溶咖啡总碳水化合物的 HPAEC 图谱

Zapp（1997）以 3 种罗伯斯塔生咖啡（Indonesian）、干法加工的阿拉比卡生咖啡（Brazil）、湿法加工的罗伯斯塔生咖啡（New Guinea 和 Mexico）为原料，采用离子交换色谱技术分析其蔗糖含量，发现3种罗伯斯塔生咖啡的蔗糖含量为2.6%～3.0%；阿拉比卡生咖啡（Brazil）、罗伯斯塔生咖啡（New Guinea）、罗伯斯塔生咖啡（Mexico）的蔗糖含量分别为6.6%、7.02%和6.5%，如表5－6所示。Luger 和 Steinhart（1995）发现，用蒸汽处理生咖啡后，蔗糖水解为葡萄糖和果糖。

表5－6　罗伯斯塔和阿拉比卡生咖啡中单糖与二糖含量　　单位：%

咖啡品种	产地	蔗糖	果糖	葡萄糖	甘露糖	阿拉伯糖	鼠李糖	总含量
罗伯斯塔	Madagascar	3.90	0.25	<0.01	ND	0.12	0.02	4.29
	Cameroun	3.20	0.30	<0.01	ND	0.09	0.01	3.60
	Cote d'ivoire	3.40	0.35	0.20	ND	0.09	0.02	4.06
	Cote d'ivoire	0.90	0.55	0.50	ND	0.15	<0.01	2.10
	Indonesia	1.25	0.25	<0.01	ND	0.05	0.01	1.56
	Indonesia	3.00	0.20	0.35	0.06	0.07	<0.01	3.68
	Philippines	4.00	0.40	0.35	0.02	0.10	<0.01	4.87
	Philippines	4.85	0.35	0.50	ND	0.04	<0.01	5.74
阿拉比卡	Colombia	8.20	0.15	<0.01	ND	<0.01	ND	8.35
	Colombia	8.30	0.07	0.30	ND	0.05	ND	8.72
	Salvador	7.30	0.02	<0.01	ND	0.09	0.02	7.43
	Brazil	6.65	0.15	<0.01	0.02	0.15	ND	6.87
	Brazil	6.30	0.15	<0.01	0.01	0.07	ND	6.62
	Kenya	8.45	0.02	<0.01	<0.01	0.07	0.01	8.55
	Kenya	7.05	0.03	<0.01	0.06	0.07	ND	7.21
	Tanzania	7.55	0.20	0.45	0.08	0.05	ND	8.33
	Ethiopia	6.30	0.40	0.40	ND	<0.01	ND	7.10
	Ethiopia	6.25	0.25	0.45	ND	0.04	ND	6.99
	New Guinea	7.70	0.07	<0.01	ND	0.06	0.01	7.84
	East India	6.50	0.04	<0.01	ND	0.01	ND	6.64

注：所有值都是以干基计算，含量为占干基的%；ND表示没有检测到。

（二）大分子量碳水化合物

生咖啡豆中的多糖主要是阿拉伯半乳聚糖、甘露聚糖和纤维素。Bradbury 和 Halliday（1990）以罗伯斯塔生咖啡粉、脱脂生咖啡和脱糖生咖啡为原料，分别将其溶解于4－甲基吗啉N－氧化物溶液中，采用GC分析其多聚糖结构。研究结果表明：生咖啡多聚糖主要是阿拉伯半乳聚糖、甘露聚糖和纤维素。Bradbury 和 Halliday（1987）以不同产地的罗伯斯塔和阿拉比卡生咖啡为原料，分析其总碳水化合物的类型与含量。研究结果表明，罗伯斯塔和阿拉比卡生咖啡的甘露聚糖和纤维素含量相近，分别为7%和22%；但是阿拉比卡生咖啡的半乳聚糖含量比罗伯斯塔的低，分别为14%和17%。Zapp（1997）采用酸水解分析了不同品种生咖啡多聚糖的种类与含量，结果见表5－7。

表5－7　生咖啡中多糖含量及其单糖组分　　单位:%

品种	产地	阿拉伯糖	半乳糖	葡萄糖	甘露糖	总含量
阿拉比卡	El Salvador	3.6	22.5	6.7	10.7	43.5
	Colombia I	3.4	22.2	7.0	10.4	43.0
	Ethiopia	4.0	21.3	7.8	11.9	45.0
	Colombia II	3.4	21.6	ND	10.5	ND
	Brazil	3.5	20.7	ND	10.0	ND
	El Salvador	3.4	21.5	ND	10.7	ND
罗伯斯塔	India	4.1	21.9	7.8	14.0	48.2
	Ivory Coast	4.0	22.4	8.7	12.4	48.3
	Sierra Leone	3.8	21.7	8.0	12.9	46.9
	Cameroon	4.0	19.2	ND	13.4	ND
	Indonesian I	3.9	19.5	ND	11.9	ND
	Indonesian II	4.3	19.6	ND	13.8	ND

注：酸水解后测定，都是占生咖啡干基重的%；ND表示没有检测到。

三、酸类化合物

（一）绿原酸

绿原酸（Chlorogenic Acid，CGA）是生咖啡中非常重要的独特酚类化合物，它是奎宁酸酯类物质、羟基肉桂酸酯类物质、咖啡酸酯类物质、阿魏酸酯类物质和香豆酸酯类物质的总称。

Payen（1846）首次从生咖啡中分离出咖啡因和绿原酸。Mabrouk 和 Deatherage（1956）以焙炒咖啡为原料，测定绿原酸含量，发现焙炒咖啡中绿原酸含量占4.3%。在强酸条件下，绿原酸水解成1 mol咖啡酸和1 mol奎宁酸。Feldman等（1969）研究了咖啡焙炒过程中绿原酸和葫芦巴碱的变化规律，结果表明它们对咖啡风味具有重要作用。Clifford（1985）研究发现：罗伯斯塔生咖啡中总绿原酸的平均含量为9%，阿拉比卡生咖啡中总绿原酸的平均含量为6.5%，这也是前者咖啡饮料品质差的原因。

Maier（1993）研究表明：咖啡绿原酸中主要是单酯类化合物和二酯类化合物，其他酯类化合物含量非常少。单酯类化合物和二酯类化合物的比例决定咖啡口感，比例越低，咖啡涩味越重。Castle de Menezes（1988）和Clifford（1985）研究了咖啡成熟度与加工方法对咖啡奎宁酸、双咖啡奎宁酸的含量以及比例的影响。发现在不成熟到半成熟咖啡浆果阶段，单酯类化合物含量下降；在半成熟到完全成熟咖啡浆果阶段，单酯类化合物含量增加；在完全成熟到过度成熟咖啡浆果阶段，单酯类化合物含量降低。而二酯类化合物含量在咖啡整个成熟阶段都降低。湿法加工的咖啡豆中单酯类化合物的含量比干法加工咖啡豆的高。由于单酯类化合物和二酯类化合物的比例决定咖啡最终产品的口感，比例越低，咖啡涩味越重，所以应该采摘成熟的咖啡豆进行加工。Clifford 和 Kazi（1987）也研究了咖啡成熟度对绿原酸、咖啡因和葫芦巴碱含量的影响，但发现绿原酸、咖啡因和葫芦巴碱的含量在整个咖啡成熟阶段变化很小。

Van der Stegen 和 Van Duijn（1981）以阿拉比卡、阿拉巴斯塔和罗伯斯塔生咖啡为原料，采用 HPLC 分析其绿原酸含量，研究结果表明：阿拉巴斯塔生咖啡中绿原酸的含量处于阿拉比卡和罗伯斯塔生咖啡之间。咖啡奎宁酸是绿原酸的主要组成，罗伯斯塔生咖啡中咖啡奎宁酸占总绿原酸含量的 70%，阿拉比卡生咖啡中咖啡奎宁酸占总绿原酸含量的 80%。罗伯斯塔生咖啡中阿魏奎宁酸占总绿原酸含量的 12%，阿拉比卡生咖啡中阿魏奎宁酸占总绿原酸含量的 5.5%。罗伯斯塔生咖啡中双咖啡奎宁酸占总绿原酸含量的 20%，阿拉比卡生咖啡中双咖啡奎宁酸占总绿原酸含量的 15%。蒸煮和脱咖啡因处理使咖啡中总绿原酸含量有所下降，焙炒对咖啡中总绿原酸含量影响显著，焙炒咖啡中总绿原酸是生咖啡豆中总绿原酸含量的 3%。

（二）有机酸

生咖啡中的有机酸主要有奎宁酸、苹果酸和柠檬酸。Kampmann（1981）与 Maier（1982）以罗伯斯塔和阿拉比卡生咖啡为原料，采用硅烷基衍生后用 GC 分析，首次测定了生咖啡中的奎宁酸含量。不同品种生咖啡的奎宁酸、苹果酸、柠檬酸和磷酸含量见表 5－8（Bradbury，2001）。

表 5－8　不同品种生咖啡中奎宁酸、苹果酸、柠檬酸和磷酸的含量　　单位：g/kg

咖啡种类与产地	奎宁酸	苹果酸	柠檬酸	磷酸
Santos Arabica	5.6	6.15	13.81	1.07
Burundi Arabica	5.7	5.12	13.0	1.11
Kenya Arabica	4.7	6.62	11.65	1.37
Colombia Arabica	5.5			
Mocha Arabica		4.60	10.55	1.47
Burundi Robusta	3.5	3.78	10.01	1.42
Angola Robusta		2.78	9.17	2.16
Togo Robusta	3.1	2.47	6.70	1.63
Guinea Robusta	3.9			
Ivory Coast Arabusta		4.53	9.09	1.73
Ivory Coast Excelsa		5.22	10.90	1.46
Ivory Coast Stenophylla		2.92	10.02	2.19
Liberica		3.90	10.63	1.76

表 5－9　HPLC－UV 检测罗伯斯塔和阿拉比卡生咖啡酸类物质的含量　　单位：g/kg

酸类物质类型	阿拉比卡生咖啡酸类物质含量		罗伯斯塔生咖啡酸类物质含量	
	范围	平均值	范围	平均值
柠檬酸	5.0～14.9	7.6	3.3～10.1	6.5
苹果酸	2.6～6.7	4.1	1.8～7.3	3.4
奎宁酸	3.3～6.1	4.3	1.6～8.6	3.6
琥珀酸	tr～1.5	0.5	0.5～3.5	1.1
甲酸	tr～1.4	0.7	tr～3.9	1.3
乙酸	tr	tr	tr～2.0	0.5

注：tr 表示微量。

除了上述有机酸外，生咖啡还含有琥珀酸、葡萄糖酸、甲酸、乙酸等其他有机酸（表 5－9）。有机酸含量不仅受品种和产地的影响（Van der Stegen & Van Duijin，1988），而且受加工条件的影响。Bähre 和 Maier（1999）以肯尼亚和哥伦比亚阿拉比卡生咖啡为原料，将生咖啡冷冻干燥后分为两组：一组是蒸煮的咖啡豆，一组是未蒸煮的咖啡豆，采用 GC－MS测定酸类物质含量，发现蒸煮处理导致部分有机酸含量发生变化（表 5－10）。同时，他们也在生咖啡中发现了更多的酸类化合物，首次在咖啡中鉴定到一些含量很低的酸类物质。

表 5－10　肯尼亚和哥伦比亚阿拉比卡生咖啡酸类物质的含量　　单位：g/kg

酸类物质	肯尼亚咖啡		哥伦比亚咖啡	
	未蒸煮	蒸煮	未蒸煮	蒸煮
阿拉比卡糖酸	12	18	10	19
琥珀酸	38	47	31	49
2－含氧丙酸	4	14	4	18
柠康酸	tr	tr	ND	ND
赤式－3－脱氧戊糖酸	13	12	9	11
苏式－3－脱氧戊糖酸	3	4	2	5
2，4－二羟基丁酸	tr	1	1	2
3，4－二羟基丁酸	5	29	3	18
赤糖酸	4	20	3	22
反－丁烯二酸	22	15	22	18
2－呋喃酸	ND	2	tr	2
葡萄糖酸	67	51	50	48
戊二酸	2	4	2	2

（续上表）

酸类物质	肯尼亚咖啡		哥伦比亚咖啡	
	未蒸煮	蒸煮	未蒸煮	蒸煮
甘油酸	7	20	7	39
3-羟基苯甲酸	8	10	ND	ND
4-羟基苯甲酸	7	7	ND	ND
2-羟基丁酸	tr	tr	ND	ND
3-羟基丁酸	3	3	2	2
4-羟基丁酸	5	3	4	2
羟基乙酸	5	29	4	50
2-羟基戊二酸	25	15	17	12
5-羟基甲基-2-呋喃酸	ND	1	ND	3
3-羟基丙酸	4	9	2	15
衣康酸	4	3	1	ND
顺-丁烯二酸	6	7	ND	ND
甘露糖酸	24	18	16	15
甲基富马酸	3	2	1	1
甲基琥珀酸	3	3	2	2
乳酸	75	93	42	82
烟酸	ND	ND	ND	ND
2-含氧丁酸	tr	tr	ND	ND
2-含氧戊二酸	ND	15	ND	12
4-含氧戊酸	ND	4	tr	tr
核糖酸	12	14	9	10
莽草酸	tr	10	tr	tr
苏糖酸	8	14	4	8
酒石酸	2	4	2	3

注：tr 表示微量；ND 表示没有检测到。

四、酯类化合物

咖啡中酯类化合物含量一般用粗脂肪（或总脂肪）表示。粗脂肪指咖啡的非极性溶剂萃取物，其主要组成是咖啡种子油，包括脂肪酸甘油三酯、其他酯类化合物和未皂化物质。粗脂肪还包括咖啡豆外表皮的蜡质层（主要组成是5-羟色胺、C_{20}氨基化合物和C_{22}氨基化合物），同时可能含有咖啡因等非脂质物质。上述氨基化合物非常重要，因为它们具有抗氧化能力。咖啡蜡质层过早脱落，会导致生咖啡豆贮藏期间质量下降。生咖啡豆中各种酯类物质含量如表 5 - 11 所示。

研究表明生咖啡豆粗脂肪含量与咖啡品种、栽培地区、焙炒程度等因素有关。阿拉比卡生咖啡豆比罗伯斯塔生咖啡豆脂肪含量要高，分别占干基重的 8.0% ~17.4% 和 6.0% ~10.7%。曾凡逵等（2011）以云南阿拉比卡咖啡、兴隆罗伯斯塔咖啡和越南罗伯斯塔咖啡为原料，分析生咖啡及不同焙炒程度的咖啡的脂肪含量。研究结果表明：云南阿拉比卡咖啡总脂肪含量高于兴隆罗伯斯塔咖啡和越南罗伯斯塔咖啡（表 5 - 12）；而且焙炒程度不同，咖啡脂肪含量不同，随着咖啡焙炒程度的增加，咖啡豆中脂肪酸含量也增加。

表 5 - 11　生咖啡豆各种酯类物质含量

物质	含量（干基,%）
甘油三酯	75.2
二萜醇酯和脂肪酸酯	18.5
二萜醇	0.4
甾醇酯和脂肪酸	3.2
甾醇	2.2
生育酚	0.04 ~ 0.06
磷脂	0.1 ~ 0.5
色胺衍生物	0.6 ~ 1.0

表 5 - 12　三种不同品种不同焙炒程度的咖啡豆的脂肪含量

产地	品种	焙炒程度	水分/%	脂肪（w.b./%）	脂肪（d.b./%）
兴隆	罗伯斯塔	生咖啡	8.65	6.41	7.02
		浅度	5.75	4.85	5.11
		中度	4.95	6.15	6.52
		深度	4.20	7.28	7.6
云南	阿拉比卡	生咖啡	8.45	11.62	12.69
		浅度	7.45	10.16	10.97
		中度	5.65	13.51	14.31
		深度	5.15	14.97	15.78
越南	罗伯斯塔	生咖啡	8.8	7.55	8.27
		浅度	6.9	4.62	4.84
		中度	4.45	5.38	5.78
		深度	4.9	6.77	7.12

很多研究者分析了酯类化合物对 Maillard 反应的影响，他们将氨基酸和还原糖混合物在不同植物油中进行模拟焙炒或烹煮，发现酯类化合物先裂解成醛类等低分子量物质，进而形成挥发性杂环类化合物。咖啡中主要的酯类化合物有咖啡油、脂肪酸、甾醇类化合物、二萜化合物等。下面将详细介绍咖啡中的这四种酯类化合物。

（一）咖啡油

油脂的提取主要有以下几种方法：①AOAC 法（1965）：使用沸程为 35 ℃ ~50 ℃的石油醚索氏萃取 16 小时。②DGF（德国油脂科学学会）：如果咖啡粉水分含量超过 10%，先将咖啡粉在 105 ℃下干燥 30 ~35 分钟，再使用沸程为 40 ℃ ~55 ℃的石油醚萃取 4 小时。③瑞士官方法：由 Streuli 等（1970）提出，即先用酸预处理生咖啡粉再用有机溶剂萃取。

不同萃取方法测得的咖啡油含量会有一定差异（表 5 - 13）（Bradbury，2001），采用瑞士官方方法测得的咖啡油值最高。Folstar 等（1985）研究表明，咖啡油萃取率还受咖啡豆品种、萃取方式与条件、萃取溶剂类型和咖啡粉粒度的影响。

表 5 - 13　不同方法萃取咖啡油占干基重的百分含量　　单位：%

种类	产地	瑞士官方方法	AOAC 方法	DGF 方法
生咖啡	Congo	10.3	7.8	8.4
	Santos	15.9	13.6	14.1
	Madagascar	9.2	7.6	10.5
焙炒咖啡	Congo	11.4	10.9	11.9
	Santos	16.3	15.1	16.4
	Madagascar	10.6	9.7	12.0

咖啡油一般使用乙醚、不同沸点的石油醚、正己烷、正己烷与乙醚混合溶剂萃取。使用的溶剂不同，极性或非酯类化合物被萃取的量也不同，因此不同溶剂萃取咖啡油的结果没有可比性。Folstar 等（1975）以哥伦比亚阿拉比卡生咖啡为原料，研究不同粒度对咖啡粉中咖啡油含量的影响。研究表明（表 5 - 14），咖啡粉粒度与咖啡油萃取率有显著相关性，咖啡油萃取率随着咖啡粉粒度的增加而降低。

表 5 - 14　哥伦比亚阿拉比卡生咖啡的咖啡油含量　　单位：%

生咖啡粉粒度（mm）	瑞士官方方法	石油醚萃取 6 h
0.15 ~0.42	15.51	15.66
0.42 ~0.60	13.10	15.54
0.60 ~0.85	9.36	14.06

注：石油醚的沸程是 40 ℃ ~60 ℃；咖啡油含量以干基计。

表 5 – 15　咖啡油与常见植物油脂的组成含量比较

品种	软脂酸（%）	硬脂酸（%）	油酸（%）	亚油酸（%）
咖啡油	42.1	8.5	9.9	34.8
棕榈油	45.1	4.7	38.8	9.4
椰子油	8.4	2.5	6.5	1.5
橄榄油	13.7	2.5	71.1	10.0
菜籽油	2.8	1.3	23.8	14.6
大豆油	11.0	4.0	23.4	53.2
棉籽油	24.7	2.3	17.6	53.3

陈祎平等（2005）还将咖啡油和常见植物油的组成进行比较（表 5 – 15）。研究结果表明：咖啡油中棕榈酸的含量与棕榈油中棕榈酸的含量相当，且饱和脂肪酸与不饱和脂肪酸的比例与棕榈油相似，但不同的是，在咖啡油不饱和脂肪酸中是以亚油酸为主，棕榈油则是以油酸为主。咖啡油的不饱和脂肪酸的组成更接近于棉籽油。一般的植物油脂通常是以某一饱和或不饱和脂肪酸为主，例如椰子油中含饱和脂肪酸91%，其中月桂酸含量接近脂肪酸总量的一半（45%）；大豆油中不饱和脂肪酸含量占总脂肪酸含量的 80%，亚油酸含量为一半（51%）。而咖啡油中既出现了含量高的（超过总量的 1/3）饱和脂肪酸（棕榈酸），又出现了含量很高的不饱和脂肪酸（亚油酸），这是咖啡油的一个特点。此外，作为一种多年生且富有特色的热带作物，咖啡油所含亚油酸较为丰富，含量远高于椰子油、棕榈油等，但比亚麻油、大豆油、棉籽油低一些，与米糠油接近，却比花生油、菜籽油、橄榄油高。咖啡油的营养保健作用不仅在于它有较高含量的必需脂肪酸，而且也含有其他的生物活性物质，如生育酚、谷甾醇、角鲨烯等。这些物质在医学上有特殊作用，能调节免疫活性细胞、增强免疫功能、清除人体内自由基，对于提高人体抗病能力、延缓人体衰老都有重要作用。这些成分在速溶咖啡生产过程中富集于咖啡渣的油脂里，从而使咖啡油具有较高的营养保健价值。

（二）脂肪酸

咖啡中脂肪酸通常以结合态形式存在：大部分与甘油酯化成甘油三酸酯，约 20% 与二萜类物质酯化，还有小部分存在于甾醇酯中。生咖啡中咖啡油的脂肪酸组成见表 5 – 16（Bradbury，2001）。

表 5 – 16　生咖啡中咖啡油的脂肪酸组成　　单位:%

	总脂肪酸		甘油三酯中的脂肪酸		
	Maier（1981）	Folstar（1985）	Folstar 等（1975）分析脱蜡生咖啡	Speer 等（1993）分析9 种罗伯斯塔咖啡	Speer 等（1993）分析4 种阿拉比卡咖啡
C12:0	tr				
C14:0	0.1 ~ 2.3	tr	0.2	tr	tr
C14:1	0.1 ~ 0.5				

（续上表）

	总脂肪酸		甘油三酯中的脂肪酸		
	Maier（1981）	Folstar（1985）	Folstar 等（1975）分析脱蜡生咖啡	Speer 等（1993）分析9种罗伯斯塔咖啡	Speer 等（1993）分析4种阿拉比卡咖啡
C15:0	0.1 ~ 0.7	tr		tr	tr
C15:1	0.1 ~ 0.9	tr			
C16:0	16.8 ~ 38.6	30.7 ~ 41.5	33.3	27.2 ~ 32.1	26.6 ~ 27.8
C16:1	0.2 ~ 0.4			tr	tr
C17:0	tr ~ 0.6	tr		tr	tr
C17:1	tr ~ 0.3	tr			
C18:0	4.5 ~ 13.1	6.6 ~ 10.6	7.3	5.8 ~ 7.2	5.6 ~ 6.3
C18:1	7.6 ~ 18.9	7.6 ~ 11.9	6.6	9.7 ~ 14.2	6.7 ~ 8.2
C18:2	30.5 ~ 50.4	36.6 ~ 45.9	47.7	43.9 ~ 49.3	52.2 ~ 54.3
C18:3	0.3 ~ 0.6	1.1 ~ 2.7	1.7	0.9 ~ 1.4	2.2 ~ 2.6
C19:0				tr	tr
C20:0	0.7 ~ 6.7	0.3 ~ 3.3	2.5	2.7 ~ 4.3	2.6 ~ 2.8
C20:1	tr ~ 0.4			0.2 ~ 0.3	tr ~ 0.3
C20:4	0.7				
C21:0				tr	tr
C22:0	tr ~ 3.0	0.3 ~ 6.4	0.5	0.3 ~ 0.8	0.5 ~ 0.6
C22:1	tr ~ 0.4				
C22:2	tr ~ 3.0				
C23:0	tr ~ 1.0			tr	tr
C24:0	tr	tr ~ 0.3	tr	0.3 ~ 0.4	0.2 ~ 0.4
C28:0	tr				

注：tr 表示微量。

Carisano 和 Gariboldi（1964）研究发现，咖啡油的主要脂肪酸是亚油酸和棕榈酸，分别占43% ~46%和30% ~35%，同时还含有少量油酸、硬脂酸、花生酸和亚麻酸。生咖啡中的游离脂肪酸是重要的风味前体物质，是焙炒咖啡风味形成的重要原因。Carisano 和 Gariboldi 以不同产地的生咖啡为原料，采用石油醚萃取其脂肪，研究发现生咖啡粗脂肪含量与咖啡产地有关，生咖啡游离脂肪酸含量占生咖啡总脂肪含量的 0.50% ~1.89%。Speer 等（1993）采用叔丁醇萃取生咖啡脂肪，通过凝胶色谱分离其游离脂肪酸，再采用毛细管 GC 检测不同脂肪酸甲酯化合物，也发现咖啡产地不同，其脂肪酸组成也不同，且品种间存在差异。阿拉比卡与罗伯斯塔咖啡中游离脂肪酸的含量分别约占总脂肪含量的 1% ~1.5% 和 1% ~2.7%。

咖啡品种与产地不同，焙炒程度不同，咖啡豆中脂肪酸的种类与含量也不同。Derbesy 等（1969）和 Roffi 等（1973）研究发现同一地区 3 种罗伯斯塔焙炒咖啡的脂肪酸组成有差异，总脂肪含量为7.3% ~7.5%，棕榈酸含量为16.8% ~18.1%，亚油酸含量为46.4% ~48%；阿拉比卡焙炒咖啡脂肪酸含量占干基重的11.7% ~14%，其中未皂化脂肪酸物质占1.6% ~2.3%；罗伯斯塔焙炒咖啡脂肪酸含量占干基重的7.6% ~9.5%，其中未皂化脂肪酸物质占1.0% ~2.4%。

曾凡逵等（2011）以云南阿拉比卡咖啡、兴隆罗伯斯塔咖啡和越南罗伯斯塔咖啡为原料，采用正己烷萃取其咖啡油脂肪酸，通过GC－MS分析生咖啡及不同焙炒度咖啡的脂肪酸组成。三种不同产地的生咖啡豆和焙炒咖啡的脂肪酸组成检测结果见表5－17。研究发现：咖啡油的总脂肪酸的组成为：亚油酸（36.77% ~46.12%），棕榈酸（29.27% ~31.62%），油酸（18.83% ~25.20%），花生酸（2.15% ~6.07%），亚麻酸（0.30% ~2.28%），山嵛酸（0.21% ~1.62%）。咖啡油脂肪酸含量较高的为亚油酸、棕榈酸和油酸，三者之和占总脂肪酸组成约95%，其中亚油酸的含量约为40%。焙炒过程中，除了兴隆罗伯斯塔咖啡和云南阿拉比卡咖啡的油酸和亚油酸的含量发生了较大的变化以外，其他脂肪酸和越南罗伯斯塔咖啡所有脂肪酸组成变化都不大。脂肪酸组成的变化主要是由于咖啡豆在焙炒过程中受热，脂肪发生反应生成了其他物质。

Derbesy等（1969）和Roffi等（1973）以安哥拉生咖啡和焙炒咖啡为原料，采用乙醚萃取24 h后测定其总脂肪酸含量。研究结果表明：部分脂类物质在焙炒过程中含量下降；焙炒咖啡脂肪酸的主要组成是棕榈酸（C16:0）、亚油酸（C18:2）、油酸（C18:1）和硬脂酸（C18:0），分别占脂肪酸总量25% ~34.5%、30% ~46.5%、8.8% ~17.4%和6.4% ~10.9%。

表5－17　三种不同产地的生咖啡豆和焙炒咖啡的脂肪酸组成

产地	品种	焙炒程度	棕榈酸（C16:0）	油酸（C18:1）	亚油酸（C18:2）	亚麻酸（C18:3）	花生酸（C20:0）	山嵛酸（C22:0）
兴隆	罗伯斯塔	生咖啡	30.55	19.17	44.15	0.30	3.95	1.62
		浅度	30.29	22.82	39.45	0.56	5.59	0.72
		中度	30.37	22.21	40.35	0.56	5.38	0.58
		深度	30.13	25.20	37.80	0.51	4.88	0.73
云南	阿拉比卡	生咖啡	29.28	24.61	37.30	2.06	5.11	0.85
		浅度	31.62	18.83	45.46	0.61	2.15	0.98
		中度	29.27	24.61	36.77	2.28	5.37	0.80
		深度	31.05	19.30	46.12	0.73	2.24	0.21
越南	罗伯斯塔	生咖啡	29.30	25.00	36.95	1.06	6.07	0.78
		浅度	29.45	24.22	39.14	0.77	5.11	0.57
		中度	30.10	23.62	39.30	0.77	4.99	0.53
		深度	29.78	25.04	37.55	1.00	5.40	0.53

Folstar 等（1975，1976，1985）系统地研究了咖啡油和咖啡蜡的脂肪酸组成，发现咖啡油和咖啡蜡的脂肪酸组成差异显著。咖啡蜡 C18 ~ C24 的饱和脂肪酸含量为 45.3%，咖啡油中饱和脂肪酸含量只有 14.6%；而咖啡蜡不饱和脂肪酸 C18:2 含量为 23.8%，咖啡油不饱和脂肪酸含量为 43.1%。咖啡油和咖啡蜡的脂肪酸组成差异也非常大。咖啡蜡中不饱和脂肪酸 C18:2 含量较低，饱和脂肪酸 C20:0、C22:0 和 C24:0 含量较高；咖啡油中的主要脂肪酸是 C18:2 和 C16:0，分别占 47% 和 33%，饱和脂肪酸含量较低。此外，咖啡油和咖啡蜡的二萜酯类物质含量也存在差异（Folstar 等，1975）。

陈祎平等（2005）将新鲜的咖啡渣经烘箱干燥粉碎过筛（40 目），装入经改制的脂肪抽提器中，再加入特定的脂肪提取剂在水浴中加热抽提 6 ~ 8 h 后，将提取液蒸馏回收干燥即得到咖啡油，再通过 GC - MS 对咖啡油脂肪酸的组成成分进行分析。研究结果表明（表5 - 18），咖啡油中含有棕榈酸（42.12%）、亚油酸（34.79%）、油酸（9.85%）和硬脂酸（8.49%）4 种主要脂肪酸，其中油脂富含必需脂肪酸——亚油酸，可促进胆固醇和胆汁酸的排出，降低血中胆固醇含量；油酸还具有一定程度的抗癌活性。与其他植物油不同的是，咖啡油中含有约 3% 的长链饱和脂肪酸，如花生酸（C20:0）和山嵛酸（C22:0）。在其他含量小于 1% 的 5 种脂肪酸中，比较特别的是十六烯酸（0.42%）和花生四烯酸（0.29%）。从脂肪酸总的组成来看，饱和脂肪酸含量为 53.45%，不饱和脂肪酸含量为 46.39%，两者含量接近等量分布，营养成分比较全面。

表 5 - 18　咖啡油脂肪酸组成及含量

脂肪酸名称	碳数及不饱和度	含量（%）
月桂酸	C12:0	0.21
棕榈酸	C16:0	42.12
十七酸	C17:0	0.18
硬脂酸	C18:0	8.49
花生酸	C20:0	2.23
山嵛酸	C22:0	0.22
十六烯酸	C16:1	0.42
油酸	C18:1	9.85
亚油酸	C18:2	34.79
亚麻酸	C18:3	1.04
花生四烯酸	C20:4	0.29

（三）二萜化合物

咖啡中的二萜化合物主要是五环二萜醇类化合物。咖啡二萜化合物约占酯类化合物的 20%。Haworth & Johnstone（1957）和 Finnegan & Djerassi（1960）确定了咖啡豆醇和咖啡醇这两种二萜化合物的结构。咖啡豆醇和咖啡醇对酸、光和热都非常敏感，纯咖啡豆醇非常不稳定。咖啡醇是咖啡油不皂化物的主要成分。咖啡油中的二萜化合物主要是以脂肪酸酯形式出现的。

Kaufmann 和 Hamsagar（1962）研究发现萜烯酯类化合物占咖啡酯类化合物的 18%，咖啡酯类化合物的主要成分是甘油三酯（占 75%）。萜烯酯类化合物的亚麻酸占 20%，棕榈酸占 40%，硬脂酸占 18%，油酸占 11%。萜烯酯类化合物的主要脂肪酸比例与甘油三酯的主要脂肪酸比例刚好相反。咖啡油中饱和萜烯酯类化合物的含量比不饱和萜烯酯类化合物丰富些。Clifford（1985）的研究结果表明：储存过程中咖啡的萜烯酯类化合物含量下降，焙炒过程中萜烯酯类化合物发生分解。

咖啡醇和咖啡豆醇是咖啡中天然存在的二萜类物质。阿拉比卡咖啡中大约含有 0.6% 的咖啡醇和 0.3% 的咖啡豆醇，罗伯斯塔咖啡中大约含有 0.2% 的咖啡醇。阿拉比卡和罗伯斯塔咖啡总二萜类物质的含量分别为 1.3% ~ 1.9% 和 0.2% ~ 1.5%（Ratnayake，1993）。有意思的是日常喝的咖啡当中，二萜含量与冲泡方式关系非常大，咖啡醇和咖啡豆醇会在冲泡过程中随着咖啡油从咖啡粉中释放出来。煮咖啡，如斯堪的纳维亚式咖啡和土耳其式咖啡，二萜含量最高；速溶咖啡、滴滤咖啡（drip - filtered coffee）和渗滤咖啡（percolated coffee）中二萜含量非常低。生咖啡豆中咖啡醇和咖啡豆醇的含量比焙炒咖啡的高，焙炒过程会降低这两种二萜物质的含量（Kolling - Speer et al.，1999）。

Speer（1989）首次在罗伯斯塔生咖啡中鉴定了 16 - O - 甲基咖啡醇（16 - O - Methylcafestol，16 - OMC）。Speer 等（1991）以不同国家的 10 个咖啡样品为原料，测得 16 - O - 甲基咖啡醇的含量为 0.07% ~ 0.15%，其中只有 1.0% ~ 3.4% 为游离醇类物质。但是，他们在阿拉比卡生咖啡豆中都没有检测到 16 - O - 甲基咖啡醇。阿拉比卡咖啡中不含有 16 - O - 甲基咖啡醇的事实得到 Trouche 等（1997）证实。

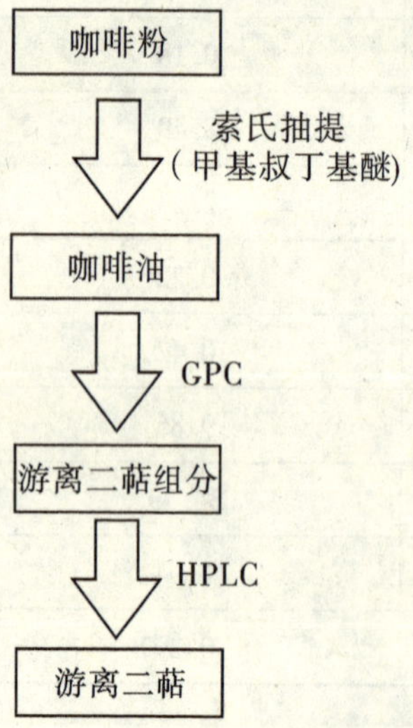

图 5 - 8　咖啡中游离二萜分析方法

Kölling - Speer 等（1999）详细报道了生咖啡豆和焙炒咖啡中游离二萜化合物的分析方法，分析步骤如图 5 - 8 所示。将干冰和咖啡粉按 1∶1 混合后粉碎，取 5 g 咖啡粉（>0.25mm，<0.63mm）同 20 g 硫酸钠（550 ℃焙烧 12 h）在研钵中搅匀，然后转移到索氏抽提装置中，用叔丁基甲基醚萃取 5 h。将溶剂挥发后在 90 ℃的干燥箱中干燥 30 min，然后放在干燥器中干燥并称量脂肪的重量。将咖啡油溶解在 50 mL 的叔丁基甲基醚中，取 20 mL 澄清溶液蒸发至干，然后将残渣用 5 mL 二氯甲烷溶解。作者采用 Bio Beads S - X3凝胶色谱仪进行分析，色谱柱规格为 25 mm × 400 mm；用二氯甲烷作流动相，流速为 4.0 mL/min；进样量为 1 mL。凝胶过滤色谱（GPC）分离出来的组分是否含有二萜可以用薄层色谱（TLC）进行分析，也可以用高效液相色谱（HPLC）进行分析。作者收集了 25 ~ 30 min 的组分，然后用氮气吹干，最后用 2 mL HPLC 流动相溶解样品，进行 HPLC 分析。

HPLC 分析条件为：色谱柱为 Nucleosil 120－3 C18；紫外检测器，检测波长为220 nm；流动相为乙腈/水（50/50，*v/v*），流速为0.6 mL/min；进样量为 20 μL。

对于焙炒咖啡粉，因为二萜物质含量相对于生咖啡豆低了很多，所以方法略有改动，即干燥后的咖啡油用 5 mL 二氯甲烷溶解，GPC 之后，蒸干的组分用 1 mL HPLC 流动相溶解。

咖啡醇和 16－OMC 的检测下限为 0.20 ng/μL，咖啡豆醇的检测限为 0.22 ng/μL。Kölling－Speer 等的 HPLC 检测结果如图 5－9 所示。

Speer（2000）首次在罗伯斯塔生咖啡中鉴定了另一种 O－甲基二萜物质——16－O－甲基咖啡豆醇。Speer 等（1991）的研究结果表明：阿拉比卡咖啡中含有咖啡醇和咖啡豆醇，罗伯斯塔咖啡中含有大量咖啡醇、少量咖啡豆醇与 16－O－甲基咖啡醇，16－O－甲基咖啡醇只存在于罗伯斯塔咖啡豆中（图 5－9）。由于 16－O－甲基咖啡醇非常稳定，焙炒过程中也不会发生反应，所以 16－O－甲基咖啡醇可作为判断阿拉比卡咖啡是否混杂罗伯斯塔咖啡的理想特征物质，不仅能用于生咖啡豆的判断，也能用于焙炒咖啡豆的判断。咖啡中的咖啡醇、咖啡豆醇、16－O－甲基咖啡醇和 16－O－甲基咖啡豆醇的分子结构式如图 5－10 所示，罗伯斯塔和阿拉比卡生咖啡中二萜化合物的含量如图 5－11 所示（Bradbury，2001）。

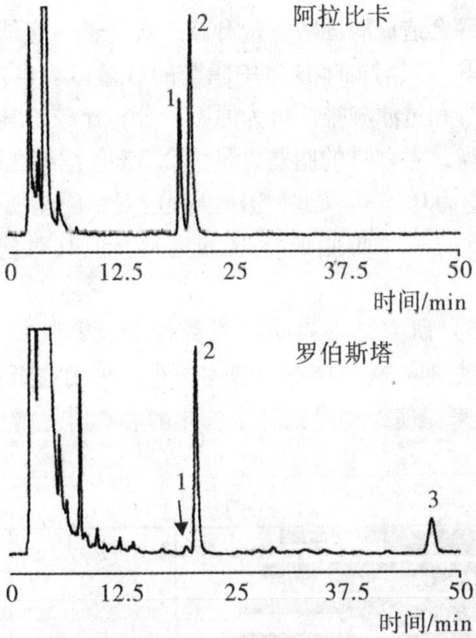

图 5－9　罗伯斯塔和阿拉比卡生咖啡中二萜化合物的 HPLC 图

注：1 指咖啡豆醇；2 指咖啡醇；3 指 16－O－甲基咖啡醇。

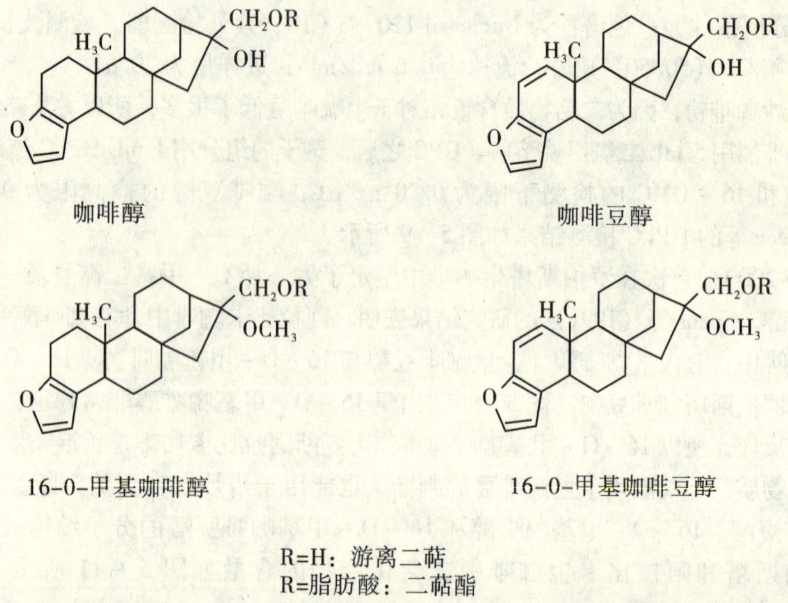

图 5－10　咖啡醇、咖啡豆醇、16－O－甲基咖啡醇和 16－O－甲基咖啡豆醇的分子结构式

由于咖啡醇和咖啡豆醇会造成胆固醇含量升高，研究者一直试图将焙炒咖啡和咖啡饮料中的酯类化合物脱除。萃取方式对咖啡饮料中脂肪的含量影响也很大。Sehat 等（1993）以咖啡粉、煮咖啡、浓缩咖啡和过滤咖啡饮料为原料，分析比较了其脂肪含量，发现煮咖啡的比浓缩咖啡、过滤咖啡的高，煮咖啡的脂肪含量为 2.2%，浓缩咖啡的脂肪含量脂肪含量为 0.4%，过滤咖啡脂肪含量为 0.2%。咖啡粉碾磨程度对咖啡脂肪含量也有影响。细咖啡粉与粗咖啡粉相比，其对应的煮咖啡脂肪萃取量更高，但其对应的浓缩咖啡脂肪萃取量更低。

Katan 和 Urgert（1995）研究结果表明：消费者摄入等量咖啡（5 杯/每天），胆固醇含量依次增加的是：过滤咖啡 < 速溶咖啡 < 浓缩咖啡。采用滤纸过滤，热水萃取到的二萜类化合物会被滤纸截留下来，使得咖啡饮料中咖啡醇和咖啡豆醇的含量甚微。

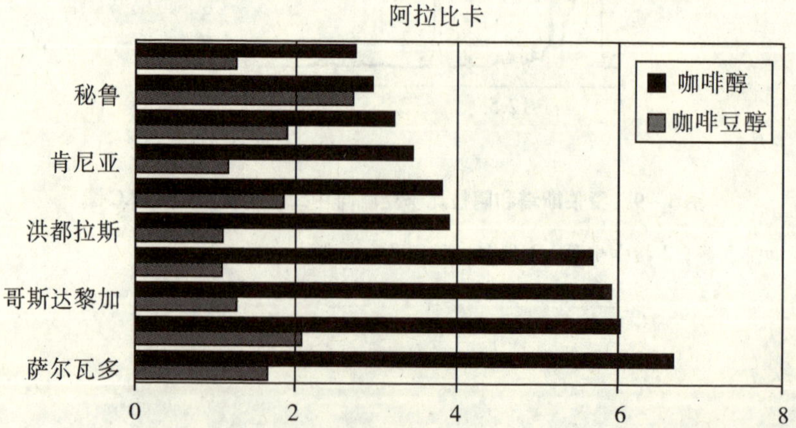

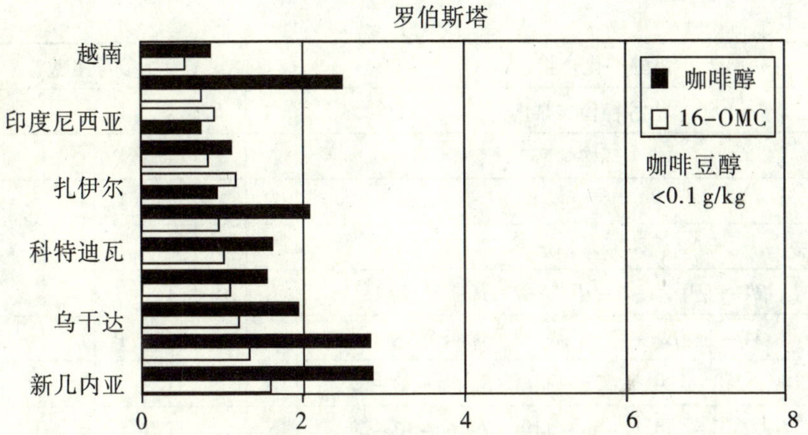

图 5-11　罗伯斯塔和阿拉比卡生咖啡中二萜化合物的含量（g/kg 干基重）

（四）甾醇类化合物

咖啡中含有大量甾醇，表 5-19 是不同研究者发现的咖啡甾醇类化合物，表5-20 是 30 个不同种类的罗伯斯塔和阿拉比卡咖啡中主要去甲基甾醇类化合物的含量。β-谷甾醇是主要甾醇物质，约占 50%，其次为豆甾醇、菜油甾醇、24-亚甲基胆固醇和 Δ5-燕麦甾醇。罗伯斯塔咖啡中甾醇物质的含量比阿拉比卡咖啡的高。

表 5-19　咖啡中鉴定的甾醇类化合物

甾醇类化合物		参考文献							
4-去甲基甾醇	胆固醇*	N	I	T	P	D	M	F	S
	菜油甾醇*	N	I	T	P	D	M	F	S
	豆甾醇*	N	I	T	P	D	M	F	S
	β-谷甾醇*	N	I	T	P	D	M	F	S
	Δ5-燕麦甾醇*		I	T	P	D	M	F	S
	胆甾烷醇*	N		T			M		
	菜油甾烷醇*	N		T			M		
	24-亚甲基胆固醇*						M	F	S
	豆甾烷醇*	N		T			M		S
	Δ7-豆甾烷醇*		I	T	P	D	M		S
	Δ7-燕麦甾醇*		I	T	P	D	M	F	S
	Δ7-菜油甾醇*						M		
	Δ5，23-豆甾烷二烯醇						M		
	Δ5，24-豆甾烷二烯醇					D	M		
	赤桐甾醇*						M		
	菜籽甾醇		I						

（续上表）

甾醇类化合物		参考文献							
4-甲基甾醇	柠檬甾二烯醇*	N	I	T	P			F	S
	环桉烯醇*	N		T	P				
	钝叶醇*	N	I	T	P				S
	禾本甾醇*		I		P				S
	24-亚甲基-4-甲基-7-烯胆甾烷醇	N		T					
	24-亚乙基-4-甲基-7-烯胆甾烷醇				P				
	4α，24R-二甲基-5α-胆甾-8-烯-3β-醇	N		T					
	4α，24R-二甲基-5α-胆甾-7-烯-3β-醇	N		T					
	4α，24R-二甲基-5α-豆甾-8-烯-3β-醇	N		T					
4，4-二甲基甾醇	环木菠萝烯醇*	N	I	T	P			F	S
	24-亚甲基环木菠萝烷醇*	N	I	T	P			F	S
	环木菠萝烷醇*		I	T					
	环糠烷醇		I						
	β-香树脂醇		I						

注：D = Duplatre 等（1984），F = Frega 等（1994），I = Itoh（1973），M = Mariani & Fedeli（1991），N = Nagasampagi（1971），P = Picard（1984），S = Speer（1996），T = Tiscornia（1979）。＊表示结构式已经确定。

表 5-20　阿拉比卡和罗伯斯塔咖啡（30 个样品）去甲基甾醇类化合物的含量　　单位:%

甾醇类化合物	含量范围		平均值	
	阿拉比卡	罗伯斯塔	阿拉比卡	罗伯斯塔
胆固醇	0.2~0.4	0.1~0.3	0.3	0.2
菜油甾醇	14.7~17.0	15.5~18.8	15.8	16.9
豆甾醇	20.5~23.8	20.0~26.7	21.9	23.1
β-谷甾醇	46.7~53.8	40.6~50.7	51.6	45.4
Δ5-燕麦甾醇	1.6~4.1	5.1~12.6	2.7	9.1
菜油甾烷醇	0.2~0.6	0.1~0.3	0.4	0.2
24-亚甲基胆固醇	0.0~0.4	1.5~2.4	0.2	1.9
二氢谷甾醇	1.4~2.8	0.5~1.2	2.0	0.8
Δ7-豆甾烯醇	0.9~4.5	0.1~0.8	2.2	0.2
Δ7-燕麦甾醇	1.2~2.1	0.2~0.6	1.5	0.4
Δ7-菜油甾醇	0.4~1.2	0.1~0.6	0.6	0.2
Δ5，23-豆甾二烯醇	0.2~0.5	0.1~2.0	0.3	0.5
Δ5，24-豆甾二烯醇	0.0~0.4	0.0~0.3	0.1	0.0
赤桐甾醇	0.2~0.8	0.5~1.0	0.5	0.7

Picard 等（1984）研究表明：咖啡中的甾醇类化合物主要以游离态与酯化态两种形式存在，分别占 40% 和 60%。游离甾醇平均含量占总酯类化合物的 2.2%，酯化甾醇占总酯类的 3.2%。92.7% 的甾醇是 4－去甲基甾醇，2% 是 4－甲基甾醇，5.1% 是 4，4－二甲基甾醇。甾醇类化合物的 3 种主要化合物是谷甾醇、豆甾醇和菜油甾醇，分别占甾醇部分的 53% ~54%、20% ~22% 和 18% ~19%，它们是游离态甾醇。

表 5－21　LC－GC 法分析阿拉比卡和罗伯斯塔生咖啡豆油的甾醇类化合物

甾醇类化合物	罗伯斯塔				阿拉比卡			
	多哥		乌干达		哥斯达黎加		巴西	
	mg/kg	相对百分含量	mg/kg	相对百分含量	mg/kg	相对百分含量	mg/kg	相对百分含量
菜油甾醇	306	19.4	341	19.9	244	18.4	260	18.6
豆甾醇	296	18.8	328	19.2	318	24.0	332	23.7
赤桐甾醇	9	0.6	10	0.6	8	0.6	6	0.4
β－谷甾醇	796	50.4	855	50.5	719	54.3	765	54.7
Δ5－燕麦甾醇	171	10.8	175	10.2	35	2.6	35	2.5
总量	1 578		1 709		1 324		1 398	

Kamm 等（2002）报道了一种 LC－GC 法同时快速分析生咖啡豆中的 16－O－甲基咖啡醇和甾醇类物质的方法，实验目的也是区分阿拉比卡和罗伯斯塔咖啡豆，使用的仪器是一台全自动液相色谱—气相色谱联用仪。甾醇类物质的分析结果如表 5－21 所示。从表格中可以看出罗伯斯塔咖啡和阿拉比卡咖啡中 Δ5－燕麦甾醇的含量差异很大，哥斯达黎加阿拉比卡咖啡和巴西阿拉比卡咖啡中 Δ5－燕麦甾醇的相对百分含量分别为 2.6% 和 2.5%，而多哥罗伯斯塔咖啡和乌干达罗伯斯塔咖啡中 Δ5－燕麦甾醇的相对百分含量分别为 10.8% 和 10.2%。多哥罗伯斯塔咖啡中 β－谷甾醇与 Δ5－燕麦甾醇含量之比为 4.7，乌干达罗伯斯塔咖啡中 β－谷甾醇与 Δ5－燕麦甾醇含量之比为 4.9。一般罗伯斯塔咖啡中 β－谷甾醇与 Δ5－燕麦甾醇含量之比为 4.2 ~4.5。哥斯达黎加阿拉比卡咖啡中 β－谷甾醇与 Δ5－燕麦甾醇含量之比为 20.5，巴西阿拉比卡咖啡中 β－谷甾醇与 Δ5－燕麦甾醇含量之比为 21.9。一般阿拉比卡咖啡中 β－谷甾醇与 Δ5－燕麦甾醇含量之比在 17.2 ~23.5 之间。

第二节　生咖啡挥发性香气物质

一、生咖啡挥发性香气成分研究概述

Holscher 和 Steinhart（1995）对生咖啡的 230 多种挥发性化合物进行了总结，表 5－22 是在生咖啡研究方面比较活跃的 4 个研究团队，这 4 个研究团队鉴定了生咖啡 83.5% 的挥发性香气成分。但是，生咖啡挥发性化合物的总数量仍难以统计。

与焙炒咖啡相比，生咖啡有一种淡淡的特殊气味。研究生咖啡香味的主要目的是检测

生咖啡的质量，确保生咖啡没有不良气味。研究生咖啡的挥发性香气成分有助于咖啡分类和定级。Rhoades（1960）首次采用气相色谱研究生咖啡的组成成分。他定量分析了13种生咖啡挥发性组成成分，根据GC保留时间来鉴定化合物，根据特征化合物气味来确定其成分，鉴定出了醛类化合物、酮类化合物、呋喃类化合物和硫黄类化合物。Rhoades还分析研究了19种焙炒咖啡挥发性香气成分，并将其与生咖啡挥发性化合物进行比较。研究发现：焙炒咖啡中有16种挥发性香气成分在生咖啡中也存在。

Clements和Deatherage（1957）、Lentner和Deatherage（1959）在生咖啡挥发性香气成分中，鉴定了乙酸、丙酸、丁烷、戊酸、苹果酸、柠檬酸和奎宁酸；分离了咖啡因和几种绿原酸。Zlatkis和Sivetz（1960）在生咖啡挥发性香气成分中鉴定了戊醛，它使生咖啡具有特殊气味。Carisano和Gariboldi（1964）研究表明：生咖啡豆中含有游离态棕榈酸和结合态棕榈酸。

表5－22　生咖啡的四个主要研究团队

团队	主要研究者
德国Hag AG，Jacob－Suchard Corporate R&D，Kraft Jacobs Suchard	Vitzthum O. G.，Werkhoff P.，Holscher W.，Steinhart H.，Barthels M.，Boosfeld J.，Ablanque E.，Gutmann W.
瑞士雀巢公司	Liardon R.，Spadone J. C.，Takeoka G.，Cantergian E.
美国US Army Natick实验室	Merritt C. Jr.，Robertson D. H.
法国IRCC－CIRAD	Vincent J. C.，Barel M.，Challot F.，Guyot B.，Cros E.

去皮方法会影响生咖啡挥发性香气成分。Rodriguez等（1969）采用机械法、酶法、化学法和自然发酵法4种不同方法去除Kona（Hawaii）咖啡果皮，发现除乙醛外，二甲基硫醚、丙酮和异丁醛的含量因处理方法不同而异。

Vitzthum等（1976）在生咖啡挥发性香气成分中鉴定了53种化合物，主要是杂环化合物。生咖啡挥发性香气成分中甲氧基吡嗪的浓度约为10 ppb，它使咖啡豆具有特殊的青草味。2－异丁基－3－甲氧基吡嗪是生咖啡最典型的特征香气成分，它的感受阈值是0.002 ppb，具有青胡椒和青豌豆香味。Vitzthum等（1976）研究表明：生咖啡挥发性香气成分的基本部分是吡啶类化合物、喹啉类化合物、芳香胺类化合物和烷基吡嗪类化合物，其中性部分是呋喃类化合物、芳香醛类化合物和醇类化合物。

Gutmann等（1979）以阿拉比卡、罗伯斯塔和杂交阿拉巴斯塔咖啡为原料，采用顶空GC－MS分析其挥发性香气成分，确定生咖啡的90种新挥发性香气成分，且咖啡品种间存在差异：阿拉巴斯塔咖啡香味中的烷基苯类化合物和萘等芳香化合物含量丰富；阿拉比卡咖啡香味中的萜烯类化合物含量丰富，呋喃类化合物和吡嗪类化合物含量较少。

在Montreux举办的第十二届ASIC学术报告会上，Spadone和Liardo（1988）报道了巴西咖啡香味中含有2，4，6－三氯苯甲醚和二甲萘烷醇，这两种物质使咖啡具有发霉陈腐气味。Spadone等（1990）对生咖啡的不良异味（发霉陈腐和酒窖气味等）进行了分析研究，鉴定出了脂肪族不饱和醛类化合物、长链2－烷酮类化合物、内酯类化合物和酯类化合物。这些化合物仅存在于生咖啡香味中，使生咖啡具有类似肥皂、脂肪和水果（椰子、桃和杏等）香味。他们首次在生咖啡香味中鉴定出了β－大马酮。

Boosfeld 和 Vitzthum（1995）在哥伦比亚生咖啡中鉴定了（E，E）－2，4－壬二烯醛和（2E，4Z）－2，4－壬二烯醛这两种不饱和醛类化合物，并采用 GC、GC－FTIR 和 NMR 光谱等方法分析这两种物质的结构，同时研究了其形成机理。研究表明：（E，E）－2，4－壬二烯醛和（2E，4Z）－2，4－壬二烯醛是由不饱和脂肪酸自动氧化产生的。

Holscher 和 Steinhart（1995）列出了生咖啡 230 种挥发性香气化合物，其中 10 种化合物是首次提到的。他们认为生咖啡大量挥发性香气成分也存在于焙炒咖啡挥发性香气成分中，而且生咖啡挥发性香气成分决定着焙炒咖啡最终风味。Mathieu 等（1996，1998）研究了不同成熟阶段咖啡豆的挥发性香气成分，鉴定了大量萜烯烃类化合物。

1999 年，Vitzthum 对过去 30 年咖啡风味化学的研究进展进行了总结。他通过 GC 萃取分离生咖啡香气成分，并对特征香气成分进行香味描述。

2001 年，Cantergiani 等以墨西哥生咖啡为原料，对咖啡的霉味/泥腥味进行了研究。他们以一种正常的阿拉比卡咖啡为参照，对比分析了来自同一个地方但具有霉味/泥腥味的阿拉比卡咖啡的挥发性香气成分。他们采用 GC－O 对产生霉味/泥腥味的咖啡进行分析检测，再通过制备型双向二维气相色谱进行分离和浓缩，然后通过 GC－MS 进行鉴定。研究结果表明，有 6 种物质对形成生咖啡豆的霉味/泥腥味起到了重要作用，其中土臭素、2－甲基异冰片和 2，4，6－三氯苯甲醚是 3 种最关键的物质；另外 3 种含甲氧基的吡嗪（2－甲氧基－3－异丙基吡嗪、2－甲氧基－3－仲丁基吡嗪、2－甲氧基－3－异丁基吡嗪）的贡献程度较轻，这 3 种甲氧基吡嗪具有轻微的泥腥味/青草气味。土臭素（Geosmin）是一种具有土腥味的挥发性物质，许多微生物在代谢过程中都能产生这种物质。降雨时，雨水会刺激土壤释放出一种称为土臭素的化学物质。

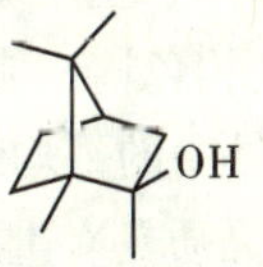

2－甲基异冰片（MIB）

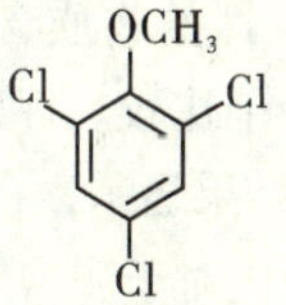

2，4，6－三氯苯甲醚（2，4，6－TCA）

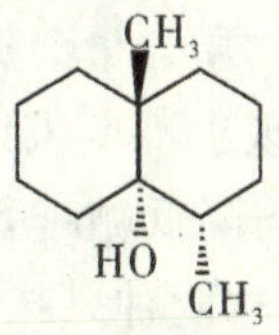

土臭素

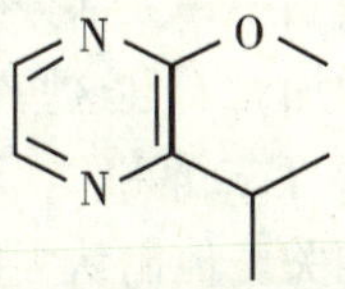

2－甲氧基－3－异丙基吡嗪（MiPP）

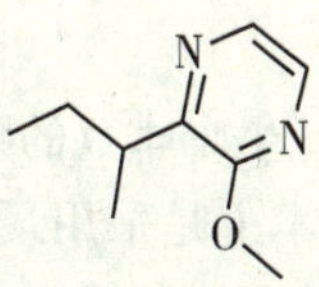

2－甲氧基－3－仲丁基吡嗪（MsBP）

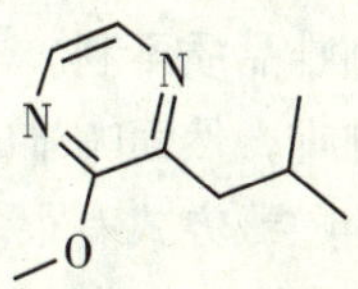

2－甲氧基－3－异丁基吡嗪（MiBP）

图 5－12　引起咖啡霉味/泥腥味的 6 种化合物

引起咖啡霉味/泥腥味的6种化合物如图5-12所示，他们认为咖啡豆中这6种引起霉味/泥土味的化学物质是在咖啡采摘后加工处理（干燥）阶段形成的。

表5-23是对正常咖啡和具有霉味/泥腥味的咖啡6种化学物质的定量分析结果。从表中可以看出，有霉味/泥腥味的咖啡，其土臭素和2-甲基异冰片含量相对于正常咖啡的含量很高，特别是土臭素比正常咖啡中的含量高出8倍，说明土臭素和2-甲基异冰片是引起霉味/泥腥味的关键物质。具有霉味/泥腥味的咖啡，其2-甲基异冰片含量是正常咖啡的5倍。2-甲基异冰片在罗伯斯塔咖啡中的含量为20 ppt~600 ppt，是罗伯斯塔咖啡中一种非常关键的物质。具有霉味的咖啡其2，4，6-三氯苯甲醚的含量比正常咖啡高出6倍，说明2，4，6-三氯苯甲醚同样是引起霉味/泥腥味的关键物质。

表5-23 引起咖啡霉味/泥腥味的6种化合物含量及嗅觉阈值

化学物质	正常咖啡（ppt）	霉味咖啡（ppt）	水中阈值（ppt）
2-甲基异冰片	<20	100	2~20
2，4，6-三氯苯甲醚	<50	<300	1~8
土臭素	130	1 000	4~20
2-甲氧基-3-异丙基吡嗪	200	400	2~10
2-甲氧基-3-仲丁基吡嗪	300	400	1
2-甲氧基-3-异丁基吡嗪	8 000	17 000	2~20

Bertrand等（2012）研究了气候条件对阿拉比卡生咖啡豆和咖啡饮料挥发性化合物的影响。高海拔产地的咖啡价格比低海拔产地的贵。Bertrand等的研究目的是分析气候条件是否会对咖啡饮料和挥发性的物质含量造成影响。他们对法国留尼汪岛的16个不同气候咖啡基地的咖啡风味进行了比较。挥发性物质通过固相微萃取—气相色谱—质谱（SPME-GC-MS）进行了分析。结果显示，在咖啡果实成长阶段，气候条件中的平均气温对咖啡风味的影响很大。凉爽的天气对于咖啡形成酸味、水果味等好的风味品质具有重要作用，因为两种挥发性物质（乙醛和丙酮）对温度比较敏感，平均温度低有利于这两种物质的生成。在检测到的挥发性物质当中，大部分的醇类、醛类、烃类和酮类物质含量会随着平均温度及日照时间的增加而增加，而且这些物质含量高容易导致咖啡呈现出不良风味，如青草味和泥土味，其中1，3-丁二醇和2，3-丁二醇这两种醇类物质与降低咖啡香气质量、增加泥土及青草味密切相关。他们认为高温条件会诱导生咖啡豆中这两种风味物质的产生，形成不良风味，甚至在焙炒以后对咖啡的风味也有影响。他们得出的结论是咖啡果生长阶段平均气温的升高对咖啡品质不利。

人们全年都会喝咖啡，然而咖啡的收获是有季节性的，因此生咖啡豆的贮藏显得尤为重要。尽管生咖啡豆的贮藏方式有很多种，然而在马来西亚基本上是采用最简单的方式，一般都是将每麻袋60 kg的生咖啡豆放在仓库的木架子上，既没有控制温度也没有控制湿度。而马来西亚是一个平均气温高、多雨潮湿的国家。Ismail等（2013）对利比里亚生咖啡豆在马来西亚贮藏过程中物理化学性质的改变进行了研究。贮藏条件为平均气温

29.33 ℃，平均空气湿度71.75%，贮藏时间为8个月。作者对贮藏以后咖啡的理化性质（咖啡豆大小、质量、密度、颜色、主要营养成分、蔗糖和绿原酸含量）以及微生物指标（酵母菌和霉菌）进行了分析。结果表明，贮藏以后咖啡豆的物理性质发生明显改变，如咖啡豆发生膨胀而颗粒变大、质量和密度降低、颜色发白；化学性质也发生改变，如水分含量降低、灰分含量增加、蔗糖含量降低而绿原酸含量增加、贮藏过程中酵母菌和霉菌减少。他们得出的结论是生咖啡豆在贮藏过程中品质降低。

二、有效香气成分

为了测定生咖啡特征香气成分的香味活性值（OAV），Vitzthum等（1976）首次采用GC－O分析生咖啡挥发性香气成分，发现了4种3－烷基－2－甲氧基吡嗪类物质，其中2－甲氧基－3－异丙基吡嗪及其异丁基衍生物是生咖啡的香气成分。Czerny和Grosch（2000）通过香气成分在纤维素上的香气阈值，测定生咖啡香气成分的OAV值（表5－24）。3－异丁基－2－甲氧基吡嗪的OAV值是490，它是生咖啡主要的香气成分，具有豌豆香味；它的浓度是97 μg/kg，与Holscher和Steinhart（1995）报道的浓度一致，与Spadone和Liardon（1988）报道的浓度范围50～70 μg/kg相近。2－甲氧基－3，5－二甲基吡嗪的OAV值是83，它是生咖啡第二重要的香气成分，具有泥土气味。3－异丙基－2－甲氧基吡嗪的OAV值是23，具有类似异丁基衍生物的香味。

表5－25是采用GC－O（Holscher & Steinhart，1995）和AEDA（Czerny & Grosch，2000）分析生咖啡挥发性有效香气成分。从表5－25中可以看出，3－异丁基－2－甲氧基吡嗪与2－甲氧基－3，5－二甲基吡嗪的FD系数最高。Holscher和Steinhart（1995）采用AEDA法鉴定出了以下9种有效香气成分：n－已醛、2－甲基丁酸或3－甲基丁酸、硫醇、1－辛烯－3－酮、2－甲氧基－3－异丙基吡嗪、沉香醇、（Z）－2－壬烯醛、（E）－2－壬烯醛、3－异丁基－2－甲氧基吡嗪。此外，他们还研究发现了苯乙醛、（E）－β－大马酮、（E，Z）－2，6－壬二烯醛、（E，E）－2，4－壬二烯醛、（E，Z）－2，4－癸二烯醛和（E，E）－2，4－癸二烯醛。

表5－24　生咖啡有效香气成分的浓度、香味阈值和OAV值

序号	化合物	浓度（μg/kg）	香味阈值[1]	OAV值[2]
1	2－甲基丁酸乙酯	2.4	0.5	4.8
2	3－甲基丁酸乙酯	22	0.6	37
3	甲硫醇	22	9	2.4
4	2－甲氧基－3，5－二甲基吡嗪	0.5	0.006	83
5	3－异丙基－2－甲氧基吡嗪	2.3	0.1	23
6	3－羟基－4，5－二甲基－2（5H）－呋喃酮	0.7	2.1	<1
7	（Z）－2－壬烯醛	<0.3	ND	—

（续上表）

序号	化合物	浓度（μg/kg）	香味阈值[1]	OAV 值[2]
8	（E）-2-壬烯醛	12	15	<1
9	3-异丁基-2-甲氧基吡嗪	97	0.2	490
10	4-乙基愈创木酚	21	35	<1
11	4-乙烯基愈创木酚	117	80	1.5
12	香兰素	82	100	<1
13	（E）-β-大马酮	<0.3	0.15	<2

注：1 香味阈值单位是 μg/kg 纤维素；2 香味活性值（OAV 值）；ND 表示没有检测到。

表 5-25　生咖啡的有效香气成分

序号	化合物	FD 系数[1]	GC-O[2]	首次鉴定者与时间
1	n-己醛	16	+	Guyot 等（1983）
2	丁酸	16		Wöhrmann 等（1983）
3	2-甲基丁酸、3-甲基丁酸	32	+++	Holscher&Steinhart（1995）
4	2-甲基丁酸乙酯	256		Guyot 等（1983）
5	3-甲基丁酸乙酯	256		Guyot 等（1983）
6	硫醇	64	+++	Holscher&Steinhart（1995）
7	戊酸	16		Wöhrmann 等（1983）
8	1-辛烯-3-酮	16	+	Holscher & Steinhart（1995）
9	2-甲氧基-3，5-二甲基吡嗪	512		Czerny & Grosch（2000）
10	2-甲氧基-3-异丙基吡嗪	128	+++	Vitzthum 等（1976）
11	沉香醇	16	+++	Guyot 等（1983）
12	3-羟基-4，5-二甲基-2（5H）-呋喃酮	64		Czerny & Grosch（2000）
13	（Z）-2-壬烯醛	64	+++	Holscher & Steinhart（1995）
14	（E）-2-壬烯醛	128	+++	Spadone 等（1990）
15	3-异丁基-2-甲氧基吡嗪	4 096	+++	Vitzthum 等（1976）
16	4-乙基愈创木酚	64		Czerny & Grosch（2000）
17	4-乙烯基愈创木酚	64		Vitzthum 等（1976）
18	香兰素	128		Spadone 等（1990）
19	壬烯醛		++	Spadone 等（1990）
20	（E，Z）-2，6-壬二烯醛		+++	Holscher & Steinhart（1995）
21	苯乙醛		+++	Vitzthum 等（1976）

（续上表）

序号	化合物	FD 系数[1]	GC－O[2]	首次鉴定者与时间
22	（E，E）－2，4－壬二烯醛		＋＋	Spadone & Liardon（1988）
23	（E，Z）－2，4－癸二烯醛		＋	Holscher&Steinhart（1995）
24	（E，E）－2，4－癸二烯醛		＋＋＋	Spadone 等（1990）
25	（E）－β－大马酮		＋＋＋	Spadone 等（1990）

注：1 表示香味稀释系数；2 表示 GC－O 香气强度：＋表示弱，＋＋表示强，＋＋＋表示很强。

三、总结

图 5－13 是 1958—2001 年生咖啡豆 300 多种挥发性组分的发现历程（Flament，2002）。从图 5－13 中可以看出，第一个作出显著贡献的是 Merritt 等（表5－22 中第三个团队），他们在生咖啡豆挥发性香气成分中发现了 33 种化合物，包括 15 种烃类化合物和 10 种酯类化合物。第二个取得重要成果的是 Vitzthum 等和 Gutmann 等（表 5－22 中第一个团队），他们分别在生咖啡豆挥发性香气成分中发现了 49 种和 47 种化合物，主要是烃类化合物、醇类化合物、吡嗪类化合物、酮类化合物和呋喃类化合物。20 年以后，同一个实验室的其他成员（Holscher Steinhart，1995）又发现了 10 种新化合物，主要是醛类化合物，使这个团队发现的物质达到了 111 种。同时，Spadone 等（表 5－22 中第二个团队）鉴定了 27 种挥发性物质，主要是酚类化合物、醛类化合物、酮类化合物和酯类化合物。21 世纪初，这个团队又在生咖啡豆挥发性香气成分中发现了 56 种新化合物（Cantergiani，2001），使得这个团队在生咖啡豆挥发性香气成分中发现的物质增加到 83 种。Vincent 等和 Guyot 等（表 5－22 中第四个团队）在生咖啡豆挥发性香气成分中发现了 16 种新化合物。

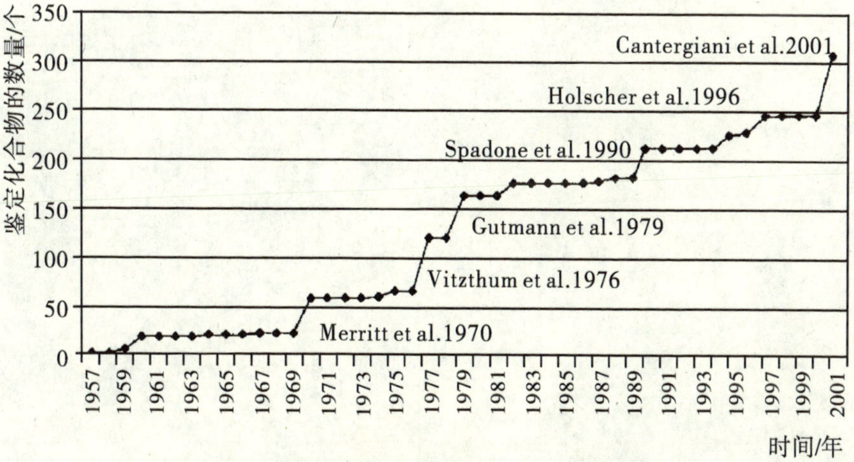

图 5－13　生咖啡挥发性香气成分发现历程

从图 5 - 14 中可见，在生咖啡挥发性香气成分中，大部分是酸类化合物、烃类化合物、醛类化合物、醇类化合物和酯类化合物。在生咖啡豆挥发性香气成分中，不存在噻吩类化合物、噁唑类化合物和噻唑类化合物，说明这些物质是在焙炒咖啡过程中产生的。

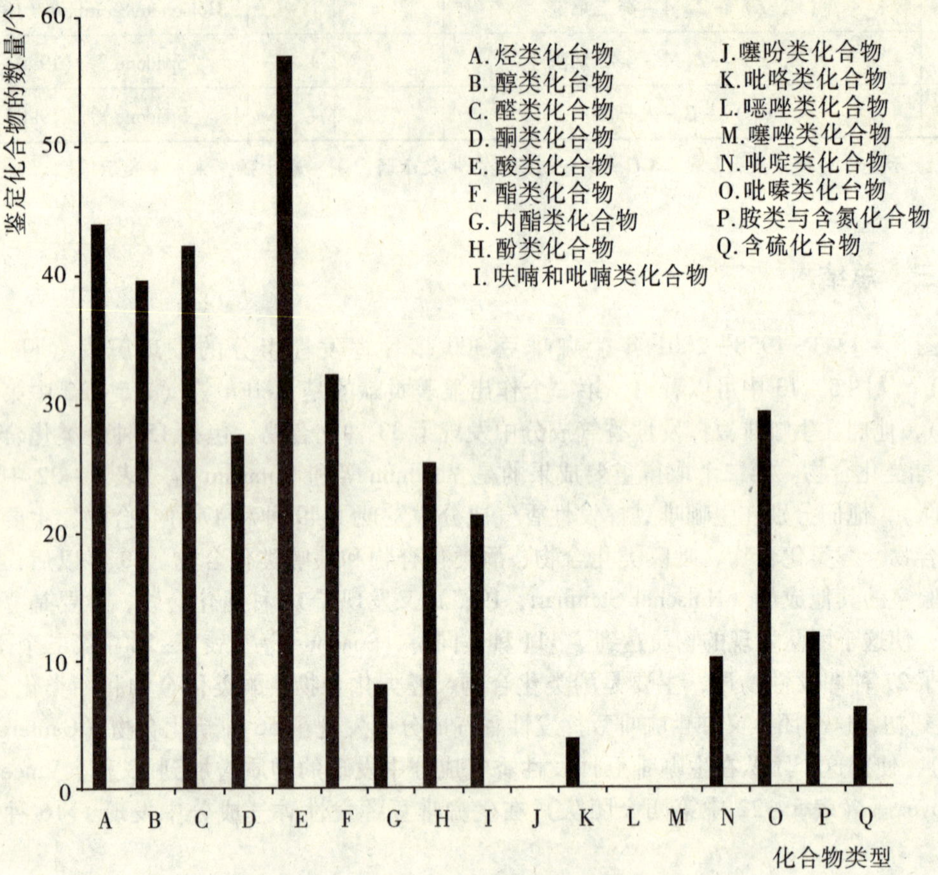

图 5 - 14　生咖啡挥发性香气成分类型分布

第六章
焙炒过程中风味物质的形成途径

第一节　咖啡在焙炒过程中发生的主要化学反应

一、概述

到目前为止，咖啡在焙炒过程中发生的化学反应还没有完全弄清楚，所以咖啡豆在焙炒过程中发生的化学反应非常难于在实验室条件下进行模拟或重现。其主要原因包括：①对生咖啡豆中存在的风味前体物质没有完全弄清楚；②大部分风味前体物质会发生复杂的化学反应，其中间产物再进一步反应，使得成分非常复杂而难以分离鉴定；③大部分化学反应发生在咖啡豆的细胞中，咖啡豆的细胞壁在焙炒过程中相当于一个高压蒸汽灭菌器，但是没法测定其压力。

生咖啡豆在焙炒过程中发生的主要变化如图6－1所示（Eggers & Pietsch，2001）。焙炒的过程是由焙炒设备提供热能，热能从热空气中或者热金属表面传给生咖啡豆。咖啡豆内部温度升高，水分开始蒸发吸收热量。示差热分析结果表明，焙炒阿拉比卡咖啡豆的放热反应开始于160 ℃，210 ℃达到最高峰。焙炒过程中水蒸气和产生的CO_2气体从咖啡豆挥发。细胞内部产生的气体会导致咖啡豆内部压力升高，咖啡豆膨胀而且会在一定时间内发出爆破声。当焙炒度达到要求时（以颜色、风味和焙炒质量损失为指标），将咖啡豆从焙炒器中取出，然后迅速用水进行淬火并用空气冷却。

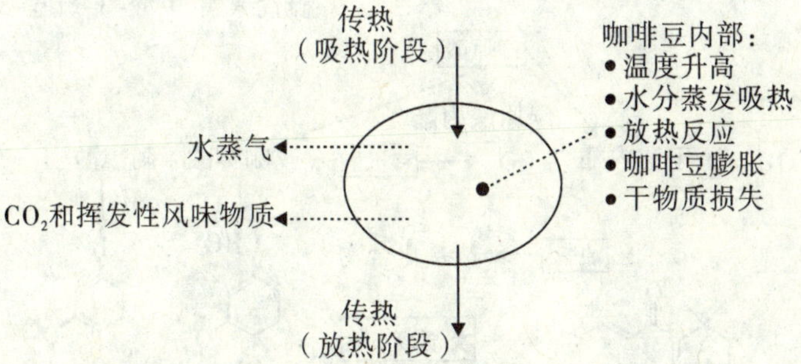

图6－1　生咖啡豆在焙炒过程中发生的主要变化

咖啡豆通常是在180 ℃～260 ℃下焙炒10～15 min，咖啡焙炒可以分为三个阶段。第一阶段是干燥吸热阶段，在此期间，生咖啡豆中水分蒸发，咖啡豆香气从青草味变为类似面包香味，颜色变为微黄色。第二阶段是焙炒阶段，在此期间，发生许多复杂的热裂解反应，咖啡豆的化学组成成分发生巨大变化，形成许多咖啡风味物质，同时产生大量二氧化碳，咖啡豆变为褐色。起初，这个过程是放热反应；但当焙炒温度达到190 ℃～210 ℃后，热裂解反应达到最大程度，这个过程变为吸热反应，同时产生大量挥发性化合物；当焙炒温度达到210 ℃时，整个反应又变为放热反应。第三阶段是快速冷却阶段，采用空气冷却或水冷却方式，使焙炒过程停止。

在焙炒过程中，咖啡风味物质发生巨大变化，而焙炒咖啡挥发性风味物质的形成机理非常复杂，生成途径很多。图6－2简述了生咖啡豆中风味前体物质形成挥发性化合物的反应过程（Yeretzian et al.，2002）。生咖啡豆中的主要寡糖——蔗糖裂解产生葡萄糖和果糖两种还原糖。在Maillard反应中，葡萄糖和果糖分别与游离氨基酸、蛋白质游离氨基反应形成中间产物——葡基胺化合物，后者经Amadori或Heyns重排后生成氨基酮类化合物和/或氨基醛类化合物。Amadori和Heyns产物进一步发生复杂反应，生成大量香气挥发性化合物和褐色化合物。随着焙炒过程的继续，其他反应机制同时进行，如碳水化合物、含氮化合物、绿原酸和其他有机酸、少量脂类化合物相互发生降解反应和热解反应，这导致进一步反应生成水、二氧化碳和其他挥发性化合物。

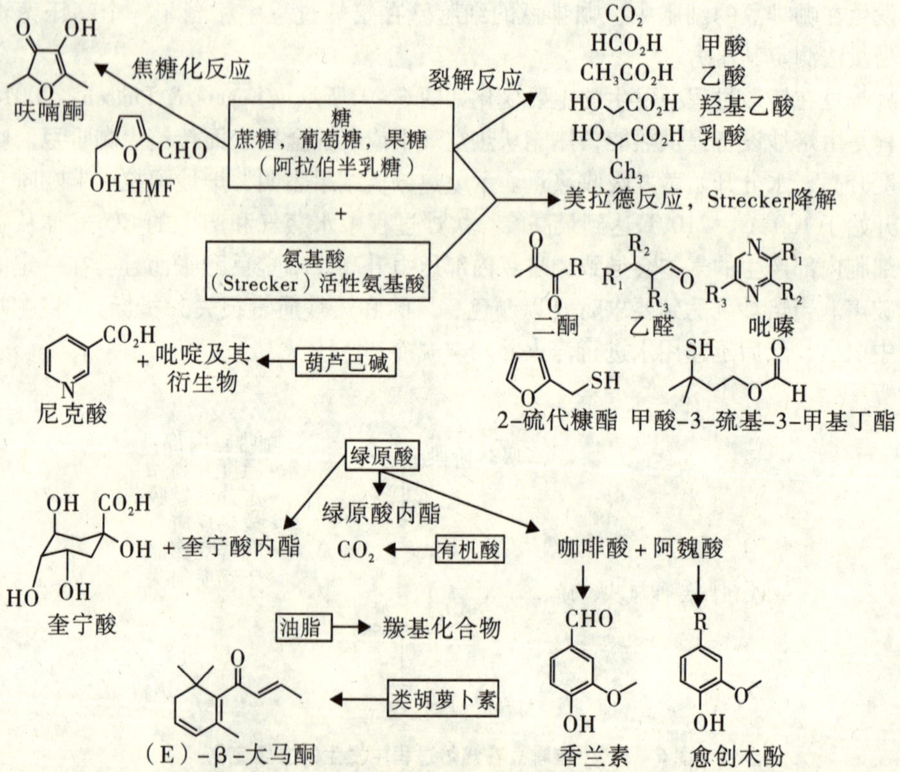

图6－2 生咖啡豆风味前体物质在焙炒过程中形成挥发性风味物质的过程

焙炒咖啡挥发性风味物质的形成机理，概括起来主要有以下 10 种化学反应（Buffo & Cardelli – Freire，2004）：

（1）Maillard 反应（非酶促褐变反应）：含氮化合物（蛋白质、肽、氨基酸、5 – 羟色胺、葫芦巴碱等）和还原糖类化合物、酸、醌类化合物等反应生成氨基醛类化合物和氨基酮类化合物。

（2）Strecker 降解反应：氨基酸与 α – 二羰基化合物发生反应，生成氨基酮类化合物；氨基酮类化合物继续反应生成含氮杂环化合物或者与甲醛反应生成噁唑类化合物。

（3）胱氨酸、半胱氨酸和蛋氨酸等含硫氨基酸与还原糖或 Maillard 反应的中间产物发生反应，生成硫醇类化合物、噻吩类化合物和噻唑类化合物。

（4）羟基氨基酸即丝氨酸、苏氨酸的降解产物与蔗糖发生反应，生成烷基吡嗪类化合物。

（5）脯氨酸的分解产物与 Maillard 反应的中间产物发生化学反应，生成吡啶类化合物、吡咯类化合物（图 6 – 3）和吡嗪类化合物；羟脯氨酸的分解产物与 Maillard 反应的中间产物发生化学反应，生成烷基吡咯类化合物、酰基吡咯类化合物和糠基吡咯类化合物。

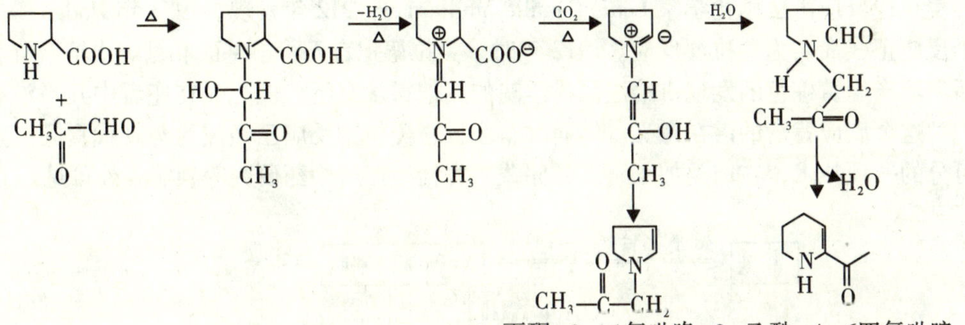

1-丙酮 -2- 二氢吡咯　2- 乙酰 -4，6四氢吡啶

图 6 – 3　脯氨酸生成吡咯、吡啶类化合物的途径

（6）葫芦巴碱加热分解，生成烷基吡啶类化合物和吡咯类化合物。

（7）绿原酸发生分解反应，生成咖啡酸、阿魏酸、绿原酸内酯、奎宁酸内酯和奎宁酸；再发生降解反应，生成香兰素和愈创木酚等酚类化合物。

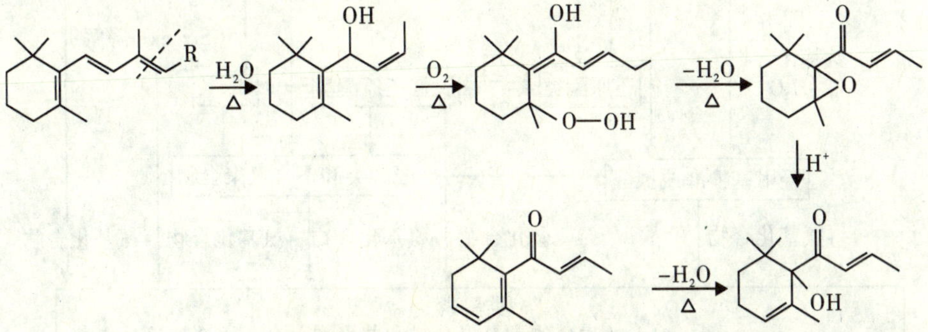

图 6 – 4　类胡萝卜素加热氧化降解形成（E）– β – 大马酮的途径

（8）色素的降解反应，例如类胡萝卜素降解产生（E）-β-大马酮（图6-4）。

（9）少量脂肪类化合物发生降解反应，生成二萜类化合物。

（10）中间分解产物之间相互发生反应（机理未知）。

综上所述，咖啡焙炒过程中发生两类主要化学反应：Maillard 反应和 Strecker 降解反应。下面将详细阐述 Maillard 反应、Strecker 降解反应与焙炒咖啡挥发性香气化合物形成之间的关系。

二、Maillard 反应与焙炒咖啡挥发性香气化合物的形成

美拉德反应（Maillard 反应），又称麦拉德反应、梅拉德反应、梅纳反应、羰氨反应，是一种广泛分布于食品工业中的非酶促褐变反应。它指的是食物中的还原糖（碳水化合物）与氨基酸/蛋白质在常温或加热时发生的一系列复杂的反应，其结果是生成了棕黑色的大分子物质类黑精或称拟黑素。除产生类黑精外，反应过程中还会产生成百上千个有不同气味的中间体分子，包括还原酮、醛和杂环化合物，这些物质为食品提供了宜人可口的风味和诱人的色泽。

美拉德反应由法国化学家 Louis Camille Maillard 于1912 年发现，1953 年 Hodge 等人将这个反应正式命名为美拉德反应。1912 年时，美拉德把自己将氨基酸和糖类水溶液混合加热后溶液产生黄棕色的发现讲给法国科学院的其他科学家听，但当时在座者中几乎没有人意识到这个反应背后的潜在意义。然而时至今日，美拉德反应已经成为与现代食品工业密不可分的一项技术，在肉类加工、食品储藏、香精生产、中药研究等领域处处可见。

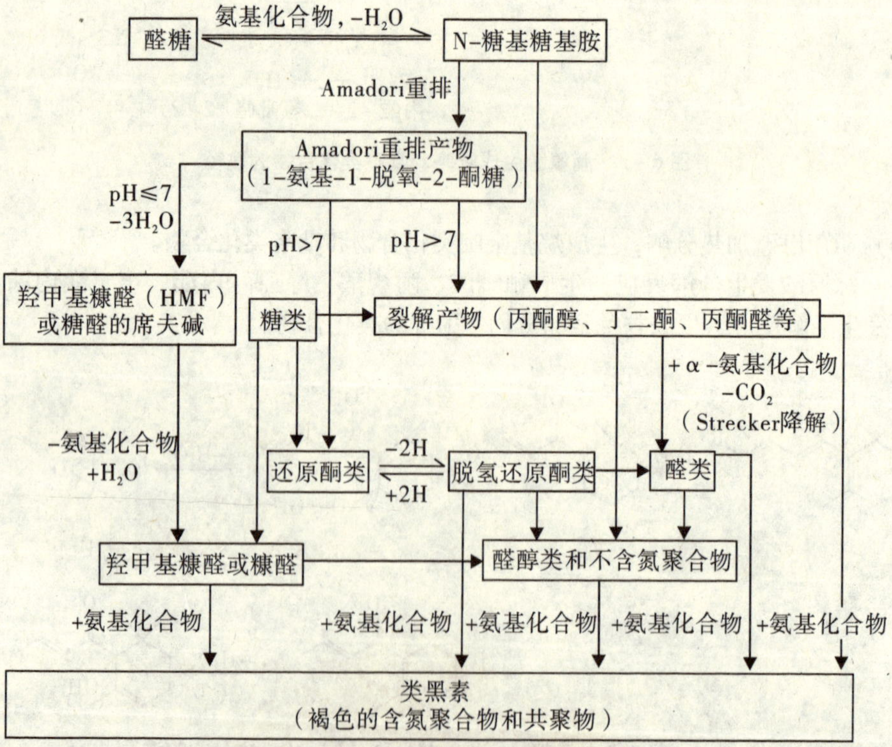

图6-5 Maillard 反应机理

图6－5是Hodge（1953）提出的Maillard反应历程，也是目前使用最广的版本。

第一步是氨基化合物中的氨基亲核性氮原子对糖羰基碳的进攻，加成为一个羟基胺（N－糖基胺）（图6－6）。这一步是可逆的，生成的羟基胺也可以作为胺进攻另一分子糖，生成二糖基胺。研究显示，N－糖基胺在温热时可生成荧光含氮化合物，该荧光含氮化合物又可很快与甘氨酸反应生成类黑素，表明从N－糖基胺到类黑素很可能还有另一条捷径。

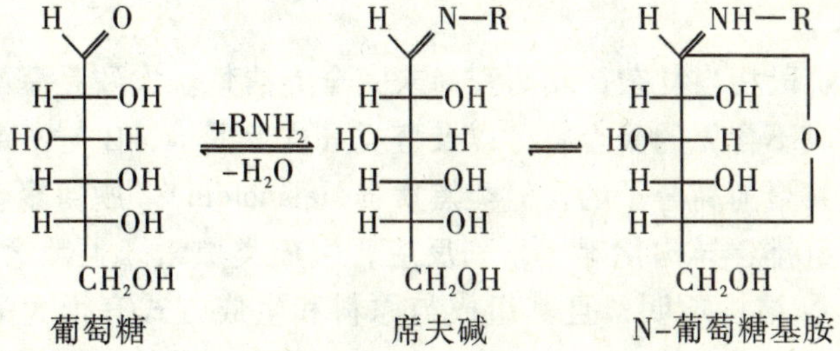

图6－6　羰氨缩合反应及N－葡萄糖基胺的形成

第二步是N－糖基胺在酸催化下异构为相应的1－氨基－1－脱氧－2－酮糖的Amadori重排反应，它是不可逆的，25℃时便自发进行。在该机理中，糖基胺首先失水生成席夫碱（Schiff碱），即亚胺，然后氮被质子化，相邻的碳被去质子化，经烯醇—酮互变异构得到Amadori重排产物（图6－7）。

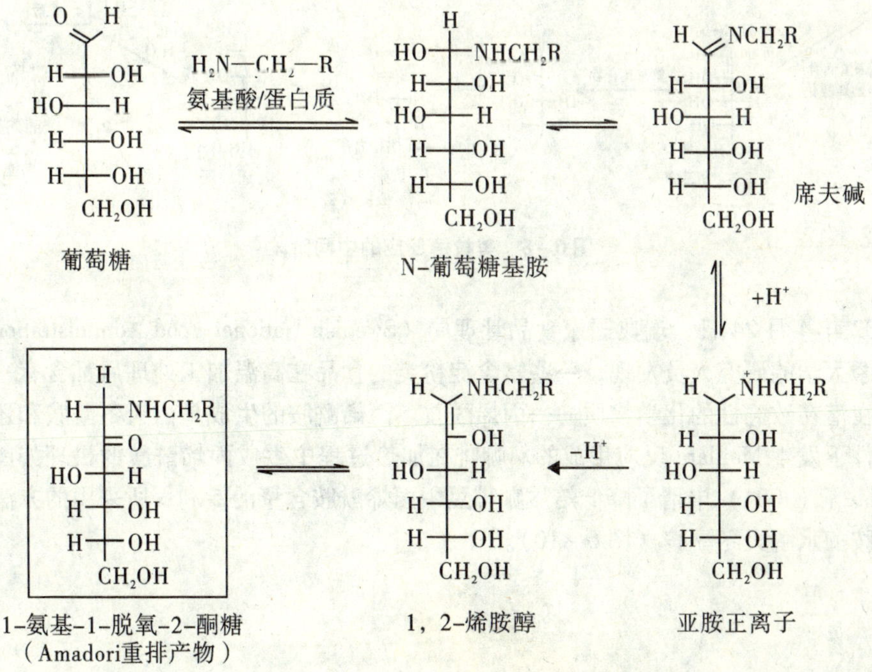

图6－7　Amadori重排反应

Amadori 重排可经如下几条主要的路线进行反应（图 6－8）：

（1）pH 小于或等于 7 时，利于 1，2－烯醇化，经过 1，2－烯胺醇、3－脱氧－1，2－二羰基化合物，最终生成 5－羟甲基糠醛/糠醛和类黑素。

（2）pH 大于 7 且温度较低时，利于 2，3－烯醇化，生成 2，3－烯二醇、1－甲基－2，3－二羰基化合物（脱氢还原酮）、乙酰基烯二醇（还原酮）。脱氢还原酮易使氨基酸发生脱羧、脱氨反应，形成醛和 α－氨基酮类，即 Strecker 降解反应。

（3）pH 大于 7 且温度较高时，利于裂解，产生丙酮醇、丙酮醛和丁二酮等活性中间体。

最终阶段：此阶段相当复杂，其历程尚未完全弄清楚。大致是醛酮在胺催化下发生羟醛缩合反应，生成不含氮的聚合物，以及醛类（尤其是 α，β 与不饱和醛）与胺类在低温下很快聚合或共聚为高分子的含氮类黑素（Melanoidin）。脱氮聚合物也可以与胺类发生缩合、脱氢、重排、异构化等一系列反应，生成类黑素。类黑素是棕黑色的固体，一般含氮 3%～4%，结构不明，且其组成与原料和生成方式有很大关系。目前已知类黑素分子结构中含有不饱和的咪唑、吡咯、吡啶、吡嗪之类的杂环，以及一些完整的氨基酸残基等。

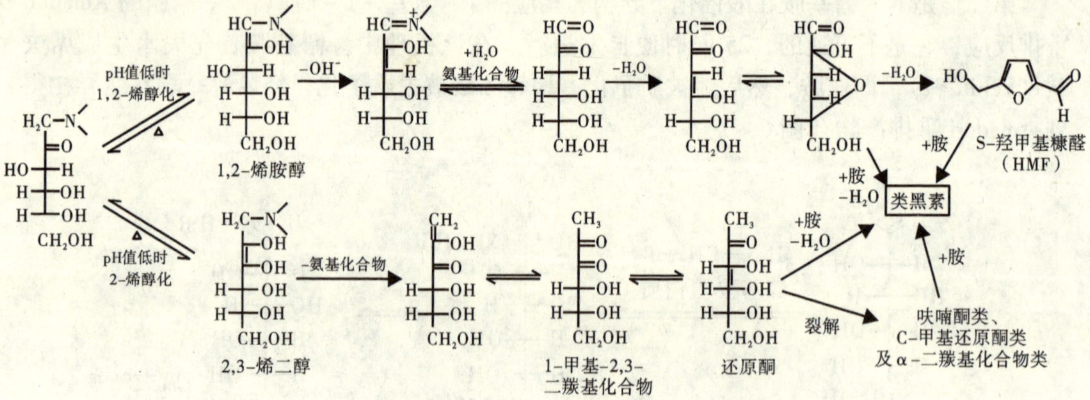

图 6－8　美拉德反应的中间阶段

2002 年 4 月 24 日，瑞典国家食品管理局（Swedish National Food Administration）和斯德哥尔摩大学的研究人员发现，一些富含淀粉类的食品在高温加工处理后都含有一种有毒的、存在潜在致癌性的化学物质——丙烯酰胺。丙烯酰胺的生成是由天冬酰胺和还原糖在加热条件下发生 Maillard 反应生成的。咖啡在加热过程中生成丙烯酰胺的机理如图6－9所示。Dria 等（2004）申请了降低焙炒咖啡豆中丙烯酰胺含量的专利，所采用的方法为通过天冬酰胺酶水解天冬酰胺（图 6－10）。

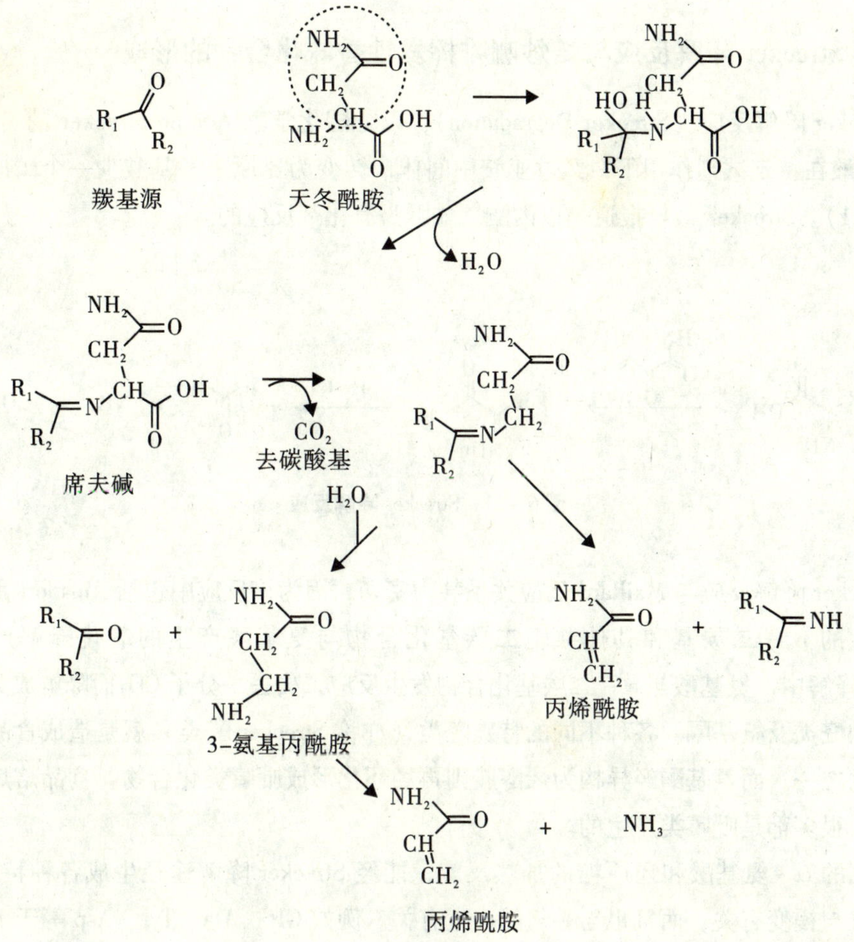

图 6-9　咖啡中丙烯酰胺的生成机理

注：R_1和R_2可以是H、CH_3、CH_2OH、$CH_2(CH_2)_nCH_3$，或者其他构成还原糖的基团，n为小于10的整数。

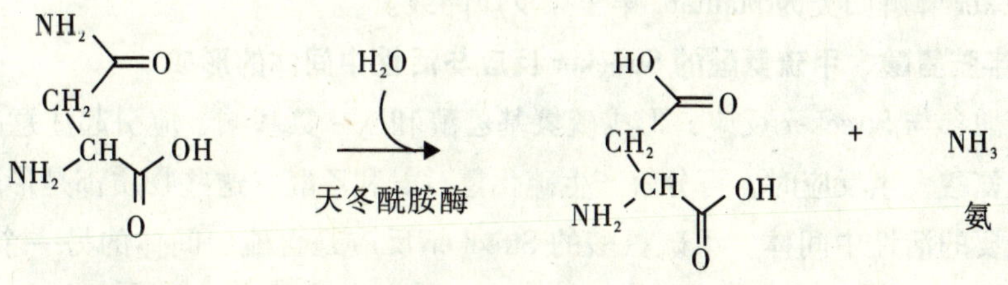

图 6-10　天冬酰胺酶水解天冬酰胺防止丙烯酰胺的生成

三、Strecker 降解反应与焙炒咖啡挥发性香味化合物的形成

Strecker 降解反应（Strecker Degradation），以德国化学家 Adolph Strecker 的名字命名。α－氨基酸在特定试剂作用下，经过亚胺中间体，转变为比原来氨基酸少一个碳原子的醛（图 6－11）。Strecker 最早报道是以丙酮二酰脲为氧化剂反应的。

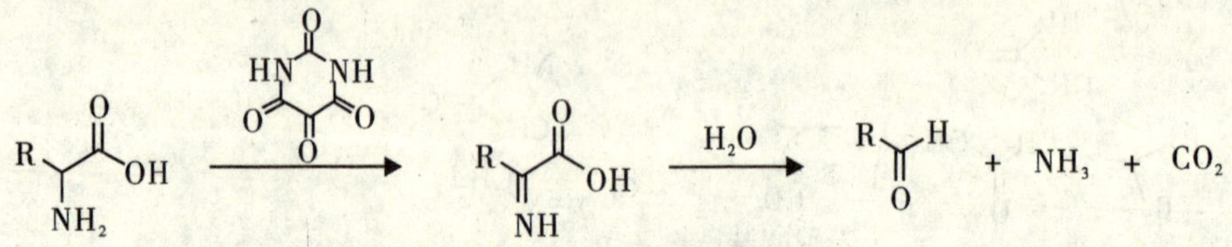

图 6－11 Strecker 降解反应

Strecker 降解反应与 Maillard 反应关系甚为密切，因为该反应中包括 Amadori 重排产物裂解产生的 α－二羰基和其他共轭二羰基化合物与氨基酸产生的氧化降解产物。在 Strecker 降解中，氨基酸与 α－二羰基化合物发生反应，失去一分子 CO_2 而降解成为少一个碳原子的醛类及氨基酮。各种不同的特殊醛类（亦称 Strecker 醛类）就是造成食品不同香气的因素之一。而氨基酮经异构为烯醇胺则再经环化形成吡嗪类化合物。食品焙烤时产生的香味，很多都是吡嗪类产生的。

不同的 α－氨基酸和还原糖的加热反应，能经 Strecker 降解途径生成各种特殊醛类，因此不仅与褐变有关，而且也与香气的产生有关。例如 Gly、Ala、Tyr、Asp 等于 180 ℃左右和葡萄糖反应可产生焦糖香气；而 Val 能产生巧克力香气，His、Lys、Pro 可产生一种烘烤面包的香味；Phe 则能产生一种特殊的紫罗兰花香气，这对食品的风味影响极大。

鉴于 Strecker 降解必须有高级 Maillard 反应阶段产生的“活性中间”体参与，所以也有人将 Strecker 降解归类为 Maillard 第三条反应路线。

（一）半胱氨酸、甲硫氨酸的 Strecker 反应与活性中间体的形成

半胱氨酸参与 Strecker 反应，形成硫氢基乙醛和 α－氨基酮，应引起注意的是反应中间体与半胱氨酸发生反应时，可分解产生硫化氢、氨和乙醛，这些物质都是形成强香味化合物十分重要的活性中间体。甲硫氨酸的 Strecker 反应是含硫中间体的另一个重要来源，反应中产生甲硫氨醛、甲硫醇和 2－丙烯醛，反应历程如图 6－12 所示。

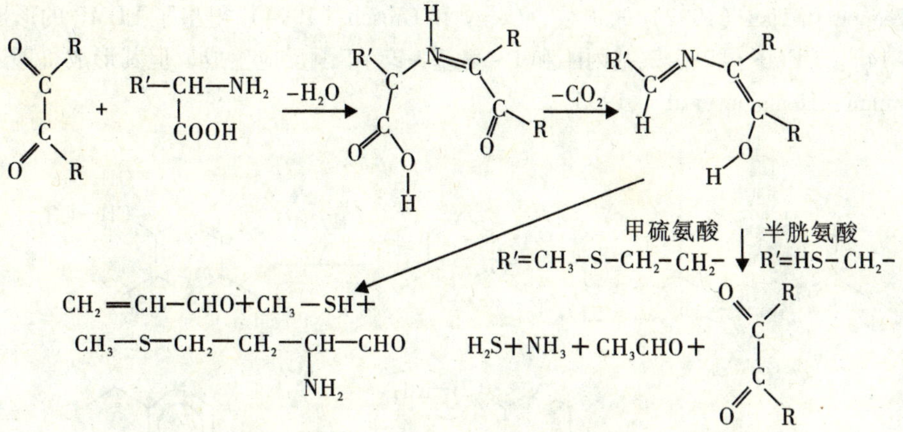

图 6－12　由半胱氨酸、甲硫氨酸经 Strecker 反应产生活性中间体的途径

（二）Strecker 降解反应与吡嗪类物质的形成

吡嗪类化合物是焙炒咖啡中常见的挥发性化合物。烷基吡嗪类化合物可能是由 Strecker 降解生成的氨基酮自身缩合形成，其历程如图 6－13 所示。

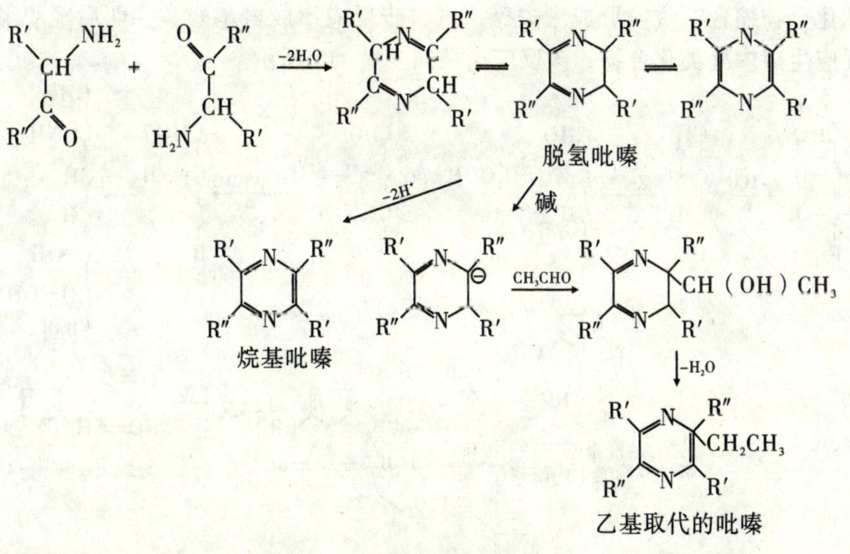

图 6－13　烷基吡嗪的形成途径

在咖啡和其他焙炒食品中，2－乙基－3，5－二甲基吡嗪（2－Ethyl－3，5－Dimethylpyrazine，EDMP）和 2，3－二乙基－5－甲基吡嗪（2，3－Diethyl－5－Methylpyrazine，DEMP）是所有烷基吡嗪中含量最高的两种（Grosch，1998）。Cerny 和 Grosch（1994）在 pH 5.6 和 180 ℃的条件下加热糖和氨基酸的混合物来研究这两种烷基吡嗪的形成途径，Amrani－Hemaimi 等（1995）还通过同位素示踪法研究了这两种烷基吡嗪类物质的形成途径。参考前面这两项研究的结果，并结合 Shibamoto 和 Bernhard（1977）

以及 Weenen 和 Tjan（1992）的提议，Cerny 和 Grosch（1994）得出了 EDMP 的形成途径（图 6－14）。DEMP 可以由氨基丙酮和 1－氨基－2－丁酮反应生成，但其形成机理还不明确（Amrani－Hemaimi et al.，1995）。

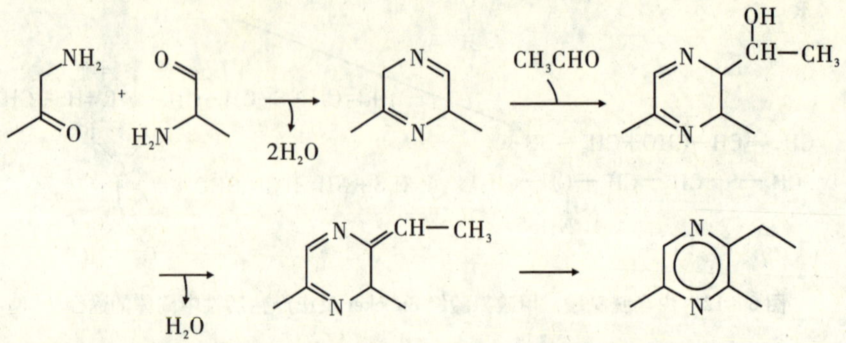

图 6－14　2－乙基－3，5－二甲基吡嗪的形成机理

（三）Strecker 降解反应与内酯类物质的形成

Strecker 降解反应生成的醛类化合物，可在加热条件下脱水生成酮醛化合物，该化合物与氨基化合物缩合、脱羧形成席夫碱，进一步反应形成氨基醛类，而后经脱氢、脱水、环化等反应生成内酯类化合物，该反应途径如图 6－15 所示。

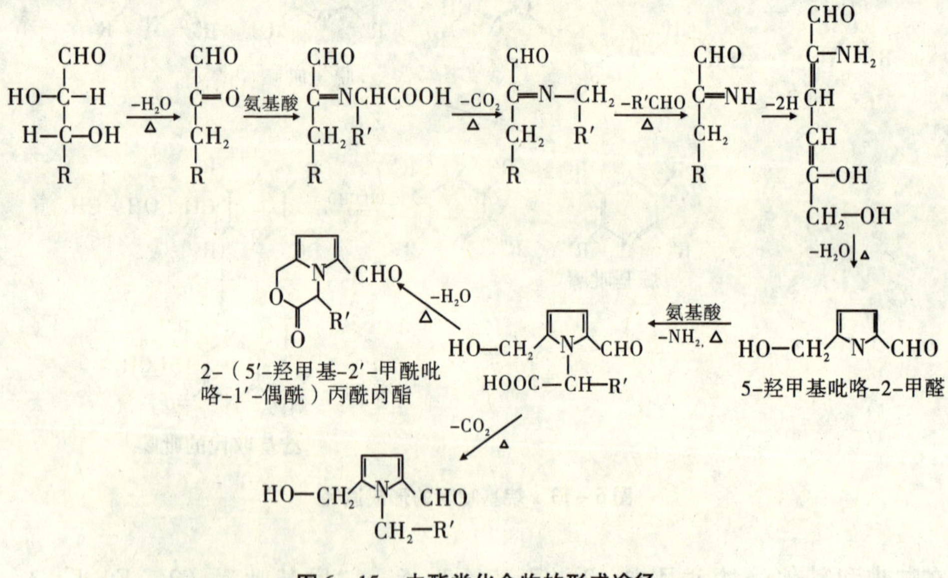

图 6－15　内酯类化合物的形成途径

（四）Strecker 降解产物与含硫杂环化合物的形成

咖啡中半胱氨酸、胱氨酸等含硫化合物参与 Maillard 和 Strecker 反应形成挥发性含硫化合物。乙醛、氨和甲硫醇都可通过 Strecker 反应生成，这些物质与硫化氢反应形成含硫杂环化合物，形成途径如图 6－16 所示。

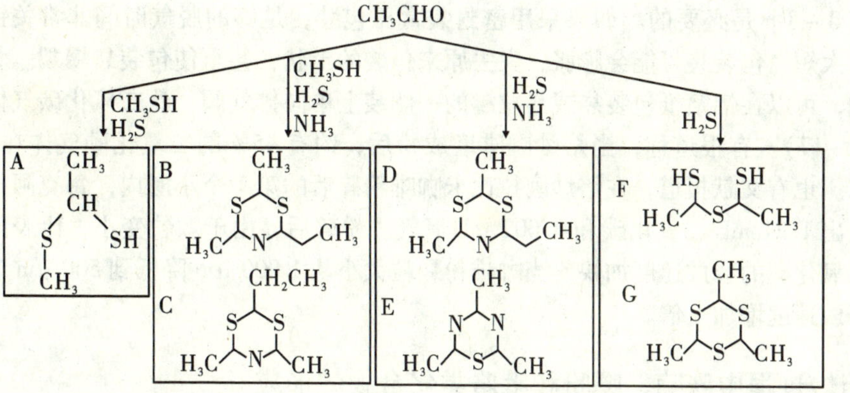

A. 1-甲硫基-1-乙硫醇　　B. 4-乙基-2，6-二甲基二氢-1，3，5-二噻嗪

C. 2-乙基-4，6-二甲基二氢-1，3，5-二噻嗪　　D. 5，6-二氢-2，4，6-三甲基-1，3，5-二噻嗪

E. 5，6-二氢-2，4，6-三甲基-1，3，5-噻二嗪　　F. 二（1-巯基乙基）硫

G. 2，4，6-三甲基-1，3，5-三硫杂己烷

图 6－16　乙醛、甲硫醇、氨和硫化氢反应生成含硫化合物的途径

（五）Strecker 降解反应产生 CO_2

二氧化碳是在生咖啡焙炒过程中化合物发生高温分解和 Strecker 降解反应而产生的。二氧化碳是焙炒咖啡非常重要的挥发性物质，但不是香气成分。

咖啡焙炒过程中二氧化碳的产生量与焙炒程度有关。中度焙炒咖啡时二氧化碳的产生量可达到 10 mL/g（Buffo & Cardelli－Freire，2004）。整粒焙炒咖啡豆的二氧化碳气体释放速度较慢，但磨成粉后二氧化碳就会快速释放。因为二氧化碳的介电常数为零，所以很容易贮存在咖啡豆中。二氧化碳的释放速度受到温度和咖啡豆内部结构的影响，关于焙炒咖啡豆内部结构对二氧化碳释放速度的影响还在深入研究当中。

（a）铝箔纸　　（b）易拉罐

图 6－17　焙炒咖啡的包装

咖啡豆磨成粉后，焙炒过程中生成的二氧化碳很快释放出来。用密封容器包装咖啡粉

之前，脱气 2 ~ 8 h 是必要的。如果采用密封袋常压包装，足够的脱气时间非常关键。如果脱气时间太短，包装袋可能会膨胀，失去原来包装的形状，甚至使包装袋爆裂。为了解决这个问题，可以在铝箔纸包装袋或易拉罐的一侧装上单向排气阀，让二氧化碳气体排放出来（图 6 - 17）。有报道称，当焙炒咖啡磨成粉后，约有 45% 的二氧化碳气体在 5 min 内释放出来。也有文献报道，在焙炒阿拉比卡咖啡粉碎后的第 1 个小时内，每克阿拉比卡咖啡豆释放出 1.21 mL 二氧化碳和 0.002 mL 氧气。粉碎后，由于颗粒变小，比表面积增大，所以二氧化碳的释放速度加快。当咖啡粉颗粒大小从 1 000 μm 降低到 500 μm 时，二氧化碳的释放速度增加 1 倍。

四、焙炒过程中呋喃、噻吩和吡咯类化合物的形成

如图 6 - 18 所示，呋喃类化合物可由 Heyns 化合物或 Amadori 化合物经过 1，2 - 烯醇化途径形成。2 - 呋喃醛是非常重要的一种呋喃类化合物，它是其他呋喃类化合物的重要前体物质之一，而且也是其他杂环化合物如噻吩和吡咯的前体物质。这可能是因为在 H_2S 和 NH_3 存在时，呋喃环的氧可能被硫和氮取代，生成相应的噻吩或吡咯衍生物，这些化合物的形成途径如图 6 - 19 所示。

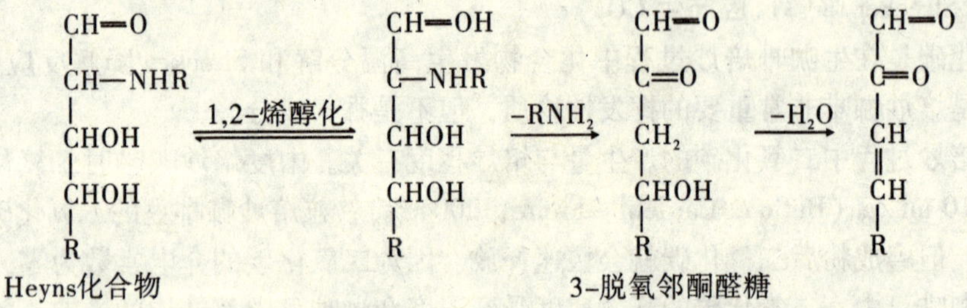

图 6 - 18　Heyns 化合物经 1，2 - 烯醇化形成不饱和邻酮醛糖的途径

呋喃的生成一共有 5 条途径（图 6 - 20）（Locas，2004）：①葡萄糖、乳糖、果糖等碳水化合物发生热分解反应；②特殊氨基酸和还原糖在加热情况下发生 Maillard 反应；③多不饱和脂肪酸（PUFA）发生氧化反应；④抗坏血酸及其衍生物发生分解反应；⑤类胡萝卜素在加热条件下发生氧化反应。

Maillard 反应是生成呋喃的一种方式，因此影响 Maillard 反应的因素都可能会对呋喃的生成产生影响。这些因素包括温度、pH 值、含水量、反应物的种类、氨基酸和糖的比例、氧气、是否含有金属离子、缓冲液、是否含有反应抑制剂（二氧化硫）等。在这些因素当中，温度、时间和 pH 值一般被认为是关键因素。

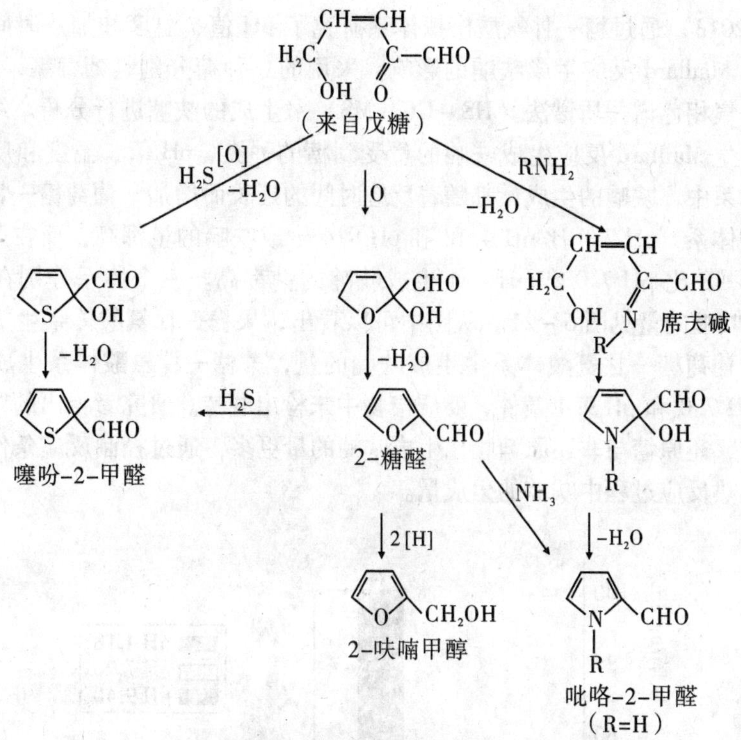

图 6－19　部分呋喃、噻吩和吡咯类化合物的形成途径

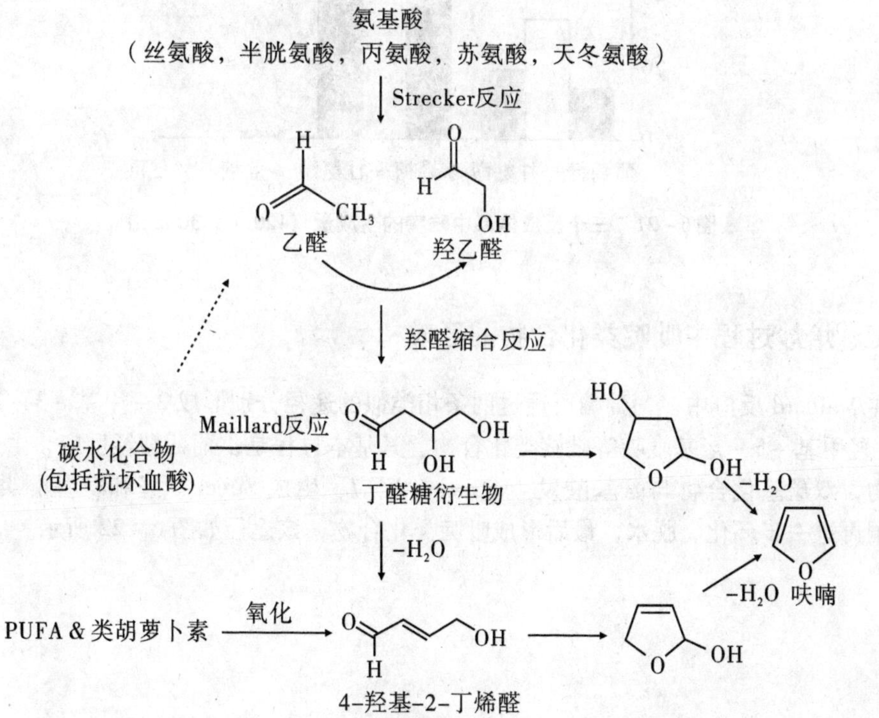

图 6－20　呋喃的生成途径

Nie 等（2013）通过糖—甘氨酸模拟体系研究了 pH 值、温度和加热时间对咖啡在焙炒过程中发生 Maillard 反应生成呋喃的影响，采用的三种糖分别是葡萄糖、果糖和蔗糖，并通过顶空—气相色谱—质谱法（HS - GC - MS）对生成的呋喃进行分析。结果表明，在加热过程中发生 Maillard 反应生成呋喃的量受到糖的种类、pH 值、温度和反应时间的影响。在三个体系中，呋喃的生成量都随着反应时间的延长而增加。葡萄糖—甘氨酸体系和果糖—甘氨酸体系，pH 7.0 比 pH 4.18 和 pH 9.4 生成呋喃的量都高，而在蔗糖—甘氨酸体系中，pH 4.18 比 pH 7.0 和 pH 9.4 生成呋喃的量都高。三个体系分别在 120 ℃反应 30 min，生成呋喃的量见图 6 - 21。从图中可以看出，果糖—甘氨酸体系生成呋喃的量最大，显著高于葡萄糖—甘氨酸体系中生成呋喃的量，蔗糖—甘氨酸体系生成呋喃的量最少，特别是 pH 7.0 和 pH 9.4 条件，反应产物中未检出呋喃。研究者得出的结论是，与甘氨酸进行反应，还原糖与非还原糖相比生成呋喃的量更多，通过控制反应条件和还原糖的种类可以调节热反应过程中呋喃的生成量。

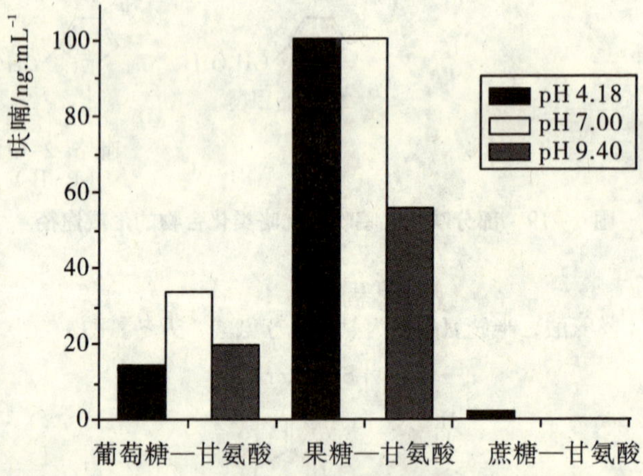

图 6 - 21　三个反应体系中呋喃的生成量（120 ℃，30 min）

五、焙炒过程中吡啶类化合物的形成

在 Maillard 反应中，葡萄糖可通过两条相类似的途径分别形成 2 - 甲基 - 3 - 羟基吡啶和 2 - 羟甲基 - 5 - 羟基吡啶等吡啶类化合物。其基本过程是：葡萄糖经反应，生成双羰基化合物，双羰基化合物与氨基酸发生 Strecker 反应，生成 Strecker 醛和氨基酮类化合物，氨基酮再进一步环化、脱水，最后形成吡啶类化合物，该途径如图 6 - 22 所示。

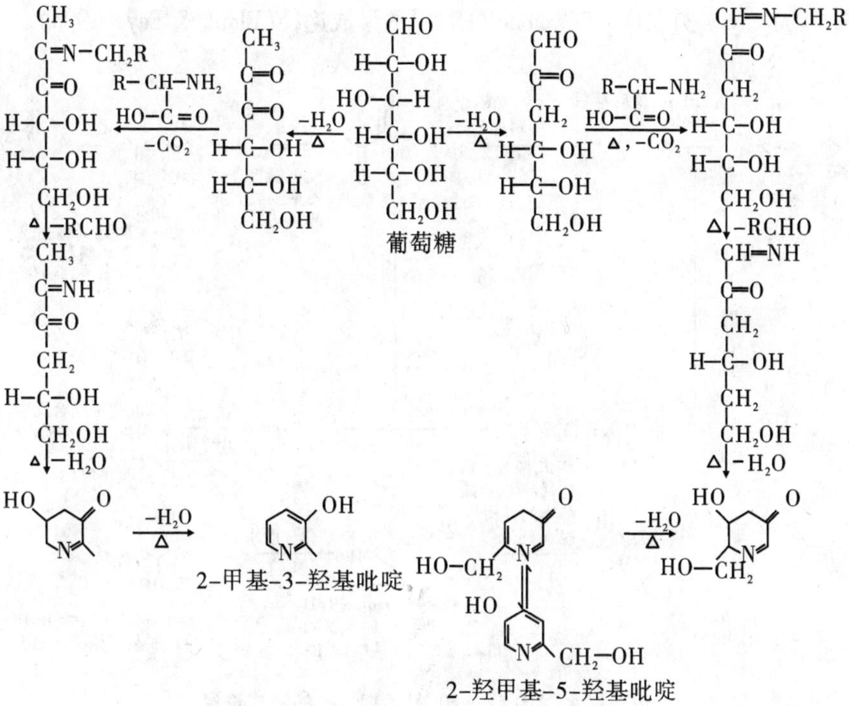

图 6-22 吡啶类化合物的形成途径

六、焙炒过程中呋喃酮类化合物的形成

在焙炒咖啡中，呋喃酮类化合物的形成途径为：单糖与甘氨酸、丙氨酸等氨基酸发生 Maillard 缩合，经 Amadori 重排生成 Amadori 化合物，后者经过烯醇化降解反应、酮类与烯醇类异构化反应、环化反应和脱水反应，形成呋喃酮。图 6-23 是葫芦巴内酯［3-羟基-4，5-二甲基-2（5H）-呋喃酮］的形成机理。

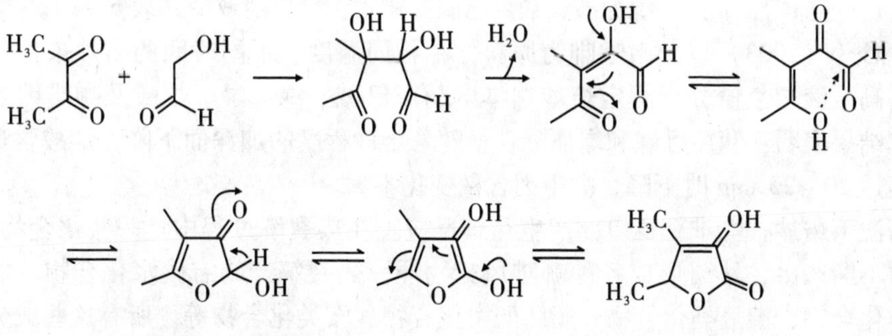

图 6-23 3-羟基-4,5-二甲基-2(5H)-呋喃酮的形成机理

图 6-24 是 4-羟基-2,5-二甲基-3(2H)-呋喃酮[4-Hydroxy-2,5-Dimethyl-3(2H)-Furanone,HDMF]、4-羟基-2-乙基-5-甲基-3(2H)-呋喃酮[4-Hydroxy-2-Ethyl-5-Methyl-3(2H)-Furanone,HEMF]和 4-羟基-5-甲基-3(2H)-呋喃酮[4-

Hydroxy -5-Methyl-3(2H)-Furanone, HMF]的形成途径(Blank & Fay, 1996)。

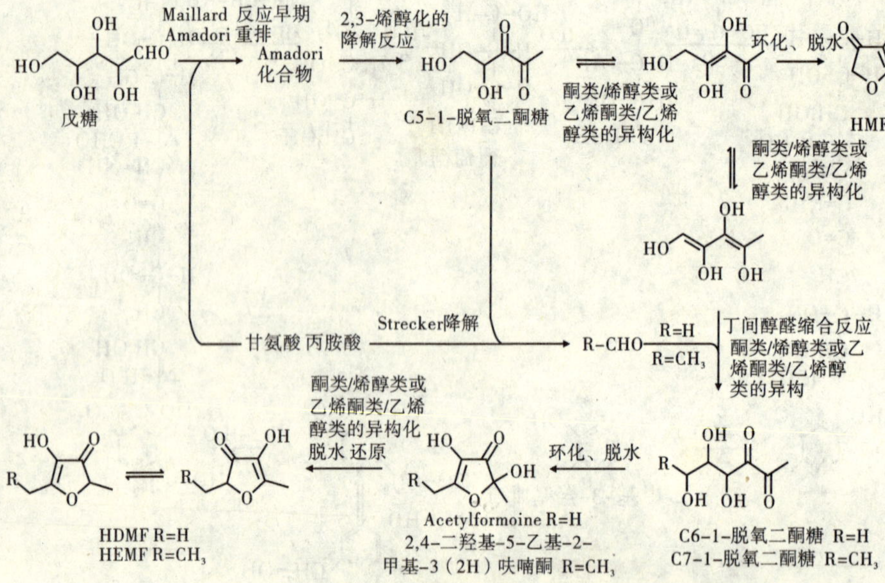

图 6-24 HDMF、HEMF 和 HMF 的形成途径

第二节 咖啡风味前体物质在焙炒过程中的变化

在焙炒过程中，咖啡风味前体物质会发生巨大变化。焙炒咖啡特征性香气是由生咖啡中的风味前体物质在加热过程中产生的。与此同时，咖啡豆中的蛋白质、氨基酸（尤其是甲硫氨酸、半胱氨酸、赖氨酸、丝氨酸、苏氨酸等不带脂肪族侧链的氨基酸）、蔗糖（咖啡中的主要糖类）、还原糖、脂肪、绿原酸、葫芦巴碱等物质含量急剧减少（表 6-1)。

蔡瑞玲等（2003）以云南咖啡为原料，在相同温度、不同时间的焙炒条件下进行焙炒，利用高效液相色谱分析测定焙炒咖啡中葫芦巴碱、绿原酸、烟酸及咖啡因的含量变化。研究结果表明：葫芦巴碱和绿原酸含量随着焙炒程度的加深而下降，烟酸含量先是上升，在到达 20~25 min 时下降；咖啡因含量变化不大。

在高温下焙炒，咖啡豆粒内部产生热解反应。在热裂解过程中，一些化合物被裂解，新的物质不断产生，从而形成各种咖啡风味物质。热裂解产物有碳水化合物、醛类化合物、酮类化合物、糠醛类化合物、脂肪酸类化合物、胺类化合物等。所有这些成分都有助于形成咖啡风味。

表6-1 咖啡焙炒前后几种组分的含量（干基,%）

组分	纤维素	半纤维素	蔗糖	还原糖	蛋白质	脂肪	绿原酸	未知物
生咖啡豆	12.7	23.0	7.3	0.7	11.6	11.4	7.6	14.0
焙炒咖啡	13.2	24.0	0.3	0.5	3.1	11.9	3.5	31.7

一、碳水化合物在焙炒过程中的变化

（一）小分子量碳水化合物在焙炒过程中的变化

在焙炒过程中，生咖啡中主要的寡糖（包括蔗糖）快速降解。Trugo 和 Macrae（1985）研究表明：在阿拉比卡和罗伯斯塔咖啡中，蔗糖在浅度焙炒和深度焙炒过程中分别损失97%和99%。Hughes 和 Thorpe（1987）研究表明：在阿拉比卡和罗伯斯塔传统焙炒咖啡中，蔗糖含量分别为0.24%和0.33%。在焙炒过程中，蔗糖水解形成葡萄糖和果糖，这两种还原糖受热分解的速度要比蔗糖水解的速度快，所以在传统焙炒咖啡中，仅存在微量的葡萄糖和果糖。Noyes 和 Chu（1993）测定了21种巴西阿拉比卡与罗伯斯塔咖啡样品的糖类含量，发现糖类物质平均含量为0.1%，其中蔗糖含量为0.08%，甘露糖醇为0.017%。这说明焙炒过程中多元醇也发生了部分降解，因为生咖啡中甘露糖醇的平均含量为0.027%。Blanc 和 Parchett（1989）研究表明：阿洛酮糖可由果糖重排产生，它在焙炒咖啡中含量也很低。

Franz 和 Maier（1994）发现，在焙炒过程中，肌醇磷酸发生了脱磷酸反应。在早期焙炒阶段，六磷酸盐含量下降，但是五磷酸盐、四磷酸盐和三磷酸盐含量增加。

在焙炒过程中，生咖啡中的蔗糖、戊糖与己糖等糖类化合物，在高温下部分发生分解、环化并脱水生成带呋喃环的挥发性化合物。代表性的化合物有2-呋喃醛、2，5-二甲基-3-(2H)-呋喃酮、2，5-二甲基-4-羟基-3-(2H)-呋喃酮、2-（呋喃基）-甲硫醇、(5-甲基-2-呋喃基)-甲硫醇、(2-甲基-3-呋喃基)-甲硫醚和2-(呋喃)-甲硫醇醋酸酯等。呋喃醛具有明显的烤香味，广泛存在于食品中。含硫的呋喃化合物2-(呋喃基)-甲硫醇是咖啡香味的特征性成分。

（二）大分子量碳水化合物在焙炒过程中的变化

生咖啡豆细胞壁很厚，有利于保持咖啡豆的坚韧性。Wilson 等（1997）采用显微镜分析传统焙炒咖啡的细胞壁结构，发现在传统焙炒条件下，咖啡细胞壁的宏观组织没有被破坏。这是因为咖啡豆细胞壁的主要成分是多糖，多糖在焙炒过程中很稳定。然而，Schenker 等（2000）报道了咖啡豆在焙炒过程中不仅颜色和风味发生了改变，而且咖啡豆的内部微观结构也发生了明显改变（图6-25）。焙炒过程中产生的孔隙结构对焙炒过程和贮藏过程中咖啡豆内部的传质有非常大的影响。Schenker 等（2000）研究了不同焙炒条件对咖啡豆体积膨胀和多孔结构的影响。笔者发现焙炒条件对咖啡豆的微观结构有很大影响，采用高温短时间焙炒和低温长时间焙炒将咖啡豆焙炒到相同的焙炒度，高温短时间焙炒咖啡豆的体积膨胀要大一些，细胞壁里微孔的尺寸也要比低温长时间焙炒咖啡豆的大一些。

Thaler（1975）研究表明，在焙炒过程中，咖啡豆中的多糖部分发生了分解。图 6-26 是不同焙炒程度的喀麦隆罗伯斯塔咖啡中的总碳水化合物分析。从图 6-26 中可见，各种糖的相对不稳定性排序依次为：阿拉伯糖 > 半乳糖 > 甘露糖 > 葡萄糖。阿拉伯半乳聚糖侧链末端的阿拉伯糖是最不稳定的。纤维素是自然界中最稳定的多糖之一，这一点可以从葡萄糖损失量很少看出来。

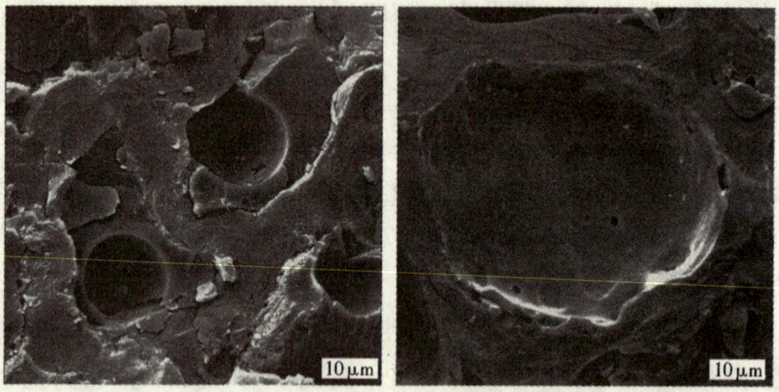

图 6-25　生咖啡豆的细胞壁（左）和焙炒咖啡的细胞壁（右）

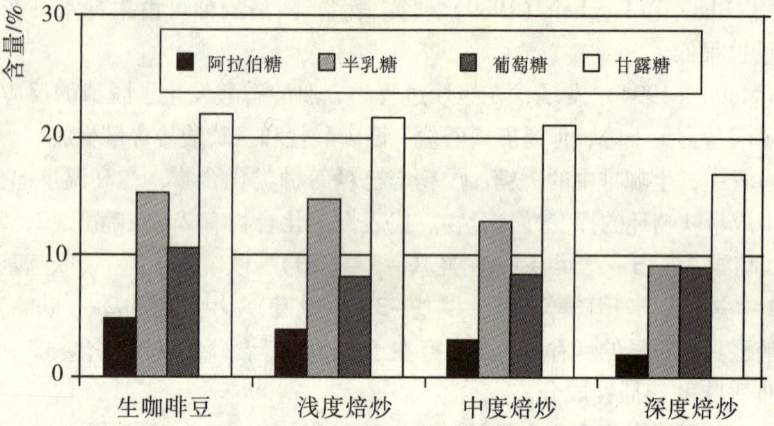

图 6-26　喀麦隆罗伯斯塔生咖啡与焙炒咖啡中总碳水化合物含量

Thaler（1976）发现，除纤维素外，焙炒过程中部分碳水化合物受到了破坏，其中低聚糖和阿拉伯糖几乎完全消失，半乳糖降解，但是甘露聚糖几乎全部保留下来。这是因为单糖能与氨基酸、胺类化合物发生 Maillard 反应和 Strecker 降解反应，生成类黑素化合物、吡嗪类化合物和其他含氮杂环化合物。

Redgwell 等（2002）以不同产地的三种阿拉比卡咖啡豆为原料，将其进行不同程度的焙炒后，分析其多糖特性以及分解程度，发现有 12% ~40% 的多糖分解，其程度取决于咖啡焙炒条件和多糖种类。阿拉伯半乳聚糖、半乳甘露聚糖、甘露聚糖和纤维素的热稳定性差异非常显著。深度焙炒后，阿拉伯半乳聚糖和甘露聚糖分别降低 60% 和 36%，但纤维素没有发生降解反应。焙炒导致咖啡豆中的阿拉伯半乳聚糖、半乳甘露聚糖和甘露聚糖的溶解性增强，这是因为焙炒改变了阿拉伯半乳聚糖、半乳甘露聚糖和甘露聚糖的化学结构。尽管半乳甘露聚糖和甘露聚糖在焙炒过程中发生了分解，但是焙炒咖啡豆中仍含有半乳甘露聚糖和甘露聚糖，而且其分子量没有发生变化。但是，在浅度焙炒后，咖啡中的阿拉伯半乳聚糖发生降解反应，即半乳糖体支链降解，同时阿拉伯糖消失。焙炒咖啡豆中的阿拉伯半乳聚糖可与蛋白质共价结合。深度焙炒后，阿拉伯半乳聚糖的葡萄糖醛酸发生降解反应，但是仍然有约30%葡萄糖醛酸没有发生降解反应，而成为阿拉伯半乳聚糖的一部分。

（三）碳水化合物在焙炒过程中的反应

生咖啡中的蔗糖在焙炒过程中快速分解，转化为果糖、葡萄糖、1，6－葡萄糖酐、阿拉伯糖和赤藻糖醇。然后这些物质发生以下系列反应：

（1）分解形成有机酸等小分子量产物。大部分酸类物质是在焙炒早期阶段形成的。Ginz 等（2000）研究表明：碳水化合物（特别是蔗糖）是咖啡的主要风味前体物质，分解后主要形成甲酸、乙酸、乙醇酸和乳酸等。

（2）发生焦糖化反应，形成羟基甲基糠醛等大量杂环化合物。这类化合物大部分是挥发性化合物，对咖啡香味有重要作用。还有部分杂环化合物很活泼，它们发生聚合反应，形成类黑素类化合物。

（3）与氨基酸或蛋白质发生 Maillard 反应，形成类黑素化合物或小分子物质。它们作为挥发性香气物质或非挥发性口感物质，对咖啡风味十分重要。Maillard 反应产物是咖啡褐色形成的原因。碳水化合物的分解产物也能与咖啡蛋白质支链上的氨基酸发生反应。Henle 等（1996）研究发现大约30%的精氨酸与丙酮醛反应形成咪唑啉酮。Henle 等（1997）研究表明：在焙炒过程中，咖啡中的阿拉伯糖与精氨酸、赖氨酸残基发生反应，这个反应有利于类黑素类化合物的形成。许多研究表明褐色类黑素化合物占咖啡饮料的30%。尽管咖啡中的绿原酸参与形成类黑素，但是咖啡中的碳水化合物和蛋白质是形成类黑素的主要前体物质。Hofmann（1998）研究了类黑素的形成机理，提出氨基酸与碳水化合物发生 Maillard 反应，形成许多小分子量褐色物质。

在西班牙、法国、葡萄牙、哥斯达黎加和阿根廷，有一种在焙炒过程中加入蔗糖的咖啡焙炒方式，这种焙炒咖啡叫“Torrefacto roasted coffee”。一般认为焙炒过程加糖会增加咖啡抗氧化物质的含量。当然，其他因素如焙炒程度和咖啡产地对抗氧化物质含量同样会有比较大的影响。Ludwig 等（2013）研究了 Torrefacto 焙炒法添加糖对焙炒咖啡抗氧化作用及酚类物质含量的影响。研究者将哥伦比亚咖啡采用 Torrefacto 法进行焙炒（图6－27）。每100 g 咖啡加蔗糖的量依次增加，分别为0 g、5 g、10 g 和15 g，相同条件下的焙炒重复2次，所有样品的焙炒程度一致，将蔗糖溶解在最少的水里，在21 min 的时候加入。研究者采用了7种不加糖真空包装的商业焙炒咖啡作为对比（7种咖啡包括分别来自哥伦比亚、巴西、肯尼亚和危地马拉的5种阿拉比卡咖啡，另外2种罗伯斯塔咖啡来自越南，7种咖啡的焙炒度包含了深度、中度和浅度焙炒），另外还用了一种100%的商业 Torrefacto 焙炒咖啡作为对照。他们通过 DPPH 清除能力和 Folin－Ciocalteau 还原力比较不同焙炒方式的咖啡的抗氧化能力，同时分析了新绿原酸、羟基肉桂酸（咖啡酸、阿魏酸）和4－乙烯基－2－甲氧基苯酚的含量。

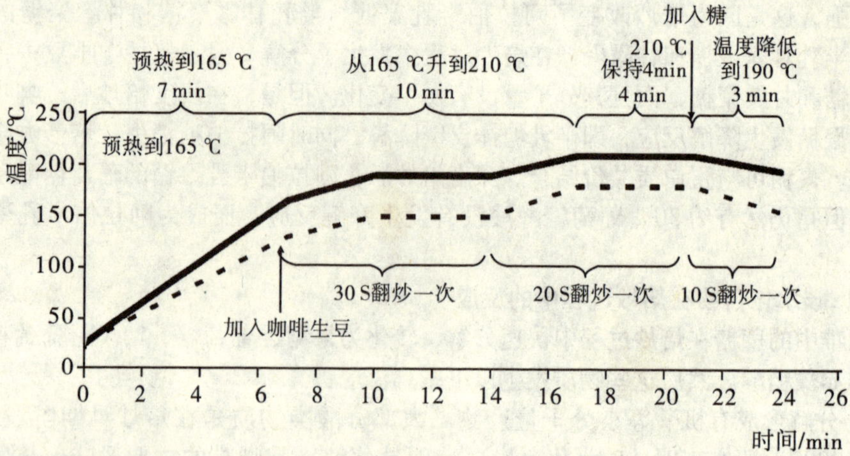

图 6－27　Torrefacto 咖啡焙炒过程中的时间和温度控制

注：实线为焙炒盘表面温度，虚线为空气温度。

他们还发现，在 Torrefacto 焙炒过程中添加糖会增加 DPPH（1，1－二苯基－2－苦基肼）自由基的清除率（抗氧化能力增强），蔗糖添加量增加会增加抗氧化物质含量（图 6－28），而且 DPPH 清除能力与 420 nm 波长的吸光度存在很好的相关性。DPPH 焙炒咖啡抗氧化能力强的原因可能是 Maillard 反应及焦糖化反应生成了具有抗氧化作用的物质，如类黑素。

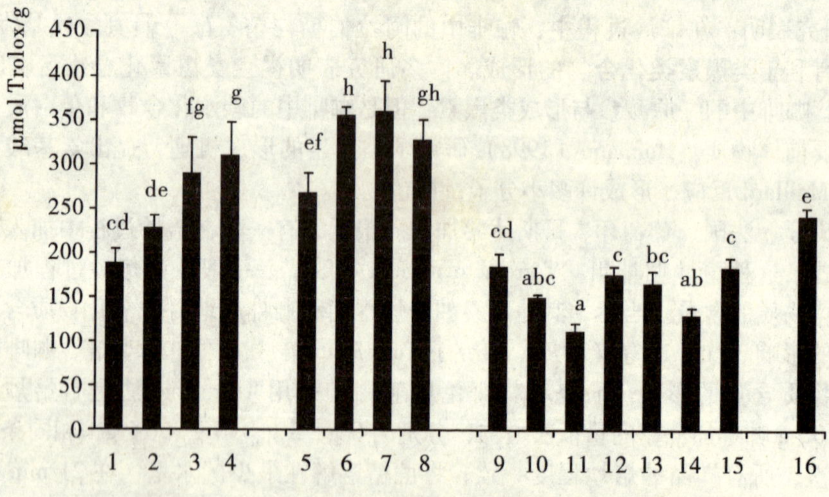

图 6－28　Torrefacto 焙炒咖啡与商业咖啡抗氧化能力对比

注：不同字母代表差异显著性。1～4：蔗糖添加量分别为 0%、5%、10% 和 15% 的深度焙炒 I；5～8：蔗糖添加量分别为 0%、5%、10% 和 15% 的深度焙炒 II；9～15：分别为非加糖商品哥伦比亚深度焙炒、哥伦比亚中度焙炒、巴西中度焙炒、肯尼亚中度焙炒、危地马拉中度焙炒、越南中度焙炒和越南轻浅焙炒；16：商业 100% 加糖焙炒。

商业焙炒咖啡（9～16）与实验室 Torrefacto 焙炒咖啡相比，DPPH 清除能力普遍降低，可能是受焙炒以后贮藏时间的影响，在室温下贮藏过程中，包装内残留的氧和焙炒过程中形成的自由基或助氧剂会降低其抗氧化能力。对于商业中度焙炒咖啡，不同产地的咖啡的抗氧化能力从小到大依次为：巴西＜越南＜哥伦比亚＜危地马拉＜肯尼亚，商业100% Torrefacto 焙炒咖啡的抗氧化能力比非 Torrefacto 焙炒咖啡的抗氧化能力强。

焙炒度对咖啡抗氧化能力的影响比较复杂，受到产地或品种的影响。对于哥伦比亚阿拉比卡咖啡，深度焙炒的抗氧化能力比中度焙炒的强；但对于越南罗伯斯塔咖啡，浅度焙炒的抗氧化能力比中度焙炒的强。可能的原因是罗伯斯塔咖啡的酚类物质含量比阿拉比卡的高（酚类物质具有抗氧化作用），然而焙炒过程中酚类物质损失很大。

在 Torrefacto 焙炒过程中，蔗糖添加量对生咖啡豆中的酚类物质［新绿原酸（5－CQA）、咖啡酸、阿魏酸和4－乙烯基－2－甲氧基苯酚（4VG）］的影响不是很大（表6－2）。5－CQA、咖啡酸、阿魏酸和4VG 的含量分别为3.48～6.34 mg/g、4.03～5.16 μg/g、37.22～49.15 μg/g 和6.60～7.87 μg/g，各样品之间的差异大都不显著（$p>0.05$），说明酚类物质的含量受蔗糖添加量的影响不是很大。新绿原酸（咖啡中含量最高的绿原酸）和咖啡酸的含量与7种商品焙炒咖啡中的含量差别也不大，咖啡酸是咖啡酰奎宁酸和二咖啡酰奎宁酸在焙炒过程中水解形成的羟基肉桂酸。阿魏酸是阿魏酰奎宁酸（FQAs）在焙炒过程中发生降解的产物，在生咖啡豆中只占总绿原酸的5%～13%。4－乙烯基－2－甲氧基苯酚是阿魏酸的降解产物。阿魏酸和4－乙烯基－2－甲氧基苯酚的含量是由生咖啡豆中阿魏酰奎宁酸的含量决定的。

表6－2　蔗糖添加量对新绿原酸（5－CQA）、咖啡酸、阿魏酸及4－乙烯基－2－甲氧基苯酚（4VG）的影响

咖啡	5－CQA（mg/g）	咖啡酸（μg/g）	阿魏酸（μg/g）	4VG（μg/g）
1	4.44±0.06cd	4.03±0.12a	37.22±1.18a	7.46±0.15cd
2	4.74±0.03d	4.91±0.19bc	46.30±0.46cd	7.67±0.32d
3	3.96±0.04b	4.46±0.25b	42.43±1.91b	7.37±0.31bcd
4	4.23±0.13bc	4.90±0.21bc	44.44±3.11bc	7.83±0.44d
5	6.34±0.07f	5.16±0.23c	49.15±0.96d	7.87±0.14d
6	5.83±0.22e	4.86±0.17bc	45.33±0.53bc	6.94±0.14abc
7	4.54±0.03cd	4.81±0.06bc	44.25±2.36bc	6.90±0.09a
8	2.48±0.08a	4.55±0.18b	38.59±1.09a	6.60±0.13ab

注：样品编号与图6－28相同。

二、酸类化合物在焙炒过程中的变化

（一）酸类风味前体物质在焙炒过程中的变化

生咖啡豆中的酸类风味前体物质主要有绿原酸、奎宁酸、柠檬酸、苹果酸和阿魏酸等，焙炒后生成的多酚类化合物对咖啡香味有很重要的贡献。香气成分中的酚类化合物如愈创木酚、4－乙烯基愈创木酚、4－乙基愈创木酚等来自绿原酸和阿魏酸。另外，奎宁酸在热分解时也会生成咖啡香气成分中的一些酚类和苯甲酸类化合物。随着焙炒时间的增加，咖啡中的酚酸与奎宁酸开始快速降解。酚酸快速降解产生4－乙烯基儿茶酚和儿茶酚等酚类化合物。奎宁酸慢速分解形成对苯二酚、儿茶酚、苯酚和焦酚（图 6 – 29）（Leloup，1995）。其中，4 – 乙基酚具有木香味、酚香味和药草香味，愈创木酚具有焦甜香味，4 – 甲基愈创木酚具有辛辣香味和香草兰香味，丁子香酚和异丁子香酚具有康乃馨香味。

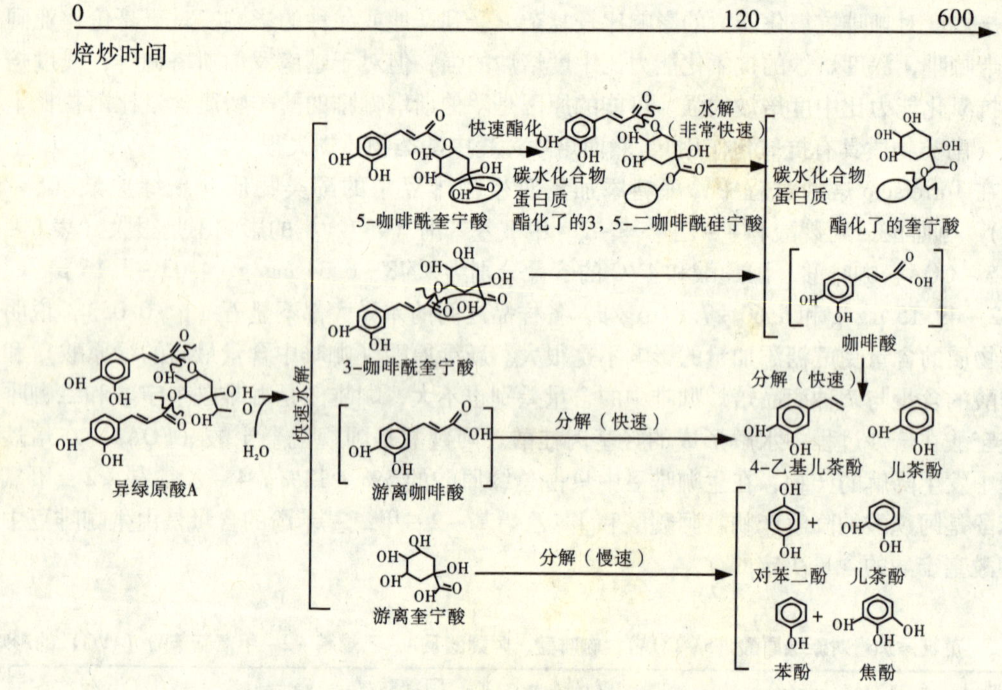

图 6 – 29　咖啡焙炒过程中异绿原酸 A 的降解机理

生咖啡中含有奎宁酸，在焙炒过程中，奎宁酸含量有所增加，而绿原酸是奎宁酸的风味前体物质（Blanc，1977）。Leloup 等（1995）研究表明：在焙炒过程中，绿原酸分解的主要产物是绿原酸内酯和奎宁酸内酯，而不是奎宁酸。Scholz – Böttcher 和 Maier（1991）全面研究了奎宁酸和奎宁酸内酯异构体，研究表明：咖啡焙炒过程中形成了所有奎宁酸和奎宁酸内酯异构体。他测定了奎宁酸的 6 种异构体和奎宁酸内酯的 7 种异构体，研究表明中度焙炒咖啡（ORL 为 5% ~8%）（±） – 奎宁酸的含量最高，为 6.63 ~ 9.47 g/kg。

Farah 等（2005）报道了焙炒对咖啡生成绿原酸内酯的影响。在焙炒过程中，咖啡中的部分绿原酸转化为绿原酸内酯。作者采用 HPLC 分析了生成的各种绿原酸内酯的含量。3 – 咖啡酰 – 1，5 – 奎宁酸内酯（3 – CQL）是浅度焙炒（约 14% 质量损失）咖啡中含量最高的绿原酸内酯，在阿拉比卡和罗伯斯塔焙炒咖啡中的含量分别为 230 ± 9 mg/100 g 和 254 ± 4 mg/100 g（干基）。4 – 咖啡酰 – 1，5 – 奎宁酸内酯（4 – CQL）是含量第二高的绿原酸内酯，在阿拉比卡和罗伯斯塔咖啡中的含量分别为 116 ± 3 mg/100 g 和 139 ± 2 mg/100 g。Farah 等（2005）还报道了隐绿原酸（4 – 咖啡酰奎宁酸）在焙炒过程中发生热重排生成 3 – 咖啡酰 – 1，5 – 奎宁酸内酯的反应机理（图 6 – 30）。

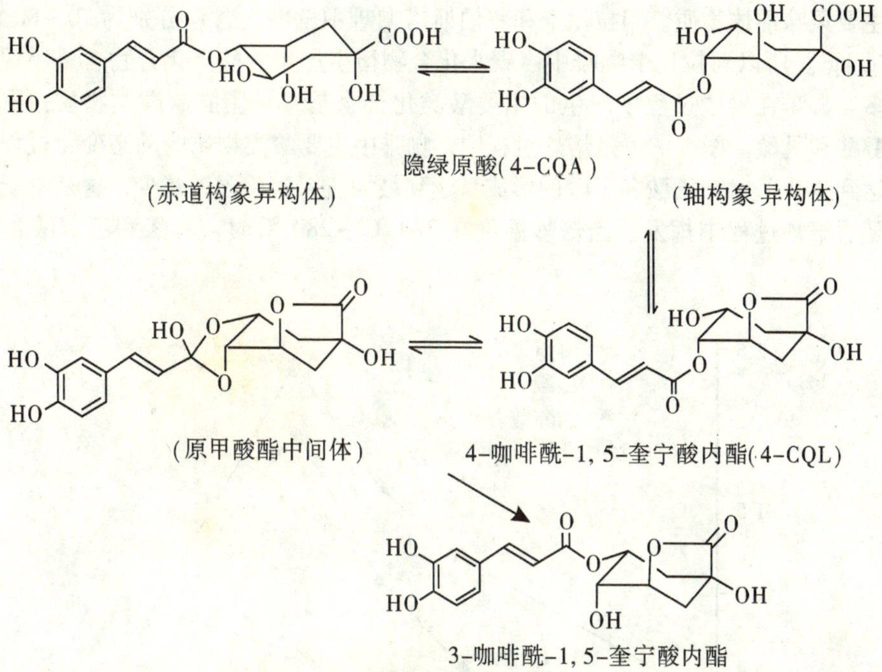

图 6-30　隐绿原酸热重排生成 3-咖啡酰-1，5-奎宁酸内酯

Mills 等（2013）报道了加工对商业咖啡产品中绿原酸含量的影响。作者采用 LC-MS 和 HPLC 对使用不同加工方式加工的 18 种商业咖啡中的咖啡酰奎宁酸（CQA）、阿魏酰奎宁酸（FQA）和二咖啡酰奎宁酸（diCQA）进行了分析，发现 5-CQA 的含量最高，占总绿原酸的 25%～35%，其他绿原酸的含量由高到低依次为：4-CQA＞3-CQA＞5-FQA＞4-FQA＞diCQA（3，4-diCQA、3，5-CQA 和 4，5-diCQA 的总和）。由于加工方式的不同，不同咖啡的绿原酸含量差异很大，每 200 mL 咖啡饮料中绿原酸的含量从 27.33～121.25 mg 不等。绿原酸的含量主要受到焙炒度的影响，焙炒程度越深，对绿原酸的破坏越大。

生咖啡中含有柠檬酸和苹果酸，在焙炒过程中，柠檬酸和苹果酸不断分解，柠檬酸分解产生柠康酸、戊二酸、衣康酸、中康酸、琥珀酸，苹果酸分解产生富马酸和马来酸（表 6-3）。

（二）焙炒咖啡中酸类化合物的形成机理

许多研究报道了模拟体系中由不同类型的碳水化合物形成的甲酸、乙酸、乳酸、乙醇酸等酸类化合物。Olsson 等（1978）研究表明，碳水化合物风味前体物质在非酶促褐变条件下形成酸类化合物。Nakabayashi（1978）在蔗糖模拟反应体系中发现了甲酸、乙酸和乳酸。Beck 等（1990）在葡萄糖与甘氨酸模拟反应体系中，发现形成了酸类化合物、内酯类化合物和酯类化合物。Barlianto 和 Maier（1994）在果糖、麦芽糖和菊粉模拟反应实验中，发现许多酸类物质是由碳水化合物在焙炒过程中产生的。

在焙炒过程中，咖啡的风味前体物质——碳水化合物发生反应，产生乙酸、甲酸和其他 21 种酸类化合物（表 6-3）。Ginz 等（2000）研究表明，生咖啡豆中的蔗糖是酸类化合物的主要风味前体物质。阿拉比卡和罗伯斯塔咖啡中蔗糖的含量分别为70～80 g/kg 和30～40 g/kg 。所以阿拉比卡咖啡中由碳水化合物衍生产生的酸类化合物含量比罗伯斯塔咖啡的多。咖啡在焙炒过程中产生的主要酸类化合物是4 种脂肪族酸类物质：甲酸、乙酸、乙醇酸和乳酸。图6－31 是焙炒过程中，咖啡中主要酸类物质的动态变化过程。当焙炒温度达到240 ℃时，乙酸和甲酸的形成量达到最大值，随后含量减少，这是由于甲酸和乙酸在随后焙炒过程中挥发。当焙炒温度在240 ℃～280 ℃时，乳酸和乙醇酸含量继续增加。

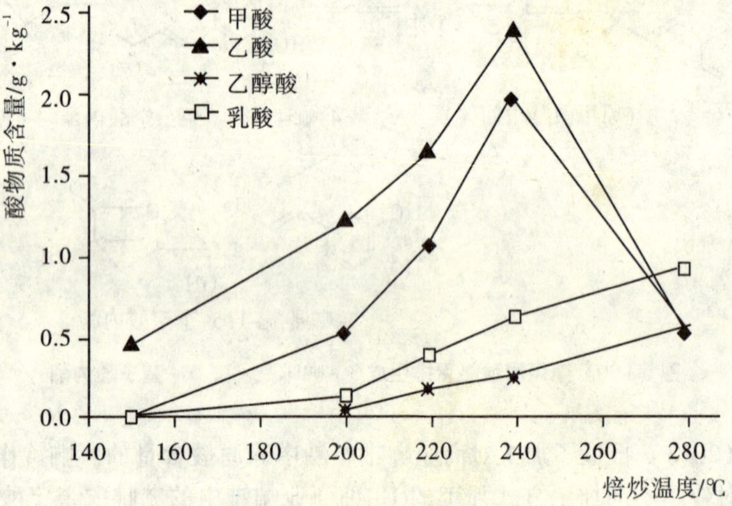

图6－31　咖啡中主要酸类物质含量与焙炒温度之间的关系

阿拉伯糖、赤藓糖和1，6－葡糖酐是蔗糖加热分解的中间产物，它们是形成咖啡酸类风味物质的前体物质。

表6－3　6 种罗伯斯塔和阿拉比卡焙炒咖啡中酸类化合物含量　　单位：mg/kg

前体物质	酸类化合物	平均值	最低值	最高值
碳水化合物	乙醇酸	838	540	1 360
	甘油酸	188	157	211
	赤糖酸	15	10	25
	苏糖酸	16	10	30
	阿拉伯糖酸	13	ND	21
	核糖酸	11	4	18
	葡萄糖酸	21	7	45
	甘露糖酸	10	tr	22
	乳酸	473	330	617

（续上表）

前体物质	酸类化合物	平均值	最低值	最高值
碳水化合物	3－羟基丙酸	91	60	104
	2，4－二羟基丁酸	51	41	63
	3，4－二羟基丁酸	33	8	67
	赤－3－脱氧戊糖酸	85	53	119
	苏－3－脱氧戊糖酸	109	70	143
	偏糖酸	194	93	312
	2－呋喃酸	85	64	105
	5－羟基甲基－2－呋喃酸	126	84	143
	2－氧丙酸	117	62	177
	2－氧丁酸	12	6	20
	4－氧戊酸	25	5	37
	甲基琥珀酸	19	16	24
绿原酸	3－羟基苯甲酸	8	3	11
	4－羟基苯甲酸	7	ND	13
	莽草酸	21	3	32
柠檬酸	柠康酸	272	233	332
	戊二酸	13	10	15
	衣康酸	145	119	197
	中康酸	40	29	54
	琥珀酸	61	53	67
苹果酸	富马酸	97	86	108
	马来酸	60	55	70
葫芦巴碱	烟酸	46	4	82
未知风味前体物质	2－羟基丁酸	27	19	33
	3－羟基丁酸	6	3	7
	4－羟基丁酸	8	2	14
	2－羟基戊二酸	9	7	9
	2－氧戊二酸	46	38	59
	酒石酸	5	3	8

注：ND 表示没有检测到；tr 表示微量。

（三）挥发性酸类化合物在焙炒过程中的变化

挥发性酸类物质对咖啡香气起着重要作用。例如2-甲基丁酸、3-甲基丁酸具有汗味和变质气味。除了甲酸和乙酸，生咖啡和焙炒咖啡中的挥发性酸类物质可以通过同时蒸馏萃取（SDE）、离子交换和气相—火焰分光光度检测器（GC-FID）进行检测。Wöhrmann（1991）以阿拉比卡和罗伯斯塔咖啡为原料，采用SDE和GC-MS分析测定不同焙炒程度的咖啡中挥发性酸类物质含量，有些酸类物质是首次在焙炒咖啡中鉴定出的（咖啡焙炒的ORL范围为0~9.97%）。从表6-4和表6-5中可见，除了高级脂肪酸，大部分酸类物质含量随焙炒程度的增加而增加。脂肪酸水解产生C5~C10的直链脂肪酸。

表6-4 阿拉比卡焙炒咖啡中挥发性酸类物质含量与有机物焙炒损失率ORL的关系

挥发性酸类物质含量（g/kg）	ORL（%）				
	0(生咖啡)	3.68	6.02	8.17	9.97
丙酸	ND	2.93	2.02	3.45	1.71
2-甲基丙酸	0.43	0.69	0.28	0.47	0.58
丁酸	0.32	1.55	4.02	4.49	5.0
2-/3-甲基丁酸	38.27	65.18	70.20	78.01	74.48
2-甲基丙烯酸	ND	0.15	0.89	1.28	1.03
戊酸	0.31	0.45	0.44	0.51	0.57
反式2-丁烯酸	ND	0.44	0.98	0.93	0.68
3-甲基戊酸	0.32	0.64	0.82	0.97	0.99
3，3-二甲基丙烯酸	5.68	15.84	15.45	14.24	10.65
己酸	0.83	1.11	0.99	0.71	0.88
反式2-甲基-2-丁烯酸	0.38	0.95	1.37	1.59	2.22
2-乙基己酸	ND	0.06	0.16	0.25	0.48
庚酸	0.31	0.32	0.45	0.36	0.46
辛酸	0.50	0.33	0.48	0.24	0.45
壬酸	0.76	0.61	0.47	0.85	0.53
癸酸	0.20	0.38	0.34	0.36	0.47
月桂酸	0.22	0.31	0.31	0.31	0.40
四十二烷酸	2.95	3.31	3.32	4.74	6.24
五十二烷酸	0.70	0.84	0.72	0.95	1.24

注：ND表示没有检测到。

表6-5 罗伯斯塔焙炒咖啡中挥发性酸类物质含量与有机物焙炒损失率ORL的关系

挥发性酸类物质含量（g/kg）	ORL（%）					
	0（生咖啡）	4.41	5.76	7.50	8.57	9.66
丙酸	ND	3.87	2.78	1.56	2.80	1.33
2-甲基丙酸	0.55	0.89	0.83	0.35	0.63	0.45
丁酸	0.43	1.41	1.79	2.86	3.23	3.89
2-/3-甲基丁酸	31.89	63.67	72.52	80.10	70.11	64.99
2-甲基丙烯酸	ND	0.68	0.43	0.85	0.89	0.88
戊酸	0.55	0.56	0.59	0.73	0.68	0.73
反式2-丁烯酸	ND	2.37	2.25	2.52	2.02	1.63
3-甲基戊酸	0.62	1.12	1.14	1.46	1.48	1.43
3，3-二甲基丙烯酸	7.77	18.38	15.79	14.81	12.62	10.02
己酸	3.17	3.97	3.62	3.70	3.03	2.46
反式2-甲基-2-丁烯酸	0.37	0.66	0.96	1.21	1.49	1.57
2-乙基己酸	ND	0.11	0.12	0.12	0.16	0.15
庚酸	0.34	0.38	0.49	0.83	0.83	0.94
辛酸	0.50	0.37	0.48	0.85	0.78	0.91
壬酸	0.69	0.15	0.44	0.63	0.46	0.47
癸酸	0.20	0.51	0.53	0.63	0.67	0.83
月桂酸	0.32	0.36	0.39	0.41	0.44	0.36
四十二烷酸	3.07	2.53	2.18	2.37	2.49	2.69
五十二烷酸	1.64	1.05	0.77	0.82	0.74	0.78

注：ND表示没有检测到。

（四）酸类化合物在焙炒过程中的动力学

咖啡焙炒后，其pH值从5.7~6.0下降到4.9~5.5，故咖啡酸度是在焙炒过程中产生的，且主要酸度是在焙炒开始阶段产生的。从图6-32中可见，从生咖啡到有机物焙炒损失率（ORL）为4.2%的焙炒过程中，可滴定酸度达到最大值，而后轻微下降。

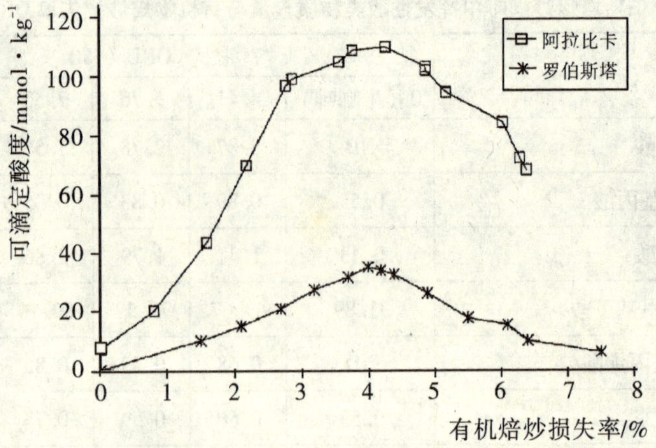

图 6-32　咖啡中可滴定酸度与 ORL 的关系（滴定终点为 pH 值 6.0）

三、氨基酸和蛋白质在焙炒过程中的变化

咖啡饮料的颜色、香味与口感都是在焙炒过程中形成的。焙炒过程中发生的主要反应包括 Maillard 反应、氧化聚合反应和酚类化合物的降解反应。氨基酸参与咖啡饮料颜色与风味的形成，氨基酸的类型与数量都会影响焙炒咖啡香味的强度与质量。因为在焙炒过程中，咖啡豆的游离氨基酸大部分参与反应转化生成咖啡风味物质。

Macdonald 和 Macrae（1986）研究发现在焙炒过程中，蛋白质发生变性，随后降解生成小分子化合物。部分蛋白质与碳水化合物、酚类化合物发生反应。研究结果表明：在焙炒过程中，咖啡中总氨基酸的含量减少。罗伯斯塔咖啡在焙炒过程中，其氨基酸含量减少约 30%。在焙炒过程中，最稳定的氨基酸是丙氨酸、谷氨酸、甘氨酸、亮氨酸和缬氨酸。丝氨酸、半胱氨酸和精氨酸等热不稳定的氨基酸含量减少更为明显；丝氨酸和半胱氨酸含量减少约 50%，精氨酸则完全消失。

Thaler 和 Gaigl（1963）对焙炒过程中氨基酸含量的变化进行了研究。他们分析比较了焙炒咖啡和生咖啡中氨基酸的含量，结果表明焙炒咖啡中精氨酸消失了，丝氨酸、胱氨酸和赖氨酸含量显著减少，只有谷氨酸含量增加。这个研究结果与 Macdonald 和 Macrae（1986）的一致。

在焙炒过程中，咖啡中的蛋白质降解成肽或氨基酸，其中半胱氨酸、胱氨酸等含硫氨基酸，部分受热发生分解，部分经过复杂反应形成噻吩类、噻唑类化合物，其中具有代表性的化合物有噻吩、3-甲基噻吩、4-乙基-2-甲基噻吩、苯并噻吩、2-噻吩醛、3-甲基-2-噻吩醛、2-乙酰基噻吩、2-丙酰基噻吩等。这些化合物分别具有坚果香味、水果清香味、花香味、木香味和蜜香味，使咖啡的香气更加丰满。

Ho 等人（1993）总结了咖啡风味物质的形成途径。与其他氨基酸相比，谷氨酸、天冬氨酸与还原糖加热发生脱酰胺作用，产生更多吡嗪类化合物，其他含氮氨基类化合物也参与氨基/羰基反应。Holscher 和 Steinhart（1994）对焙炒咖啡风味物质的生成途径进行了总结，他们认为在焙炒咖啡中，主要挥发性物质是由 Maillard 反应产生的。然而，最近食品风味化学研究表明：除了 Maillard 反应，焙炒咖啡中很多风味物质是通过其他形成途径生成的。

Hwang 等（2012）通过模拟体系研究了生咖啡豆中的蛋白质对焙炒咖啡挥发性风味物质形成的作用。作者从生咖啡粉中将蛋白质分离出来（图 6－33），即将哥伦比亚生咖啡豆在 0 ℃下用干冰粉碎，然后过 40 目筛，取 2 kg 生咖啡粉（GCP），用 20 L 蒸馏水在室温下搅拌萃取 1 h，在 4 ℃的条件下以 6 000 rpm 的速度离心 10 min，沉淀继续用 15 L 蒸馏水萃取。两次离心上清液合并后用滤纸过滤。将 10 L 滤液（WE）真空浓缩后冻干。离心后所得的固体残留物（SR）同样冻干。取 20 L 滤液（WE），缓慢添加 40 L 冷冻乙醇（－20 ℃），将蛋白沉淀下来，所得的沉淀用 67% 的冷冻乙醇洗 3 遍，然后冻干。水萃取物的非蛋白组分（NWE）同样冻干。

作者通过 3 个不同的实验来分析咖啡中的蛋白对焙炒咖啡挥发性风味物质形成的影响：

（1）在烧瓶中加入 5 g 生咖啡粉、50 g 白石英砂（传热介质）和 0.5 mL 蒸馏水，然后在油浴锅中一边搅拌一边加热，搅拌速度为 80 rpm。先 140 ℃或 180 ℃加热 10 min，然后 220 ℃加热 5 min（或者 10 min、20 min、30 min）。

（2）在 2.5 g NWE 中混合 10%（或者 50%、100%，*w/W*，相对于 NWE）的 PP 和 10% 的蒸馏水，然后进行模拟焙炒。

用蔗糖代替（2）中 2.5 g 冻干的 NWE，研究 10%（或者 50%、100%、150%，*w/W*）的 PP 对焙炒咖啡挥发性风味物质形成的影响。

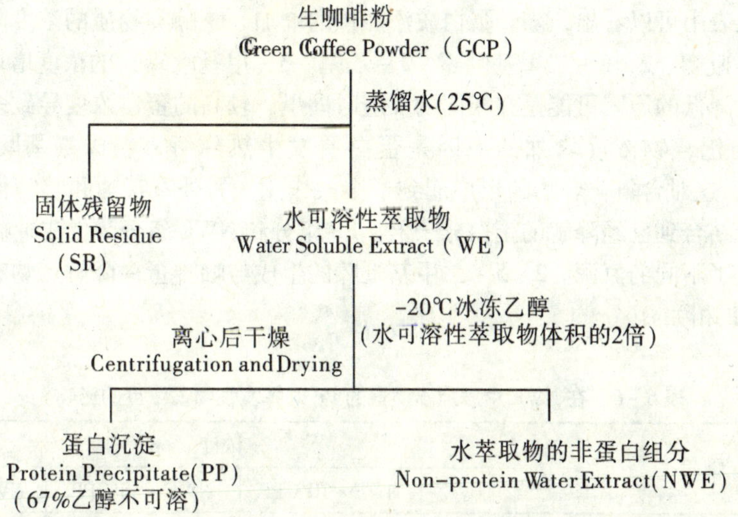

图 6－33　生咖啡豆的蛋白提取过程

研究结果表明，将 NWE 与 PP 进行反应，生成的风味物质种类最多，咖啡蛋白对 NEW 组分在焙炒过程中糖的降解和某些挥发性风味物质的生成起到了催化作用。WE（等同于 NWE + PP）中含有很多风味前体物质，如氨基酸、还原糖、蔗糖、蛋白质和绿原酸。将 NWE 和 PP 进行焙炒，得到的挥发性风味物质主要是糖的降解产物，其中呋喃类物质的种类最多。糖的降解产物是咖啡挥发性风味物质中最多的，这说明糖的降解对形成焙炒咖啡的风味非常重要。另外，具有焙炒和土司风味的含氮化合物——吡嗪的浓度也达到了30 ppm。在呋喃衍生化合物中，糠基醇、2－糠醛、3－糠醛和5－甲基呋喃醛是轻度焙炒咖啡（230 ℃，12 min）挥发性风味物质中浓度较高的组分。这些物质是由单糖反应生成的，具有甜味、面包味和焦糖味。当用SR组分进行模拟焙炒时，作者发现产物的挥发性风味物质中也含有较多的5－甲基呋喃醛和糠醇，这也可能是由于多糖存在的缘故。生咖啡豆中含有48%～60%的多糖，例如纤维素、半乳甘露聚糖和阿拉伯半乳聚糖。

笔者比较了WE和NWE组分，结果显示NWE组分比WE组分生成的风味物质种类要少很多，这说明生咖啡豆中的蛋白质对形成焙炒咖啡的整体风味是必不可少的，蛋白质参与反应，生成了很多风味物质。生咖啡豆中的蛋白对焙炒咖啡挥发性风味物质形成的作用是提供氨基催化Maillard反应，生成糖的降解产物，使生成咖啡风味物质的反应变得更加复杂。WE组分生成的挥发性物质的种类多，可能的原因是水萃取物组分中的风味前体物质含量多。其中一些挥发性物质在PP组分中也有发现。在焙炒过程中，蛋白质和多糖的降解产物发生相互反应，生成了很多挥发性物质。在WE组分中发现糠基醇和2，5－二甲基吡嗪的浓度很高，当蛋白质从WE组分中分离后，这两种风味物质的量降低明显。2，5－二甲基吡嗪的生成途径为：二羰基化合物与氨基酸通过Strecker降解生成酮胺类化合物，酮胺类化合物再发生缩合反应生成2，5－二甲基吡嗪。这说明咖啡蛋白在焙炒过程中可能会释放出一些氨基酸并参与2，5－二甲基吡嗪的合成反应。

在NWE中添加不同量的PP进行模拟焙炒后，样品中部分挥发性风味物质的浓度如表6－6所示。从表中可以看出，随着蛋白质添加量的增加，呋喃类物质的浓度降低，但吡嗪及其衍生物（吡嗪、2，5－二甲基吡嗪、2－乙基－3－甲基吡嗪）的浓度增加或者保持不变。糠醛浓度降低的原因可能是在相同的反应时间里，较高的蛋白浓度导致多糖降解量减少了。吡嗪类化合物浓度增加的原因是蛋白质发生热降解，生成氨基酸残基并参与Maillard反应，这对含氮化合物的形成起到了很大作用。另外，呋喃和呋喃衍生物会发生相互反应或者结合到已经降解的蛋白分子上。PP组分和NWE组分为生成吡嗪和2，5－二甲基吡嗪提供了不同的氮源。2，5－二甲基吡嗪的生成与咖啡蛋白降解产物有关，而吡嗪的生成与NWE相关。

表6－6　在NWE中添加不同量的PP对挥发性物质浓度的影响

物质	浓度（ppm）			
	NWE	NWE＋10% PP	NWE＋50% PP	NWE＋100% PP
2，5－二甲基呋喃	1.71	2.78	1.58	ND
2－乙酰基呋喃	1.24	7.15	3.22	2.96
糠醛	37.16	69.79	43.62	31.45
5－甲基呋喃醛	23.97	71.78	41.12	33.21
糠醇	138.32	216.53	212.18	105.72

（续上表）

物质	浓度（ppm）			
	NWE	NWE + 10% PP	NWE + 50% PP	NWE + 100% PP
吡嗪	36.00	31.64	36.96	36.86
2－乙基吡嗪	1.65	5.09	2.65	2.83
2，5－二甲基吡嗪	2.72	20.99	22.99	32.96
2，3－二甲基吡嗪	ND	5.09	2.65	2.83
2－乙基－6－甲基吡嗪	1.94	2.23	0.50	ND
2－乙基－5－甲基吡嗪	0.62	4.53	3.15	5.53
2－乙基－3－甲基吡嗪	1.16	7.55	7.52	9.87
总和	246.49	445.15	378.14	264.22

注：ND 表示没有检测到。

将蔗糖和咖啡蛋白进行反应时，蛋白质增加了蔗糖的降解。然而，颜色分析结果表明，反应体系中增加 PP 的量，反应后产物的颜色较浅。这些结果表明生咖啡中的蛋白质除了与焙炒咖啡风味物质的形成关系很大，与焙炒咖啡的颜色关系也挺大。

四、脂类化合物在焙炒过程中的变化

生咖啡豆的总脂肪酸组成与含量差异不大，但是在焙炒过程中，咖啡中脂肪酸的组成有轻微变化。Casal 等（1997）发现，在焙炒过程中，阿拉比卡和罗伯斯塔咖啡中反式脂肪酸的含量增加，特别是 C18:2ct 和 C18:2tc 含量增加。在不同的焙炒温度条件下，焙炒咖啡中脂肪酸的总量与组成几乎没有变化，但随着焙炒温度的增加，只有亚油酸的含量有所降低。

Speer 等（2000）研究发现：在焙炒过程中，16－O－甲基咖啡醇这种二萜化合物比咖啡醇更稳定。所以他们提出：咖啡中的 16－O－甲基咖啡醇可作为咖啡混合物特征的理想指示化合物。他们采用 HPLC 测定咖啡混合物中 16－O－甲基咖啡醇的含量（图 6－34），成功判断出咖啡混合物中含有 2% 的罗伯斯塔咖啡，而且研究发现在速溶咖啡中，16－O－甲基咖啡醇的含量为 ppm 级。Kölling 和 Speer 等（2000）确定了一种用于快速测定焙炒咖啡中 16－O－甲基咖啡醇的新方法。这种方法是：使用凝胶色谱分离出游离脂肪酸、甘油三酸酯和二萜酯类化合物，再采用固相萃取和半制备 HPLC 鉴定出咖啡醇酯和 16－O－甲基咖啡醇。咖啡醇酯与 16－O－甲基咖啡醇相比，最大的区别是咖啡醇酯的 C18:0 和 C18:2 所占比例高些，C20:0 所占比例低些。在焙炒咖啡与浓缩咖啡饮料中，咖啡醇酯的 C18:0、C18:2 和 C20:0 所占比例不发生变化。

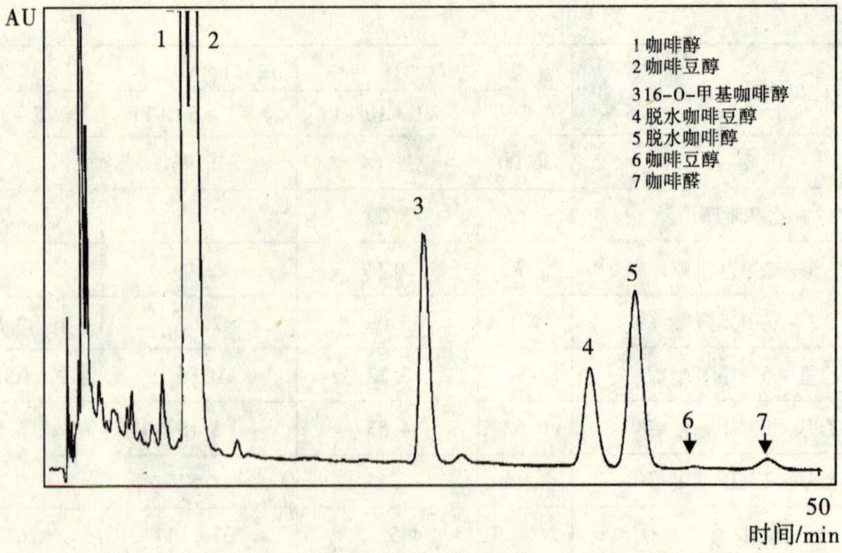

图 6-34 罗伯斯塔和阿拉比卡焙炒咖啡混合物的 HPLC 图

Speer 等（1992）研究发现：咖啡在焙炒过程中产生了两种脱水化合物：脱水咖啡醇和脱水咖啡豆醇。Kölling 和 Speer 等（1997）研究确定焙炒温度与咖啡醇/脱水咖啡醇比值的关系（图 6-35），这个关系适用于阿拉比卡和罗伯斯塔咖啡。Kölling 和 Speer 等研究表明：咖啡醇/脱水咖啡醇比值可作为焙炒咖啡感官评价的标准。图 6-36 是两种阿拉比卡咖啡使用咖啡醇/脱水咖啡醇比值评价焙炒咖啡等级。咖啡醇/脱水咖啡醇比值约为 20，可判断咖啡是深度焙炒；比值约为 10，可判断咖啡是过度焙炒。

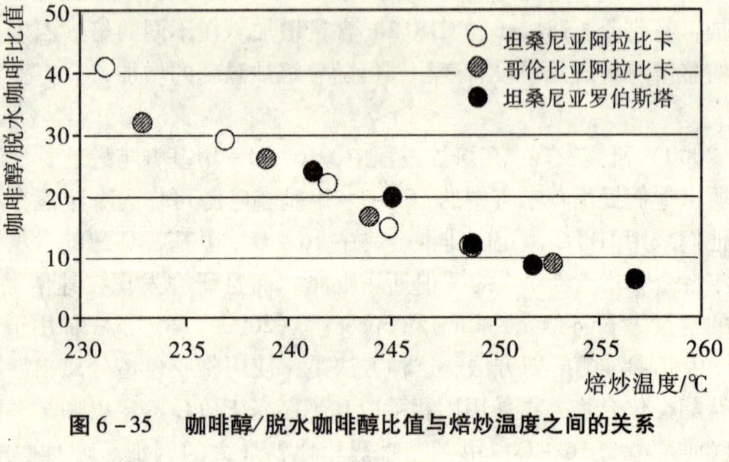

图 6-35 咖啡醇/脱水咖啡醇比值与焙炒温度之间的关系

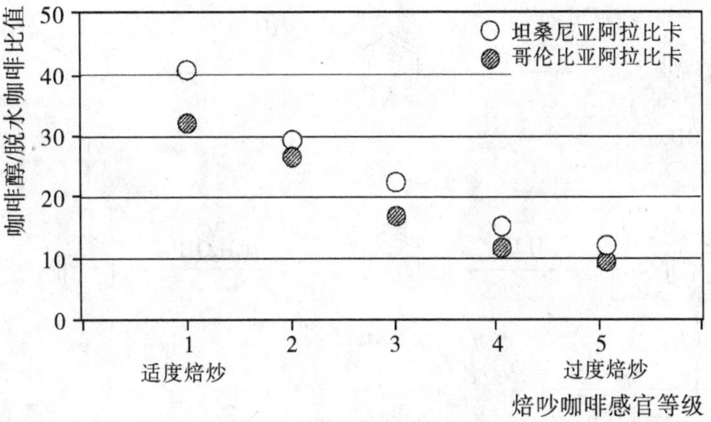

图 6-36　咖啡醇/脱水咖啡醇比值与焙炒咖啡感官等级之间的关系

为了证明存在其他二萜类分解产物，Speer 等（2000）分析了咖啡醇加热发生的变化。研究发现了一种新物质——咖啡醛，这种新物质也存在于焙炒咖啡中。当加热到 270 ℃时，脱水咖啡醇与咖啡醛的比例开始增加，加热 60 min 后脱水咖啡醇与咖啡醛的比例下降，而咖啡醇的含量一直下降。

五、葫芦巴碱在焙炒过程中的变化

生咖啡中的葫芦巴碱是一种非常重要的风味前体物质，它本身具有一个吡啶环，加热时可生成吡咯类、吡啶类化合物。

Hughes 和 Smith（1946）对焙炒过程中葫芦巴碱的变化规律进行了研究。研究发现生咖啡豆中葫芦巴碱的含量为 0.6% ~ 1%，中度焙炒咖啡豆的葫芦巴碱含量为 0.25% ~ 0.63%；在 230 ℃下焙炒 15 min，只有 15% 的葫芦巴碱残留下来。研究结果表明：咖啡焙炒过程中，葫芦巴碱分解速度很快，分解反应生成烟酸。生咖啡豆中烟酸的含量很低，仅 16 ppm ~ 44 ppm；中度焙炒咖啡中烟酸含量增加到 150 ppm ~ 200 ppm，这说明少量葫芦巴碱发生分解生成烟酸。

Viani 和 Horman（1974）采用 GC - MS 和 TLC 分析方法，研究葫芦巴碱加热分解的途径。研究发现：葫芦巴碱加热分解生成吡啶、吡咯和烟酸甲酯等重要芳香成分。Rizzi 和 Sanders（1996）研究了葫芦巴碱加热分解为吡啶的形成机理（图 6 - 37）：酯类化合物通过甲基迁移形成 1 - 甲基吡啶盐氢氧化物，1 - 甲基吡啶盐氢氧化物再通过脱羧基作用形成吡啶。Maria 等（1996）的研究结果表明：通过蛋白质的高温分解生成葫芦巴碱，并且葫芦巴碱不是焙炒咖啡中吡啶物质的唯一风味前体物质。

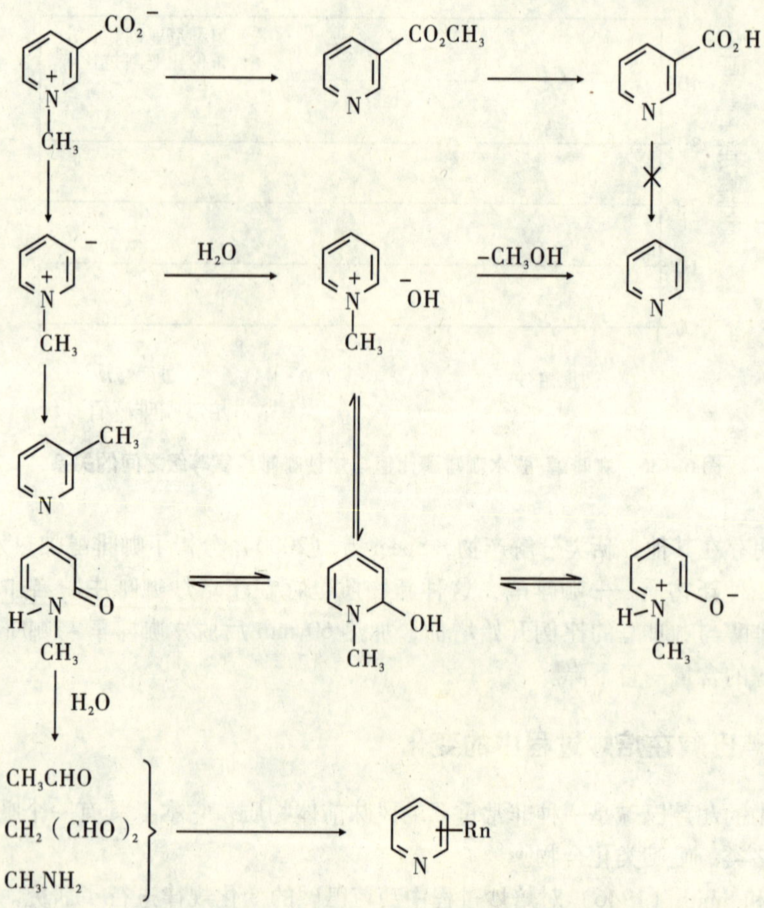

图 6-37　葫芦巴碱热分解形成吡啶的机理

注：Rn 通常是甲基、乙基、丙基或苯基。

Nakabayashi 和 Masano（1986）研究了在咖啡焙炒过程中葫芦巴碱的变化规律。研究发现：在中度焙炒过程中，咖啡中葫芦巴碱的含量急剧减少，咖啡因含量增加。生咖啡豆中葫芦巴碱和咖啡因的比值为 0.86，焙炒咖啡中葫芦巴碱和咖啡因的比值为 0.15。因此，葫芦巴碱和咖啡因的比值可作为衡量咖啡焙炒程度的指标。

第七章

焙炒咖啡主要风味物质

焙炒咖啡的总体风味是由咖啡豆焙炒形成的特征性香气，以及咖啡因、多酚类化合物和羟胺反应形成褐变产物的苦涩味感，加上柠檬酸和苹果酸等有机酸的酸味三者共同组成的。

咖啡品种、焙炒程度以及加工方法等都会对焙炒咖啡的风味产生影响。Maeztu 等（2001）采用静态顶空 GC－MS（SHGC－MS）与感官风味曲线分析的方法，分析三种不同品种［阿拉比卡咖啡、罗伯斯塔自然混合咖啡以及罗伯斯塔 Torrefacto 混合咖啡（添加糖的特殊焙炒咖啡）］不同焙炒类型的浓咖啡的风味化学物质，共鉴定出 77 种化合物（表7－1），其中定量分析了这三种浓咖啡共有的 13 种特征风味物质（表 7－2），并采用多元统计分析方法研究这 13 种特征风味物质的风味特征。研究结果表明：在这三种浓咖啡风味物质中，部分醛类物质具有水果风味，酮类化合物具有黄油风味，吡嗪类化合物具有泥土/发霉、焙炒/烧焦、木材/纸质的风味。

从挥发性质来分，焙炒咖啡风味物质主要可以分为挥发性风味化合物与非挥发性风味化合物两大类。本章将详细介绍焙炒咖啡的主要风味物质。

表 7－1　SHGC－MS 分析浓咖啡的风味化合物

序号	KI	化合物	序号	KI	化合物
烯烃类化合物			酮类化合物		
1	624	1，3－戊二烯	39	753	2－丙酮
含硫化合物			40	866	2－丁酮
2	635	甲硫醇	41	962	2，3－丁二酮
3	671	甲硫醚	42	1 053	3－已酮
4	1 077	二甲基二硫醚	43	1 058	2，3－乙酰基丙酮
醛类化合物			44	1 138	3－戊烯基－2－酮
5	645	乙醛	45	1 143	3，4－已二酮
6	712	丙醛	46	1 323	1－羟基－2－丙酮

（续上表）

序号	KI	化合物	序号	KI	化合物
7	747	2－甲基丙醛	47	1 554	1－乙酰氧基－2－丁酮
8	839	正丁醛			醇类化合物
9	880	2－甲基丁醛	48	913	乙醇
10	884	3－甲基丁醛	49	1 103	2－甲基－1－丙醇
11	1 084	正己醛	50	1 220	3－甲基丁基－1－醇
12	1 102	2－甲基－2－丁烯醛	51	1 264	3－甲基－3－丁烯基－1－醇
		酯类化合物	52	1 337	3－甲基－2－丁烯基－1－醇
13	682	甲酸甲酯	53	1 509	2－乙基－1－己醇
14	782	乙酸甲酯			吡咯类化合物
15	850	乙酸乙酯	54	1 149	1－甲基吡咯
16	872	丙酸甲酯	55	1 194	1－乙基－1H－吡咯
17	1 484	1－羟基二丙酮醋酸	56	1 225	2，5－二甲基吡咯
		呋喃类化合物	57	1 542	1H－吡咯
18	716	呋喃	58	1 661	2－甲酰基－1－甲基吡咯
19	832	3－甲基呋喃	59		N－糠基吡咯
20	858	2－甲基呋喃			吡嗪类化合物
21	930	2，5－二甲基呋喃	60	1 231	吡嗪
22	1 075	2－乙烯基呋喃	61	1 288	2－甲基吡嗪
23	1 160	2－乙烯基－5－甲基呋喃	62	1 347	2，5－二甲基吡嗪
24	1 251	2－（甲氧甲基）呋喃	63	1 353	2，6－二甲基吡嗪
25	1 283	2－甲基四氢呋喃－3－酮	64	1 359	2－乙基吡嗪
26	1 490	2－呋喃甲醛	65	1 372	2，3－二乙基吡嗪
27	1 516	2－二甲硫醚糠酯	66	1 411	2－乙基－6－甲基吡嗪
28	1 519	甲酸糠酯	67	1 419	2－乙基－5－甲基吡嗪
29	1 536	2－乙酰基呋喃	68	1 432	2－乙基－3－甲基吡嗪
30	1 559	乙酸糠酯	69	1 447	N－丙基吡嗪
31	1 605	5－甲基糠醛	70	1 467	2－乙烯基吡嗪
32	1 636	2－糠基呋喃	71	1 475	2－乙基－3，5－二甲基吡嗪
33	1 686	糠醇	72	1 521	2－甲基－6－乙烯基吡嗪
		嘧啶类化合物			酸类化合物
34	1 203	嘧啶	73	1 480	乙酸
35	1 239	2－甲基嘧啶			内酯类化合物
36	1 413	3－乙基嘧啶	74	1 673	γ－丁内酯

（续上表）

序号	KI	化合物	序号	KI	化合物
噻吩类化合物			酚类化合物		
37	1 021	噻吩	75		愈创木酚
38	1 097	2－甲基噻吩	噻唑类化合物		
			76	1 270	1，3－噻唑
			77	1 304	4－甲基噻唑

注：KI，科法兹指数（Kovats Index），根据 HP－Wax 色谱柱计算。

表 7－2　三种浓咖啡的特征风味化合物的相对含量　单位：%

KI	特征化合物	阿拉比卡	罗伯斯塔自然混合咖啡	罗伯斯塔 Torrefacto 混合咖啡
含硫化合物				
635	甲硫醇	0.13 ±0.01	0.08 ±0.01	0.11 ±0.02
醛类化合物				
645	乙醛	0.36 ±0.02	0.35 ±0.04	0.25 ±0.01
712	丙醛	0.52 ±0.07	0.50 ±0.07	0.35 ±0.04
747	2－甲基丙醛	1.80 ±0.25	2.55 ±0.35	1.93 ±0.17
880	2－甲基丁醛	1.25 ±0.11	2.33 ±0.34	1.43 ±0.19
884	3－甲基丁醛	2.61 ±0.29	3.33 ±0.56	1.92 ±0.24
1 084	正己醛	0.05 ±0.00	0.06 ±0.00	0.03 ±0.00
酮类化合物				
962	2，3－丁二酮	0.42 ±0.04	0.36 ±0.04	0.27 ±0.02
1 058	2，3－乙酰基丙酮	0.63 ±0.04	0.42 ±0.03	0.33 ±0.03
吡嗪类化合物				
1 359	2－乙基吡嗪	0.10 ±0.02	0.17 ±0.01	0.13 ±0.02
1 411	2－乙基－6－甲基吡嗪	0.06 ±0.01	0.13 ±0.02	0.08 ±0.01
1 475	2－乙基－3，5－二甲基吡嗪	0.04 ±0.01	0.07 ±0.01	0.06 ±0.01
酚类化合物				
	愈创木酚	0.11 ±0.01	0.09 ±0.01	0.07 ±0.01

第一节　焙炒咖啡特征性香气成分

咖啡风味主要是在焙炒过程中产生的，由不同浓度的挥发性香气物质组成。目前，研究者已经在焙炒咖啡风味物质中鉴定出907种香气成分，但并不是每种化合物都是特征性香气成分。焙炒咖啡的特征性香气成分有28种。咖啡中挥发性香气物质的详细信息详见第八章，这一节重点介绍28种特征性香气成分。

Semmelroch等（1995）、Semmelroch & Grosch等（1996）和Mayer等（1999、2000）以哥伦比亚阿拉比卡中度焙炒咖啡为原料，分析其特征性香气成分，再根据其香味特征进行分类（表7-3）。其中，23种特征性香气成分具有甜味/焦糖味、泥土味、焙炒味、烟熏味和酚类化合物的气味，这些气味被用于描述咖啡香味。此外，5种特征性香气成分具有水果香味与类似呋喃酮类化合物的辛辣味，它们属于焙炒咖啡的有效气味。本节将分别详细介绍焙炒咖啡28种特征性香气成分的发现历程、生成途径与香味阈值。

表7-3　焙炒咖啡特征性香气成分的香气特征与浓度

序号	特征性香气成分	浓度（mg/kg）	
		平均值[a]	范围
	具有甜味/焦糖味		
1	异丁醛	28.2	24.0~32.3
2	2-甲基丁醛	23.4	20.7~26.0
3	异戊醛	17.8	17.0~18.6
4	2，3-丁二酮	49.4	48.4~50.8
5	2，3-戊二酮	36.2	34.0~39.6
6	4-羟基-2，5-二甲基-3（2H）-呋喃酮	120	112~140
7	5-乙基-4-羟基-2-甲基-3（2H）-呋喃酮	16.7	16.0~17.3
8	香兰素	4.1	3.4~4.8
	具有泥土气味		
9	2-乙基-3，5-二甲基吡嗪	0.326	0.249~0.400
10	2-乙烯基-3，5-二甲基吡嗪	0.053	0.052~0.053
11	2，3-二乙基-5-甲基吡嗪	0.090	0.073~0.100
12	2-乙烯基-3-乙基-5-甲基吡嗪	0.017	0.015~0.018
13	2-甲氧基-3-异丁基吡嗪	0.087	0.059~0.120
	具有焙炒味		
14	2-糠基硫醇	1.70	1.68~1.70
15	2-甲基-3-呋喃硫醇	0.064	0.060~0.068

（续上表）

序号	特征性香气成分	浓度（mg/kg）	
		平均值[a]	范围
16	3－甲硫基丙醛	0.239	0.228～0.250
17	3－巯基－3－甲基－1－甲酸丁酯	0.112	0.077～0.130
18	3－甲基－2－丁烯－1－硫醇	0.009 9	0.008 2～0.013
19	甲硫醇	4.55	4.4～4.7
20	二甲基三硫化物	0.028	
具有烟熏、酚类香味			
21	愈创木酚	3.2	2.4～4.2
22	4－乙基愈创木酚	1.6	1.42～1.8
23	4－乙烯基愈创木酚	55	45～65
具有水果香味			
24	乙醛	130	120～139
25	丙醛	17.4	
26	（E）－β－大马酮	0.226	0.195～0.260
具有辛辣味			
27	3－羟基－4，5－二甲基－2（5H）－呋喃酮	1.58	1.36～1.90
28	3－羟基－4－甲基－5－乙基－2（5H）－呋喃酮	0.132	0.104～0.160

注：a是指根据Semmelroch等（1995）、Semmelroch & Grosch等（1996）及Mayer等（1999、2000）的数据计算。

一、异丁醛

异丁醛（Isobutyraldehyde）的CAS编号为78－84－2，FEMA编号为2220，中文名也叫异丁醛缩氨基脲、甲基丙醛。异丁醛的分子结构式如图7－1所示。

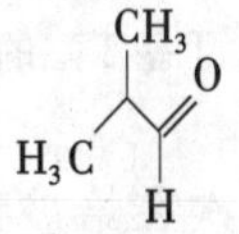

图7－1 异丁醛的分子结构式

1960年，Rhoades首次从焙炒咖啡风味物质中分离鉴定出异丁醛。随后，在生咖啡和冲泡咖啡饮料的风味物质中发现异丁醛（Merritt et al.，1970；Gibson，1974）。咖啡风味物质中异丁醛的发现比较重要，这是因为异丁醛在咖啡风味物质的研究中经常被引用。

咖啡香气成分中异丁醛的相对含量与咖啡品种、加工方法、焙炒程度等有关。哥伦比亚阿拉比卡焙炒咖啡粉挥发性风味物质中，异丁醛的浓度为34.2 ppm；肯尼亚阿拉比卡焙炒咖啡粉中，异丁醛的浓度为21.7 ppm（Grosch，1996）；罗伯斯塔和阿拉巴斯塔生咖啡豆风味物质中，异丁醛的浓度比阿拉比卡生咖啡豆的高（Gutmann et al.，1979）。生咖啡豆挥发性成分中，异丁醛的浓度为0.2 ppm～1.2 ppm；焙炒咖啡挥发性成分中其浓度为15 ppm～20 ppm；冲泡咖啡饮料挥发性成分中其浓度为0.47 ppm（Gibson，1974）。在咖啡焙炒过程中，异丁醛的含量会发生变化。在焙炒初期，异丁醛含量增加；随着焙炒时间的延长，其含量降低（Procida et al.，1997）。新鲜焙炒咖啡挥发性香气成分中，异丁醛的浓度随着焙炒程度的增加而降低（Holscher & Steinhart，1992）。采用生咖啡粉焙炒产生的异丁醛含量比整颗生咖啡豆焙炒产生的多，而且在保存过程中异丁醛的浓度没有显著变化（Leino et al.，1992）。

咖啡香气成分中异丁醛的生成途径主要有两条：丙氨酸、缬氨酸和亮氨酸高温分解产生异丁醛（Merritt et al.，1970）；缬氨酸在多酚氧化酶的作用下产生异丁醛（Motoda，1979）。

高浓度的异丁醛具有强烈的刺激性气味和令人厌恶的酸味，低浓度的异丁醛具有令人愉悦的水果香味和麦芽味（Arctander，1967；Holscher & Steinhart，1992）。常温下异丁醛具有青草味、谷物味和烤马铃薯味；100 ℃时异丁醛具有黑面包味；180 ℃时异丁醛具有浓郁的巧克力味（Fors，1983）。异丁醛是阿拉比卡和罗伯斯塔冲泡咖啡饮料的特征性香气成分，具有苹果香味（Motoda，1979；Pollien et al.，1998）。

异丁醛在空气中的气味阈值是0.015～0.14 mg/m^3（Blank et al.，1992），在水中的气味阈值是0.9 ppb（Guadagni et al.，1963），在空气中香气阈值是0.7 ppb（Grosch，1995）。

二、2－甲基丁醛

2－甲基丁醛（2－Methylbutyraldehyde）的CAS编号为96－17－3，FEMA编号为2691，中文名也叫甲基乙基乙醛、右旋2－甲基丁醛、2－甲基丁缩醛。2－甲基丁醛的分子结构式如图7－2所示。

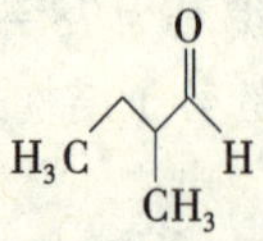

图7－2　2－甲基丁醛的分子结构式

1926年，Reichstein和Staudinger首次在焙炒咖啡豆风味化合物中鉴定出2－甲基丁醛。随后，在生咖啡豆、焙炒咖啡粉风味化合物和超临界二氧化碳萃取冲泡咖啡饮料的萃取物中检测到2－甲基丁醛（Merrit et al.，1970；Wang et al.，1983；Ramos et al.，1998）。

咖啡香气成分中2－甲基丁醛的相对含量与咖啡品种、加工方法、焙炒程度等有关。哥伦比亚焙炒咖啡中2－甲基丁醛的浓度为0.46 ppm（Ho et al.，1993）；哥伦比亚阿拉比卡中度焙炒咖啡粉的萃取物中其浓度为20.2 ppm；肯尼亚阿拉比卡中度焙炒咖啡粉的萃取物中其浓度为11.6 ppm（Grosch，1996）。冲泡咖啡饮料的挥发性化合物中2－甲基丁醛的相对含量为17.7%（Shimoda & Shibamoto，1990）。罗伯斯塔和阿拉巴斯塔生咖啡豆的挥发性成分中2-甲基丁醛的含量比阿拉比卡的高（Gutmann et al.，1979）。

随着生咖啡豆果实成熟度的增加，焙炒过程中2-甲基丁醛的生成量减少，2，3-丁二酮的生成量减少，糠醛的生成量增加（Guyot et al.，1988）。随着焙炒程度的增加，新鲜焙炒咖啡风味化合物中2-甲基丁醛的含量降低（Holscher & Steinhart，1992）。Procida等（1997）采用顶空气相色谱对6种不同的阿拉比卡咖啡和6种不同的罗伯斯塔咖啡生咖啡豆挥发性化合物进行分析。研究发现：焙炒后，仅有一种阿拉比卡咖啡中2-甲基丁醛的含量增加。

咖啡香气成分中2-甲基丁醛的生成途径主要有三条：在咖啡焙炒过程中，异亮氨酸高温分解产生2-甲基丁醛（Merritt et al.，1970）；异亮氨酸在多酚氧化酶的作用下产生2-甲基丁醛（Motoda，1979）；咖啡焙炒发生美拉德反应，生成2-甲基丁醛（Ho et al.，1993）。

高浓度的2-甲基丁醛气味重，令人透不过气；低浓度的2-甲基丁醛具有令人愉快的类似苹果等水果的香味和麦芽味，以及类似焙炒可可或咖啡的怪异发酵味（Arctander，1967；Motoda，1979；Holscher & Steinhart，1992）。常温时2-甲基丁醛具有烧灼味，100 ℃时具有水果味，180 ℃时具有类似燃烧奶酪产生的气味（Fors，1983）。2-甲基丁醛的（R）-异构体具有巧克力风味（Flament，2002）。异丁醛和2-甲基丁醛是冲泡咖啡饮料的特征性香气成分（Pollien et al.，1998）。

2-甲基丁醛在水中的气味阈值是1.3 ppb（Grosch，1995）。

三、异戊醛

异戊醛（Isovaleraldehyde）的CAS编号为590-86-3，FEMA编号为2692，中文名也叫异缬草醛、3-甲基丁醛。异戊醛的分子结构式如图7-3所示。

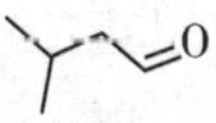

图7-3　异戊醛的分子结构式

1960年，Rhoades首次在焙炒咖啡风味化合物中鉴定出异戊醛，它是咖啡风味化合物中重要的挥发性醛类物质（Zlatkis & Sivetz，1960）。随后，在正常的生咖啡豆和发臭的生咖啡豆中都检测出异戊醛（Guyot et al.，1983）。Ramos等（1998）采用超临界二氧化碳萃取冲泡阿拉比卡咖啡饮料，从萃取物中分离得到异戊醛。

咖啡香气成分中异戊醛的相对含量与咖啡品种、加工方法、焙炒程度等有关。生咖啡挥发性成分中异戊醛浓度为0.2 ppm~2.0 ppm；焙炒咖啡挥发性成分中其浓度为2 ppm~4 ppm；冲泡咖啡饮料中其浓度为0.073 ppm（Gibson，1974）。冲泡咖啡饮料风味化合物中异戊醛的相对含量是9.7%（Shimoda & Shibamoto，1990）。哥伦比亚焙炒咖啡风味化合物中异戊醛的浓度为0.27 ppm，比2-甲基丁醛的浓度小些（Ho et al.，1993）。哥伦比亚阿拉比卡焙炒咖啡中异戊醛的浓度为17.8 ppm，肯尼亚阿拉比卡焙炒咖啡中其浓度为10.4 ppm；肯尼亚阿拉比卡焙炒咖啡中异丁醛和2-甲基丁醛的含量比哥伦比亚咖啡的都低（Grosch，1996）。罗伯斯塔和阿拉巴斯塔生咖啡豆中异戊醛的浓度比阿拉比卡生咖啡豆的高（Gutmann et al.，1979）。阿拉比卡焙炒咖啡中异戊醛的浓度是18.6 ppm（Grosch，1998）。阿拉比卡生咖啡豆中异戊醛的相对含量是3.8%~21.3%，罗伯斯塔生咖啡豆中其相对含量为3.4%~14.9%（Procida et al.，1997）。

咖啡粉中异戊醛的含量比整粒咖啡豆的低，而丙酮和异丁醛在咖啡粉中的含量比整粒咖啡豆的高（Leino et al.，1992）。在咖啡焙炒过程中，随着焙炒度的增加，新鲜焙炒咖啡风味物质中异戊醛的浓度轻微降低（Holscher & Steinhart，1992）。Procida 等（1997）采用顶空气相色谱分析6种阿拉比卡和6种罗伯斯塔生咖啡豆的香气成分。研究发现：仅1种阿拉比卡咖啡在刚焙炒时，异戊醛的含量快速增加，随着焙炒时间延长其含量减少；而其他咖啡中异戊醛的含量都增加。

咖啡香气成分中异戊醛的生成途径主要有两条：亮氨酸高温分解产生异戊醛（Merritt et al.，1970）；亮氨酸在多酚氧化酶的作用下产生异戊醛（Motoda，1979）。

高浓度的异戊醛具有很浓的刺鼻气味，会引起咳嗽；低浓度的异戊醛具有令人愉快的桃香水果味、麦芽味、巧克力香味、干酪味和甜味（Arctander，1967；Motoda，1979；Holscher & Steinhart，1992；Flament，2002）。100 ℃时异戊醛具有甜味、巧克力味和烤面包香味；180 ℃时具有类似燃烧奶酪的气味（Fors，1983）。阿拉比卡和罗伯斯塔冲泡咖啡饮料中，异戊醛作为特征性香气比2-甲基丁醛重要（Semmelroch & Grosch，1996）。异戊醛是冲泡咖啡饮料的特征性香气成分（Pollien et al.，1998）。

异戊醛在水中的气味阈值是0.15 ppb~0.2 ppb（Guadagni et al.，1972），其在水中的嗅觉阈值是0.35 ppb（Grosch，1995），在水中的味觉阈值是0.17 ppm（Keith & Powers，1968）；在空气中的嗅觉阈值是2~4 μg/m³（Blank，1992）。

四、2，3-丁二酮

2，3-丁二酮（2，3-Butanedione）的CAS编号为431-03-8，FEMA编号为2370，中文名也叫双乙酰、二乙酰、丁二酮、二甲基二酮、二甲基乙二酮、二乙二酰。2，3-丁二酮的分子结构式如图7-4所示。

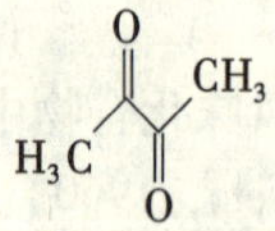

图7-4 2，3-丁二酮的分子结构式

1926年，Reichstein 和 Staudinger 首次在焙炒咖啡香气成分中鉴定出2，3-丁二酮。随后，在生咖啡豆、瑕疵生咖啡豆、腐烂咖啡豆的香气成分中均发现2，3-丁二酮（Merritt et al.，1970；Vincent，1976；Guyot et al.，1983）。

咖啡香气成分中2，3-丁二酮的相对含量与咖啡品种、焙炒程度与加工方法等有关。印度尼西亚罗伯斯塔咖啡中2，3-丁二酮的浓度是50 ppm，哥伦比亚阿拉比卡焙炒咖啡中其浓度是50 ppm，哥伦比亚罗伯斯塔焙炒咖啡中其浓度为1.78 ppm，肯尼亚阿拉比卡焙炒咖啡中其浓度是58.7 ppm（Ho et al.，1993；Grosch，1995，1996）。正常焙炒咖啡豆中2，3-丁二酮的浓度是11 ppm，但过度焙炒咖啡豆中其浓度低很多。焙炒咖啡在贮藏期间，2，3－丁二酮很快转化为3－羟基－2－丁酮，后者对咖啡的香气贡献不是很大（Hughes & Smith，1949）。生咖啡豆中2，3－丁二酮的浓度是0.07 ppm～0.3 ppm，焙炒咖啡豆中其浓度是16 ppm～20 ppm；2，3－丁二酮与2，3－戊二酮含量的比值可以作为衡量咖啡焙炒程度的指标（Rhoades，1960）。冲泡咖啡饮料挥发性香气成分中，2，3－丁二酮的相对含量是2.2%（Shimoda & Shibamoto，1990）。

随着咖啡鲜果成熟度的增加，焙炒咖啡中2，3－丁二酮的含量减少；焙炒初期2，3－丁二酮的浓度快速增加，但是在焙炒后期其含量下降，并且阿拉比卡咖啡中2，3－丁二酮的含量比罗伯斯塔咖啡的高（Guyot et al.，1988a；Procida et al.，1997）。咖啡焙炒过程中2，3－丁二酮和2，3－戊二酮的含量先增加后减少，这是导致在焙炒过程中咖啡香气从温和气味转变为炭烧味的重要原因（Holscher & Steinhart，1992）。

咖啡香气成分中2，3－丁二酮的生成途径主要有两条：葡萄糖在焙炒过程中加热产生2，3－丁二酮（Walter & Fagerson，1968）；由葡萄糖与半胱氨酸在加热过程中反应产生2，3－丁二酮（Zhang & Ho，1991）。

高浓度的2，3－丁二酮气味很重，具有刺激性的黄油味；低浓度的2，3－丁二酮具有令人愉悦的黄油味（Arctander，1967；Blank，1992）。2，3－丁二酮是冲泡咖啡饮料的特征性香气成分（80%的阿拉比卡咖啡和20%的罗伯斯塔咖啡混炒），赋予咖啡愉快的香味（Pollien et al.，1998）。

2，3－丁二酮在水中的气味阈值是6.5 ppb（Mulders，1973），在空气中的气味阈值是10～20 μg/m^3（Blank，1992）。

五、2，3－戊二酮

2，3－戊二酮（2，3－Pentanedione）的CAS编号为600－14－6，FEMA编号为2841，中文名也叫2，3－戊烷二酮、乙酰丙酰、乙酰基丙酰。2，3－戊二酮的分子结构式如图7－5所示。

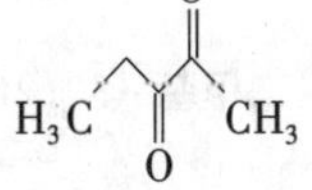

图7－5　2，3－戊二酮的分子结构式

1926年，Reichstein和Staudinger首次在焙炒咖啡风味化合物中鉴定出2，3－戊二酮。随后，在生咖啡豆和瑕疵生咖啡豆风味化合物中都鉴定出2，3－戊二酮（Merritt et al.，1970；Vincent，1976）。Ramos等（1998）分别采用戊烷或二氯甲烷液—液萃取、固相微萃取和超临界CO_2萃取三种方法对冲泡阿拉比卡咖啡饮料进行萃取，在其萃取物中都检测到2，3－戊二酮。

咖啡香气成分中2，3－戊二酮的相对含量与咖啡品种、焙炒程度与加工方法等有关。焙炒咖啡豆风味化合物中2，3－戊二酮的浓度为4 ppm（Stofberg & Stoffelsma，1981）。焙炒咖啡粉中2，3－戊二酮的浓度是10 ppm～19 ppm，焙炒温度为220 ℃时，其浓度达到最大值（Rhoades，1960）。顶空气相色谱分析冲泡咖啡饮料的挥发性成分中2，3－戊二酮的相对含量为3.6%（Shimoda & Shibamoto，1990）。阿拉比卡咖啡中2，3－戊二酮的含量比罗伯斯塔咖啡的高；焙炒过程中，当2，3－戊二酮浓度达到最大值时，咖啡香气出现变化，表现为咖啡香气从温和气味转变为炭烧特征气味（Holscher & Steinhart，1992）。同位素稀释法研究发现，阿拉比卡和罗伯斯塔咖啡中2，3－戊二酮的浓度分别是40 ppm和20 ppm（Grosch，1995、1996）。Procida等（1997）采用顶空分析焙炒咖啡挥发性香味化合物，在焙炒阿拉比卡咖啡的挥发性成分中发现了2，3－戊二酮，但是在各种不同产地的生咖啡豆中都没有发现；研究还表明在焙炒温度为218 ℃时，焙炒20 min后，2，3－戊二酮含量下降。

咖啡香气成分中2，3－戊二酮的生成途径主要有三条：由葡萄糖加热产生2，3－戊二酮；呋喃醇（Furaneol）热降解产生2，3－戊二酮（Heyns et al.，1966）；葡萄糖与半胱氨酸加热反应产生2，3－戊二酮（Zhang & Ho，1991）。

2，3－戊二酮具有黄油味，类似醌的微甜气味，而且其刺激性和挥发性没有2，3－丁二酮强（Arctander，1967）。2，3－丁二酮与2，3－戊二酮都是冲泡咖啡饮料的特征性香气成分（Pollien et al.，1998）。

2，3－戊二酮在空气中的气味阈值是10～20 μg/m^3，在水中的气味阈值是30 ppb（Blank，1992）。

六、4－羟基－2，5－二甲基－3（2H）－呋喃酮

4－羟基－2，5－二甲基－3（2H）呋喃酮（4－Hydroxy－2，5－Dimethyl－3（2H）Furanone）的CAS编号为3658－77－3，FEMA编号为3174，中文名称也叫草莓呋喃酮、天然呋喃酮、2，5－二甲基－4－羟基－3（2H）－呋喃酮、菠萝酮。4－羟基－2，5－二甲基－3（2H）－呋喃酮的分子结构式如图7－6所示。

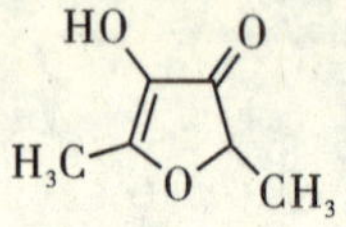

图7－6　4－羟基－2，5－二甲基－3（2H）－呋喃酮的分子结构式

1978年，Tressl等首次在焙炒咖啡风味化合物中鉴定出4－羟基－2，5－二甲基－3（2H）－呋喃酮。

咖啡香气成分中4－羟基－2，5－二甲基－3（2H）－呋喃酮的相对含量与咖啡品种、焙炒程度有关。焙炒阿拉比卡咖啡中其浓度是50 ppm，焙炒罗伯斯塔咖啡中其浓度是25 ppm，焙炒阿拉巴斯塔咖啡中其浓度是35 ppm。采用同位素稀释法测定阿拉比卡焙炒咖啡中4－羟基－2，5－二甲基－3（2H）－呋喃酮的浓度是109 ppm，罗伯斯塔焙炒咖啡中其浓度是57 ppm（Semmelroch & Grosch，1995）。咖啡在230 ℃下焙炒5 min后，4－羟基－2，5－二甲基－3(2H)－呋喃酮的浓度比在170 ℃或260 ℃下焙炒5 min的高（Silwar & Lüllmann，1993）。

焙炒咖啡香气成分中4－羟基－2，5－二甲基－3（2H）－呋喃酮的生成途径主要有三条：鼠李糖与哌啶乙酸酯在乙醇溶液中加热产生4－羟基－2，5－二甲基－3（2H）－呋喃

酮；葡萄糖和其他己糖与哌啶乙酸酯在乙醇溶液中加热产生氨基己糖还原酮，再经过Amadori重排反应生成4－羟基－2，5－二甲基－3（2H）－呋喃酮（Hodge et al.，1963）；咖啡焙炒过程中发生美拉德反应，产生4－羟基－2，5－二甲基－3（2H）－呋喃酮。许多模拟体系证实了咖啡中的4－羟基－2，5－二甲基－3（2H）－呋喃酮是美拉德反应的主要产物之一。例如，L－鼠李糖与乙胺反应形成4－羟基－2，5－二甲基－3（2H）－呋喃酮（Kato et al.，1972）；戊糖与甘氨酸或丙氨酸反应形成4－羟基－2，5－二甲基－3(2H)－呋喃酮（Blank & Fey，1996）；Blank等（1998）研究发现：Amadori重排的中间物1－氨基－1－脱氧－2－酮糖（图7－7）的降解产物重新发生反应形成呋喃酮，他们采用木糖与同位素标记的氨基酸进行反应并对这种生成途径进行了研究。

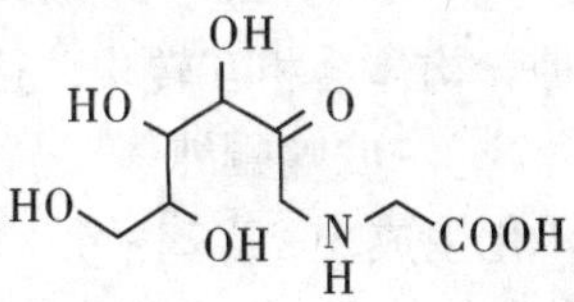

图7－7　1－氨基－1－脱氧－2－酮糖的分子结构式

4－羟基－2，5－二甲基－3（2H）－呋喃酮具有很强的焦糖甜味、水果味、果浆味以及类似菠萝和巧克力的味道（Arctander，1967）。（＋）异构体的气味与（－）异构体的气味相近，具有微弱的甜味和焙烤味（Bruche et al.，1995）。4－羟基－2，5－二甲基－3（2H）－呋喃酮、2－乙基－4－羟基－5－甲基－3（2H）－呋喃酮和5－乙基－4－羟基－2－甲基－3（2H）－呋喃酮是阿拉比卡和罗伯斯塔冲泡咖啡饮料香气成分中的主要物质，具有焦糖甜味，而且阿拉比卡冲泡咖啡饮料中以上物质的含量比罗伯斯塔中的高（Grosch，1996）。

4－羟基－2，5－二甲基－3（2H）－呋喃酮在水中的嗅觉阈值为10 ppm（Semmelroch & Grosch，1996），在空气中的嗅觉阈值为60 ppb（Buttery，1999）。

七、5－乙基－4－羟基－2－甲基－3（2H）－呋喃酮

5－乙基－4－羟基－2－甲基－3（2H）－呋喃酮［5－Ethyl－4－Hydroxy－2－Methyl－3（2H）－Furanone］的CAS编号为27538－10－9，FEMA编号为：3623，中文名称也叫5－甲基－2－乙基－4－羟基－3（2H）－呋喃酮、2－乙基－4－羟基－5－甲基－3（2H）－呋喃酮。5－乙基－4－羟基－2－甲基－3（2H）－呋喃酮的分子结构式如图7－8所示。

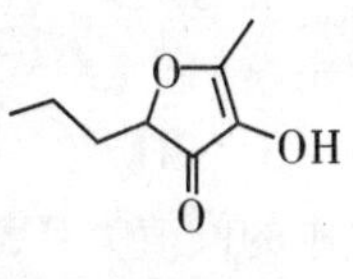

图7－8　5－乙基－4－羟基－2－甲基－3（2H）－呋喃酮的分子结构式

1978年，Tressl等首次在焙炒咖啡风味化合物中鉴定出5－乙基－4－羟基－2－甲

基-3（2H）-呋喃酮。

焙炒咖啡香气成分中5-乙基-4-羟基-2-甲基-3（2H）-呋喃酮的相对含量与咖啡品种有关。焙炒阿拉比卡咖啡中5-乙基-4-羟基-2-甲基-3（2H）-呋喃酮的浓度为8 ppm，罗伯斯塔咖啡中其浓度为2 ppm，阿拉巴斯塔咖啡中其浓度为4 ppm（Tressl，1978）。同位素稀释试验测定阿拉比卡焙炒咖啡5-乙基-4-羟基-2-甲基-3（2H）-呋喃酮的浓度为17.3 ppm，罗伯斯塔焙炒咖啡中其浓度为14.3 ppm（Semmelroch & Grosch，1995）。

Grosch（1998）在咖啡中检测出它的两种互变异构化合物：2-乙基-4-羟基-5-甲基-3（2H）-呋喃酮和5-乙基-4-羟基-2-甲基-3（2H）-呋喃酮。Huber（1992）研究表明：2-乙基-4-羟基-5-甲基-3（2H）-呋喃酮和5-乙基-4-羟基-2-甲基-3（2H）-呋喃酮两种异构体会相互转化，达到平衡时的比例为3∶1～2∶1；2-乙基-4-羟基-5-甲基-3（2H）-呋喃酮纯体以晶体形式保存在冰箱中，可以保存数年，结构不会发生变化，不会转化生成5-乙基-4-羟基-2-甲基-3（2H）-呋喃酮，但是融化或溶解以后，这两种异构体会达到3∶1～2∶1的平衡比例。

焙炒咖啡香气成分中5-乙基-4-羟基-2-甲基-3（2H）-呋喃酮的生成途径主要有四条：焙炒过程中高温加热时，糖裂解反应生成5-乙基-4-羟基-2-甲基-3（2H）-呋喃酮；木糖与丙氨酸进行反应，反应过程中有Strecker降解产物乙醛作为中间产物，生成5-乙基-4-羟基-2-甲基-3（2H）-呋喃酮（Blank & Fay，1996）；通过3-庚炔-2，5-二醇（图7-9）的臭氧化作用来制备5-乙基-4-羟基-2-甲基-3（2H）-呋喃酮（Re et al.，1973）；以二羟基丙酮和2-羟基正丁醛为底物，通过化学方法或生物酶法转化脱氧庚糖来制备5-乙基-4-羟基-2-甲基-3（2H）-呋喃酮。

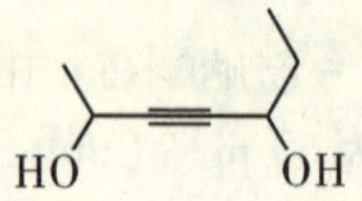

图7-9 3-庚炔-2，5-二醇的分子结构式

2-乙基-4-羟基-5-甲基-3（2H）-呋喃酮和5-乙基-4-羟基-2-甲基-3（2H）-呋喃酮的混合物具有焦糖味、槭木味、谷物味和菊苣味（Flament，2002）。通过手性选择对2-乙基-4-羟基-5-甲基-3（2H）-呋喃酮和5-乙基-4-羟基-2-甲基-3（2H）-呋喃酮进行分离，发现5-乙基-4-羟基-2-甲基-3（2H）-呋喃酮具有浓郁的焙炒杏仁味，而2-乙基-4-羟基-5-甲基-3（2H）-呋喃酮几乎没有什么气味（Bruche et al.，1995）。

5-乙基-4-羟基-2-甲基-3（2H）-呋喃酮在水中的嗅觉阈值为1.15 ppm（Semmelroch & Grosch，1995），在空气中的阈值为0.5～1.5 μg/m^3（Blank，1992），其风味阈值为21 ppb（Huber，1992）。

八、香兰素

香兰素（Vanillin）的 CAS 编号为 121－33－5，FEMA 编号为 3107，中文名称也叫 4－羟基－3－甲氧基苯甲醛、香草醛、香荚兰素、香兰醛、3－甲氧基－4－羟基苯甲醛、香草醛。香兰素的分子结构式如图 7－10 所示。

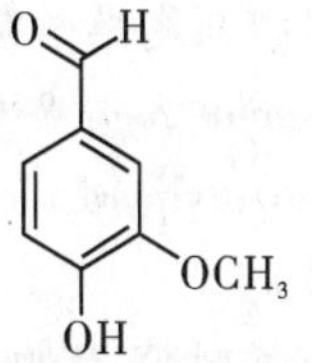

图 7－10　香兰素的分子结构式

1978 年，Tressl 等首次在焙炒咖啡风味化合物中鉴定出香兰素，随后在生咖啡豆风味化合物中鉴定出了香兰素（Spadone & Liardon，1990）。

香兰素是焙炒咖啡的重要香气成分。焙炒咖啡香气成分中香兰素的相对含量与咖啡品种、焙炒程度有关。罗伯斯塔普通焙炒咖啡与过度焙炒咖啡中香兰素的浓度分别是 5.9 ppm 和 4.4 ppm，但是在一种被称为“Type Mocha”的咖啡里香兰素的含量达到 40 ppm（Heinrich & Baltes，1987）。采用同位素稀释方法定量分析哥伦比亚阿拉比卡咖啡与印度尼西亚罗伯斯塔咖啡，发现其香兰素的浓度分别是 4.8 ppm 和 16.1 ppm；并且在 230 ℃焙炒 5 min 后，香兰素的浓度比 170 ℃或 260 ℃焙炒 5 min 的高（Semmelroch & Grosch，1995）。

咖啡香气成分中香兰素的生成途径主要有三条：3，4－二羟基苯甲醛甲基化形成糖苷，这种糖苷是香兰素的前体物质（Friedrich，1976）；阿魏酸加热分解产生香兰素；4－乙烯基－2－甲氧基苯酚氧化形成香兰素（Tressl，1979）。

香兰素具有持久性强的甜味和浓郁的奶油香草味，其在空气中的嗅觉阈值为 0.6～1.2 μg/m^3（Blank，1992），在水中的嗅觉阈值为 25 ppb（Semmelroch & Grosch，1995）。

九、2－乙基－3，5－二甲基吡嗪

2－乙基－3，5－二甲基吡嗪（3，5－Dimethyl－2－Ethylpyrazine）的 CAS 编号为 13925－07－0，FEMA 编号为 3150，中文名也叫 3－乙基－2，6－二甲基吡嗪。2－乙基－3，5－二甲基吡嗪的分子结构式如图 7－11 所示。

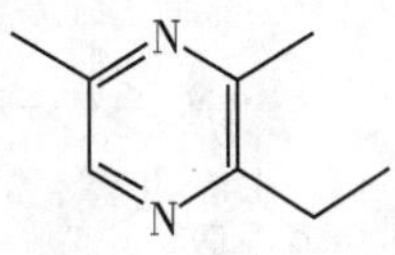

图 7－11　2－乙基－3，5－二甲基吡嗪的分子结构式

1967 年，Goldman 等首次在焙炒咖啡风味成分中鉴定出 2－乙基－3，5－二甲基吡嗪，并通过合成方法，利用质谱分析确定其结构。随后，在生咖啡豆挥发性成分中鉴定出2-乙基-3，5-二甲基吡嗪（Vitzthum，1976）。

焙炒咖啡香气成分中2-乙基-3，5-二甲基吡嗪的相对含量与咖啡品种有关。采用同位素稀释法测定阿拉比卡焙炒咖啡风味化合物中2-乙基-3，5-二甲基吡嗪的浓度是0.5 ppm，罗伯斯塔焙炒咖啡风味化合物中其浓度是0.8 ppm（Grosch，1993）。阿拉比卡焙炒咖啡风味化合物中2-乙基-3，5-二甲基吡嗪的浓度是0.3 ppm，罗伯斯塔焙炒咖啡风味化合物中其浓度是0.9 ppm，罗伯斯塔焙炒咖啡中2-乙基-3，5-二甲基吡嗪的浓度总是比阿拉比卡焙炒咖啡的高（Semmelroch & Grosch，1995；Grosch，1998）。

在2，6-二甲基吡嗪（2，6-Dimethylpyrazine）中添加乙基基团制备2-乙基-3，5-二甲基吡嗪（Klein & Spoerri，1951）。

2-乙基-3，5-二甲基吡嗪具有焙炒坚果的香味或泥土味（Pittet & Hruza，1974；Wagner et al.，1999）。浓度为5 ppm时，2-乙基-3，5-二甲基吡嗪具有烧焦的杏仁味；浓度为2~4 ppm时，它可以增强咖啡饮料的木质感（Winter等，1975）。

2-乙基-3，5-二甲基吡嗪在空气中的嗅觉阈值是0.011 $\mu g/m^3$（0.007 ppm~0.014 ppm）（Czerny et al.，1996）；在25 ℃的水溶液中，2-乙基-3，5-二甲基吡嗪的嗅觉阈值是0.16 ppb（0.16 μg/L）（Belitz & Grosch，1999）。

2-乙基-3，5-二甲基吡嗪与它的同分异构体3-乙基-2，5-二甲基吡嗪，都被确定为咖啡的特征性香气成分（Tressl，1989）。Wagner等（1999）研究表明：在三种乙基二甲基吡嗪中，2-乙基-3，5-二甲基吡嗪的嗅觉阈值是最低的，是它的异构体3-乙基-2，5-二甲基吡嗪的1/250，而且该物质是烷基吡嗪物质气味阈值最低的四种物质之一（其余三种为2，3-二乙基-5-甲基吡嗪、2-乙烯基-3，5-二甲基吡嗪、2-乙烯基-3-乙基-5-甲基吡嗪）。Wagner等还特意强调：由于2-乙基-3，5-二甲基吡嗪的阈值很低，在分析其风味之前对该物质进行纯化尤为重要，建议在用GC-O对2-乙基-3，5-二甲基吡嗪的气味进行分析时一定要检查是否含有其他杂质。Buttery和Ling（1997）的研究也证实了这个观点：3-乙基-2，5-二甲基吡嗪的嗅觉阈值非常低，而且受到同分异构体2-乙基-3，5-二甲基吡嗪的干扰，即使是气相色谱-质谱联用方法也很难将这两种同分异构体完全分离。

十、2-乙烯基-3，5-二甲基吡嗪

2-乙烯基-3，5-二甲基吡嗪（2-Ethenyl-3，5-Dimethylpyrazine）的CAS编号为157615-33-3，暂无FEMA编号。2-乙烯基-3，5-二甲基吡嗪的分子结构式如图7-12所示。

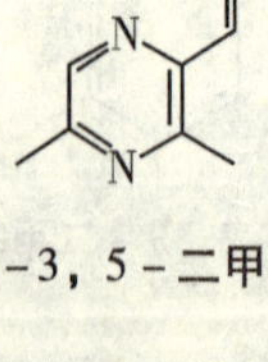

图7-12　2-乙烯基-3，5-二甲基吡嗪的分子结构式

1996 年，Grosch 等首次在焙炒咖啡风味化合物中鉴定出 2－乙烯基－3，5－二甲基吡嗪。在焙炒哥伦比亚阿拉比卡咖啡中其浓度是 0.053 ppm，在肯尼亚阿拉比卡咖啡中其浓度是 0.037 ppm。

Czerny 等（1996）通过 2，6－二甲基吡嗪与乙烯基溴化镁反应合成了 2－乙烯基－3，5－二甲基吡嗪。

2－乙烯基－3，5－二甲基吡嗪具有泥土味和陈腐味，在空气中的气味阈值是 0.008～0.016 $\mu g/m^3$，它是人们通过芳香萃取物稀释分析法从咖啡中最早分析出来的化合物之一，是热加工食品的特征性芳香物质。

十一、2，3－二乙基－5－甲基吡嗪

2，3－二乙基－5－甲基吡嗪的 CAS 编号为 18138－04－0，FEMA 编号为 3336，分子结构式如图 7－13 所示。

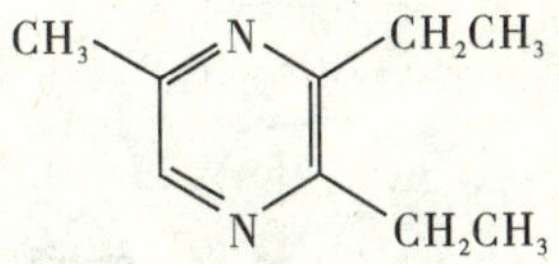

图 7－13　2，3－二乙基－5－甲基吡嗪的分子结构式

1967 年，Bondarovich 等首次在焙炒咖啡风味化合物中鉴定出 2，3－二乙基－5－甲基吡嗪。随后，在生咖啡豆风味化合物中鉴定出 2，3－二乙基－5－甲基吡嗪（Grosch，1993；Semmelroch & Grosch，1995）。

咖啡香气成分中 2，3－二乙基－5－甲基吡嗪的相对含量与咖啡品种有关。罗伯斯塔生咖啡豆风味化合物中其浓度是 0.233 ppm（Semmelroch et al.，1995）。同位素稀释分析方法测定阿拉比卡生咖啡豆风味化合物中 2，3－二乙基－5－甲基吡嗪的浓度是 0.112 ppm（Grosch，1993）。罗伯斯塔焙炒咖啡风味化合物中其浓度是 0.31 ppm，阿拉比卡焙炒咖啡风味化合物中其浓度是 0.061 ppm～0.095 ppm（Grosch，1998）。

Baltes 和 Bochmann（1987）在添加糖或不添加糖的丝氨酸和苏氨酸加热反应产物中，检测到二乙基甲基吡嗪，包括 2，3－二乙基－5－甲基吡嗪与其两种同分异构体 2，5－二乙基－3－甲基吡嗪和 3，5－二乙基－2－甲基吡嗪。在咖啡中同样检测到了这三种物质。

2，3－二乙基－5－甲基吡嗪的生成途径是：1，2－二氨基丙烷与 3，4－己二酮先通过缩合反应，再通过催化脱氢反应可以得到 2，3－二乙基－5－甲基吡嗪（Flament & Stoll，1967）。

2，3－二乙基－5－甲基吡嗪具有泥土味、坚果味和焙烤味（Pittet & Hruza，1974），含有浓度为 5 ppm 的 2，3－二乙基－5－甲基吡嗪的糖浆，具有类似榛实的味觉（Winter et al.，1975）。

2，3－二乙基－5－甲基吡嗪在空气中的嗅觉阈值为 0.009～0.018 $\mu g/m^3$（Czerny et al.，1996）。由于 2，3－二乙基－5－甲基吡嗪是平面结构，其嗅觉阈值很低（Wagner et al.，1999）。2，3－二乙基－5－甲基吡嗪在水中的嗅觉阈值为0.09 ppb，其结构同2－乙基－3，5－二甲基吡嗪、2－乙烯基－3，5－二甲基吡嗪和2－乙烯基－3－乙基－5－甲基吡嗪一样，与泥土/焙炒气味相对应的嗅觉感受器的几何形状相吻合，因此通过香气抽提物稀释法（AEDA）最先被确定为热加工食品的特征香气成分。焙炒咖啡中2，3，5－三甲基吡嗪和2－乙基－3，5－二甲基吡嗪的浓度比2，3－二乙基－5－甲基吡嗪高，但阈值比2，3－二乙基－5－甲基吡嗪低（Grosch，1999）。

十二、2－乙烯基－3－乙基－5－甲基吡嗪

2－乙烯基－3－乙基－5－甲基吡嗪（2－Ethenyl－3－Ethyl－5－Methylpyrazine）的CAS编号为181589－32－2，暂无FEMA编号。2－乙烯基－3－乙基－5－甲基吡嗪的分子结构式如图7－14所示。

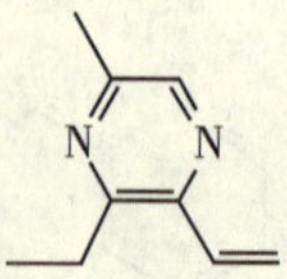

图7－14　2－乙烯基－3－乙基－5－甲基吡嗪的分子结构式

1996年，Grosch等首次在焙炒咖啡风味化合物中鉴定出2－乙烯基－3－乙基－5－甲基吡嗪，在阿拉比卡焙炒咖啡风味化合物中其浓度是0.014 ppm。

Czerny等（1996）通过2，6－二甲基吡嗪与乙烯基溴化镁反应合成了2－乙烯基－3－乙基－5－甲基吡嗪。

2－乙烯基－3－乙基－5－甲基吡嗪在空气中的气味阈值是0.009～0.018 μg/m^3，它是热加工食品的特征性芳香物质。

十三、2－甲氧基－3－异丁基吡嗪

2－甲氧基－3－异丁基吡嗪（2－Methoxy－3－Isobutylpyrazine）的CAS编号为24683－00－9，FEMA编号为3132，中文名也叫2－甲氧基－3－（2－甲基丙基）吡嗪、3－异丁基－2－甲氧基吡嗪、2－异丁基－3－甲氧基哌嗪。2－甲氧基－3－异丁基吡嗪的分子结构式如图7－15所示。

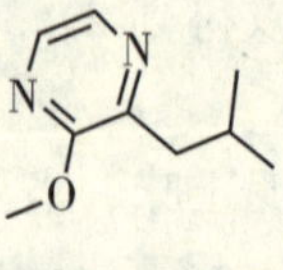

图7－15　2－甲氧基－3－异丁基吡嗪的分子结构式

1971年，Friedel等通过红外光谱和质谱首次在焙炒咖啡风味化合物中发现并鉴定出2－甲氧基－3－异丁基吡嗪。随后，在生咖啡豆中（Spadone & Liardon，1990）和生咖啡

豆的挥发性成分中鉴定出2－甲氧基－3－异丁基吡嗪（Vitzthum，1976）。

对墨西哥阿拉比卡生咖啡豆的挥发性物质进行研究发现，具有泥土味和发霉味的瑕疵生咖啡豆中2－甲氧基－3－异丁基吡嗪的浓度为17 ppb，没有泥土味和发霉味的瑕疵生咖啡豆中2－甲氧基－3－异丁基吡嗪的浓度为8 ppb（Cantergiani et al.，2001）。阿拉比卡中度焙炒咖啡中，2－甲氧基－3－异丁基吡嗪的浓度为50 ppb～83 ppb（Grosch，1996）。阿拉比卡生咖啡豆和中度焙炒咖啡中，2－甲氧基－3－异丁基吡嗪的浓度相同，都为97 ppb（Czerny & Grosch，2000）。

咖啡香气成分中的2－甲氧基－3－异丁基吡嗪是由亮氨酸和乙二醛反应生成的（Murray & Whitfield，1975）。

2－甲氧基－3－异丁基吡嗪是焙炒咖啡的特征性香气成分，它是咖啡中甲氧基吡嗪类香气化合物的主要成分，具有青椒气味、青草味、豌豆味、轻微的泥土味、典型的白松香精油香味和红辣椒粉香味（Bramwell et al.，1969；Flament，2002；Belitz & Grosch，1999）。Cantergiani等（2001）对具有泥土味和发霉味的墨西哥阿拉比卡生咖啡豆研究发现：2－异丙基－3－甲氧基吡嗪、2－甲氧基－3－仲丁基吡嗪和2－甲氧基－3－异丁基吡嗪这三种甲氧基吡嗪对生咖啡豆的泥土味和发霉味贡献很小，造成泥土味和发霉味的物质主要是2－甲基异冰片和2，4，6－三氯苯甲醚。

2－甲氧基－3－异丁基吡嗪在空气中的阈值是2～4 $\mu g/m^3$，它是咖啡中一类特殊的香气成分（Wagner et al.，1999）。2－甲氧基－3－异丁基吡嗪的嗅觉阈值是2 ppt（Seifert et al.，1970），香气阈值是0.2 μg/kg纤维素（Czerny & Grosch，2000）。

十四、2－糠基硫醇

2－糠基硫醇（2－Furfurylmercaptan）的CAS编号为98－02－2，FEMA编号为2459，中文名称也叫2－呋喃甲硫醇、糠硫醇、糠基硫醇、2－硫代呋喃甲醇、2－糠硫醇、A－硫代呋喃甲醇、巯基呋喃、2－巯甲基呋喃。2－糠基硫醇的分子结构式如图7－16所示。

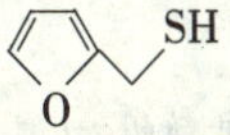

图7－16　2－糠基硫醇的分子结构式

1926年，Reichstein和Staudinger首次在焙炒咖啡风味物质中鉴定出2－糠基硫醇。在咖啡中鉴定的多种特征风味物质中，2－糠基硫醇的发现无疑是咖啡风味化学的一个里程碑。Bernheimer（1880）研究表明咖啡的主要香气成分是一种酚类化合物。Erdmann（1902）研究表明咖啡的主要香气成分是一种含氮化合物，Bertrand和Weisweiller（1913）研究表明咖啡的主要香气成分是吡啶，Reichstein和Staudinger（1926）研究表明咖啡的主要香气成分是2－糠基硫醇。

咖啡在焙炒过程中，醛类物质、酮类物质与硫醇反应形成不稳定的酮缩硫醇与羟基硫化物。酮缩硫醇与羟基硫化物也是咖啡香气的重要成分，但是由于酮缩硫醇与羟基硫化物十分不稳定，因此在咖啡香气物质中没有检测到两者的存在（Reichstein & Staudinger，1926）。

咖啡香气成分中2－糠基硫醇的相对含量与咖啡品种、焙炒程度、保存方式等有关。阿拉比卡焙炒咖啡风味化合物中2－糠基硫醇的浓度是1.1 ppm，罗伯斯塔焙炒咖啡风味化合物中其浓度是2 ppm（Tressl & Silwar，1981；Silwar，1986；Tressl，1989）。同位素稀释实验（IDA）测定阿拉比卡焙炒咖啡中2－糠基硫醇的浓度是1.08 ppm，罗伯斯塔焙炒咖啡中其浓度是1.73 ppm（Semmelroch & Grosch，1995）。Grosch等（1993）采用同位素稀释实验（IDA）测定，发现哥伦比亚阿拉比卡焙炒咖啡与印度尼西亚罗伯斯塔焙炒咖啡中2－糠基硫醇的浓度存在差异：哥伦比亚阿拉比卡焙炒咖啡中2－糠基硫醇的浓度是1.7 ppm，印度尼西亚罗伯斯塔焙炒咖啡中其浓度是1.95 ppm。研究还发现室温条件下真空包装保存40天后，阿拉比卡焙炒咖啡中2－糠基硫醇的浓度降低至0.32 ppm。Silwar和Lüllmann（1993）研究了不同焙炒温度对2－糠基硫醇生成量的影响，研究发现：罗伯斯塔咖啡200 ℃焙炒5 min后，2－糠基硫醇的浓度是0.05 ppm；230 ℃焙炒5 min后，其浓度是0.35 ppm；260 ℃焙炒5 min后，其浓度是0.70 ppm。研究结果表明：随着焙炒温度的增加，罗伯斯塔咖啡中2－糠基硫醇的浓度增加。

咖啡香气成分中2－糠基硫醇的生成途径有三条：在焙炒过程中，硫化氢与2－呋喃甲醛或糠醇反应生成2－糠基硫醇，反应机理如图7－17所示（Hofmann & Schieberle，1997）；半胱氨酸与核糖发生美拉德反应生成2－糠基硫醇；半胱氨酸与阿拉伯糖反应生成2－糠基硫醇。阿拉伯糖是生咖啡中含量较高的唯一戊糖（Grosch，2000）。

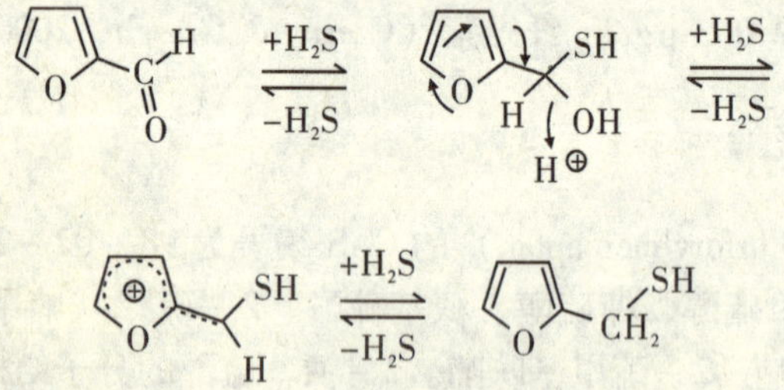

图7－17 2－糠基硫醇的形成机理

高浓度的2－糠基硫醇具有很浓的刺激性气味；低浓度的2－糠基硫醇具有能被人接受的咖啡味、焦煳味和甜味（Arctander，1967）。

2－糠基硫醇是咖啡主要的特征性香气成分（Grosch，2000），其在空气中的嗅觉阈值为4.5～20 μg/m³（Gasser & Grosch，1990），在水中的风味阈值是0.04 ppb（Golovnya & Rothe，1980），在水中的香气阈值为5 ppt。浓度为0.01 ppb～0.5 ppb的2－糠基硫醇具有新鲜焙炒咖啡的香味，浓度为1 ppb～10 ppb的2－糠基硫醇具有不新鲜的咖啡硫黄味。根据不同的黄度，2－糠基硫醇既可以是一种香气物质也可以是一种臭味物质（Tressl & Silwar，1981）。

十五、2－甲基－3－呋喃硫醇

2－甲基－3－呋喃硫醇（2－Methyl－3－Furanthiol）的CAS编号为28588－74－1，FEMA编号为3188，中文名称也叫2－甲基－3－巯基呋喃、巯基呋喃。2－甲基－3－呋喃硫醇的分子结构式如图 7－18 所示。

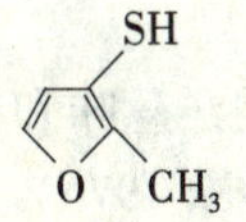

图 7－18　2－甲基－3－呋喃硫醇的分子结构式

1990 年，Holscher 等在焙炒咖啡风味化合物中鉴定出 2－甲基－3－呋喃硫醇。随后，在很多咖啡焙炒模拟体系的反应产物中都检测到 2－甲基－3－呋喃硫醇（Werkhoff et al.，1990）。

咖啡香气成分中 2－甲基－3－呋喃硫醇的相对含量与咖啡品种有关。哥伦比亚阿拉比卡焙炒咖啡中 2－甲基－3－呋喃硫醇的浓度为 0.148 ppm，肯尼亚阿拉比卡焙炒咖啡中其浓度为 0.195 ppm（Grosch，1996）。

2－甲基－3－呋喃硫醇的生成途径有五条：由半胱氨酸、维生素 B1 与植物蛋白水解物反应形成（Evers et al.，1976）；维生素 B1 热降解产生（Van der Linde et al.，1979）；半胱氨酸与核糖发生美拉德反应产生 2－甲基－3－呋喃硫醇与糠（基）硫醇；半胱氨酸与碳水化合物（主要是核糖）加热反应形成；羟乙醛与巯基丙酮在干热的反应条件下，产生大量硫醇（Hofmann & Schieberle，1996）。根据目前的文献研究，羟乙醛与巯基丙酮都还没有在咖啡中检测到，但是巯基丙酮能够通过大马酮和硫化氢进行反应得到，羟乙醛是碳水化合物分解的一种产物。

2－甲基－3－呋喃硫醇对形成焙炒咖啡的特征性香气非常重要（Holscher & Steinhart，1994）。2－甲基－3－呋喃硫醇具有浓郁的肉香味、牛肉汤味和甜味（Golovnya & Rothe，1980），浓度为 0.5 ppm 时具有燃烧味、肉味和洋葱味（Flament，2002）。

2－甲基－3－呋喃硫醇的嗅觉阈值是 0.005 ppb～0.01 ppb，在空气中的阈值为 2.5 $\mu g/m^3$～10 $\mu g/m^3$（Gasser & Grosch，1990）。

十六、3－甲硫基丙醛

3－甲硫基丙醛（3－Methylthio propionaldehyde）的 CAS 编号为 3268－49－3，FEMA 编号为 2747，中文名也叫 4－硫代戊醛、甲基巯基丙醛、2－硫代丁醛、3－（甲基硫代）丙醛、菠萝醛、B－甲硫基丙醛。3－甲硫基丙醛的分子结构式如图 7－19 所示。

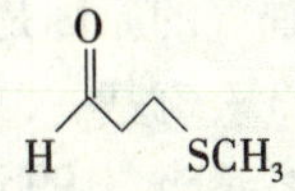

图 7－19　3－甲硫基丙醛的分子结构式

1987 年，Silwar 等最先在焙炒咖啡和生咖啡豆的挥发性成分中鉴定出 3－甲硫基丙醛。

咖啡香气成分中 3－甲硫基丙醛的相对含量与咖啡品种、焙炒程度等有关。同位素稀释法测定发现哥伦比亚阿拉比卡焙炒咖啡中 3－甲硫基丙醛的浓度是 240 ppb，印度尼西亚罗伯斯塔焙炒咖啡中其浓度是 95 ppb，前者比后者高（Semmelroch & Grosch，1995）。内标法多维高分辨 GC－MS 方法测定发现阿拉比卡生咖啡豆中 3－甲硫基丙醛的浓度是 22

ppb，焙炒后其浓度是 213 ppb（Czerny & Grosch，2000）。

3－甲硫基丙醛是由蛋氨酸发生 Strecker 降解反应生成的。3－甲硫基丙醛还是形成甲硫醇、二甲基二硫与丙烯醛的前体物质。

高浓度的3－甲硫基丙醛具有浓郁的洋葱味和肉味，低浓度的3－甲硫基丙醛具有令人感觉愉快的洋葱味和肉汤味（Arctander，1976）。3－甲硫基丙醛的浓度为2 ppm时具有典型的肉味和硫黄的气味（Flament，2002）。

3－甲硫基丙醛是阿拉比卡生咖啡豆和中度焙炒咖啡的特征性香气成分，其嗅觉阈值为9 μg/kg 纤维素（Czerny & Grosch，2000），其在水中的嗅觉阈值为0.2 ppb（Semmelroch & Grosch，1995）。

十七、3－巯基－3－甲基－1－甲酸丁酯

3－巯基－3－甲基－1－甲酸丁酯（3－Mercapto－3－Methyl－1－Butyl－1－Formate）的 CAS 编号为 50746－10－6，FEMA 编号为 3855，分子结构式如图 7－20 所示。

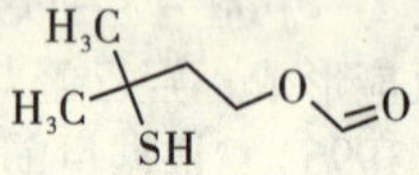

图 7－20　3－巯基－3－甲基－1－甲酸丁酯的分子结构式

1990 年，Holscher 等首次在焙炒咖啡风味化合物中鉴定出 3－巯基－3－甲基－1－甲酸丁酯。

咖啡香气成分中3－巯基－3－甲基－1－甲酸丁酯的相对含量与咖啡品种有关。同位素稀释法测定发现阿拉比卡焙炒咖啡风味化合物中3－巯基－3－甲基－1－甲酸丁酯的浓度是0.13 ppm，罗伯斯塔焙炒咖啡风味化合物中其浓度是 0.115 ppm，两者差异不显著（Semmelroch & Grosch，1995）。

焙炒咖啡风味化合物中3－巯基－3－甲基－1－甲酸丁酯的形成途径是：在焙炒过程中，由风味前体物质异戊（间）二烯二磷酸、硫化氢和蚁酸反应生成（Holscher et al.，1992）。

目前研究表明，3－巯基－3－甲基－1－甲酸丁酯是焙炒咖啡的特征性香气成分之一。3－巯基－3－甲基－1－甲酸丁酯具有香气的原因是3 位上含有巯基，分子中其他的结构对香气作用不大（Polak，1988）。纯的 3－巯基－3－甲基－1－甲酸丁酯具有甜水果味、猫尿味、焙烤味（Pearce et al.，1967；Grosch，1996）；浓度为0.1 ppm 时具有典型的水果味、青草味、硫黄味、啤酒花味，会让人联想到黑醋栗树叶、鼠尾草和橘子花的香气（Flament，2002）。只有将3－巯基－3－甲基－1－甲酸丁酯稀释到和咖啡饮料中的浓度一样低时，才会表现出焙炒咖啡香味（Vitzthum，1999）。

3－巯基－3－甲基－1－甲酸丁酯在空气中的嗅觉阈值为3×10^{-4} μg/m³，在水中的味觉阈值为3.5 ppt（0.003 5 μg/L，与空气中的嗅觉阈值相近）（Grosch，1996）。

十八、3－甲基－2－丁烯－1－硫醇

3－甲基－2－丁烯－1－硫醇（3－Methyl－2－Buten－1－Thiol）的 CAS 编号为 5287－45－6，FEMA 编号为 3896，中文名也叫异戊烯基硫醇、异戊二烯硫醇、1－巯基－3－甲基－2－丁烯。3－甲基－2－丁烯－1－硫醇的分子结构式如图 7－21 所示。

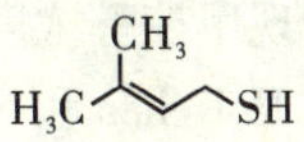

图 7－21　3－甲基－2－丁烯－1－硫醇的分子结构式

1990 年，Holscher 等首次在焙炒咖啡豆风味化合物中鉴定出 3－甲基－2－丁烯－1－硫醇。Grosch（1996）通过同位素稀释技术，以氘标记的标准品作为内标，测定新鲜焙炒的咖啡粉中 3－甲基－2－丁烯－1－硫醇的浓度是 8.2 ppb。

3－甲基－2－丁烯－1－硫醇还存在于啤酒和人体汗水中（Andrews，1987；Polak，1988）。啤酒中 3－甲基－2－丁烯－1－硫醇的形成是啤酒花异葎草酮在紫外光照射下分解形成的，反式异葎草酮光解后释放出异戊二烯基，异戊二烯基再捕获硫醇基生成 3－甲基－2－丁烯－1－硫醇，形成了啤酒中令人不愉快的风味（Bondeel et al.，1987）。

焙炒咖啡风味化合物中 3－甲基－2－丁烯－1－硫醇的形成途径主要有两条：含硫氨基酸和异戊（间）二烯醇在焙炒过程中进行热分解，形成 3－甲基－2－丁基－1－硫醇和 3－巯基－3－甲基丁醇；3－甲基－2－丁基－1－硫醇与硫脲进行反应合成（Holscher et al.，1992）。

纯的 3－甲基－2－丁烯－1－硫醇具有刺激性的韭葱气味；当浓度为 0.04 ppm 时，其具有肉类、咖啡、脂肪的香气特征（Flament，2002）；当浓度为 0.1 ppm 时，其具有臭鼬味（Soeltoft，1988）。

3－甲基－2－丁烯－1－硫醇在空气中的香气阈值是 0.2 $\mu g/m^3$～0.4 g/m^3，在水中的味觉阈值是 0.2 ppt～0.3 ppt（0.000 2μg/L～0.000 3 μg/L）。3－甲基－2－丁烯－1－硫醇在水中如此低的阈值解释了其在咖啡中检测到的含量很低，但是对咖啡的香气特征影响很大这一现象（Grosch，1996）。

十九、甲硫醇

甲硫醇（Methyl Mercaptan）的 CAS 编号为 74－93－1，FEMA 编号为 2716，中文名也叫甲烷硫醇、硫氢甲烷、巯基甲烷、硫氢甲烷、硫基甲烷、硫代甲醇。甲硫醇的分子结构式如图 7－22 所示。

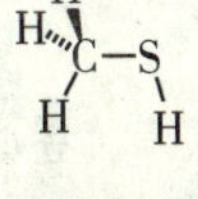

图 7－22　甲硫醇的分子结构式

1926 年，Reichstein 和 Staudinger 首次在焙炒咖啡风味化合物中鉴定出甲硫醇。随后，在生咖啡风味化合物中和生咖啡豆中检测到甲硫醇（Rodriguez et al.，1969；Gibson，1974）。

咖啡香气成分中甲硫醇的相对含量与咖啡品种、焙炒程度等有关。生咖啡风味化合物中甲硫醇的浓度为 0.1 ppm ~ 0.3 ppm（Stoffelsma et al.，1968），焙炒咖啡风味化合物中甲硫醇的浓度为 1.5 ppm ~ 4.3 ppm（Rhoades，1960）。Guyot 和 Vincent（1990）通过将咖啡的挥发性物质富集以后进行检测，发现甲硫醇浓度依次递减的顺序为：腐烂的阿拉比卡咖啡 > 阿拉比卡咖啡 > 罗伯斯塔咖啡。Holscher 和 Steinhart（1992）通过顶空对新鲜焙炒的咖啡中甲硫醇的浓度进行了分析，发现罗伯斯塔咖啡中甲硫醇的浓度是阿拉比卡咖啡的两倍多，并且在中度焙炒前，甲硫醇增加很慢，但是从中度焙炒到深度焙炒，甲硫醇增加很快。在焙炒过程中，二甲基硫的浓度保持不变或轻微减少。保存 8 天以后，通过顶空进样，气相色谱图中甲硫醇的绝对峰面积降低 30%；保存 3 个星期以后，甲硫醇的浓度是新鲜焙炒咖啡的 10% ~20%。

焙炒咖啡风味化合物中甲硫醇的形成途径主要有三条：甲硫氨酸在焙炒过程中高温分解产生；半胱氨酸和糖类物质发生美拉德反应产生；3 - 甲硫基丙醛加热分解产生（Merritt et al.，1970）。

甲硫醇具有令人反感的腐烂卷心菜气味。尽管甲硫醇具有这种独特的气味特征，但还是赋予焙炒咖啡明显的风味（Arctander，1967）。

甲硫醇在水中的阈值为 0.02 ppb，在空气中的阈值为 2.1 ppb（Guadagni et al.，1963）。

二十、二甲基三硫化物

二甲基三硫化物（Dimethyl trisulfide）的 CAS 编号为 3658 - 80 - 8，FEMA 编号为 3275，中文名也叫二甲基三硫、二甲三砜、二甲基三硫醚、甲基三硫醚。二甲基三硫化物的分子结构式如图 7 - 23 所示。

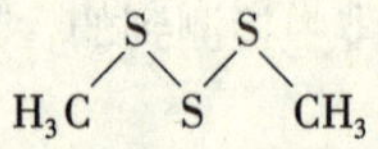

图 7 - 23　二甲基三硫化物的分子结构式

1980 年，Cros 等采用动态顶空分析研究焙炒咖啡贮藏过程中风味物质的变化时，首次在焙炒咖啡风味化合物中鉴定出二甲基三硫化物。随后，Tress 等（1981）也在焙炒咖啡风味化合物中鉴定出二甲基三硫化物。

阿拉比卡焙炒咖啡风味化合物中二甲基三硫化物的浓度是 1 ppb ~ 0.1 ppm（Silwar，1986）。

二甲基三硫化物具有浓郁的新鲜洋葱味、卷心菜味、燃烧味和煮熟味，比甲基丙基三硫醚更让人感觉清新（Arctander，1967；Flament，2002）。

二甲基三硫化物在水中的气味阈值是 0.01 ppb（Buttery，1976）。

二十一、愈创木酚

愈创木酚（Guaiacol）的 CAS 编号为 90－05－1，FEMA 编号为 2532，中文名也叫邻甲氧基苯酚、1，2－甲氧基苯酚、甲基儿茶酚、邻甲氧基酚、邻羟基苯甲醚、愈疮木酚、2－甲氧基苯酚。愈创木酚的分子结构式如图 7－24 所示。

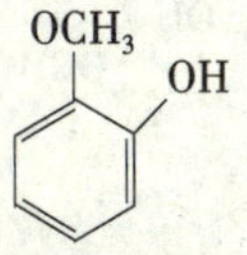

图 7－24　愈创木酚的分子结构式

1926 年，Reichstein 和 Staudinger 首次在焙炒咖啡风味化合物中鉴定出愈创木酚。随后，在不同产地的生咖啡豆的风味化合物中、生咖啡豆萃取物中以及阿拉比卡冲泡咖啡饮料的萃取液中检测到愈创木酚（Dyszel，1985；Ramos et al.，1998）。

咖啡香气成分中愈创木酚的相对含量与咖啡品种、焙炒程度等有关。阿拉比卡正常焙炒咖啡风味化合物中愈创木酚的浓度是 2.7 ppm，罗伯斯塔正常焙炒咖啡风味化合物中其浓度是 8.4 ppm，阿拉巴斯塔正常焙炒咖啡风味化合物中其浓度是 3.9 ppm，阿拉比卡过度焙炒咖啡风味化合物中其浓度增加到10.6 ppm（Tressl，1978）。罗伯斯塔正常焙炒咖啡风味化合物中其浓度是 35.8 ppm，罗伯斯塔过度焙炒咖啡风味化合物中其浓度是 95.5 ppm（Heinrich & Baltes，1987）。哥伦比亚焙炒咖啡风味化合物中愈创木酚的浓度是 2.11 ppm（Ho et al.，1993）。同位素稀释法（IDA）测定阿拉比卡焙炒咖啡风味化合物中愈创木酚的浓度是 4.2 ppm，罗伯斯塔焙炒咖啡风味化合物中其浓度是 28.2 ppm（Semmelroch & Grosch，1995）。墨西哥阿拉比卡生咖啡豆真空水蒸气蒸馏萃取物中，愈创木酚占其萃取物的 0.32%（Cantergiani et al.，2001）。

咖啡香气成分中愈创木酚的相对含量与焙炒温度、焙炒程度、贮藏方式等有关。在不同的焙炒温度条件下，罗伯斯塔咖啡焙炒 5 min 后，其风味化合物中愈创木酚的生成量存在显著差异：170 ℃时，其生成量小于 1 ppb；230 ℃时，其生成量是 1.6 ppm；260 ℃时，其生成量是 11.5 ppm（Silwar & Lüllmann，1993）。Hughes 和 Smith（1949）研究表明：随着焙炒程度的增加，总挥发性酚类化合物含量增加，特别是愈创木酚含量增加。咖啡贮藏期间愈创木酚含量的变化规律不好判断：当保存 6 个星期后，愈创木酚含量有所下降，但保存 3 年后其含量与新鲜焙炒咖啡中的含量接近。这是因为贮藏过程中的缩合作用可能会导致咖啡香气化合物中部分酚类化合物的损失，但测定时酚类化合物重新释放出来，导致在咖啡挥发性香气成分中能检测到，而检测主要是针对多种酚类物质混合物。

咖啡风味化合物中愈创木酚的形成途径主要有三条：阿魏酸加热分解产生；香兰素氧化产生；香草酸去碳酸基作用产生（Fiddler et al.，1967；Tressl et al.，1976）。

愈创木酚具有苯酚味、燃烧味、香烟味、木材味、肉味和轻微的医药味（Blank，1992；Flament，2002）。

愈创木酚在水中的嗅觉阈值是 2.5 ppb，风味阈值是 13 ppb（Semmelroch & Grosch，1995）。

二十二、4－乙基愈创木酚

4－乙基愈创木酚（4－Ethylguaiacol）的 CAS 编号为 2785－89－9，FEMA 编号为 2436，中文名称也叫 2－甲氧基－4－乙基苯酚、4－乙基－2－甲氧基苯酚、4－乙基愈疮木酚。4－乙基愈创木酚的分子结构式如图 7－25 所示。

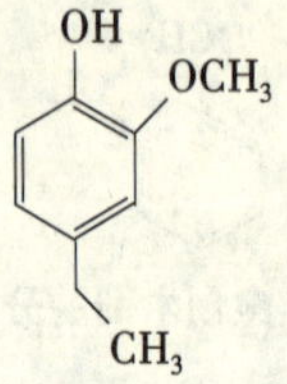

图 7－25　4－乙基愈创木酚的分子结构式

1966 年，Gianturco 等最早在焙炒咖啡风味化合物中鉴定出 4－乙基愈创木酚。随后，在生咖啡豆风味化合物中以及生咖啡豆萃取物中检测到 4－乙基愈创木酚（Czerny & Grosch，2001；Cantergiani et al.，2001）。

咖啡香气成分中 4－乙基愈创木酚的相对含量与咖啡品种、焙炒程度等有关。阿拉比卡焙炒咖啡风味化合物中 4－乙基愈创木酚的浓度是 0.30 ppm～1.50 ppm，罗伯斯塔焙炒咖啡中其浓度是 5.6 ppm，阿拉巴斯塔焙炒咖啡风味化合物中其浓度是 1.2 ppm（Tressl，1978；Silwar et al.，1987）。阿拉比卡生咖啡豆风味化合物中其浓度是 21 ppb，阿拉比卡中度焙炒咖啡风味化合物中其浓度是 4.06 ppm（Czerny & Grosch，2000）。同位素稀释分析方法（IDA）定量分析测定阿拉比卡焙炒咖啡风味化合物中 4－乙基愈创木酚的浓度是 1.63 ppm，罗伯斯塔焙炒咖啡风味化合物中其浓度是 18.1 ppm（Semmelroch Grosch，1995）。墨西哥阿拉比卡生咖啡豆真空水蒸气蒸馏萃取物中，4－乙基愈创木酚占其萃取物的 1.05%（Cantergiani et al.，2001）。

咖啡风味化合物中 4－乙基愈创木酚的形成途径主要有三条：4－乙烯基愈创木酚降解产生；阿魏酸加热分解产生；对羟基肉桂酸在酵母和乳酸菌的作用下产生（Tressl et al.，1976；Dubois，1983）。

二十三、4－乙烯基愈创木酚

4－乙烯基愈创木酚（4－Vinylguaiacol）的 CAS 编号为 7786－61－0，FEMA 编号为 2675，中文名称也叫 4－乙烯基－2－甲氧基－苯酚、2－甲氧基－4－乙烯苯酚、2－甲氧基－4－乙烯苯酚、4－乙烯基愈疮木酚。4－乙烯基愈创木酚的分子结构式如图 7－26 所示。

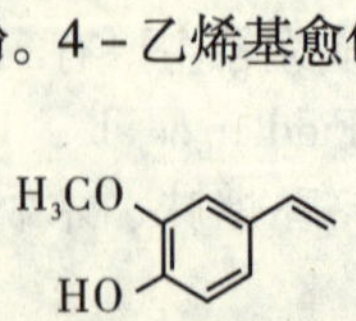

图 7－26　4－乙烯基愈创木酚的分子结构式

1926 年，Reichstein 和 Staudinger 首次在焙炒咖啡风味化合物中鉴定出 4 – 乙烯基愈创木酚。随后，在生咖啡豆挥发性风味化合物以及生咖啡豆萃取物中检测到 4 – 乙烯基愈创木酚（Prescott et al.，1937；Cantergiani et al.，2001）。

咖啡香气成分中 4 – 乙烯基愈创木酚的相对含量与咖啡品种有关。阿拉比卡焙炒咖啡风味化合物中 4 – 乙烯基愈创木酚的浓度范围是 8.0 ppm ~ 64.8 ppm，罗伯斯塔焙炒咖啡中其浓度是 19.5 ppm ~ 177.7 ppm，阿拉巴斯塔焙炒咖啡中其浓度是 18.4 ppm ~ 155 ppm。当焙炒咖啡暴露在 25 ℃的空气中 4 ~ 5 个星期后，4 – 乙烯基愈创木酚的含量达到最大值（Silwar et al.，1987；Grosch，1996）。Rio 生咖啡豆风味化合物中 4 – 乙烯基愈创木酚的含量是普通生咖啡豆的 3 倍（Spadone & Liardon，1988）。阿拉比卡生咖啡豆风味化合物中 4 – 乙烯基愈创木酚的浓度是 117 ppb，阿拉比卡中度焙炒咖啡风味化合物中其浓度是 39 ppm（Czerny & Grosch，2000）。墨西哥阿拉比卡生咖啡豆真空水蒸气蒸馏萃取物中，4 – 乙烯基愈创木酚占其萃取物的 0.61%（Cantergiani et al.，2001）。

咖啡香气成分中 4 – 乙烯基愈创木酚的相对含量还与焙炒温度、焙炒程度、贮藏方式等有关。在不同的焙炒温度条件下，罗伯斯塔咖啡焙炒 5min 后，其风味化合物中 4 – 乙烯基愈创木酚的生成量存在显著差异：焙炒温度为 170 ℃时，其生成量为 6 ppm；230 ℃时，其生成量是 8.7 ppm；260 ℃时，其生成量是 20 ppm（Silwar & Lüllmann，1993）。

咖啡风味化合物中 4 – 乙烯基愈创木酚的形成途径主要有四条：阿魏酸去碳酸基作用产生；香兰素发生格里纳德氏反应产生；阿魏酸在酵母与乳酸菌作用下产生；阿魏酸加热分解产生（Tressl et al.，1976；Dubois，1983）。

4 – 乙烯基愈创木酚具有浓郁的刺激性丁香味、淡而温暖的柏油味、香烟味和甜味，香气持久性强（Arctander，1967；Flament，2002）。

4 – 乙烯基愈创木酚在水中的嗅觉阈值为 3 ppb ~ 20 ppb（Tressl，1979；Semmelroch Grosch，1995），在空气中的嗅觉阈值为 80 μg/kg 纤维素（Czerny & Grosch，2000）。

二十四、乙醛

乙醛（Acetaldehyde）的 CAS 编号为 75 – 07 – 0，FEMA 编号为 2003，分子结构式如图 7 – 27 所示。

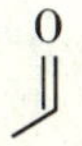

图 7 – 27　乙醛的分子结构式

1926 年，Reichstein 和 Staudinger 最先从焙炒咖啡风味化合物中分离鉴定出乙醛。乙醛是焙炒咖啡中最主要的脂肪族醛类物质。随后，在生咖啡豆中以及冲泡咖啡饮料风味化合物中都检测到乙醛（Shimoda & Shibamoto，1990）。乙醛可作为生咖啡豆在早期加工脱除果皮和果肉过程中腐败变质的指标（Rodriguez et al.，1969）。

咖啡香气成分中乙醛的相对含量与咖啡品种、焙炒程度、贮藏方式等有关。生咖啡豆风味化合物中乙醛的浓度为 1.6 ppm ~ 5.0 ppm，新鲜焙炒咖啡（焙炒温度为 200 ℃ ~ 220

℃）风味化合物中乙醛的浓度为45 ppm ~ 70 ppm（Rhoades，1960）。哥伦比亚阿拉比卡焙炒咖啡风味化合物中乙醛的浓度为139 ppm，肯尼亚阿拉比卡焙炒咖啡风味化合物中乙醛的浓度为141 ppm，明显高于异丁醛、2 - 甲基丁醛和异戊醛的浓度（Grosch，1996）。随着咖啡焙炒程度的增加，乙醛含量快速的增加；醛类化合物（主要是乙醛）的浓度从27 ppm增加至124 ppm。焙炒咖啡在贮藏期间，其风味化合物中乙醛的含量会小量下降（Hughes & Smith，1949）。

1990年，Shimoda和Shibamoto通过顶空GC - MS对冲泡咖啡饮料的香气成分进行分析，发现乙醛占挥发性物质总峰面积的2.5%，比乙醛峰面积大的物质有异丁醛（5.5%）、2 - 甲基丁醛（17.7%）和异戊醛（9.7%），并推断出后三种物质对于咖啡香气比乙醛更重要。Holscher和Steinhart（1992）采用顶空 - GC - 毛细管柱对新鲜焙炒咖啡的风味化合物进行分析，研究表明乙醛对咖啡的香气贡献没有异丁醛重要，但与2 - 甲基丁醛和异戊醛对咖啡的香气贡献同等重要。

咖啡风味化合物中乙醛的形成途径主要有三条：丙氨酸在多酚氧化酶的作用下分解产生；丙氨酸高温分解产生；糖高温分解产生。前者是生咖啡豆中乙醛的形成途径，后两者是焙炒咖啡中乙醛的形成途径（Merritt et al.，1970；Motoda，1979；Liardon et al.，1984）。

低浓度的乙醛具有刺激性的水果味、麦芽味和青草味（Motoda，1979；Flament，2002）。不同温度下乙醛具有不同气味，100 ℃时乙醛具有酸味和焦糖味，180 ℃时乙醛具有焦糖味、青草味和甜味（Fors，1983）。

乙醛在水溶液中的嗅觉阈值是15 ppb ~ 120 ppb，在空气中嗅觉阈值是0.005 ~ 0.12 mg/m^3，味觉阈值是1.3 ppm，风味阈值是22 ppb（Ahmed et al.，1978；Mulders，1973）。

二十五、丙醛

丙醛（Propionaldehyde）的CAS编号为123 - 38 - 6，FEMA编号为2923，中文名也叫正丙醛、甲基乙醛。丙醛的分子结构式如图7 - 28所示。

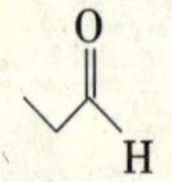

图7 - 28　丙醛的分子结构式

1958年，Rhoades最先从生咖啡豆挥发性物质中分离鉴定出丙醛。随后，在焙炒咖啡和冲泡咖啡饮料挥发性风味化合物以及阿拉比卡冲泡咖啡饮料萃取物中检测到丙醛（Ramoset al.，1998）。

生咖啡豆挥发性风味化合物中丙醛的浓度为0.05 ppm ~ 0.4 ppm，焙炒咖啡挥发性风味化合物中丙醛的浓度为6 ppm ~ 11 ppm（Rhoades，1960）。哥伦比亚和肯尼亚阿拉比卡咖啡粉风味化合物中，丙醛的浓度都是17 ppm（Grosch，1996）。

咖啡风味化合物中丙醛的形成途径主要有两条：焙炒过程中丝氨酸高温分解产生；糖高温分解产生（Liardon et al.，1984；Merritt et al.，1970）。

高浓度的丙醛具有令人窒息的刺激性气味，会损害呼吸系统。低浓度的丙醛具有水果香味、青草味和焙炒咖啡味（Arctander，1967；Flament，2002）。

丙醛在水中的风味阈值是0.17 ppm，在水中的香气阈值是10 ppb（Grosch，1995）。

二十六、(E)－β－大马酮

(E)－β－大马酮［(E)－β－Damascenone］的CAS编号为23726－93－4，FEMA编号为3420，中文名称也叫大马士酮、(E)－1－(2，6，6－三甲基－1，3－环己二烯－1－基)－2－丁烯－1－酮、β－大马烯酮、突厥酮。(E)－β－大马酮的分子结构式如图7－29所示。

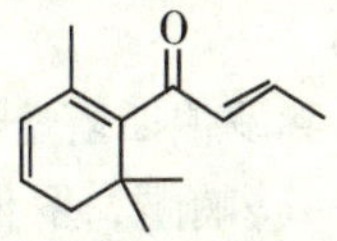

图7－29　(E)－β－大马酮的分子结构式

1989年，Gautschi和Willhalm首次在焙炒咖啡香气成分中鉴定出（E）－β－大马酮。随后，在生咖啡和冲泡咖啡饮料挥发性风味化合物中检测到（E）－β－大马酮（Spadone & Liardon，1990；Blank，1992）。

咖啡香气成分中（E）－β－人马酮的相对含量与咖啡品种、焙炒程度、贮藏方式等有关。生咖啡豆风味化合物中（E）－β－大马酮的浓度为0.3 ppb，焙炒咖啡豆风味化合物中其浓度是255 ppb（Czerny & Grosch，2000）。哥伦比亚阿拉比卡生咖啡中（E）－β－大马酮的浓度是90 ppb（Holscher & Steinhart，1995）。阿拉比卡焙炒咖啡风味化合物中（E）－β－大马酮的浓度是0.26 ppb，罗伯斯塔焙炒咖啡风味化合物中其浓度是0.293 ppb。罗伯斯塔焙炒咖啡比阿拉比卡焙炒咖啡的（E）－β－大马酮浓度高10%，而且冲泡罗伯斯塔咖啡饮料时，只有18%的（E）－β－大马酮被萃取（Sen et al.，1991）。同位素稀释法测定哥伦比亚阿拉比卡和印度尼西亚罗伯斯塔焙炒咖啡中（E）－β－大马酮的浓度都是0.20 ppm。(E)－β－大马酮是焙炒咖啡粉的特征性香气成分（Semmelroch & Grosch，1995），但(E)－β－大马酮不是生咖啡豆的特征性香气成分（Czerny & Grosch，2000）。

焙炒咖啡风味化合物中（E）－β－大马酮的形成途径是：类胡萝卜素在焙炒过程中加热降解，再经过氧化和异构化作用形成（Holscher & Steinhart，1995）。

(E)－β－大马酮具有果汁香味、茶味、蜂蜜味、水果味、木材味和甜味（Holscher et al.，1990；Flament，2002），其（Z）－异构体具有藏红花味、胡椒粉味、玫瑰香味、水果香味和香甜的花香味（Flament，2002）。

(E)－β－大马酮在水中的香气阈值是0.75 ppt～9 ppt，在空气中的香气阈值是0.15 μg/kg纤维素，在空气中的嗅觉阈值为0.002～0.004 μg/m^3（Ohloff，1978；Czerny & Grosch，

2000）。

二十七、3－羟基－4，5－二甲基－2（5H）－呋喃酮

3－羟基－4，5－二甲基－2（5H）－呋喃酮（4，5－Dimethyl－3－Hydroxy－2，5－Dihydrofuran－2－One）的CAS编号为28664－35－9，FEMA编号为3634，中文名称也叫葫芦巴内酯、4，5－二甲基－3－羟基－2，5－二氢呋喃－2－酮。3－羟基－4，5－二甲基－2（5H）－呋喃酮的分子结构式如图7－30所示。

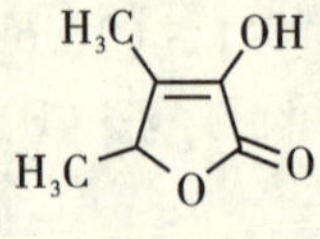

图7－30　3－羟基－4，5－二甲基－2（5H）－呋喃酮的分子结构式

1992年，Blank等首次在阿拉比卡和罗伯斯塔焙炒咖啡粉及两种冲泡咖啡饮料中鉴定出3－羟基－4，5－二甲基－2（5H）－呋喃酮，罗伯斯塔焙炒咖啡粉中其含量很低。随后，在生咖啡豆风味化合物中检测到3－羟基－4，5－二甲基－2（5H）－呋喃酮，它是生咖啡豆的特征性香气成分（Czerny & Grosch，2000）。

咖啡香气成分中3－羟基－4，5－二甲基－2（5H）－呋喃酮的相对含量与咖啡品种、焙炒程度、贮藏方式等有关。3－羟基－4，5－二甲基－2（5H）－呋喃酮是焙炒阿拉比卡咖啡的特征性香气成分（Blank，1992）。肯尼亚阿拉比卡焙炒咖啡中3－羟基－4，5－二甲基－2（5H）－呋喃酮的浓度为1.36 ppm～1.47 ppm（Grosch，1996）。同位素稀释法测定罗伯斯塔焙炒咖啡中3－羟基－4，5－二甲基－2（5H）－呋喃酮的浓度为0.63 ppm，阿拉比卡焙炒咖啡中其浓度为1.36 ppm～1.47 ppm（Semmelroch & Grosch，1995）。阿拉比卡生咖啡豆风味化合物中3－羟基－4，5－二甲基－2（5H）－呋喃酮的浓度为0.7 ppb，中度焙炒阿拉比卡咖啡豆风味化合物中其浓度为1.870 ppm（Czerny & Grosch，2000）。

3－羟基－4，5－二甲基－2（5H）－呋喃酮的形成途径主要有四条：羟基乙醛和2，3－丁二酮反应生成（Hofmann & Schieberle，1996）；苏氨酸转化成2－酮丁酸，2－酮丁酸与乙醛发生缩合反应再环化形成（Guichard et al.，1998）；草酸二乙酯和丙酸乙酯发生缩合反应，随后与乙醛再进行缩合，最后在酸性条件下进行脱羧基形成（Sulser et al.，1972）；草酸二乙酯和丙酸乙酯发生缩合反应，随后与乙醛再进行缩合，最后在水溶液中通过加热进行脱羧基形成（Martin，1990）。

Martin等将合成的3－羟基－4，5－二甲基－2（5H）－呋喃酮置于冰箱中，保存3年后很稳定；他们研究了烯醇式葫芦巴内酯和酮式葫芦巴内酯的平衡，探讨了两者之间的相互转化；发现烯醇式葫芦巴内酯在高pH值条件下不稳定，会转化成酮式葫芦巴内酯，当降低pH值后，这种转化是不可逆的。只有在紫外线和核磁共振光谱范围内才能发现烯醇式葫芦巴内酯。它在紫外光照射下发生降解反应产生自由基，其中一种降解产物为1－戊烯－3－醇。

高浓度的3－羟基－4，5－二甲基－2（5H）－呋喃酮具有坚果味、甜味、调味品味、

燃烧味和蜜饯味，低浓度时其具有胡桃味和焦糖味（Manley et al.，1980；Etievant，1991）。两种对映（结构）体的3－羟基－4，5－二甲基－2（5H）－呋喃酮都有糖味（Okada,1983）。

3－羟基－4，5－二甲基－2（5H）－呋喃酮在空气中的香气阈值是0.01～0.02 μg/m³，在水中的香气阈值是20 ppb，味觉阈值为1 ppb～5 ppb（Semmelroch & Grosch，1995；Czerny & Grosch，2000）。

二十八、3－羟基－4－甲基－5－乙基－2（5H）－呋喃酮

3－羟基－4－甲基－5－乙基－2（5H）－呋喃酮（3－Hydroxy－4－Methyl－5－Ethyl－2（5H）Furanone）的CAS编号为698－10－2，FEMA编号为3153，中文名称也叫乙基葫芦巴内酯、5－乙基－3－羟基－4－甲基－2（5H）－呋喃酮、5－乙基羟基甲基－二氢呋喃酮、3－羟基－4－甲基－5－乙基－2（5H）－呋喃酮。3－羟基－4－甲基－5－乙基－2（5H）－呋喃酮的分子结构式如图7－31所示。

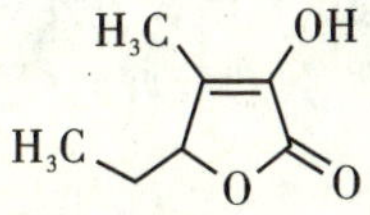

图7－31　3－羟基－4－甲基－5－乙基－2（5H）－呋喃酮的分子结构式

1992年，Blank等首次在阿拉比卡和罗伯斯塔焙炒咖啡中鉴定出3－羟基－4－甲基－5－乙基－2（5H）－呋喃酮，发现罗伯斯塔咖啡中其含量很低。

咖啡香气成分中3－羟基－4－甲基－5－乙基－2（5H）－呋喃酮的相对含量与咖啡品种有关。同位素稀释法测定罗伯斯塔焙炒咖啡中3－羟基－4－甲基－5－乙基－2（5H）－呋喃酮的浓度为0.085 ppm，阿拉比卡焙炒咖啡中该物质的浓度为0.160 ppm（Grosch，1996）。

3－羟基－4－甲基－5－乙基－2（5H）－呋喃酮的形成途径主要有三条：草酸二乙酯和丙酸乙酯发生缩合反应，随后与丙醛再进行缩合，最后在酸性条件下进行脱羧基形成（Sulser et al.，1972）；丁间醇醛与2－酮丁酸发生缩合反应，随后脱羧基合成（Sulser，1967）；苏氨酸通过降解生成2－酮丁酸，再脱羧基形成。

3－羟基－4－甲基－5－乙基－2（5H）－呋喃酮具有槭木味道，还具有明显的咖喱食品风味，产生这两种不同风味的原因是3－羟基－4－甲基－5－乙基－2（5H）呋喃酮的烯醇化或不稳定，形成了其他物质（Manley et al.，1980）。浓度为0.1 ppm时，3－羟基－4－甲基－5－乙基－2（5H）呋喃酮具有麦芽味、糖浆味、焦糖味和调味品味（Flament，2002）。

3－羟基－4－甲基－5－乙基－2（5H）－呋喃酮的味觉阈值为1 ppb～5 ppb，在空气中的香气阈值是2～4 ng/m³，在水中的香气阈值是7.5 ppb（Blank，1992；Semmelroch & Grosch，1995）。

第二节　焙炒咖啡非挥发性化合物

咖啡焙炒产物主要分为非挥发性化合物和挥发性化合物，挥发性化合物主要对咖啡香气起重要作用；非挥发性化合物主要决定咖啡的酸味、苦味和涩味。焙炒咖啡的非挥发性化合物主要有下面九类：

（1）咖啡因。

（2）葫芦巴碱及其非挥发性衍生化合物：烟酸和N－甲基烟碱。

（3）蛋白质和肽类化合物。

（4）纤维素、半纤维素、阿拉伯半乳聚糖和胶质等多聚糖化合物，这些对保留咖啡挥发性香味起重要作用，也有利于保持咖啡饮料的黏性口感。

（5）黑腐酸或蛋白类黑素，这是氨基酸与单糖发生 Maillard 反应的最终产物；它们是褐色物质，使焙炒咖啡呈现特征性褐色。

（6）柠檬酸、苹果酸和乙酸等羧酸类物质，主要对咖啡饮料的酸味起重要作用。

（7）绿原酸，主要是肉桂酸、咖啡酸、阿魏酸、异阿魏酸和芥子酸及其主要降解产物奎宁酸，对咖啡饮料的涩味起重要作用。

（8）酯类化合物包括甘油三酸酯、萜烯类化合物、维生素 E 和固醇，主要对咖啡饮料的黏性起重要作用。

（9）矿物质，钾是咖啡中含量最丰富的矿物质，约占40%（*w/W*）；锰（10 ppm～50 ppm）、铁（15 ppm～40 ppm）和铜（2 ppm～5 ppm）等金属是在焙炒和保存期间反应发生的催化剂。

本节将详细介绍焙炒咖啡中具有苦涩味和酸味的非挥发性化合物。

一、焙炒咖啡的苦涩味物质

化学家对咖啡饮料中具有苦涩味感的物质一直保持着浓厚的兴趣。咖啡因具有苦涩味，所以咖啡因被认为是咖啡饮料的主要苦涩物质。然而，咖啡饮料中咖啡因的含量只占苦涩物质的10%～30%（Macrae，1985），而且脱咖啡因速溶咖啡饮料也具有苦涩味。这说明咖啡中除了咖啡因，还有其他化合物也具有苦涩味。研究表明：葫芦巴碱、绿原酸等多酚类化合物、类黑素等都具有苦涩味。

咖啡中的蛋白质（氨基酸）在焙炒以后会形成带有苦涩味的物质。2000 年，Ginz 和 Engelhardt 从焙炒咖啡及其水提取蛋白中鉴定出了 5 种由脯氨酸和其他氨基酸形成的二酮哌嗪类物质。二酮哌嗪是由两个相同的或不同的氨基酸通过环化脱水生成的环二肽。环二肽广泛存在于发酵食品和热加工处理的食品当中，给食品带来了苦味。Ginz 和 Engelhardt 在咖啡中鉴定的 5 种二酮哌嗪分别为环化（pro－ile）、环化（pro－leu）、环化（pro－phe）、环化（pro－pro）和环化（pro－val）（图 7－32）。研究人员采用的分离技术包括凝胶色谱和溶剂（$CHCl_3$）萃取，鉴定方法为 LC－ESI－MS 和 LC－ESI－MS/MS，同时还采用了 GC－EI－MS 进行鉴定。通过这些方法的鉴定，研究人员明确了焙炒咖啡中含有给焙炒咖啡带来苦味的上述 5 种二酮哌嗪类物质。

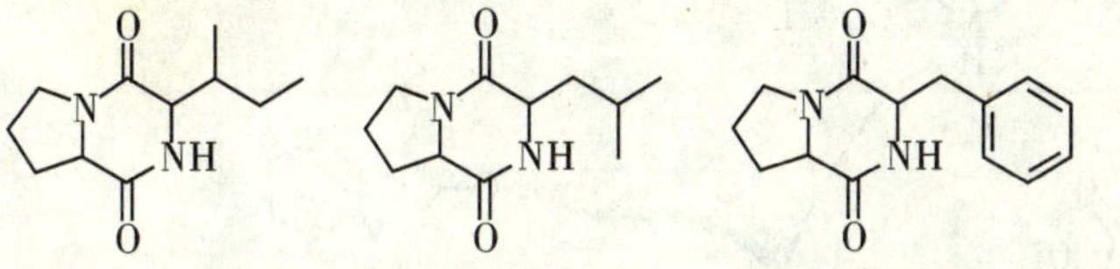

Ⅰ.环化（pro-ile） Ⅱ.环化（pro-leu） Ⅲ.环化（pro-phe）

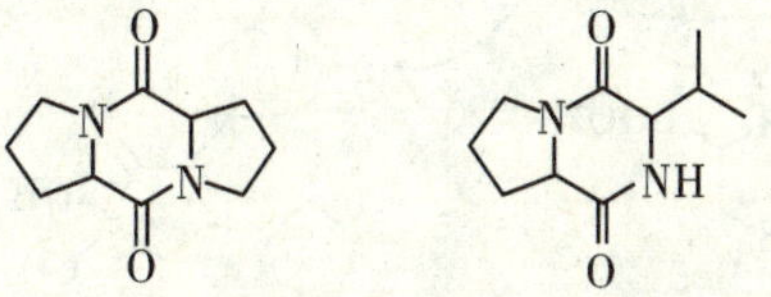

Ⅳ.环化（pro-pro） Ⅴ.环化（pro-val）

图 7－32 脯氨酸与其他氨基酸环化脱水生成的二酮哌嗪

咖啡焙炒过程中发生的 Maillard 反应会产生苦涩味物质，而半胱氨酸是咖啡苦涩味物质形成的抑制剂。蔗糖与脯氨酸加热发生的美拉德反应的产物具有很浓的苦涩味（Papst et al.，1984；Papst，et al.，1985）；Hofman（1999）将等摩尔葡萄糖与脯氨酸在 180 ℃下焙炒 15 min 后生成具有苦涩味的氨基已糖还原酮 1 和 2，其反应机理如图 7－33 所示。反应过程中葡萄糖与脯氨酸会先形成中间产物已糖衍生物 3。当在葡萄糖与脯氨酸的反应体系中添加 L－半胱氨酸再进行反应时，焙炒产生的苦涩味物质的含量会戏剧性地下降，这是因为中间产物已糖衍生物 3 更容易与半胱氨酸反应形成 7－羟基－4a，6－二甲基－2H，3H，4aH－呋喃并［2，3－b］噻嗪，导致已糖衍生物 3 与脯氨酸反应形成氨基已糖还原酮的反应很难进行（图 7－34）。

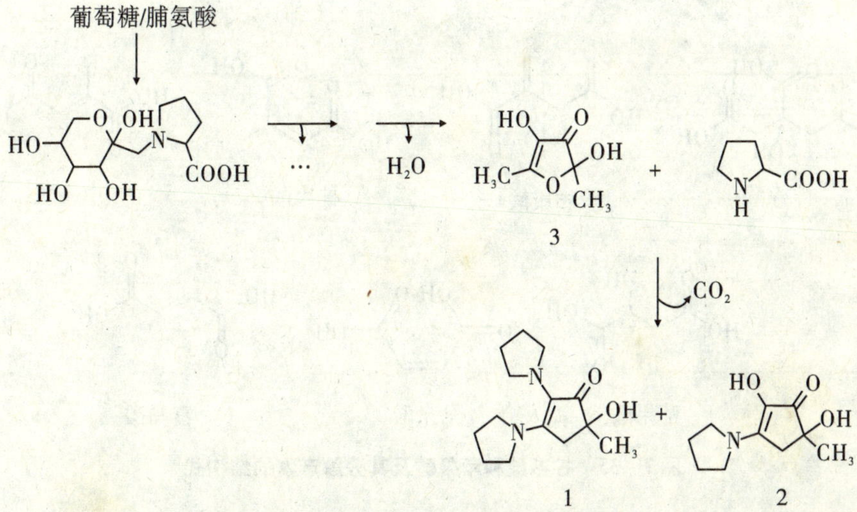

图 7－33 葡萄糖与脯氨酸反应生成氨基已糖还原酮 1 和 2 的反应机理

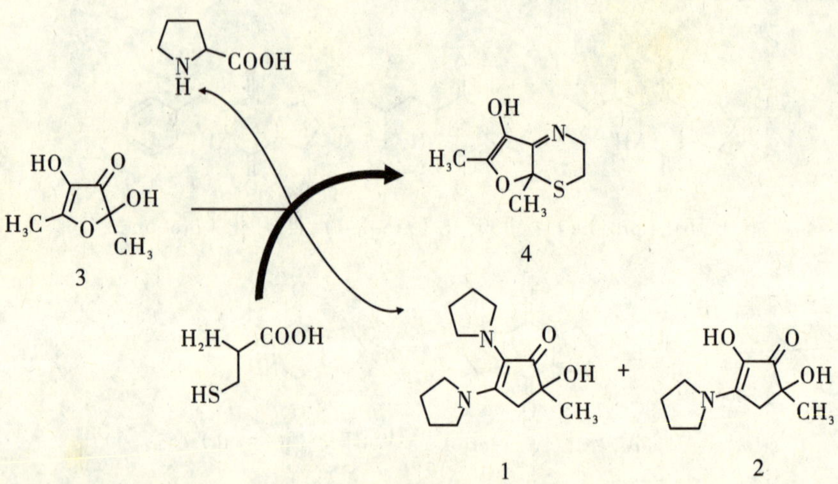

图 7－34　L－半胱氨酸阻断生成具有苦味的氨基己糖还原酮 1 和 2

总之，咖啡因、葫芦巴碱、酚类化合物与焙炒过程中产生的环肽和氨基己糖还原酮等化合物共同作用，形成咖啡的苦涩味。

二、焙炒咖啡的酸味物质

（一）焙炒咖啡的酸类化合物

到目前为止，研究发现焙炒咖啡的酸类化合物主要包括甲酸、乙酸、乙醇酸、磷酸、咖啡酸、奎宁酸、绿原酸、柠檬酸、苹果酸、酒石酸、草酸、丙酮酸、庚二酸、邻苯二甲酸、辛二酸、癸二酸、抗坏血酸、异阿魏酸、十二二酸、芥子酸、琥珀酸、衣康酸、柠康酸、中康酸、马来酸、乳酸和富马酸。其中，衣康酸、柠康酸和中康酸是柠檬酸的分解产物，马来酸和富马酸是苹果酸的分解产物（图 7－35）。

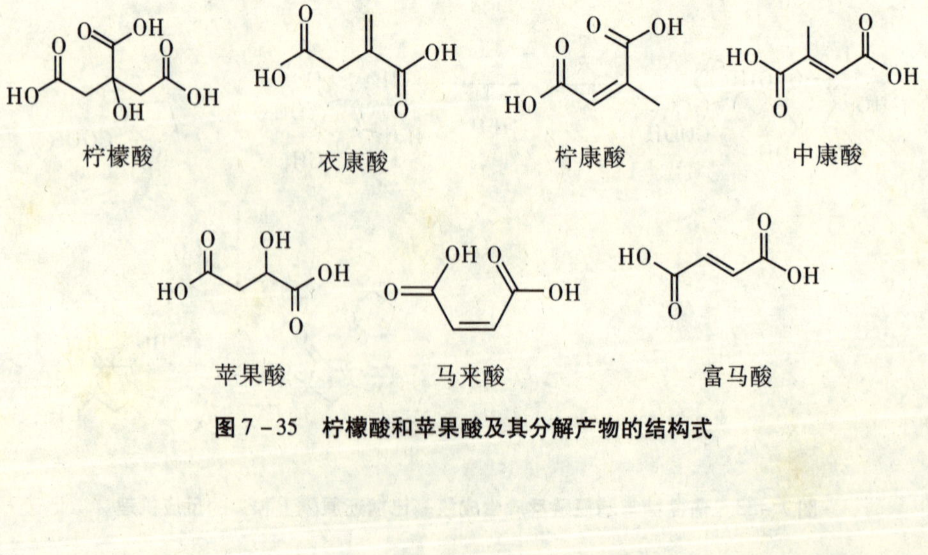

图 7－35　柠檬酸和苹果酸及其分解产物的结构式

（二）焙炒咖啡的酸类化合物含量测定方法

到目前为止，焙炒咖啡的酸类化合物含量测定方法主要有：

（1）采用纸层析色谱分离出咖啡酸、奎宁酸和绿原酸。

（2）采用柱层析色谱分离出柠檬酸、苹果酸、酒石酸、草酸、丙酮酸和乙酸（Clements & Deatherage，1957）。

（3）使用丁醇、氯仿萃取焙炒咖啡中的酸类化合物，再使用柱色谱冲洗，最后使用 GC - IR（Intra - red Reflectance）- MS 分析测定其中的甲酯化合物，鉴定出酸类化合物。使用该方法测定出焙炒咖啡中柠檬酸的含量为 9 g/kg、乙酸为 5 g/kg、乳酸为 4 g/kg（Woodman，1967）。

（4）采用 GC 分析咖啡酸类甲酯化物质和酸类三甲基色氨酸衍生物，测定咖啡酸类物质的含量（Feldman et al.，1969）。

（5）采用液相色谱分析酸类苯酯化合物并用其测定咖啡酸类物质的含量（Moll & Pictet，1980）。

（6）采用酶法分析焙炒过程中坦桑尼亚阿拉比卡咖啡的柠檬酸、苹果酸、乳酸、丙酮酸和乙酸中的羧酸含量（表 7 - 4）的变化（Blanc，1977）。

（7）采用毛细管等速电泳测定焙炒咖啡酸类物质，主要包括甲酸、苹果酸、绿原酸、柠檬酸、乙酸、乙醇酸和磷酸（Scholze，1983）。

（8）采用硅烷化作用与 GC 相结合测定奎宁酸含量，研究发现焙炒咖啡豆与焙炒咖啡粉中奎宁酸的含量为 8.7 ~ 16.6 g/kg。焙炒咖啡中，奎宁酸含量与奎宁内酯含量成比例关系。当焙炒损失率（Roast Loss，RL）为 15% 时，奎宁酸含量达到最大值。焙炒损失率为干物质损失的百分含量（Maier，1985）。

（9）采用毛细管气相色谱分析测定焙炒咖啡中有机酸化合物和蔗糖的含量（Hughes & Thorpe，1987）。

（10）采用 GC 分析酸类物质的三甲基色氨酸衍生物，研究发现了 27 种有机酸化合物，首次在咖啡中发现了庚二酸、邻苯二甲酸、辛二酸、癸二酸、抗坏血酸、异阿魏酸、十二二酸、芥子酸。

（11）使用凝胶电泳测定咖啡中的非挥发性酸类物质。该方法是先冷冻干燥，再将酸类化合物转移到三甲基硅胶衍生物中，最后采用 GC - MS 分离鉴定。该方法可以分离 5 种主要酸类物质和 14 种次要酸类物质（Engelhardt & Maier，1985）。表 7 - 5 是采用该方法测定焙炒咖啡中酸类物质的含量。

（12）Van der Stegen 和 Van Duijin（1987）以 17 个不同产地的焙炒咖啡为原料，采用 HPLC - UV 在波长 210 nm 下检测其主要有机酸化合物含量。他们采用这个方法测定了咖啡中柠檬酸、苹果酸、奎宁酸、琥珀酸、乙醇酸、乳酸、甲酸和乙酸的含量（表 7 - 6）。但是这个方法不能测定咖啡中磷酸的含量。

（13）最近，研究人员采用一种新方法——毛细管电泳测定咖啡中主要脂肪族有机酸类物质的含量。毛细管电泳比 HPLC 分离效果更好、分析速度更快，能够广泛应用于不同类型食品中酸类物质的测定。Weers 等（1995）以生咖啡与不同焙炒程度的咖啡为原料，采用毛细管电泳测定哥伦比亚阿拉比卡和印度尼西亚罗伯斯塔咖啡中的主要脂肪族酸类物质的含量。表 7 - 7 和表 7 - 8 是 Weers 等采用毛细管电泳测定两种咖啡酸类物质与有机焙炒损失率（Organic Roast Loss，ORL）之间的关系。有机焙炒损失率是指以干基计的焙炒损失。研究表明：生咖啡豆中的主要酸类物质是苹果酸、柠檬酸和奎宁酸。随着焙炒程度的增加，咖啡中苹果酸、柠檬酸的含量减少，奎宁酸和其他脂肪酸的含量增加。奎宁酸的含量随焙炒程度的增加而增加，是由于绿原酸的分解。焙炒程度再增加，甲酸和乙酸的含量就会开始减少。由于甲酸的强挥发性，甲酸含量在低焙炒度时就开始减少。

表 7－4　酶法分析咖啡焙炒过程中羧酸化合物含量（g/kg，以干基计）随焙炒的变化

酸类物质	RL（%）						
	11.6	12.15	13.45	13.8	15.1	17.25	17.75
柠檬酸	8.7	7.8	7.4	6.8	7.2	5.1	5.5
苹果酸	3.9	2.8	3.4	2.7	2.1	2.4	2.4
乳酸	0.8	0.3	1.5	3.2	1.2	3.2	1
丙酮酸	1.7	0.9	1.3	1.4	1.3	1.3	1.4
乙酸	1.1	1	2.4	2.7	3.1	2.5	2.2

表 7－5　凝胶电泳测定焙炒咖啡酸类物质的含量

酸类化合物	含量（g/kg）
苹果酸	2.16
奎宁酸	7.93
柠檬酸	6.72
2－呋喃酸	0.14
马来酸	0.09
磷酸	1.78
3，4－二羟基苯甲酸	0.08
2，5－二羟基苯甲酸	0.23
甲酸	2.01
绿原酸	21.4
乙酸	5.15
乙醇酸	1.32
衣康酸	0.08
焦谷氨酸	0.87
琥珀酸	0.07
柠康酸	0.54
反－丁烯二酸	0.12
乳酸	0.88
酒石酸	0.04

表 7-6　HPLC-UV 测定焙炒咖啡酸类物质含量

酸类化合物	含量范围（g/kg）
柠檬酸	4.3~7.0
奎宁酸	8.9~15.0
琥珀酸	1.9~8.0
乙醇酸	1.7~4.9
苹果酸	1.0~3.9
甲酸	1.8~2.5
乙酸	3.6~5.5
乳酸	0.0~1.8

表 7-7　毛细管电泳法测定哥伦比亚阿拉比卡咖啡中酸类物质含量与有机焙炒损失率的关系

酸类物质含量（g/kg）	ORL（%）				
	0.0（生咖啡）	3.3	4.2	5.1	6.4
甲酸	ND	2.29	2.53	2.47	2.28
苹果酸	4.02	3.29	3.11	2.49	2.00
柠檬酸	13.11	11.1	9.53	7.66	6.34
琥珀酸	ND	0.28	0.25	0.36	0.33
乙醇酸	ND	1.28	1.64	1.81	2.02
乙酸	0.29	3.76	4.18	4.86	4.98
乳酸	ND	0.73	1.00	1.35	1.30
磷酸	1.45	1.88	1.69	2.30	2.18
奎宁酸	6.87	9.96	8.81	8.94	9.12

注：ND 表示没有检测到。

表 7-8　毛细管电泳法测定印度尼西亚罗伯斯塔咖啡中酸类物质含量与有机焙炒损失率的关系

酸类物质含量（g/kg）	ORL（%）				
	0.0（生咖啡）	3.25	4.15	5.0	6.5
甲酸	0.18	0.86	1.31	1.48	1.61
苹果酸	2.47	2.40	2.20	1.93	1.45
柠檬酸	13.50	13.38	12.26	10.79	8.38
琥珀酸	0.13	0.23	0.37	0.43	0.45
乙醇酸	ND	0.47	0.86	1.04	1.30
乙酸	0.15	1.98	2.73	3.0	3.25
乳酸	ND	ND	0.51	0.71	0.77
磷酸	2.79	4.05	5.47	6.35	5.95
奎宁酸	4.70	10.01	10.82	12.32	13.19

注：ND 表示没有检测到。

对比分析表 7－7 和表 7－8 发现，与阿拉比卡咖啡相比，罗伯斯塔咖啡中磷酸的含量高些，焙炒过程中罗伯斯塔咖啡中的奎宁酸含量增加快速，研究结果表明罗伯斯塔咖啡中绿原酸的含量高些。除了磷酸、奎宁酸、柠檬酸和琥珀酸，哥伦比亚阿拉比卡焙炒咖啡中其他脂肪族酸类物质的含量较高。

（三）总酸度与酸味的关系

咖啡饮料的酸度或酸味是其重要的感官特性。一般来说，酸类物质含量占生咖啡重量的 11%，酸类物质含量占焙炒咖啡重量的 6%（Maier，1987）。特别是高品质阿拉比卡咖啡豆，不管是浅度焙炒还是中度焙炒，酸味都是焙炒咖啡重要的感官特性（Clifford，1989）。肯尼亚咖啡因为其适当酸度而著名（Vitzthum，1976）。深度焙炒咖啡由于酸度较低，所以苦涩味是其重要的感官特性。

生咖啡豆的加工方式、咖啡豆的品种以及焙炒程度都会影响咖啡饮料的酸度和 pH 值（Werner & Kohley，1965）。湿法加工的咖啡豆的酸度比干法加工的高些。与阿拉比卡咖啡相比，罗伯斯塔咖啡的酸度低些。阿拉比卡咖啡饮料的 pH 值为 4.85～5.15，罗伯斯塔咖啡饮料的 pH 值为 5.25～5.40，所以阿拉比卡咖啡饮料的酸度比罗伯斯塔咖啡饮料的高。深度焙炒咖啡的酸度比浅度焙炒和中度焙炒咖啡的低。

咖啡饮料的酸味与 pH 值之间存在一定的相关性。咖啡饮料的总酸度以可滴定酸度（Titratable Acidity，TA）表示，可滴定酸度与酸味之间的相关性比 pH 值与酸味之间的相关性更好。但是，关于酸度的 pH 值滴定终点有很多不同观点。Ciurea 和 Vösgen（1985）研究表明，当 pH 值为 7.0 时，至少 99% 的咖啡酸类物质处于游离状态，所以 pH 值滴定终点为 7.0。Maier 等（1983）研究表明，当 pH 值为 6.0 时，可滴定酸度与酸味之间的相关性更好，因为人舌头周围的唾液 pH 值在 6.0 左右。

第八章

咖啡挥发性香气成分

许多研究人员对咖啡挥发性香气成分进行了研究。至今已确认的挥发性香气成分大约为1 000种，主要包括烃类、醇类、呋喃类、噻吩类、噻唑类、醛类、酮类、酸类、吡嗪类、吡咯类、吡啶类、噁唑类等化合物（表8－1）。据报道，在咖啡挥发性香气成分中，首先是呋喃类、噻吩类化合物起着重要作用，它们形成咖啡特有的甜香气味，其次是吡嗪类、噁唑类、噻唑类等碱性组分。其中，2－甲基吡嗪和二甲基吡嗪含量最多，分别是65 mg/kg和19 mg/kg，其他化合物含量甚微。这些成分虽然含量高低不等，并且单独存在时也不呈咖啡香气，但都是咖啡香气的重要组分。若从挥发性香气物质中除去这些碱性成分，咖啡香气会受到相当严重的影响。此外，能形成木香味的2－壬烯醛和形成焦糖香味的3－羟基－3－戊烯－2－酮也是咖啡香气的辅助成分。本章将详细介绍生咖啡与焙炒咖啡中17类化合物。

表8－1　咖啡挥发性香气成分物质的种类与数量

香气成分种类	生咖啡特有	焙炒咖啡特有	共有数量	总数量
烃类	12	33	32	77
醇类	16	9	23	48
醛类	13	11	29	53
酮类	7	69	20	96
酸类	2	16	55	73
酯类	20	24	12	56
内酯类	5	7	3	15
酚类	8	65	17	90
呋喃类和吡喃类	2	127	19	148
噻吩类	—	29	—	29
吡咯类	1	75	3	79
噁唑类	—	—	24	24

（续上表）

香气成分种类	生咖啡特有	焙炒咖啡特有	共有数量	总数量
噻唑类	—	—	28	28
吡啶类	—	17	9	26
吡嗪类	3	71	26	100
胺类化合物与含氮化合物	8	20	4	32
含硫化合物	—	24	6	30
总数量	97	597	310	1 004

第一节 烃类化合物

咖啡挥发性香气成分化合物中有许多直链烷烃化合物或支链烷烃化合物。例如，在咖啡油的低分子量烷烃化合物中鉴定出丙烷和庚烷（Zlatkis & Sivetz，1960）。

烃类化合物的形成机理主要有：食品风味物质经过代谢产生（如绿茶）；通过酶促反应形成（如黑茶和可可）；通过高温分解转化而成（如咖啡）。

当咖啡焙炒温度接近200 ℃时，产生大量低分子量烷烃化合物；在保存期间，咖啡脂肪氧化产生大量多不饱和烷烃化合物（Merritt et al.，1970）。

正己烷或环己烷等烷烃类化合物气味很明显，但是关于烷烃类化合物对味觉、嗅觉或视觉器官的影响研究很少。2－甲基丙醛、2－甲基丁醛、3－甲基丁醛、2－甲基戊醛与2，4－二甲基戊醛这五种烷烃类化合物与相对应的脂肪族醇类化合物气味十分相似，研究人员无法通过感官评价方法区分这些物质（Boelens，1974）。但是，脂肪等多不饱和烷烃具有典型的香气特征，并对食品香味具有重要作用。由于咖啡中多不饱和烷烃都是脂肪族挥发性化合物，例如戊二烯、5－甲基－1，3－环已二烯和萜烯。这些多不饱和烷烃物质与咖啡主要特征成分相比，其香气强度是微不足道的。

另一方面，单萜化合物具有特别明显的香气特征，而且对香料风味起着重要作用。在咖啡、可可和茶中，常见的单萜化合物是β－月桂烯、柠檬烯和ρ－异丙基苯。其中，β－月桂烯是植物主要的单萜物质，例如β－月桂烯占啤酒花精油成分的63%。罗伯斯塔新鲜成熟咖啡豆含有大量单萜与倍半萜烯，其中柠檬烯是含量最丰富的单萜化合物，其次是石竹烯、蛇麻烯和α－蒎烯（Mathieu et al.，1996）。阿拉比卡新鲜成熟咖啡豆中含有石竹烯和蛇麻烯，但是没有单萜物质。2001 年，Cantergiani 等以墨西哥阿拉比卡生咖啡为原料，采用 GC－MS 分析研究其香气挥发性成分发现了贝壳杉－16－烯和四环二萜。

1998 年，Mathieu 等对咖啡浆果中萜类物质变化规律进行了研究，结果表明：当罗伯斯塔成熟咖啡浆果被摘下时，其中的萜烯烷烃含量急剧下降，只有ρ－异丙基苯与蒎烯这两种倍半萜烯和柠檬烯大量增加。在温室生长的阿拉比卡成熟咖啡中含有柠檬烯，但是没有倍半萜烯物质。阿拉比卡咖啡在成熟过程中，烷烃类化合物含量减少，氧化化合物含量增加。

一、咖啡挥发性非香气多环烃类化合物

（一）咖啡风味中非香气多环烃类化合物

咖啡香气挥发性化合物主要包括芳香烃类物质和三环结构烃类物质。荧蒽、芘、屈、1，2－苯并蒽、苯并（b）荧蒽、苯并芘、苯并［E］芘、苝、苯并（G，H，I）苝和二苯蒽这些多环烃类物质不属于咖啡香气物质（表8－2）。但是部分多环烃类物质特别是苯并芘具有致癌特性，因此它们是焙炒或烟熏食品的重点研究对象。深度焙炒咖啡中鉴定出苯并芘、荧蒽和芘等10种多环烃类物质（表8－2）。咖啡饮料的主要芳香族多环烃类物质是菲、荧蒽和芘，苯并芘浓度低于0.4 ppb（Grimmer & Hildebrandt，1966）。

表8－2　10种非咖啡香气成分的多环烃类物质

名称	CAS号	分子式	结构式
荧蒽	206－44－0	$C_{16}H_{10}$	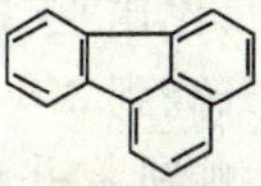
芘	129－00－0	$C_{16}H_{10}$	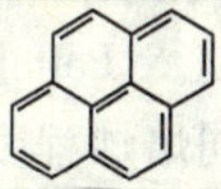
屈	218－01－9	$C_{18}H_{12}$	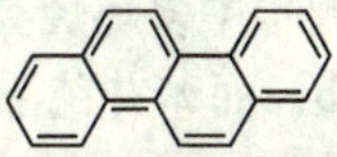
1，2－苯并蒽	56－55－3	$C_{18}H_{12}$	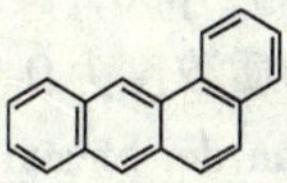
苯并（b）荧蒽	205－99－2	$C_{20}H_{12}$	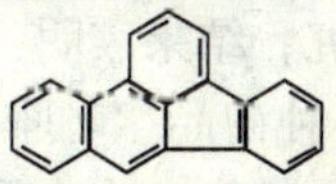
苯并芘	50－32－8	$C_{20}H_{12}$	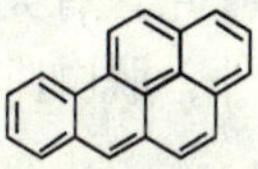
苯并［E］芘	192－97－2	$C_{20}H_{12}$	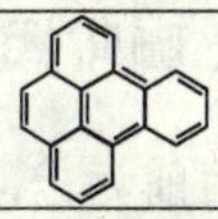
苝	198－55－0	$C_{20}H_{12}$	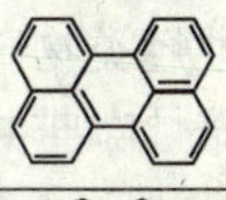
苯并（G，H，I）苝	191－24－2	$C_{22}H_{12}$	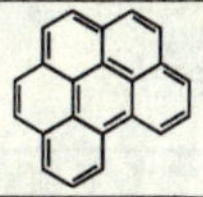
二苯蒽	53－70－3	$C_{22}H_{14}$	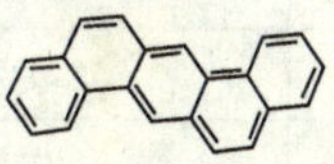

（二）咖啡风味中非香气多环烃类化合物的测定方法

Strobel（1974）提出一种测定生咖啡、咖啡油、咖啡萃取物等咖啡产物和其他食物中苯并芘的方法。萃取后采用纸层析和荧光计方法，能够检测到低于 0.01 ppb 的苯并芘。Strobel 测定焙炒咖啡饮料中苯并芘的浓度为 0.003 ppb，咖啡萃取物中苯并芘的浓度为 0.02 ppb ~ 0.06 ppb，咖啡油中苯并芘的浓度为 0.5 ppb，焙炒咖啡烟雾中苯并芘浓度为 0.44 ppm。

Chassevent 和 Héros（1963）以来源于新喀里多尼亚的阿拉比卡与罗伯斯塔咖啡为原料，将咖啡粉碎后使用石油醚萃取，再进行色谱分析检测苯并芘物质含量。研究结果表明：生咖啡、浅度焙炒咖啡和深度焙炒咖啡中都没有检测到苯并芘（或苯并芘浓度低于 0.1 ppb）；焙炒咖啡豆胚乳中苯并芘浓度为 0.15 ppm，焙炒咖啡烟雾中苯并芘浓度为 0.26 ppm ~ 0.28 ppm。

（三）焙炒条件对咖啡风味中非香气多环烃类化合物的影响

不同焙炒温度影响焙炒咖啡及其烟雾中多环烃类化合物的含量。当焙炒温度为 180 ℃时，在哥伦比亚、海地和桑托斯焙炒咖啡中仅检测到 3，4 - 苯并荧蒽，其浓度为 0.4 ppb；当温度升高到 210 ℃ ~ 240 ℃时，烃类物质含量增加；当焙炒温度为 240 ℃时，在焙炒咖啡中检测到苯并芘的浓度为 5 ppb，在咖啡烟雾中检测到苯并芘的浓度为 0.5 ppb（Calzolari & Pertoldi - Marletta，1968）。

不同焙炒程度影响焙炒咖啡及其烟雾中多环烃类化合物的含量。随着焙炒程度加强，焙炒咖啡中多环烃类物质含量增加。在中度焙炒咖啡中，菲是最重要成分，其浓度为 28 ~ 30 ppb，而苯并芘浓度只有 0.3 ppb ~ 0.5 ppb；在深度焙炒咖啡中，含量最多的是菲，其浓度为 70 ppb，其次是荧蒽、芘和苯并芘，其浓度分别是 35 ppb、30 ppb 和 6 ppb；其他烃类物质浓度为 0.6 ppb ~ 15 ppb（Baltes，1979）。

Van der Stegen 和 Van Overbruggen（1983）对咖啡焙炒过程中苯并芘的变化规律进行了研究，结果表明：如果咖啡没有被烧焦，咖啡中苯并芘的含量为 0.2 ppb。他们还分析了 47 种商品生咖啡豆中苯并芘的含量，研究发现生咖啡豆中苯并芘的含量均低于 1 ppb，其中咖啡壳含有大量苯并芘，因此在加工之前须去掉咖啡壳。

此外，脱咖啡因处理会使焙炒咖啡中非香气多环烃类化合物的含量减少约 50%。

二、咖啡挥发性香气成分的烃类物质

到目前为止，研究发现的咖啡挥发性香气成分中的烃类物质共 77 种，其中生咖啡特有挥发性烃类物质 12 种（表 8 - 3），焙炒咖啡特有挥发性烃类物质 33 种（表 8 - 4），生咖啡与焙炒咖啡共有挥发性烃类物质 32 种（表 8 - 5）。

表 8 - 3　生咖啡特有挥发性烃类物质

序号	名称	CAS 号	分子式	结构式
1	乙烷	74 - 84 - 0	C_2H_6	CH_3-CH_3
2	二十四烷	646 - 31 - 1	$C_{24}H_{50}$	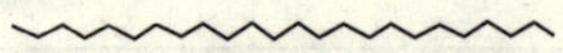
3	二十五烷	629 - 99 - 2	$C_{25}H_{52}$	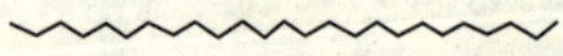

（续上表）

序号	名称	CAS 号	分子式	结构式
4	二十六烷	630－01－3	$C_{26}H_{54}$	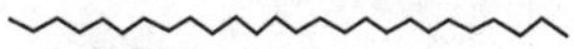
5	2－甲基癸烷	6975－98－0	$C_{11}H_{24}$	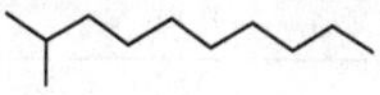
6	5－乙基－2－甲基庚烷	13475－78－0	$C_{10}H_{22}$	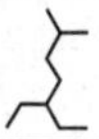
7	2－甲基－1－戊烯	763－29－1	C_6H_{12}	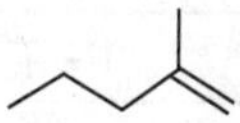
8	丙基苯	103－65－1	C_9H_{12}	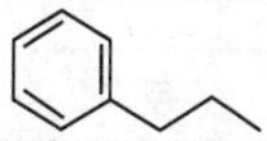
9	异丙基苯	98－82－8	C_9H_{12}	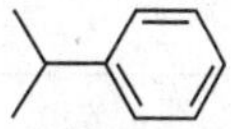
10	1，2－二甲苯	95－47－6	C_8H_{10}	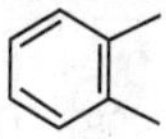
11	邻乙基甲苯	611－14－3	C_9H_{12}	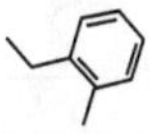
12	二氢茚	496－11－7	C_9H_{10}	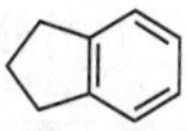

表 8－4　焙炒咖啡特有挥发性烃类物质

序号	名称	CAS 号	分子式	结构式
1	甲烷	74－82－8	CH_4	CH_4
2	辛烷	111－65－9	C_8H_{18}	
3	十一烷	1120－21－4	$C_{11}H_{24}$	
4	十二烷	112－40－3	$C_{12}H_{26}$	
5	十三烷	629－50－5	$C_{13}H_{28}$	
6	十四烷	629－59－4	$C_{14}H_{30}$	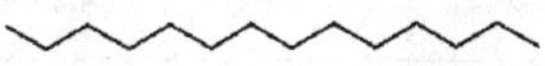
7	十五烷	629－62－9	$C_{15}H_{32}$	
8	十六烷	544－76－3	$C_{16}H_{34}$	
9	十七烷	629－78－7	$C_{17}H_{36}$	
10	十八烷	593－45－3	$C_{18}H_{38}$	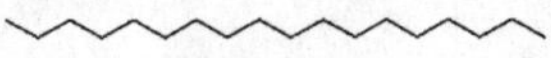
11	二十九烷	630－03－5	$C_{29}H_{60}$	
12	3－甲基癸烷	13151－34－3	$C_{11}H_{24}$	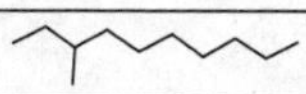

（续上表）

序号	名称	CAS 号	分子式	结构式
13	2，2，3－三甲基戊烷	564－02－3	C_8H_{18}	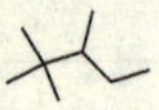
14	环己烷	110－82－7	C_6H_{12}	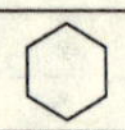
15	m－薄荷烷	16580－24－8	$C_{10}H_{20}$	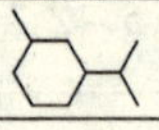
16	1－丁烯	106－98－9	C_4H_8	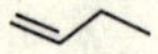
17	2－丁烯	107－01－7	C_4H_8	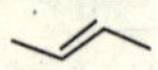
18	反－2－辛烯	14919－01－8	C_8H_{16}	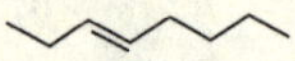
19	1，3－戊二烯	504－60－9	C_5H_8	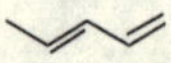
20	异丙基乙烯	563－45－1	C_5H_{10}	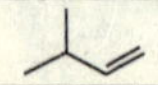
21	β－月桂烯	123－35－5	$C_{10}H_{16}$	
22	柠檬烯	138－86－3	$C_{10}H_{16}$	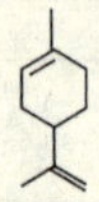
23	5－甲基－1，3－环己二烯	19656－98－5	C_7H_{10}	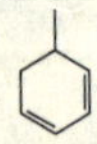
24	对异丙基甲苯	99－87－6	$C_{10}H_{14}$	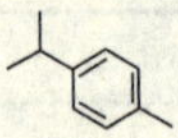
25	1，2，3－三甲苯	526－73－8	C_9H_{12}	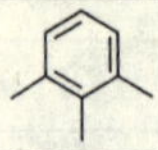
26	1，2，4，5－四甲苯	95－93－2	$C_{10}H_{14}$	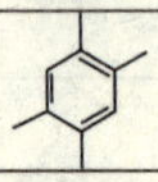
27	2，4－二甲基苯乙烯	1195－32－0	$C_{10}H_{12}$	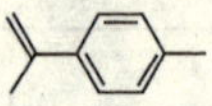
28	3－甲基联苯	643－93－6	$C_{13}H_{12}$	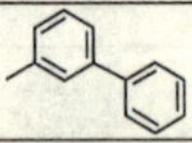
29	茚	95－13－6	C_9H_8	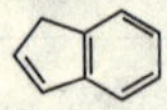
30	2－乙基萘	939－27－5	$C_{12}H_{12}$	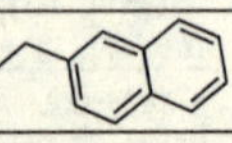
31	芴	86－73－7	$C_{13}H_{10}$	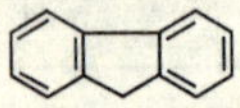
32	蒽	120－12－7	$C_{14}H_{10}$	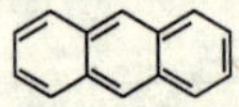
33	菲	85－01－8	$C_{14}H_{10}$	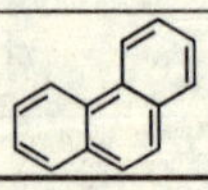

表 8-5　生咖啡与焙炒咖啡共有挥发性烃类物质

序号	名称	CAS 号	分子式	结构式
1	丁烷	106-97-8	C_4H_{10}	
2	戊烷	109-66-0	C_5H_{12}	
3	正己烷	110-54-3	C_6H_{14}	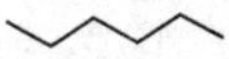
4	壬烷	111-84-2	C_9H_{20}	
5	癸烷	124-18-5	$C_{10}H_{22}$	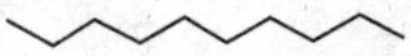
6	二十二烷	629-97-0	$C_{22}H_{46}$	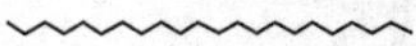
7	二十七烷	593-49-7	$C_{27}H_{56}$	
8	2-甲基丙烷	75-28-5	C_4H_{10}	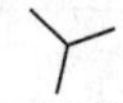
9	2-甲基丁烷	78-78-4	C_5H_{12}	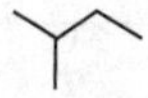
10	2-甲基戊烷	107-83-5	C_6H_{14}	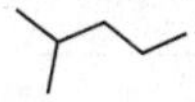
11	2-甲基己烷	591-76-4	C_7H_{16}	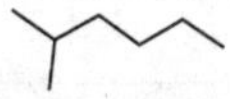
12	2-甲基庚烷	592-27-8	C_8H_{18}	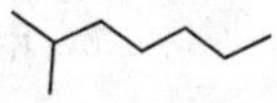
13	2-甲基辛烷	3221-61-2	C_9H_{20}	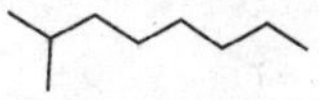
14	2-甲基壬烷	871-83-0	$C_{10}H_{22}$	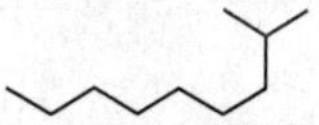
15	3-甲基戊烷	96-14-0	C_6H_{14}	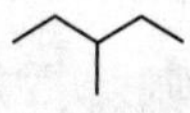
16	乙烯	74-85-1	C_2H_4	
17	异戊二烯	78-79-5	C_5H_8	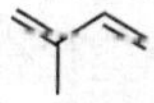
18	苯	71-43-2	C_6H_6	
19	甲苯	108-88-3	C_7H_8	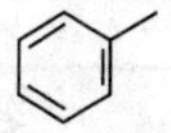
20	乙苯	100-41-4	C_8H_{10}	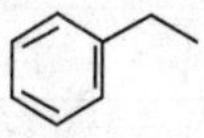
21	1，3-二甲苯	108-38-3	C_8H_{10}	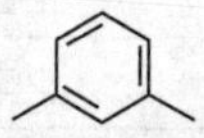
22	对二甲苯	106-42-3	C_8H_{10}	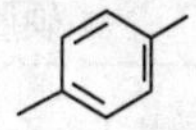
23	间乙基甲苯	620-14-4	C_9H_{12}	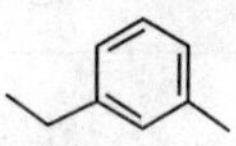
24	对乙基甲苯	622-96-8	C_9H_{12}	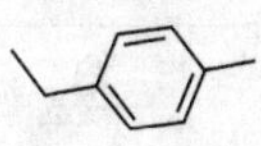

（续上表）

序号	名称	CAS 号	分子式	结构式
25	1，2，5－三甲基苯	95－63－6	C_9H_{12}	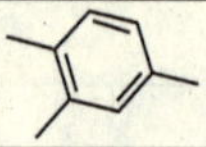
26	1，3，5－三甲基苯	108－67－8	C_9H_{12}	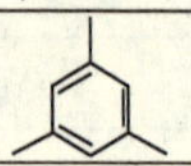
27	乙烯基苯	100－42－5	C_8H_8	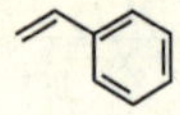
28	联二苯	92－52－4	$C_{12}H_{10}$	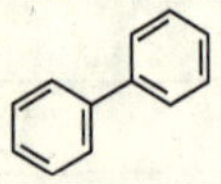
29	1，2，3，4－四氢萘	119－64－2	$C_{10}H_{12}$	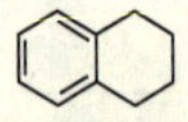
30	萘	91－20－3	$C_{10}H_8$	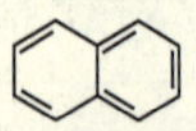
31	1－甲基萘	90－12－3	$C_{11}H_{10}$	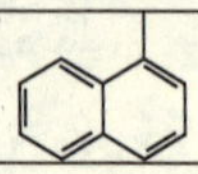
32	2－甲基萘	91－57－6	$C_{11}H_{10}$	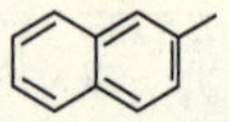

第二节　醇类化合物

一、咖啡挥发性香气成分中醇类化合物的种类

到目前为止，研究发现的咖啡挥发性香气成分中醇类化合物共 44 种，其中生咖啡特有挥发性醇类化合物 15 种（表 8－6），焙炒咖啡特有挥发性醇类化合物 6 种（表 8－7），生咖啡与焙炒咖啡共有挥发性醇类化合物 23 种（表 8－8）。

表 8－6　生咖啡特有挥发性醇类化合物

序号	名称	CAS 号	分子式	结构式
1	丙醇	71－23－8	C_3H_8O	
2	正己醇	111－27－3	$C_6H_{14}O$	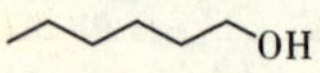
3	正辛醇	111－87－5	$C_8H_{18}O$	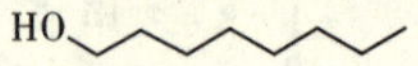
4	硬脂醇	112－92－5	$C_{18}H_{38}O$	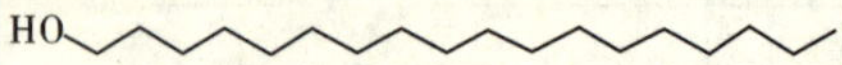
5	2－乙基己醇	104－76－7	$C_8H_{18}O$	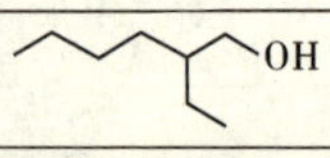
6	仲戊醇	6032－29－7	$C_5H_{12}O$	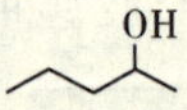
7	2－辛醇	123－96－6	$C_8H_{18}O$	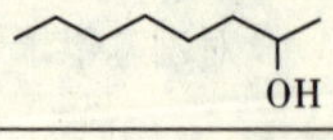

（续上表）

序号	名称	CAS 号	分子式	结构式
8	1－戊烯－3－醇	616－25－1	$C_5H_{10}O$	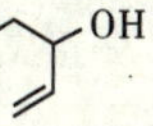
9	1－辛烯－5－醇	53907－72－5	$C_8H_{16}O$	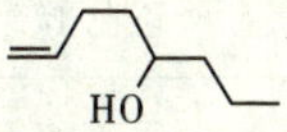
10	6－甲基－5－庚烯－2－醇	1569－60－4	$C_8H_{16}O$	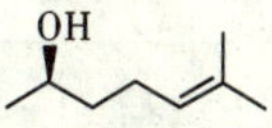
11	2，3－丁二醇	513－85－9	$C_4H_{10}O_2$	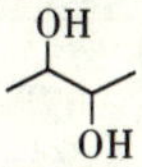
12	3－甲氧基－2－丁醇	53778－72－6	$C_5H_{12}O_2$	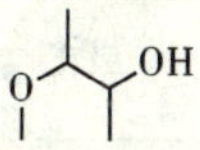
13	二甲萘烷醇	19700－21－1	$C_{12}H_{22}O$	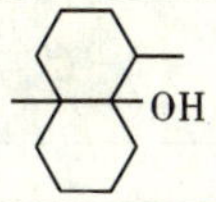
14	苯甲醇	100－51－6	C_7H_8O	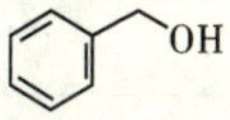
15	邻甲基苄醇	89－95－2	$C_8H_{10}O$	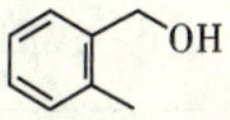

表 8－7　焙炒咖啡特有挥发性醇类化合物

序号	名称	CAS 号	分子式	结构式
1	正十二烷醇	112－53－8	$C_{12}H_{26}O$	
2	4－甲基－1－戊醇	626－89－1	$C_6H_{14}O$	
3	2－丙基－1－正癸醇	60671－35－4	$C_{14}H_{28}O$	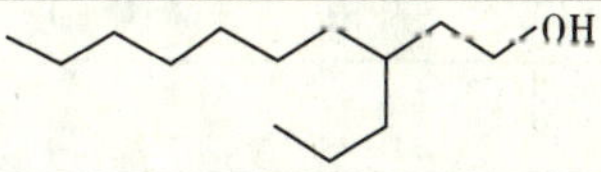
4	2－丁烯－1－醇	4675－87－0	$C_5H_{10}O$	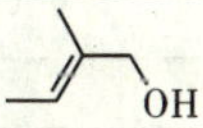
5	3－戊烯－2－醇	1569－50－2	$C_5H_{10}O$	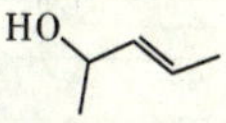
6	2－乙基－环丁醇	35301－43－0	$C_6H_{12}O$	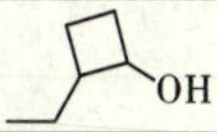

表 8－8　生咖啡与焙炒咖啡共有挥发性醇类化合物

序号	名称	CAS 号	分子式	结构式
1	甲醇	67－56－1	CH_3OH	HO—
2	乙醇	64－17－5	C_2H_6O	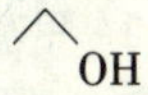
3	正丁醇	71－36－3	$C_4H_{10}O$	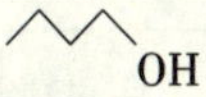

（续上表）

序号	名称	CAS 号	分子式	结构式
4	正戊醇	71－41－0	$C_5H_{12}O$	
5	正己醇	111－27－3	$C_6H_{14}O$	
6	异丁醇	78－83－1	$C_4H_{10}O$	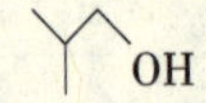
7	2－甲基－1－丁醇	137－32－6	$C_5H_{12}O$	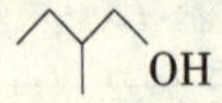
8	异戊醇	123－51－3	$C_5H_{12}O$	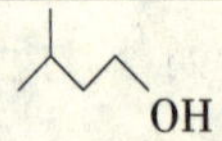
9	异丙醇	67－63－0	C_3H_8O	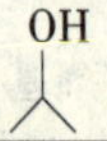
10	2－己醇	626－93－7	$C_6H_{14}O$	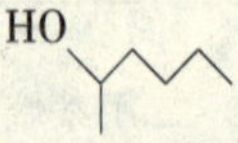
11	2－庚醇	543－49－7	$C_7H_{16}O$	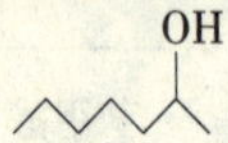
12	3－戊醇	584－02－1	$C_5H_{12}O$	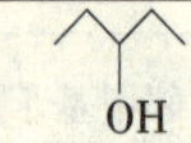
13	3－辛醇	589－98－0	$C_8H_{18}O$	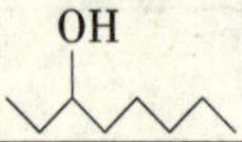
14	叔丁醇	75－65－0	$C_4H_{10}O$	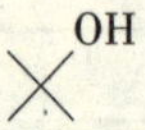
15	2－甲基－2－丁醇	75－85－4	$C_5H_{12}O$	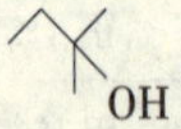
16	3－甲基－2－丁烯－1－醇	556－82－1	$C_5H_{10}O$	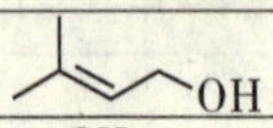
17	3－甲基－3－丁烯－1－醇	763－32－6	$C_5H_{10}O$	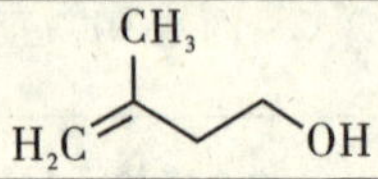
18	1－辛烯－3－醇	3391－86－4	$C_8H_{16}O$	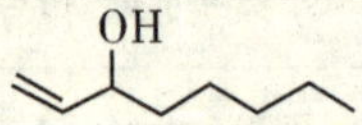
19	2－甲基－3－丁烯－2－醇	115－18－4	$C_5H_{10}O$	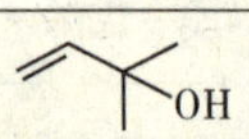
20	沉香醇	78－70－6	$C_{10}H_{18}O$	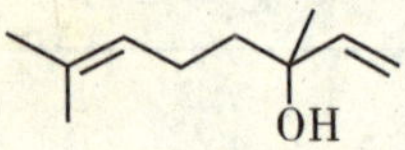
21	α－松油醇	98－55－5	$C_{10}H_{18}O$	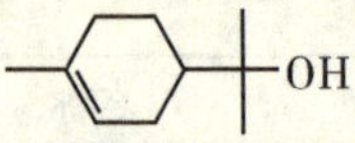
22	2－甲基异冰片	2371－42－8	$C_{11}H_{20}O$	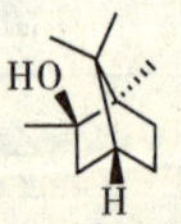
23	苯乙醇	60－12－8	$C_8H_{10}O$	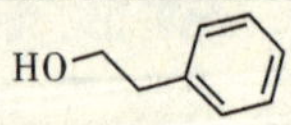

二、咖啡挥发性香气成分中醇类化合物的影响因素

生咖啡和焙炒咖啡挥发性香气成分中醇类化合物存在差异的影响因素主要有萃取分析方式和咖啡品种。

（一）萃取分析方式对醇类化合物的影响

顶空分析生咖啡与焙炒咖啡没有发现任何醇类化合物（Merritt et al.，1970）；顶空GC分析生咖啡与焙炒咖啡发现异丁醇、叔丁醇和2－甲基－2－丁醇等低分子量醇类化合物（Merritt & Robertson，1966）；加热吸附与GC分析焙炒咖啡发现3－甲基－2－丁烯－1－醇和1－辛烯－3－醇（Cros et al.，1980）；吸附解吸附方式与顶空分析生咖啡与焙炒咖啡发现2－甲基－3－丁烯－2－醇、3－甲基－1－丁烯醇、沉香醇、α－松油醇与2－呋喃甲醇（Ho et al.，1993）；同时蒸馏分馏方式萃取焙炒咖啡，在其萃取物中发现小分子醇类化合物（Stoffelsma et al.，1968）。顶空GC－O分析焙炒咖啡检测不到小分子醇类化合物，这是因为小分子醇类化合物没有特征性香气（Semmelroch & Grosh，1995）。

（二）咖啡品种对醇类化合物的影响

沉香醇与苯乙醇是阿拉比卡咖啡的重要香味成分（Blank et al.，1992）。Cantergiani等（2001）以墨西哥阿拉比卡生咖啡豆为原料，研究衡量咖啡新鲜程度的化合物。通过室温下水蒸气蒸馏得到咖啡萃取物，再采用GC－MS分析咖啡萃取物中醇类化合物含量。研究结果表明：墨西哥阿拉比卡生咖啡萃取物中含有25种醇类化合物，其中苯乙醇和3－甲基－1－丁醇占醇类化合物总含量的50%以上。Procida等（1997）以6种阿拉比卡咖啡和6种罗伯斯塔咖啡为原料，采用顶空分析技术对比不同品种生咖啡中醇类化合物的差异，研究发现甲醇占咖啡香气成分的9%～32%，乙醇占咖啡香气成分的2%～36%。

三、咖啡挥发性香气成分中醇类化合物的形成途径

葡萄糖在150 ℃加热2.5 h产生甲醇与乙醇，葡萄糖与丝氨酸/苏氨酸加热产生甲基环戊醇（Baltes & Bochmann，1987）。

第三节　醛类化合物

一、咖啡挥发性香气成分中的醛类化合物的种类

在黑茶、发酵或焙炒可可豆与咖啡的香气中，挥发性醛类化合物起着十分重要的作用。到目前为止，研究发现的咖啡挥发性香气成分中醛类化合物共53种，其中生咖啡特有挥发性醛类化合物13种（表8－9），焙炒咖啡特有挥发性醛类化合物11种（表8－10），生咖啡与焙炒咖啡共有挥发性醛类化合物29种（表8－11）。

表 8－9　生咖啡特有挥发性醛类化合物

序号	名称	CAS 号	分子式	结构式
1	2，4－二甲基戊醛	24944－79－2	$C_7H_{14}O$	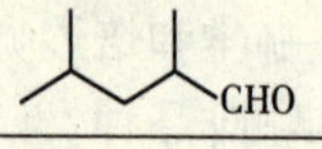
2	（E）－2－己烯醛	6728－26－3	$C_6H_{10}O$	
3	（Z）－2－己烯醛	16635－54－4	$C_6H_{10}O$	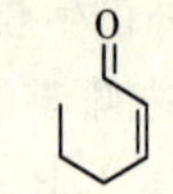
4	2－庚烯醛	2463－63－0	$C_7H_{12}O$	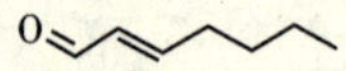
5	（E）－2－庚烯醛	18829－55－5	$C_7H_{12}O$	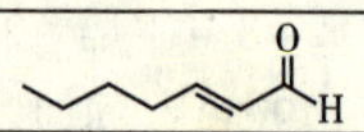
6	（Z）－2－庚烯醛	57266－86－1	$C_7H_{12}O$	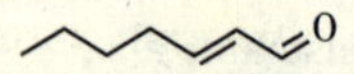
7	（Z）－4－庚烯醛	6728－31－0	$C_7H_{12}O$	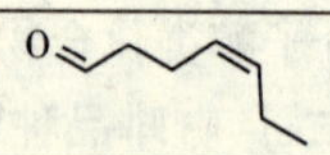
8	2－辛烯醛	2363－89－5	$C_8H_{14}O$	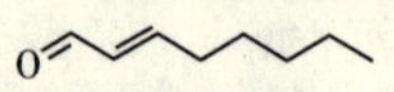
9	（E）－2－辛烯醛	2548－87－0	$C_8H_{14}O$	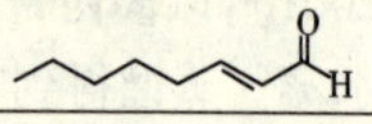
10	（Z）－2－辛烯醛	20664－46－4	$C_8H_{14}O$	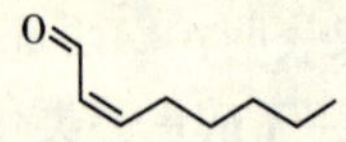
11	（E，E）－2，4－庚二烯醛	4313－03－5	$C_7H_{10}O$	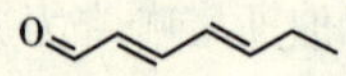
12	（2Z，4E）－2，4－壬二烯醛	5910－86－1	$C_9H_{14}O$	
13	4－甲基苯甲醛	107－87－0	C_8H_8O	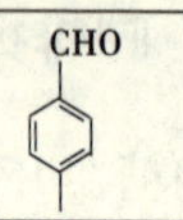

表 8－10　焙炒咖啡特有挥发性醛类化合物

序号	名称	CAS 号	分子式	结构式
1	甲醛	50－00－0	CH_2O	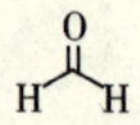
2	2－甲基戊醛	123－15－9	$C_6H_{12}O$	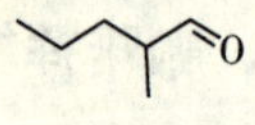
3	丙烯醛	107－02－8	C_3H_4O	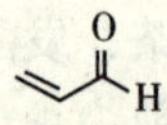
4	（Z）－2－丁烯醛	15798－64－8	C_4H_6O	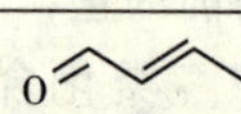
5	2－甲基－2－戊烯醛	623－36－9	$C_6H_{10}O$	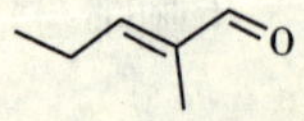

（续上表）

序号	名称	CAS 号	分子式	结构式
6	2－乙烯基－2－丁烯醛	20521－42－0	C_6H_8O	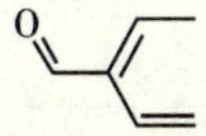
7	乙二醛	107－22－2	$C_2H_2O_2$	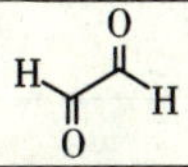
8	丙酮醛	78－98－8	$C_3H_4O_2$	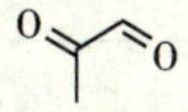
9	2－甲基苯甲醛	529－20－4	C_8H_8O	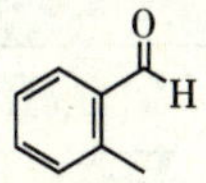
10	3－甲基苯甲醛	620－23－5	C_8H_8O	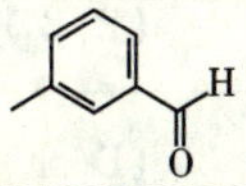
11	二甲醇缩乙醛	534－15－6	$C_4H_{10}O_2$	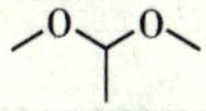

表 8－11　生咖啡与焙炒咖啡共有挥发性醛类化合物

序号	名称	CAS 号	分子式	结构式
1	乙醛	75－07－0	C_2H_4O	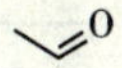
2	丙醛	123－38－6	C_3H_6O	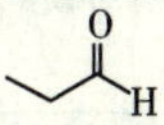
3	正丁醛	123－72－8	C_4H_8O	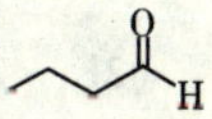
4	戊醛	110－62－3	$C_5H_{10}O$	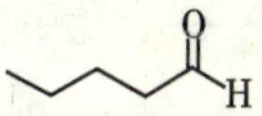
5	（正）己醛	66－25－1	$C_6H_{12}O$	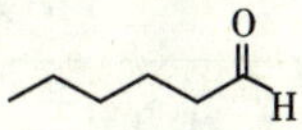
6	庚醛	111－71－7	$C_7H_{14}O$	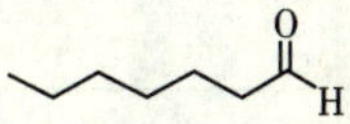
7	辛醛	124－13－0	$C_8H_{16}O$	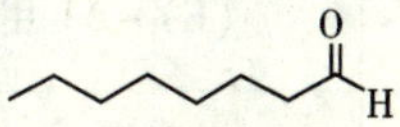
8	壬醛	124－19－6	$C_9H_{18}O$	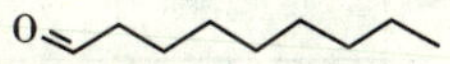
9	癸醛	112－31－2	$C_{10}H_{20}O$	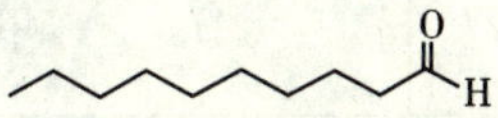
10	2－甲基丙醛	78－84－2	C_4H_8O	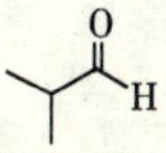
11	2－甲基丁醛	96－17－3	$C_5H_{10}O$	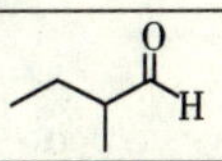

（续上表）

序号	名称	CAS 号	分子式	结构式
12	3－甲基丁醛	590－86－3	$C_5H_{10}O$	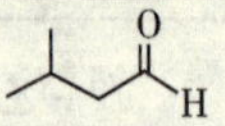
13	（E）－2－丁烯醛	123－73－9	C_4H_6O	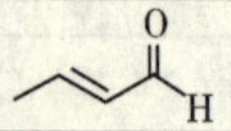
14	（E）－壬烯醛	18829－56－6	$C_9H_{16}O$	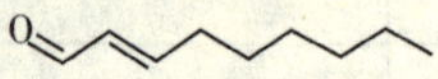
15	（Z）－2－壬烯醛	60784－31－8	$C_9H_{16}O$	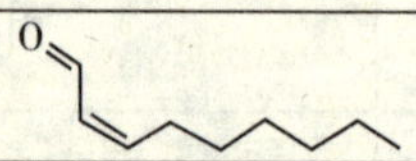
16	（E，E）－2，4－己二烯醛	142－83－6	C_6H_8O	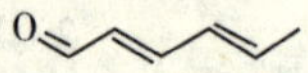
17	（E，Z）－2，4－己二烯醛	53398－76－8	C_6H_8O	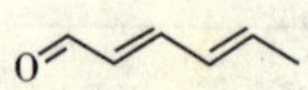
18	（E，E）－2，4－壬二烯醛	5910－87－2	$C_9H_{14}O$	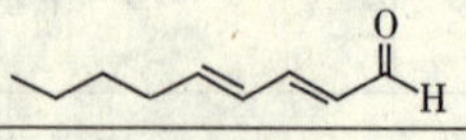
19	（2E，6Z）－2，6－壬二烯醛	557－48－2	$C_9H_{14}O$	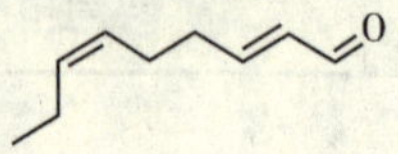
20	（E，E）－2，6－壬二烯醛	17587－33－6	$C_9H_{14}O$	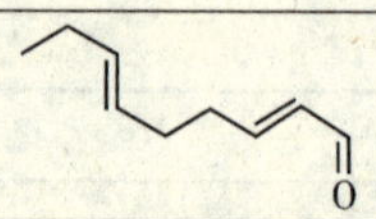
21	（E，E）－2，4－癸二烯醛	25152－84－5	$C_{10}H_{16}O$	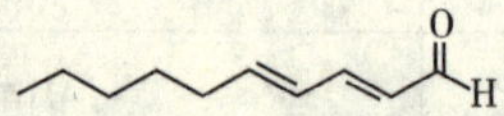
22	（2E，4Z）－2，4－癸二烯醛	25152－83－4	$C_{10}H_{16}O$	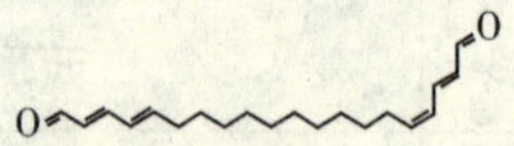
23	2－甲基丙烯醛	78－85－3	C_4H_6O	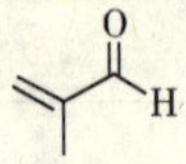
24	2－甲基－2－丁烯醛	1115－11－3	C_5H_8O	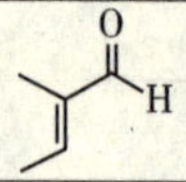
25	（E）－2－甲基－2－丁烯醛	497－03－0	C_5H_8O	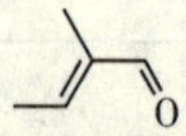
26	3－甲基－2－丁烯醛	107－86－8	C_5H_8O	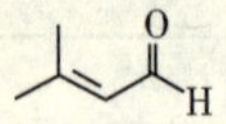
27	苯甲醛	100－52－7	C_7H_6O	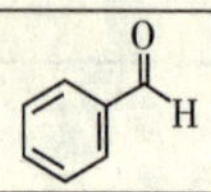
28	苯乙醛	122－78－1	C_8H_8O	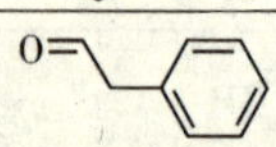
29	α－亚乙基－苯乙醛	4411－89－6	$C_{10}H_{10}O$	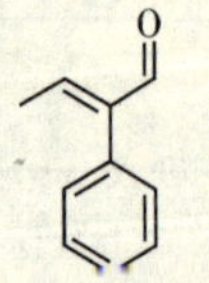

二、咖啡挥发性香气成分中醛类化合物的影响因素

影响咖啡挥发性香气成分中醛类化合物的因素主要有咖啡品种和保存方式等。醛类占咖啡香气成分的 50.7%，其中乙醛占醛类化合物含量的 50%（Merritt et al.，1963）。2，4-二甲基戊醛等不饱和挥发性醛类仅存在于生咖啡中，它们是生咖啡香气的典型成分（Guyot et al.，1983）。焙炒咖啡粉与生咖啡香气成分中都含有乙醛，其中 2-甲基丙醛、2-甲基正丁醛和 3-甲基正丁醛是 Strecker 降解醛类，它们在阿拉比卡和罗伯斯塔生咖啡香气成分中浓度很低（Semmelroch & Grosh，1996）。

己醛、(Z)-2-壬烯醛、(E)-2-壬烯醛、(2E，6Z)-2，6-壬二烯醛、(E，E)-2，4-壬二烯醛、(E,E)-2，4-癸二烯醛都是焙炒咖啡香气的重要成分（Gasser & Grosch，1988），3-甲基正丁醛、(E)-2-壬烯醛和苯乙醛是阿拉比卡焙炒咖啡的重要香气成分（Blank et al.，1992），己醛、2-甲基丙醛、2-甲基正丁醛、3-甲基正丁醛是哥伦比亚焙炒咖啡的重要香气成分（Holscher et al.，1990）。

焙炒咖啡在有氧保存期间，其醛类化合物会发生变化。例如，焙炒咖啡在空气中存放 7 个星期后，焙炒咖啡的香气变质与己醛变化规律相关（Spadone & Liardon，1990）。

饱和醛类的香气阈值依次下降：丙醛 > 正丁醛 > 戊醛 > 己醛 > 庚醛 > 辛醛 > 壬醛 > 癸醛 >2-甲基丙醛 >2-甲基正丁醛，不饱和醛类的香气阈值更低（Ullrich & Grosch，1988）。

三、咖啡挥发性香气成分中醛类化合物的形成途径

醛类化合物的形成途径主要是不饱和脂肪酸在过氧化氢物分解作用下自动氧化形成。因为生咖啡中含有酯类和蛋白质，阿拉比卡咖啡酯类物质含量为 13%，罗伯斯塔咖啡酯类物质含量为 10%，并且亚油酸（C18:2）几乎占这些酯类物质的 50%，所以生咖啡香气成分中含有醛类和酮类化合物。亚油酸和甲基亚油酸盐自动氧化形成饱和戊醛、饱和己醛、不饱和乙醛和不饱和反式 2，4-癸二烯醛等醛类化合物（Ullrich & Grosch，1988）。

挥发性醛类化合物是由氨基酸的 Strecker 降解形成。其形成途径主要有：氨基酸与糖类在高温下相互反应，由氨基酸的氧化降解形成；常温下，在多酚氧化酶作用下，氨基酸与酚类物质相互反应形成；咖啡萃取物在 30 ℃和氧化酶作用下反应 2 h 产生 3-甲基正丁醛；亮氨酸和苯丙氨酸的 Strecker 降解，然后 3-甲基正丁醛和苯基乙酰乙醛进行丁间醇醛缩合反应形成苯烯醛（Manley et al.，1974）。Motoda（1979）使用来自 Alternaria Tenuis 菌株 A-2 的微生物多酚氧化酶研究咖啡中醛类化合物的形成机理，发现酚类物质在多酚氧化酶作用下形成醌或苯醌，然后在醌或苯醌的催化作用下发生 Strecker 降解。Motoda 以不同酚类物质为原料，研究亮氨酸如何形成 3-甲基正丁醛。研究发现 4-甲基儿茶酚等二元酚和绿原酸是酚类物质的反应底物，但是 3-甲基正丁醛没有参与没食子酸的形成。

第四节 酮类化合物

一、咖啡挥发性香气成分中酮类化合物的种类

酮类化合物是咖啡挥发性物质的重要组成部分，酮类化合物占咖啡芳香物质的21.5%，其中2－丁酮占酮类化合物一半以上。到目前为止，研究发现的咖啡挥发性香气成分中酮类化合物共96种，其中生咖啡特有挥发性酮类化合物7种（表8－12），焙炒咖啡特有挥发性酮类化合物69种（表8－13），生咖啡与焙炒咖啡共有挥发性酮类化合物20种（表8－14）。

表8－12 生咖啡特有挥发性酮类化合物

序号	名称	CAS号	分子式	结构式
1	3－辛烯－2－酮	1669－44－9	$C_8H_{14}O$	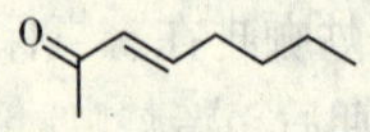
2	3，5－辛二烯－2－酮	38284－27－4	$C_8H_{12}O$	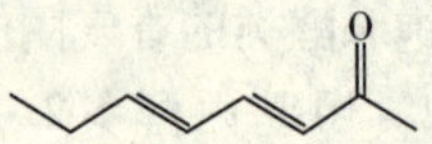
3	（E，E）－3，5－辛二烯－2－酮	30086－02－3	$C_8H_{12}O$	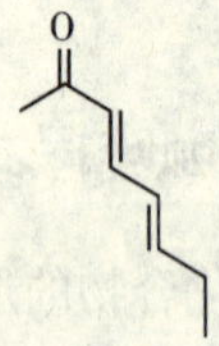
4	6，10－二甲基－5，9－十一烷双烯－2－酮	689－67－8	$C_{13}H_{22}O$	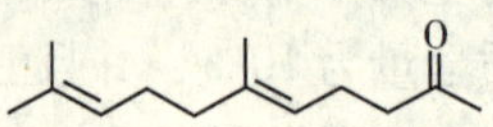
5	（E）－2，6－二甲基－2，6－十一碳二烯－10－酮	3796－70－1	$C_{13}H_{22}O$	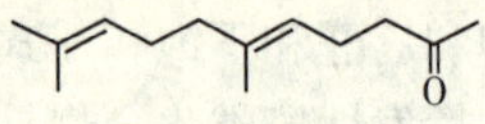
6	3，5，5－三甲基环已－2－烯酮	78－59－1	$C_9H_{14}O$	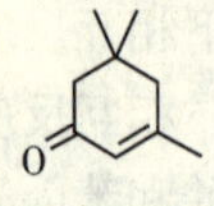
7	2，6，6－三甲基－2－环已烯－1，4－二酮	1125－21－9	$C_9H_{12}O_2$	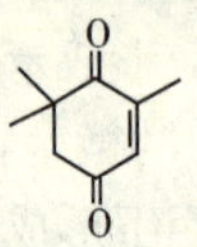

表 8－13　焙炒咖啡特有挥发性酮类化合物

序号	名称	CAS 号	分子式	结构式
1	2－己酮	591－78－6	$C_6H_{12}O$	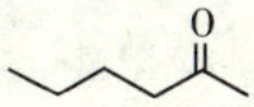
2	2－癸酮	693－54－9	$C_{10}H_{20}O$	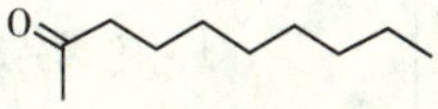
3	2－十一酮	112－12－9	$C_{11}H_{22}O$	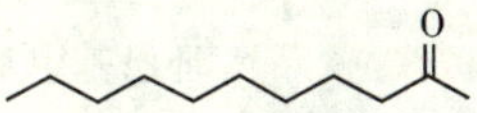
4	2－十五酮	2345－28－0	$C_{15}H_{30}O$	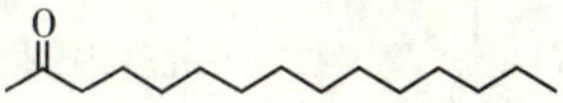
5	4－庚酮	123－19－3	$C_7H_{14}O$	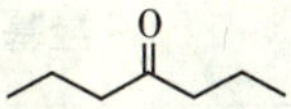
6	3－甲基－2－丁酮	563－80－4	$C_5H_{10}O$	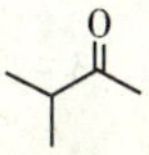
7	3，3－二甲基－2－丁酮	75－97－8	$C_6H_{12}O$	
8	3－甲基－2－戊酮	565－61－7	$C_6H_{12}O$	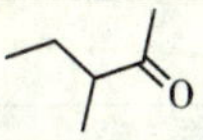
9	4－甲基－2－戊酮	108－10－1	$C_6H_{12}O$	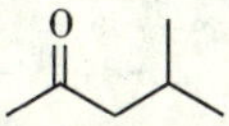
10	5－甲基－2－己酮	110－12－3	$C_7H_{14}O$	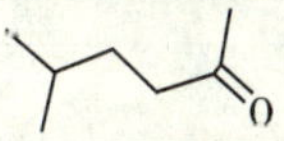
11	六氢假紫罗酮	1604－34－8	$C_{13}H_{26}O$	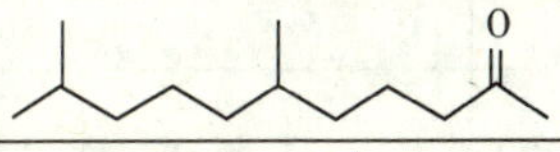
12	2－甲基－3－戊酮	565－69－5	$C_6H_{12}O$	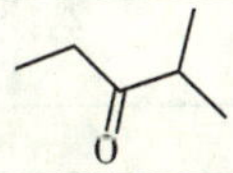
13	2，4－二甲基－3－戊酮	565－80－0	$C_7H_{14}O$	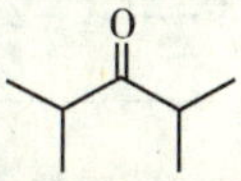
14	丁烯酮	78－94－4	C_4H_6O	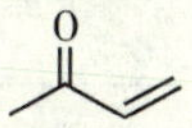
15	反式 3－戊烯－2－酮	3102－33－8	C_5H_8O	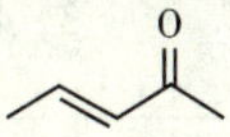
16	3－甲基－3－丁烯－2－酮	814－78－8	C_5H_8O	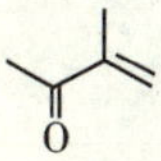
17	5－甲基－3－己烯－2－酮	5166－53－0	$C_7H_{12}O$	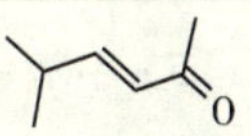

（续上表）

序号	名称	CAS 号	分子式	结构式
18	6 - 甲基 - 5 - 庚烯 - 2 - 酮	110 - 93 - 0	$C_8H_{14}O$	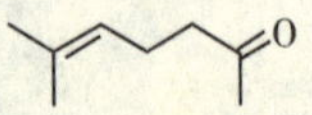
19	1 - 壬烯 - 3 - 酮	24415 - 26 - 7	$C_9H_{16}O$	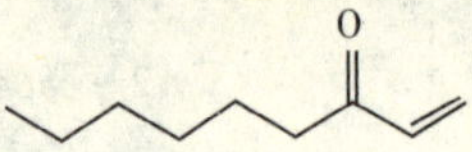
20	环已基甲基酮	823 - 76 - 7	$C_8H_{14}O$	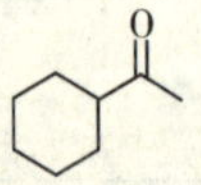
21	羟基丙酮	116 - 09 - 6	$C_3H_6O_2$	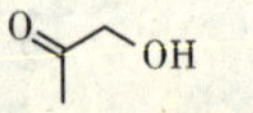
22	1 - 羟基 - 2 - 丁酮	5077 - 67 - 8	$C_4H_8O_2$	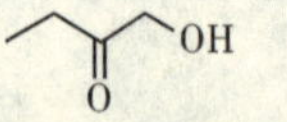
23	3 - 羟基 - 2 - 戊酮	3142 - 66 - 3	$C_5H_{10}O_2$	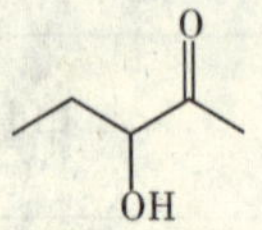
24	2 - 羟基 - 3 - 戊酮	5704 - 20 - 1	$C_5H_{10}O_2$	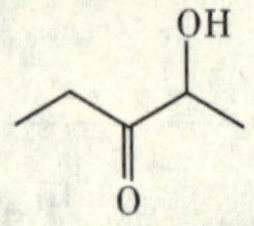
25	3 - 羟基 - 2，3 - 戊烯酮	52704 - 36 - 6	$C_5H_8O_2$	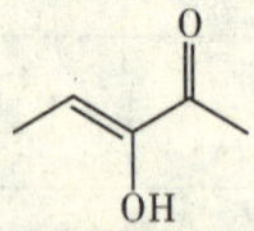
26	2，3 - 已二酮	3848 - 24 - 6	$C_6H_{10}O_2$	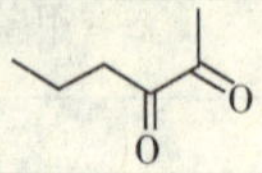
27	2，3 - 辛二酮	585 - 25 - 1	$C_8H_{14}O_2$	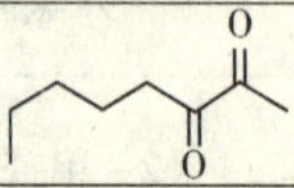
28	4 - 甲基 - 2，3 - 乙酰基丙酮	7493 - 58 - 5	$C_6H_{10}O_2$	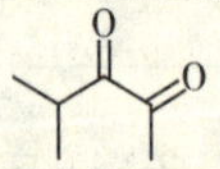
29	5 - 甲基 - 2，3 - 已二酮	13706 - 86 - 0	$C_7H_{12}O_2$	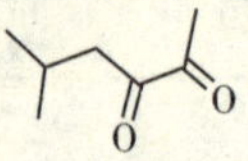
30	3，4 - 已二酮	4437 - 51 - 8	$C_6H_{10}O_2$	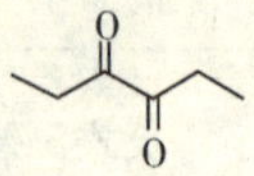
31	3，4 - 庚二酮	13706 - 89 - 3	$C_7H_{12}O_2$	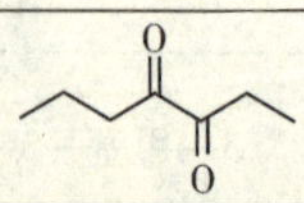
32	5 - 甲基 - 3，4 - 庚二酮	13678 - 56 - 3	$C_7H_{14}O_2$	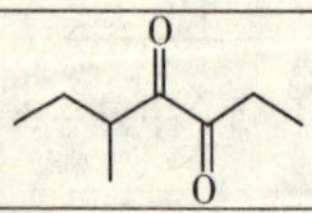

（续上表）

序号	名称	CAS 号	分子式	结构式
33	6－甲基－3，4－庚二酮	3131－90－6	$C_7H_{14}O_2$	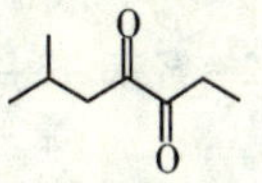
34	乙酰丙酮	123－54－6	$C_5H_8O_2$	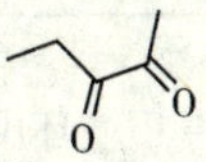
35	2，5－己二酮	110－13－4	$C_6H_{10}O_2$	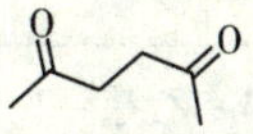
36	2，5－辛二酮	1703－51－1	$C_7H_{12}O_2$	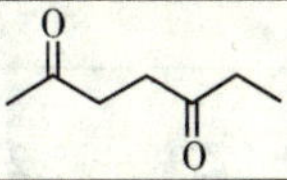
37	环戊酮	120－92－3	C_5H_8O	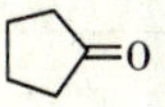
38	3－甲基环戊酮	1757－42－2	$C_6H_{10}O$	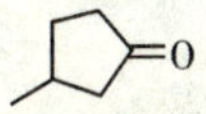
39	（R）－3－甲基环戊酮	6672－30－6	$C_6H_{10}O$	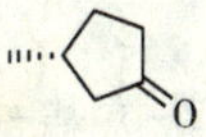
40	2－环戊烯酮	930－30－3	C_5H_6O	
41	甲基环戊烯醇酮	1120－73－6	C_6H_8O	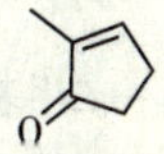
42	3－甲基－2－环戊烯－1－酮	2758－18－1	C_6H_8O	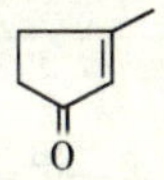
43	2－乙基－2，1－环戊烯酮	2931－10－4	$C_7H_{10}O$	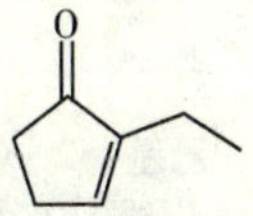
44	5，5－二甲基－2，1－环戊烯酮	17197－84－1	$C_7H_{10}O$	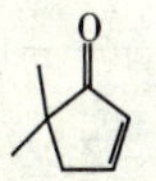
45	2，3，5－三甲基－2，1－环戊烯酮	54562－24－2	$C_8H_{12}O$	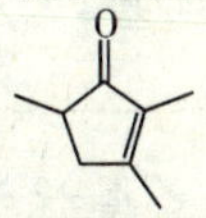
46	2－羟基－2－环戊烯－1－酮	10493－98－8	$C_5H_6O_2$	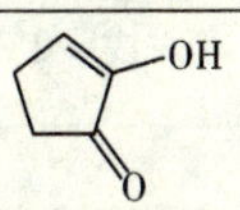
47	1，2－环乙酰基丙酮	3008－40－0	$C_5H_6O_2$	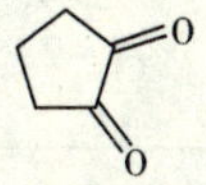

（续上表）

序号	名称	CAS 号	分子式	结构式
48	2－羟基－3－甲基－2－环戊烯－1－酮	80－71－7	$C_6H_8O_2$	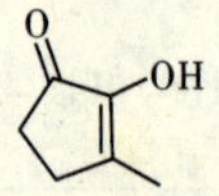
49	3－甲基环戊烷－1，2－二酮	765－70－8	$C_6H_8O_2$	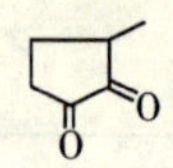
50	3－乙基－2－羟基－2－环戊烯－1－酮	21835－01－8	$C_7H_{10}O_2$	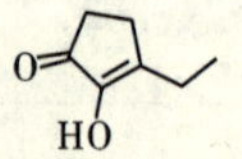
51	3－乙基－1，2－环乙酰基丙酮	13494－08－1	$C_7H_{10}O_2$	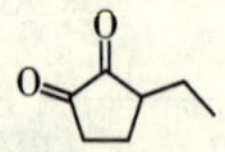
52	2－羟基－3－丙基－2，1－环戊烯酮	25684－04－2	$C_8H_{12}O_2$	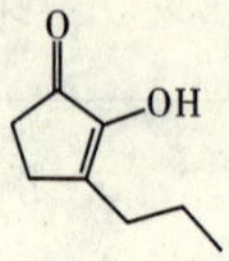
53	2－羟基－3－（1－甲基乙基）－2，1－环戊烯酮	55277－47－9	$C_8H_{12}O_2$	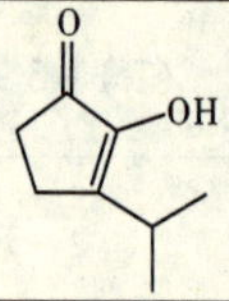
54	3，4－二甲基－1，2－环戊二酮	13494－06－9	$C_7H_{10}O_2$	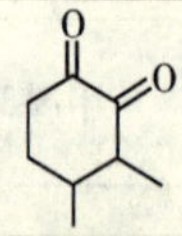
55	3，5－二甲基－1，2－环戊二酮	13494－07－0	$C_7H_{10}O_2$	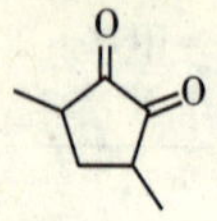
56	3－乙基－2－羟基－4－甲基环戊－2－烯－1－酮	42348－12－9	$C_8H_{12}O_2$	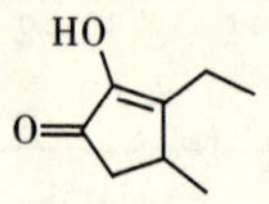
57	3－乙基－2－羟基－5－甲基－2，1－环戊烯酮	58228－72－1	$C_8H_{12}O_2$	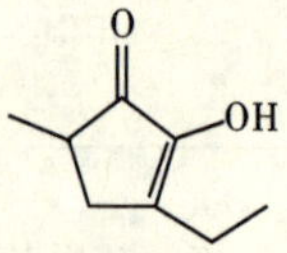
58	5－乙基－2－羟基－3－甲基环戊－2－烯－1－酮	53263－58－4	$C_8H_{12}O_2$	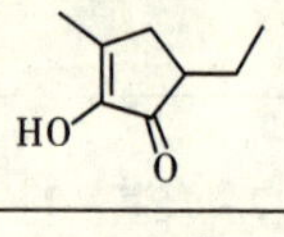
59	2－羟基－3，4，4－三甲基－2，1－环戊烯酮	86702－81－0	$C_8H_{12}O_2$	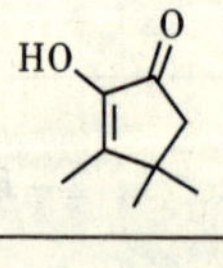

（续上表）

序号	名称	CAS 号	分子式	结构式
60	顺式 2－羟基－3，4，5－三甲基－2，1－环戊烯酮	125476－24－6	$C_8H_{12}O_2$	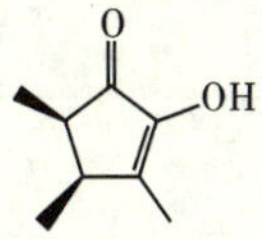
61	反式 2－羟基－3，4，5－三甲基－2，1－环戊烯酮	125476－23－5	$C_8H_{12}O_2$	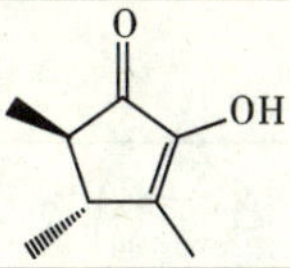
62	2－羟基－3，5，5－三甲基－2，1－环戊烯酮	53263－56－2	$C_8H_{12}O_2$	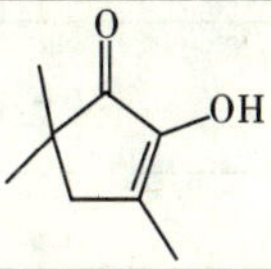
63	2，3－二羟基－2－环戊烯－1－酮	80－72－8	$C_5H_6O_3$	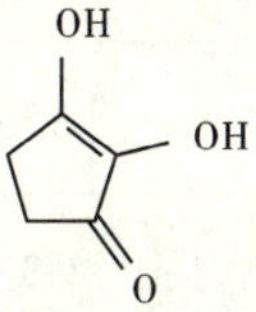
64	2－环已烯－1－酮	930－68－7	C_6H_8O	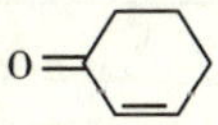
65	2－甲基－2－环已烯－1－酮	1121－18－2	$C_7H_{10}O$	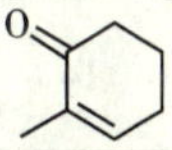
66	3－甲基－2－环已烯－1－酮	1193－18－6	$C_7H_{10}O$	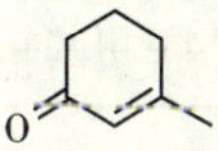
67	3－甲基－1，2－环已二酮	3008－43－3	$C_7H_{10}O_2$	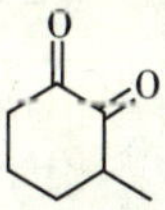
68	苯丙酮	93－55－0	$C_9H_{10}O$	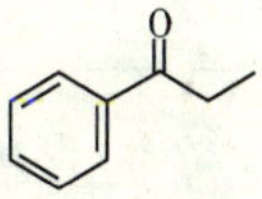
69	1－苯基－1，2－丙二酮	579－07－7	$C_9H_8O_2$	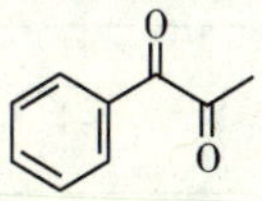

表 8－14　生咖啡与焙炒咖啡共有挥发性酮类化合物

序号	名称	CAS 号	分子式	结构式
1	丙酮	67－64－1	C_3H_6O	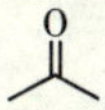
2	2－丁酮	78－93－3	C_4H_8O	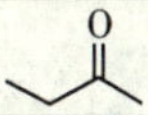

（续上表）

序号	名称	CAS 号	分子式	结构式
3	2－戊酮	107－87－9	$C_5H_{10}O$	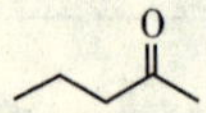
4	2－庚酮	110－43－0	$C_7H_{14}O$	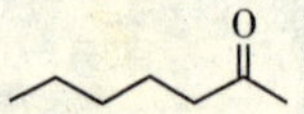
5	2－辛酮	111－13－7	$C_8H_{16}O$	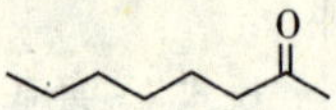
6	2－壬酮	821－55－6	$C_9H_{18}O$	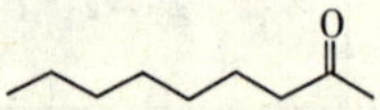
7	2－十三烷酮	593－08－8	$C_{13}H_{26}O$	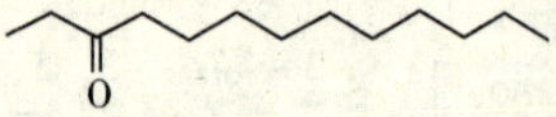
8	3－戊酮	96－22－0	$C_5H_{10}O$	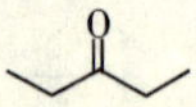
9	3－己酮	589－38－8	$C_6H_{12}O$	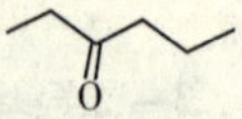
10	3－庚酮	106－35－4	$C_7H_{14}O$	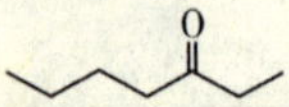
11	3－辛酮	106－68－3	$C_8H_{16}O$	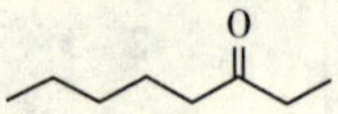
12	6，10，14－三甲基－2－十五烷酮	502－69－2	$C_{18}H_{36}O$	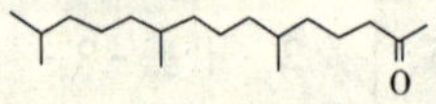
13	4－甲基－3－戊烯－2－酮	141－79－7	$C_6H_{10}O$	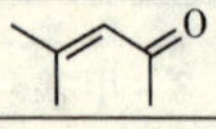
14	1－辛烯－3－酮	4312－99－6	$C_8H_{14}O$	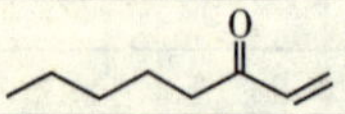
15	（E）－β－大马酮	23726－93－4	$C_{13}H_{18}O$	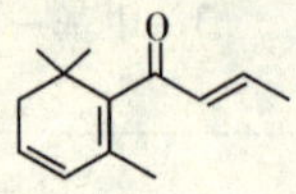
16	3－羟基－2－丁酮	513－86－0	$C_4H_8O_2$	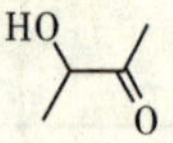
17	2，3－丁二酮	431－03－8	$C_4H_6O_2$	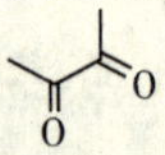
18	2，3－戊二酮	600－14－6	$C_5H_8O_2$	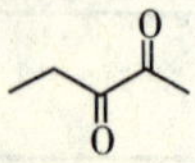
19	2，3－二甲基－2－环戊烯酮	1121－05－7	$C_7H_{10}O$	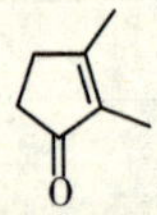
20	苯乙酮	98－86－2	C_8H_8O	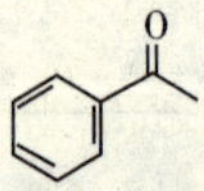

二、咖啡挥发性香气成分中酮类化合物的鉴定

Radtke 等（1966）以焙炒咖啡为原料，通过柱层析和纸层析法分离 2，4－二硝基苯腙或通过乙酰丙酸衍生后 GC 分析，研究结果表明：焙炒咖啡中含有少量挥发性羰基化合物。醛类化合物和酮类化合物、α－二羰基化合物与 α－羟基二羰基化合物的分离与特征化技术主要是通过 UV 光谱检测其衍生物，这是一种经典而烦琐的分析技术，但是这种技术没有产生任何独特的结果。后来，由于 GC 在咖啡香气成分分析上的应用，极大地推动了咖啡中酮类化合物的鉴定。

许多环酮与食品香味是相关的。研究表明碳水化合物是咖啡环酮的风味前体物质。在葡萄糖模拟反应体系中鉴定出 12 种脂肪族酮类、二酮、环戊酮、2－环戊－1－酮和 3－甲基－3－丁－2－酮。除了 3－甲基－3－丁－2－酮，在咖啡挥发性香气成分中都检测到了这些二酮化合物（Heyns，1966）。在葡萄糖加热反应中鉴定出 2－羟基－3－甲基－2－环戊－1－酮（Walter & Fagerson，1968）。在果糖的催化降解模拟实验中，鉴定出咖啡香气成分的 5 种 α－环二酮（3－辛烯－2－酮、3－乙基－2－羟基－2，1－环戊烯酮、2－羟基－3，4－二甲基－2，1－环戊烯酮、2－羟基－3，5－二甲基－2，1－环戊烯酮、2－羟基－3－甲基－2，1－环己烯酮）、3 种脂肪族羟基酮（1－羟基－2－丙酮、1－羟基－2－丁酮和 3－羟基－2－丁酮）和 2，5－己二酮（Shaw et al.，1968）。在苏氨酸与蔗糖、丝氨酸与蔗糖的模拟反应体系中，鉴定出咖啡香气成分中存在的 3 种环酮化合物（环戊酮、2，1－环戊烯酮和 2－甲基－2，1－环戊烯酮）、二酮化合物（2－羟基－3－甲基－2，1－环戊烯酮、3－乙基－2－羟基 －2，1－环戊烯酮和 2－羟基－3－甲基－2，1－环己烯酮）以及杂环化合物。研究表明这些化合物部分是由碳水化合物高温分解产生。酚类和脂肪族化合物的存在有利于蔗糖的降解（Baltes & Bochmann，1987）。在丝氨酸与葡萄糖的模拟反应体系中，鉴定了咖啡香气中的乙酸乙酯等 8 种羰基化合物（Zhang & Ho，1991）。

蔗糖是生咖啡的一种主要化合物，在焙炒过程中蔗糖可能被破坏。通过碱化处理蔗糖再进行 GC－MS 分析，研究发现咖啡中存在 2－羟基－3－甲基－2，1－环戊烯酮、3－乙基－1，2－环乙酰基丙酮、2－羟基－3－丙基－2，1－环戊烯酮和 2－羟基－3，5，5－三甲基－2，1－环戊烯酮等十多种二酮化合物，并推断出蔗糖是这些二酮化合物的风味前体物质（Nishimura & Mihara，1990）。

第五节　酸类化合物

咖啡中酸类化合物可以分为两类：第一类是挥发性香气成分，这种不需要衍生，直接通过 GC 就可检测，并且被编入 TNO－CIVO 参考表的索引。TNO 表中数据表明酸类化合物浓度相对比较高。酸类化合物与呋喃甲醇、糠醛、5－甲基糠醛处于并列位置。这种酸类化合物基本上是脂肪族的，从 C1～C16 链长度的（游离脂肪酸的链长达到 C24）苯甲酸和苯乙酸这两种芳香酸也属于这种类型。第二类是弱挥发性酸或非挥发性酸，它们主要是影响咖啡的口感质量。

一、挥发性酸类化合物

（一）挥发性酸类化合物的鉴定

Robiquet 和 Boutron（1937）等研究者通过闻气味和感官评价判断咖啡香气中存在挥发性酸类化合物。19 世纪末期，Hlasivetz（1867）使用汞盐、银盐、钙盐或钡盐形式的沉淀析出技术分离出咖啡酸。随后由于 LC 和 GC 技术在风味化学的应用，被鉴定的咖啡风味化学物质大量增加。

Kung 等（1967）以哥伦比亚、桑托斯阿拉比卡咖啡和罗伯斯塔咖啡饮料为原料，通过 NMR 和 GC 技术对不同焙炒程度咖啡饮料中的挥发性低碳（C1～C10）酸类化合物进行了分析。研究结果表明：非挥发性酸类化合物是咖啡的主要酸类化合物；中度焙炒和深度焙炒咖啡饮料中酸类化合物的浓度有差异，深度焙炒咖啡饮料的挥发性酸类化合物比中度焙炒咖啡的少，罗伯斯塔咖啡的挥发性酸类化合物含量最高。Lentner 和 Deatherage（1959）使用硅胶分离色谱定量分析咖啡焙炒过程中有机酸的变化规律。研究结果表明酸类化合物含量发生变化是由于：糖降解形成的乙酸，绿原酸脱羧和糖类物质重排反应形成的脱羧酸，以及乙酸和脱羧酸的挥发特性；这是轻度焙炒咖啡在冲泡过程中 pH 值最小的原因。最佳焙炒应该在咖啡水萃取物 pH 值开始增加后很快停止。深度焙炒咖啡中约 50% 的有机绿原酸被破坏。通常来说，咖啡焙炒程度越深，酸含量越低。James 和 Martin（1952）使用重氮甲烷处理与 GC 分析技术，分离和微量测定从甲酸到十二烷酸（月桂酸）的挥发性脂肪酸。在生咖啡中分离鉴定出 15 种脂肪族酸类化合物，在焙炒咖啡中分离鉴定出 5 种脂肪族酸类化合物以及 3－甲基戊酸和 2－乙基己酸（Holscher et al.，1990）。

挥发性酸类不仅具有酸的特性和特征香味，还对咖啡特征香气起着重要作用。挥发性酸类化合物的存在或形成相对应的盐或酯，有利于保证其他重要成分的稳定性和特殊风味（Clements & Deatherage，1957）。蒸馏萃取、离子交换和 GC－FID 方法可以测定咖啡中挥发性酸类化合物含量，GC－MS、EI 和 CI 方法可以对挥发性酸类化合物进行定性分析（Holscher et al.，1990）。在咖啡萃取物中分离的挥发性酸类化合物主要有乙酸、柠檬酸、苹果酸和酒石酸，分别占整个酸类化合物含量的 0.59%、7.7%、7.2% 和6.2%（Mabrouk & Deatherage，1956）。

（二）焙炒对挥发性酸类化合物的影响

随着焙炒程度增加，咖啡中大部分挥发性酸类化合物含量增加，特别是丙酸、3－甲基－2－丁烯酸、3－甲基丁酸、丁酸、（E）－2－丁烯酸。从癸酸中分离的高级脂肪酸受加热处理影响较小。在高温或水分含量高的保存条件下，酸类化合物的数量也会增加（Holscher et al.，1990）。

随着焙炒时间的延长，咖啡中所有酸类化合物的含量减少，但是焙炒程度与咖啡品种对咖啡挥发性酸类化合物浓度的影响不显著。总之，这些挥发性酸类化合物不是冲泡咖啡酸度产生的主要原因，挥发性酸类化合物只占焙炒咖啡豆酸类化合物的 0.39%～0.45%（Feldman et al.，1969）。

（三）挥发性酸类化合物的形成途径

挥发性酸类化合物是在糖类加热降解过程中产生的。葡萄糖加热生成甲酸、乙酸，以及非挥发性乙酰丙酸、琥珀酸、反式丁烯二酸和丙酮酸（Heyns，1966）。部分脂肪酸（C5～C10）是由长链脂肪酸加热氧化产生的（Watanabe & Sato，1971）。

二、非挥发性酸类化合物

1846年，Payen最早在咖啡中分离鉴定出奎宁酸等非挥发性酸类物质。咖啡萃取物中主要是非挥发性酸类化合物和绿原酸，占全部有机酸物质66.7%。其中非挥发性酸类化合物主要包括乳酸、琥珀酸、苹果酸、酒石酸、柠檬酸、富马酸、α－含氧戊二酸和丙酮酸，而且柠檬酸比其他非挥发性酸类化合物含量高（Mabrouk & Deatherage，1956；Schormüller et al.，1961）。

1968年，Woodman等以Santos咖啡饮料为原料，使用钠盐重量分析方法测定总羧酸含量，共鉴定出12种酸类化合物，其中2－呋喃甲酸、甲基反式丁烯二酸、富马酸、柠康酸、衣康酸、乳酸、琥珀酸和马来酸这8种酸类化合物首次在咖啡中被发现。研究结果表明：随着焙炒程度增加，由于酚酸物质的降解，咖啡饮料总羧酸含量增加。

三、长链脂肪酸

因为焙炒或萃取技术的局限性，研究人员通常很难判定咖啡风味中是否存在游离脂肪酸。1844年，Rochleder通过皂化分离鉴定出棕榈酸和油酸。在生咖啡与焙炒咖啡的总脂肪酸组成成分中，亚麻油酸占总脂肪酸含量的28%～33%，油酸占23%～26%。在饱和脂肪酸中，棕榈酸占饱和脂肪酸含量的31%～37%，硬脂酸占5%～8%，豆蔻酸约占2%（Bengis & Anderson，1932）。

Speer等（1993）使用凝胶渗透色谱分离游离脂肪酸和结合脂肪酸（甘油三酸酯、二萜酯类）研究生咖啡和焙炒咖啡的脂肪酸组成。研究结果表明：阿拉比卡生咖啡中游离脂肪酸的含量比罗伯斯塔生咖啡的低，分别占酯类物质含量的1%～1.5%和1%～2.7%。脂肪酸甲酯化后，进行GC分析，发现两个咖啡品种C14～C24脂肪酸含量相近，罗伯斯塔咖啡中油酸含量比阿拉比卡咖啡的高。罗伯斯塔咖啡中油酸与硬脂酸的比值是2，罗伯斯塔咖啡中油酸与硬脂酸的比值是1。焙炒过程中，咖啡总脂肪酸含量降低20%。焙炒温度对总脂肪酸含量没有影响，并且对单个脂肪酸的含量也没有影响。棕榈酸的含量为45%～50%，明显超过油酸的含量（20%～30%）。

咖啡油中含有大量不皂化物，使得咖啡油的用途十分有限。在咖啡油总脂肪酸组成成分中，C18:2占总脂肪酸含量的46%，C16:0占32%，C18:1占8%，C18:0（硬脂酸）占7.5%，C16:1（油酸）占0.9%（Khan & Brown，1953）。在咖啡油不饱和脂肪酸组成成分中，C18:2占不饱和脂肪酸含量的40%，C18:1占12%～17%，C18:3占0.8%～1.4%，饱和脂肪酸占总脂肪酸含量的34%（Wohlers de Almeida et al.，1962）。

四、酸类化合物对咖啡风味的影响

（一）咖啡品种和焙炒程度等对咖啡风味中酸类化合物以及酸度的影响

咖啡风味中酸类化合物以及酸度的影响因素有咖啡品种、加工方式、生咖啡豆成熟度和焙炒程度。

通常来说，阿拉比卡焙炒咖啡酸类化合物的含量比罗伯斯塔焙炒咖啡的高，阿拉比卡焙炒咖啡饮料酸类化合物的含量比罗伯斯塔焙炒咖啡饮料的高，但是罗伯斯塔生咖啡酸类化合物的含量比阿拉比卡生咖啡的高。阿拉比卡焙炒咖啡的酸味强度比罗伯斯塔焙炒咖啡高的原因是：焙炒咖啡豆中酸类化合物含量高；游离酸官能团比例高；主要的单个酸类化合物感官效应强。

不同品种咖啡萃取物饮料的 pH 值存在差异。喷雾干燥咖啡萃取物饮料 pH 值为 4.77 ~ 5.05，冷冻干燥咖啡萃取物饮料 pH 值为 4.75 ~ 5.22。当 pH 低于 4.9 时，咖啡饮料酸味太重；pH 高于 5.2 时，咖啡饮料淡而无味。专业咖啡品尝师可区分不同咖啡饮料的 pH 值，最小分辨率达到 0.025（Sivetz，1972）。

生咖啡中酸类化合物占 11%，焙炒咖啡中酸类化合物占 6%，咖啡萃取物中酸类化合物占 16%。在焙炒过程中，富马酸、甲基反丁烯二酸与小分子量酸类化合物含量增加，但是柠康酸、衣康酸、马来酸和琥珀酸含量降低，可能是因为不饱和酸类的异构化作用。

在生咖啡和焙炒咖啡中，羧酸（脂肪族酸）化合物共有 33 种。Blanc（1979）认为咖啡中羧酸对感官品质特性具有重要影响，但是对羧酸定量分析还存在许多困难。Blanc 采用特殊酶处理方法对柠檬酸、苹果酸、乳酸和丙酮酸的含量进行分析测定，并且研究了不同焙炒程度对焙炒咖啡水萃取物中乙酸含量的影响。研究结果表明：柠檬酸、苹果酸、乳酸、丙酮酸和乙酸是脂肪族羧酸的主要组成部分。

乙酸、奎宁酸、柠檬酸和苹果酸是咖啡酸味最重要的酸类化合物。乙酸和甲酸是咖啡中含量最丰富的挥发性酸类化合物。柠檬酸和苹果酸在焙炒过程中逐渐降低。奎宁酸、甲酸和绿原酸的含量相对最高，却对酸味作用不大。咖啡中乙酸和柠檬酸浓度接近其阈值，苹果酸和磷酸浓度为其阈值的 50%，其他酸的浓度甚至更低（Maier，1988）。

（二）酸类化合物对咖啡酸味的影响

非挥发性酸类化合物对咖啡感官品质起着重要作用，而且咖啡饮料 pH 值与酸味之间存在一定关系。咖啡饮料中，7% 的乙酸、98% 的酒石酸、95% 的柠檬酸和 50% 的苹果酸发生分解，可以根据咖啡饮料的浓缩物与各种酸类化合物的分解常数推算出氢离子的分解。研究表明氢离子浓度每增加 25%，pH 值下降 0.10（Sivetz，1972）。

单个酸类化合物对咖啡饮料的酸味起着重要作用。焙炒咖啡饮料的酸类化合物分别占焙炒咖啡豆和咖啡萃取物可滴定酸度的 93% 和 75%，其中主要是奎宁酸、乙酸和柠檬酸。咖啡饮料中酸类化合物含量依次递减：奎宁酸 > 乙酸 > 柠檬酸 > 苹果酸 > 磷酸 > 甲酸 > 乙醇酸 > 乳酸 > 草酸。在焙炒咖啡饮料中，只有柠檬酸高于其酸味阈值，乙酸接近其酸味阈值。高分子酸类化合物和苹果酸也对焙炒咖啡饮料的酸度起很大作用。其他酸类化合物单个所占比例低于 3%，但是它们对咖啡饮料的酸味也起很大作用（Maier，1984；Engelhardt，1985；Clinton，1986）。

（三）酸类化合物的气味阈值

咖啡中许多酸类化合物具有特征风味，2 - 甲基丁酸、2 - 甲基戊酸和 2 - 乙基丁酸等大部分低碳脂肪族酸类在水中的气味阈值是 4 ppm ~ 8 ppm（Woodman，1985）。

五、咖啡挥发性香气成分中酸类化合物的种类

到目前为止，研究发现咖啡挥发性香气成分中酸类化合物共73种，其中生咖啡特有挥发性酸类化合物2种（表8－15），焙炒咖啡特有挥发性酸类化合物16种（表8－16），生咖啡与焙炒咖啡共有挥发性酸类化合物55种（表8－17）。

表8－15　生咖啡特有挥发性酸类化合物

序号	名称	CAS号	分子式	结构式
1	2－辛烯酸	1871－67－6	$C_8H_{14}O_2$	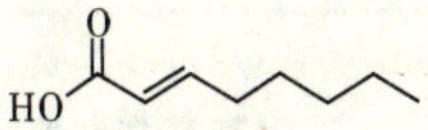
2	环己甲酸	98－89－5	$C_7H_{12}O_2$	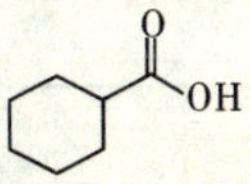

表8－16　焙炒咖啡特有挥发性酸类化合物

序号	名称	CAS号	分子式	结构式
1	甲酸	64－18－6	CH_2O_2	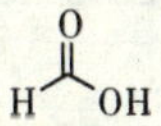
2	2－乙基丁酸	88－09－5	$C_6H_{12}O_2$	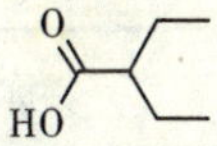
3	2－甲基戊酸	97－61－0	$C_6H_{12}O_2$	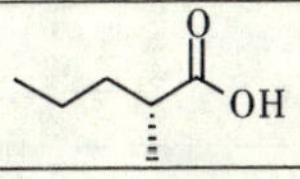
4	4－甲基戊酸	646－07－1	$C_6H_{12}O_2$	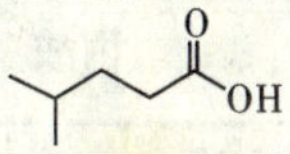
5	异辛酸	149－57－5	$C_8H_{16}O_2$	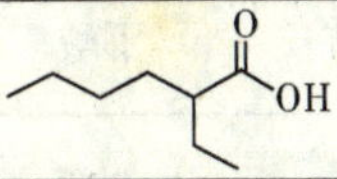
6	反式丁烯酸	107－93－7	$C_4H_6O_2$	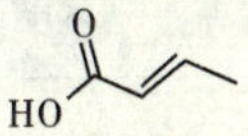
7	异巴豆酸	503－64－0	$C_4H_6O_2$	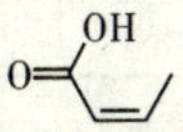
8	乙酰乙酸	541－50－4	$C_4H_6O_3$	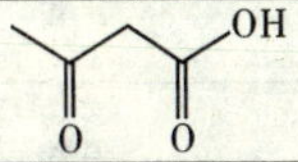
9	乙二酸	144－76－2	$C_4H_6O_3$	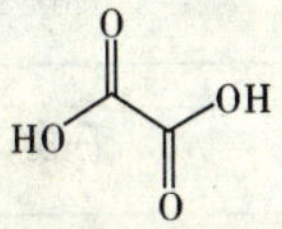
10	丙二酸	141－82－2	$C_3H_4O_4$	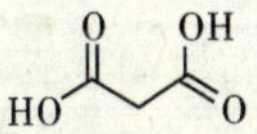

（续上表）

序号	名称	CAS 号	分子式	结构式
11	2－己烯二酸	4440－68－0	$C_6H_8O_4$	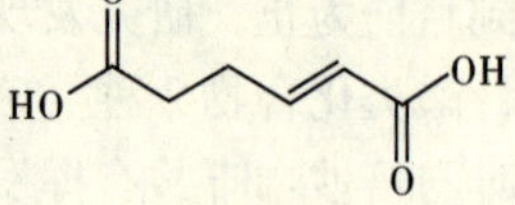
12	马来酸酐	108－31－6	$C_4H_2O_3$	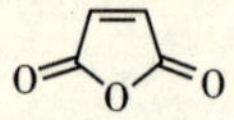
13	柠康酸酐	616－02－4	$C_5H_4O_3$	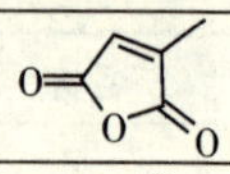
14	二甲基马来酸酐	766－39－2	$C_6H_6O_3$	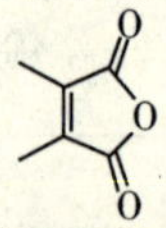
15	乙基甲基马来酸酐	3552－33－8	$C_7H_8O_3$	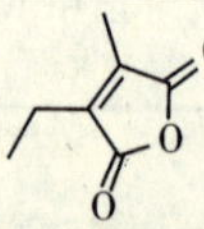
16	丁二酸酐	108－30－5	$C_4H_4O_3$	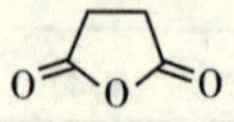

表 8－17　生咖啡与焙炒咖啡共有挥发性酸类化合物

序号	名称	CAS 号	分子式	结构式
1	乙酸	64－19－7	$C_2H_4O_2$	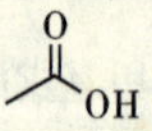
2	丙酸	79－09－4	$C_3H_6O_2$	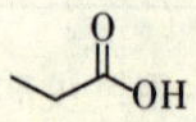
3	丁酸	107－92－6	$C_4H_8O_2$	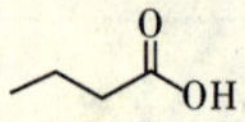
4	戊酸	109－52－4	$C_5H_{10}O_2$	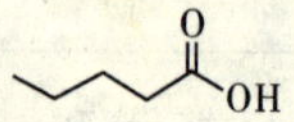
5	己酸	142－62－1	$C_6H_{12}O_2$	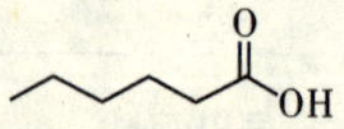
6	庚酸	111－14－8	$C_7H_{14}O_2$	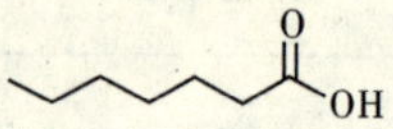
7	辛酸	124－07－2	$C_8H_{16}O_2$	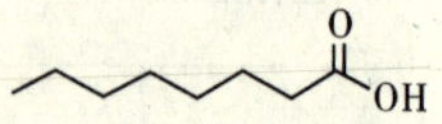
8	壬酸	112－05－0	$C_9H_{18}O_2$	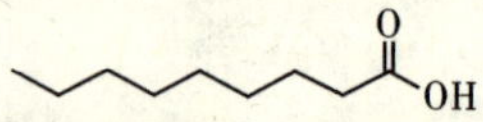
9	癸酸	334－48－5	$C_{10}H_{20}O_2$	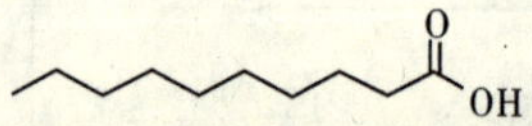
10	月桂酸	143－07－7	$C_{12}H_{24}O_2$	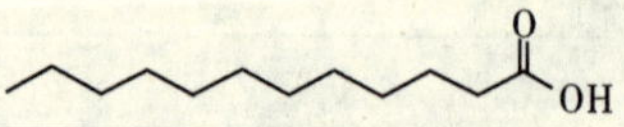

（续上表）

序号	名称	CAS号	分子式	结构式
11	肉豆蔻酸	544-63-8	$C_{14}H_{28}O_2$	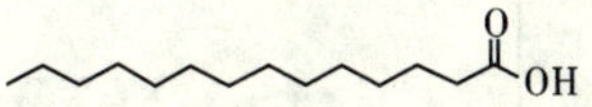
12	正十五酸	1002-84-2	$C_{15}H_{30}O_2$	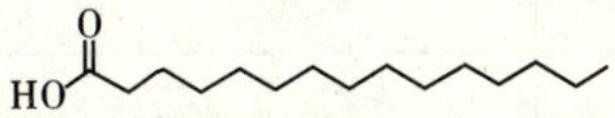
13	棕榈酸	57-10-3	$C_{16}H_{32}O_2$	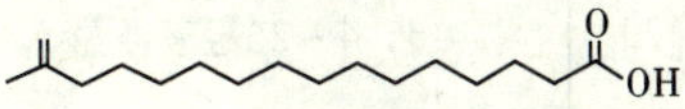
14	异丁酸	79-31-2	$C_4H_8O_2$	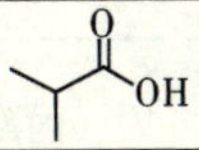
15	2-甲基丁酸	116-53-0	$C_5H_{10}O_2$	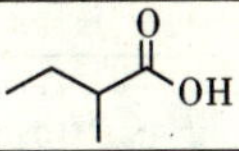
16	3-甲基丁酸	503-74-2	$C_5H_{10}O_2$	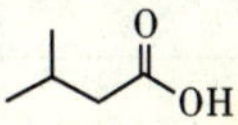
17	3-甲基戊酸	105-43-1	$C_6H_{12}O_2$	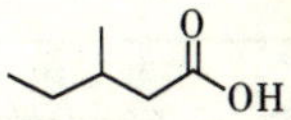
18	异丁烯酸	79-41-4	$C_4H_6O_2$	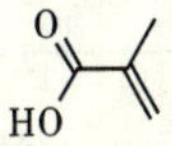
19	反式2-甲基-2-丁烯酸	80-59-1	$C_5H_8O_2$	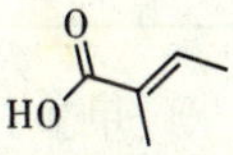
20	3，3-二甲基丙烯酸	541-47-9	$C_5H_8O_2$	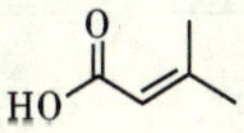
21	乙醇酸	79-14-1	$C_2H_4O_3$	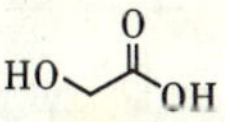
22	乳酸	50-21-5	$C_3H_6O_3$	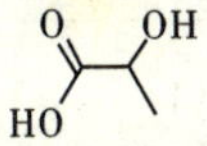
23	3-羟基丙酸	503-66-2	$C_3H_6O_3$	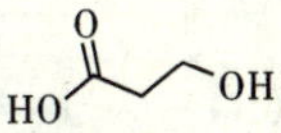
24	2-羟基丁酸	565-70-8	$C_4H_8O_3$	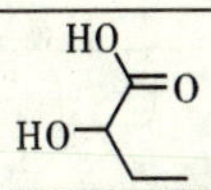
25	3-羟基丁酸	300-85-6	$C_4H_8O_3$	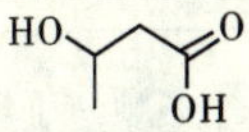
26	4-羟基丁酸乙酰酯	591-81-1	$C_4H_8O_3$	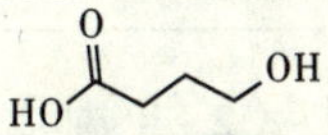
27	甘油酸	473-81-4	$C_3H_6O_4$	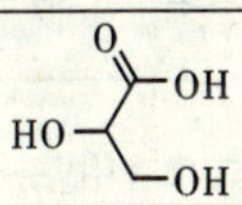

（续上表）

序号	名称	CAS 号	分子式	结构式
28	2，4－二羟基丁酸	1518－62－3	$C_4H_8O_4$	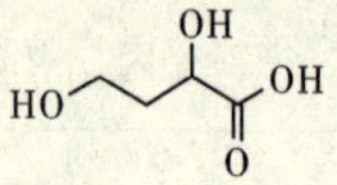
29	3，4－二羟基丁酸	1518－61－2	$C_4H_8O_4$	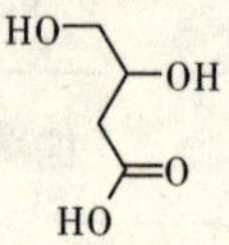
30	丙酮酸	127－17－3	$C_3H_4O_3$	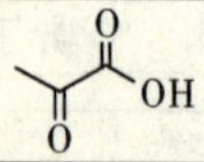
31	3－甲基丙酮酸	600－18－0	$C_4H_6O_3$	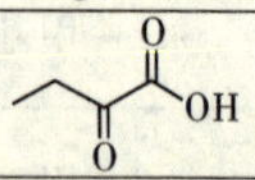
32	乙酰丙酸	123－76－2	$C_5H_8O_3$	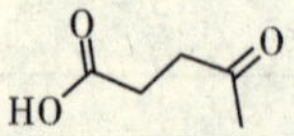
33	琥珀酸	110－15－6	$C_4H_6O_4$	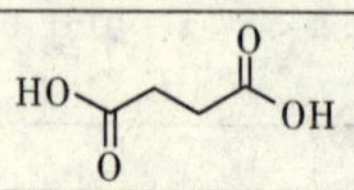
34	戊二酸	110－94－1	$C_5H_8O_4$	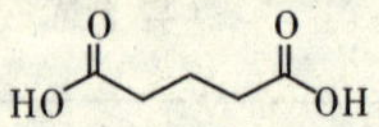
35	甲基丁二酸	498－21－5	$C_5H_8O_4$	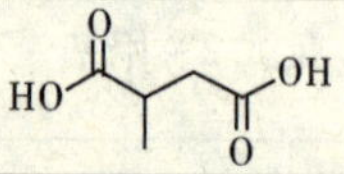
36	癸二酸	111－20－6	$C_{10}H_{18}O_4$	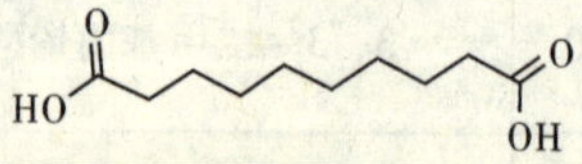
37	辛二酸	505－48－6	$C_8H_{14}O_4$	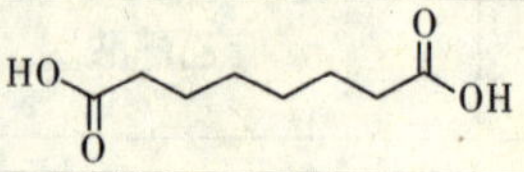
38	庚二酸	111－16－0	$C_7H_{12}O_4$	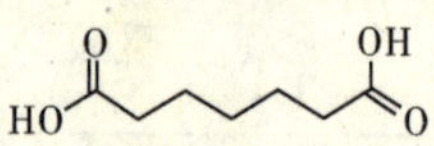
39	（R）－（＋）－甲基琥珀酸	3641－51－8	$C_5H_8O_4$	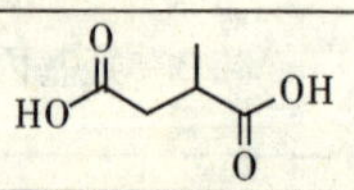
40	反－丁烯二酸	110－17－8	$C_4H_4O_4$	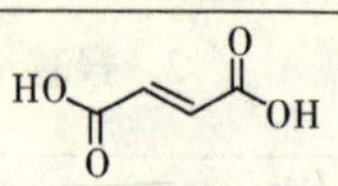
41	顺－丁烯二酸	110－16－7	$C_4H_4O_4$	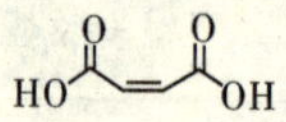
42	反式 2－甲基－2－丁烯二酸	498－24－8	$C_5H_6O_4$	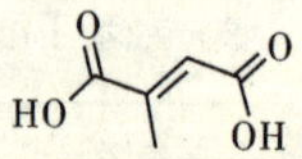
43	顺式 2－甲基－2－丁烯二酸	498－23－7	$C_5H_6O_4$	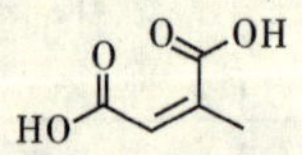

（续上表）

序号	名称	CAS 号	分子式	结构式
44	衣康酸	97－65－4	$C_5H_6O_4$	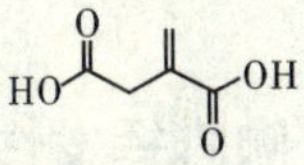
45	DL－羟基丁二酸	6915－15－7	$C_4H_6O_5$	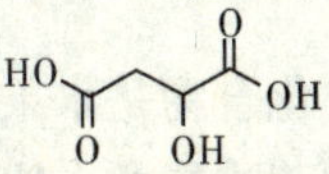
46	2－羟基－戊烯二酸	2889－31－8	$C_5H_8O_5$	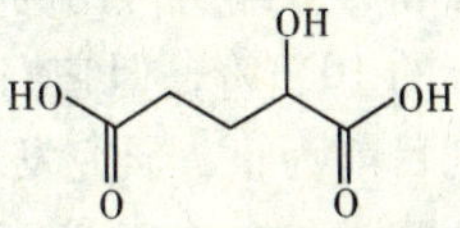
47	（R）－2－羟基戊二酸	13095－47－1	$C_5H_8O_5$	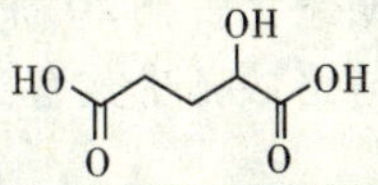
48	（S）－2－羟基戊二酸	13095－48－2	$C_5H_8O_5$	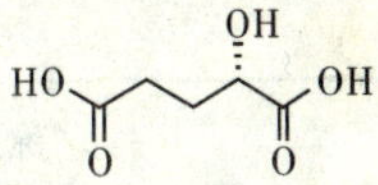
49	左旋酒石酸	87－69－4	$C_4H_6O_6$	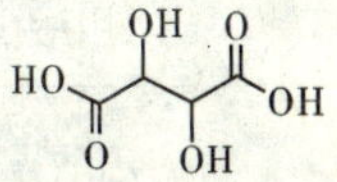
50	α－酮戊二酸	328－50－7	$C_5H_6O_5$	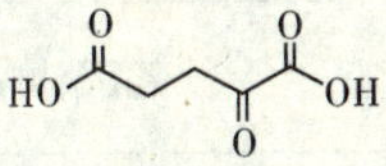
51	柠檬酸	77－92－9	$C_6H_8O_7$	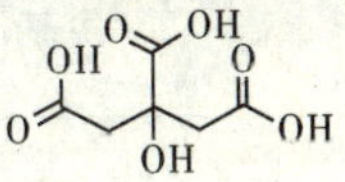
52	苯甲酸	65－85－0	$C_7H_6O_2$	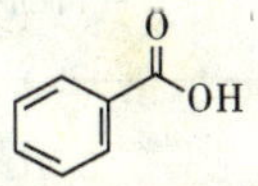
53	苯乙酸	103－82－2	$C_8H_8O_2$	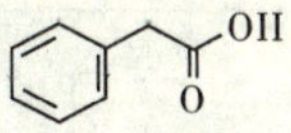
54	3，4，5－三羟基－1－环已烯－1－羧基酸	15271－51－9	$C_7H_{10}O_5$	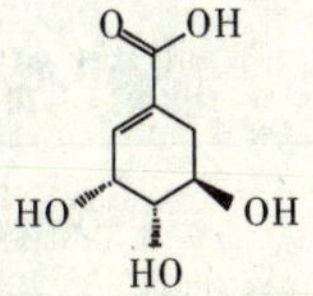
55	右旋奎宁酸	77－95－2	$C_7H_{12}O_6$	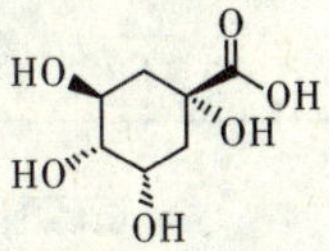

第六节　酯类化合物

一、咖啡挥发性香气成分中酯类化合物的种类

酯类化合物是水果风味中必需且含量丰富的成分，但是在焙炒咖啡挥发性香气中，脂肪酸酯和芳香酯所占比例相对较少。例如，咖啡香气中的甲酸甲酯和乙酸甲酯，占咖啡香气成分的10.3%，但它们对咖啡饮料香气特征没有起很大作用（Merritt et al.，1963）。

到目前为止，研究发现咖啡挥发性香气成分中酯类化合物共56种，其中生咖啡特有挥发性酯类化合物20种（表8－18），焙炒咖啡特有挥发性酯类化合物24种（表8－19），生咖啡与焙炒咖啡共有挥发性酯类化合物12种（表8－20）。

表8－18　生咖啡特有挥发性酯类化合物

序号	名称	CAS号	分子式	结构式
1	甲酸戊酯	638－49－3	$C_6H_{12}O_2$	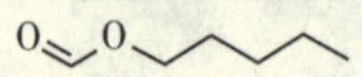
2	乙酸异丁酯	110－19－0	$C_6H_{12}O_2$	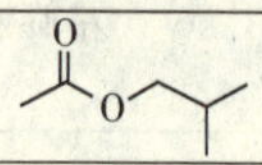
3	乙酸仲戊酯	626－38－0	$C_7H_{14}O_2$	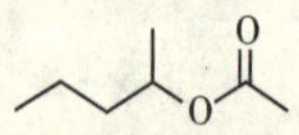
4	2－庚基乙酸酯	5921－82－4	$C_9H_{18}O_2$	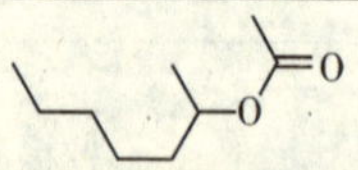
5	甲氧基乙酸甲酯	4382－76－7	$C_4H_8O_3$	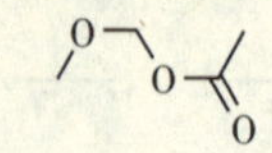
6	丙酸丙酯	106－36－5	$C_6H_{12}O_2$	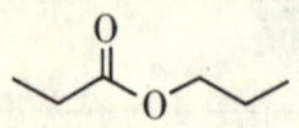
7	丁酸乙酯	105－54－4	$C_6H_{12}O_2$	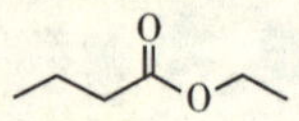
8	戊酸甲酯	624－24－8	$C_6H_{12}O_2$	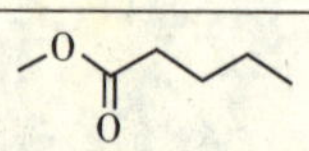
9	戊酸乙酯	539－82－2	$C_7H_{14}O_2$	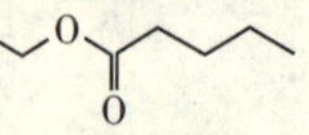
10	戊酸丁酯	591－68－4	$C_9H_{18}O_2$	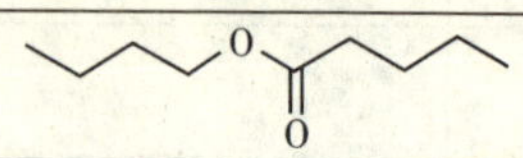
11	正已酸乙酯	123－66－0	$C_8H_{16}O_2$	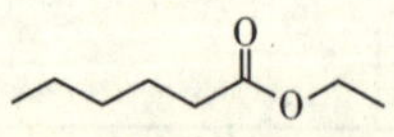

（续上表）

序号	名称	CAS 号	分子式	结构式
12	乙基棕榈酸盐	698 - 97 - 7	$C_{11}H_{12}N_2O_3$	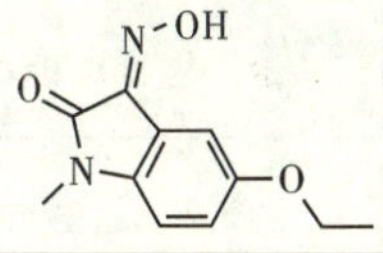
13	棕榈酸丁酯	111 - 06 - 8	$C_{20}H_{40}O_2$	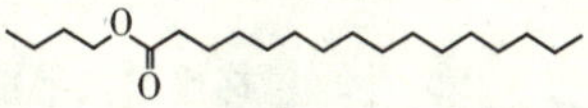
14	异丁酸乙酯	97 - 62 - 1	$C_6H_{12}O_2$	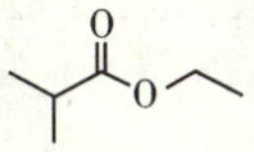
15	异戊酸苯甲酯	103 - 38 - 8	$C_{12}H_{16}O_2$	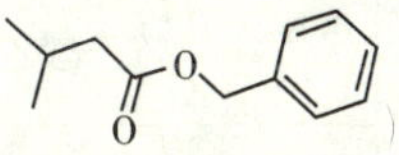
16	(E) - 2 - 甲基 - 2 - 丁烯酸乙酯	5837 - 78 - 5	$C_7H_{12}O_2$	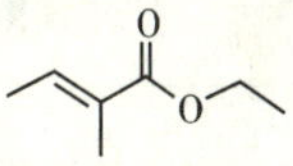
17	3 - 甲基 - 2 - 丁烯酸乙酯	638 - 10 - 8	$C_7H_{12}O_2$	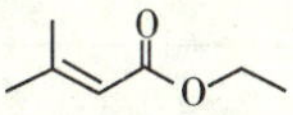
18	环已甲酸乙酯	3289 - 28 - 9	$C_9H_{16}O_2$	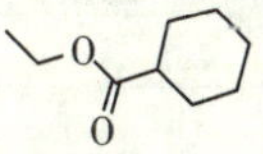
19	苯乙酸乙酯	101 - 97 - 3	$C_{10}H_{12}O_2$	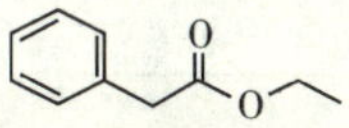
20	2 - 羟基 - 3 - 甲基丁酸甲酯	17417 - 00 - 4	$C_6H_{12}O_3$	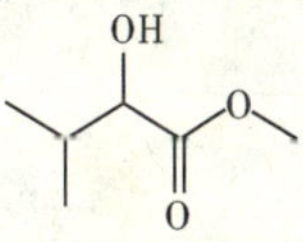

表 8 - 19　焙炒咖啡特有挥发性酯类化合物

序号	名称	CAS 号	分子式	结构式
1	甲酸乙酯	109 - 94 - 4	$C_3H_6O_2$	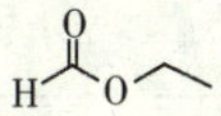
2	甲酸异丙酯	625 - 55 - 8	$C_4H_8O_2$	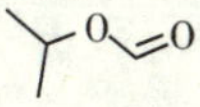
3	甲酸苄酯	104 - 57 - 4	$C_8H_8O_2$	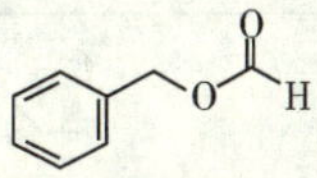
4	甲酸苯乙酯	104 - 62 - 1	$C_9H_{10}O_2$	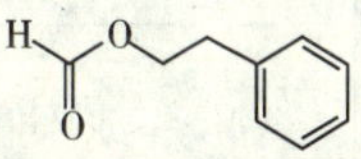

（续上表）

序号	名称	CAS 号	分子式	结构式
5	乙酸己酯	142 – 92 – 7	$C_8H_{16}O_2$	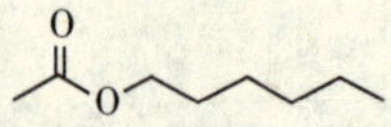
6	乙酸仲丁酯	105 – 46 – 4	$C_6H_{12}O_2$	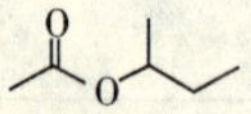
7	环戊基乙酸酯	933 – 05 – 1	$C_7H_{12}O_2$	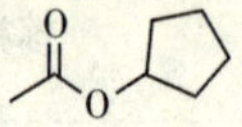
8	梨醇酯	1191 – 16 – 8	$C_7H_{12}O_2$	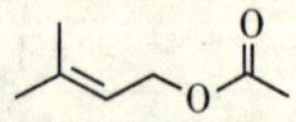
9	乙酸乙烯酯	108 – 05 – 4	$C_4H_6O_2$	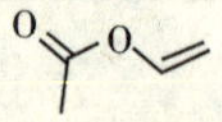
10	过氧化乙酰丙酮	592 – 20 – 1	$C_5H_8O_3$	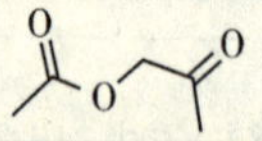
11	1 – 乙酰氧基 – 2 – 丁酮	1575 – 57 – 1	$C_6H_{10}O_3$	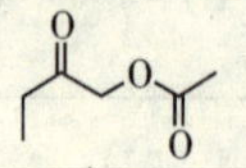
12	乙酰氧基 – 2 – 戊酮	68113 – 53 – 1	$C_7H_{12}O_3$	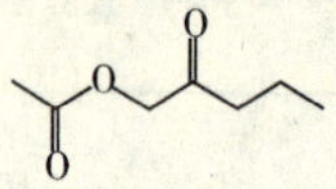
13	2 – 羟基 – 3 – 戊酮乙酸酯	2983 – 05 – 3	$C_7H_{12}O_3$	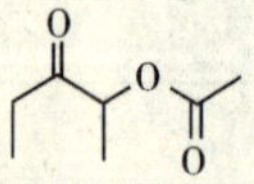
14	4 – 乙酰基 – 2 – 丁酮	10150 – 87 – 5	$C_6H_{10}O_3$	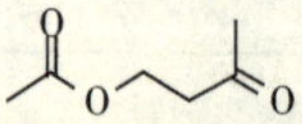
15	乙二醇二乙酸酯	111 – 55 – 7	$C_6H_{10}O_4$	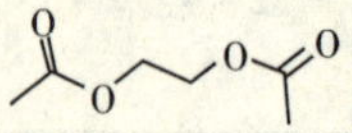
16	丙酮醇丙酸酯	72845 – 79 – 5	$C_6H_{10}O_3$	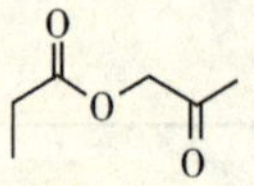
17	丁酸甲酯	623 – 42 – 7	$C_5H_{10}O_2$	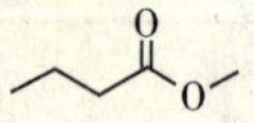
18	肉豆蔻酸异丙酯	110 – 27 – 0	$C_{17}H_{34}O_2$	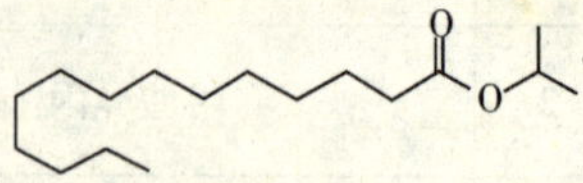
19	苯乙酸甲酯	101 – 41 – 7	$C_9H_{10}O_2$	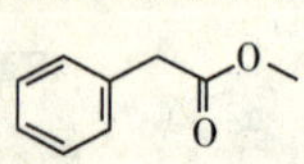
20	肉桂酸甲酯	103 – 26 – 4	$C_{10}H_{10}O_2$	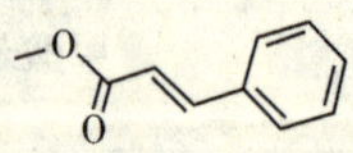

（续上表）

序号	名称	CAS 号	分子式	结构式
21	肉桂酸乙酯	103－36－6	$C_{11}H_{12}O_2$	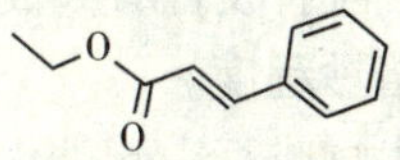
22	乙酰乙酸乙酯	141－97－9	$C_6H_{10}O_3$	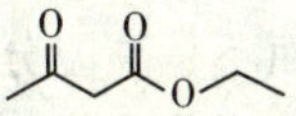
23	苯甲酸甲酯	93－58－3	$C_8H_8O_2$	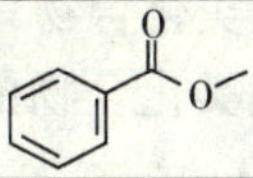
24	反式肉桂酸甲酯	1754－62－7	$C_{10}H_{10}O_2$	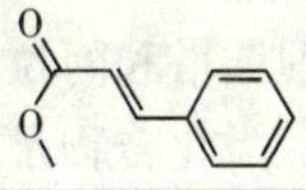

表 8－20　生咖啡与焙炒咖啡共有挥发性酯类化合物

序号	名称	CAS 号	分子式	结构式
1	甲酸甲酯	107－31－3	$C_2H_4O_2$	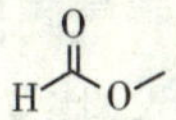
2	乙酸甲酯	79－20－9	$C_3H_6O_2$	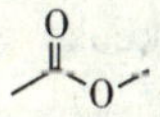
3	乙酸乙酯	141－78－6	$C_4H_8O_2$	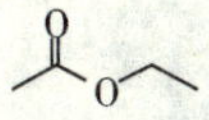
4	乙酸丁酯	123－86－4	$C_6H_{12}O_2$	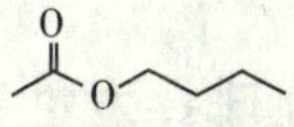
5	乙酸异戊酯	123－92－2	$C_7H_{14}O_2$	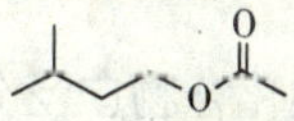
6	丙酸甲酯	554－12－1	$C_4H_8O_2$	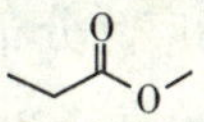
7	己酸甲酯	106－70－7	$C_7H_{14}O_2$	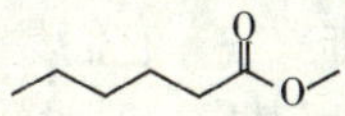
8	棕榈酸甲酯	112－39－0	$C_{17}H_{34}O_2$	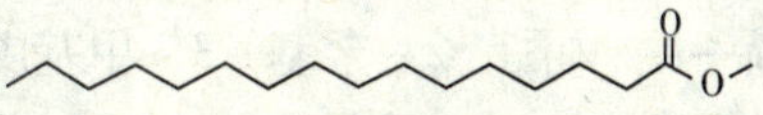
9	2－甲基丁酸乙酯	7452－79－1	$C_7H_{14}O_2$	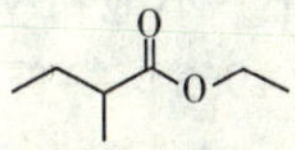
10	异戊酸甲酯	556－24－1	$C_6H_{12}O_2$	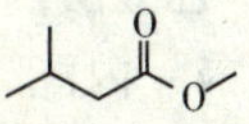
11	异戊酸乙酯	108－64－5	$C_7H_{14}O_2$	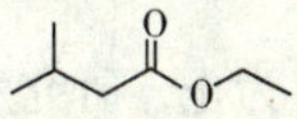
12	苯甲酸丁酯	136－60－7	$C_{11}H_{14}O_2$	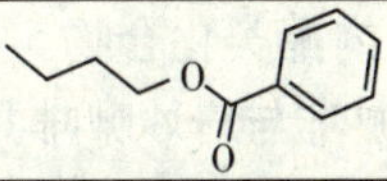

二、咖啡挥发性香气成分中酯类化合物的影响因素

咖啡挥发性香气成分中酯类化合物的影响因素有咖啡品种、加工方式、生咖啡豆成熟度和焙炒程度。

生咖啡豆中酯类化合物的含量比焙炒咖啡的多。酯类化合物是咖啡生长代谢过程中产生的，而不是高温分解产生的。研究发现：乙酸己酯、丙基丙酸酯、乙基丁酸酯和乙基戊酸酯等酯类化合物只存在于哥伦比亚生咖啡豆中。因此，研究人员认为可以根据咖啡香气成分中酯类化合物的种类，对咖啡品种进行定性分析（Stoffelsma et al.，1968；Merritt et al.，1970）。

罗伯斯塔和阿拉比卡咖啡红色成熟鲜果本身不含有2-戊基乙酸酯和2-庚基乙酸酯，这两种酯类化合物是在后期加工过程中产生的（Mathieu et al.，1998）。

三、咖啡挥发性香气成分中酯类化合物的香气阈值

不饱和支链酯类化合物的香气阈值比它们相对应的饱和支链酯类化合物的高；双键位置与结构对其香气阈值影响很大。例如，2-甲基丁酸乙酯的香气阈值比（Z）-2-甲基丁酸酯低10倍，比2-甲基-2-丁酸乙酯的香气阈值低10^4倍；乙酯的香气阈值比其对应甲酯的低（Takeoka et al.，1998）。

第七节　内酯类化合物

一、咖啡挥发性香气成分中内酯类化合物的种类

内酯类化合物广泛分布在食品和饮料中，具有特有气味和坚韧特性。饱和与不饱和脂肪族γ-内酯广泛分布在水果、肉类、日常产品和饮料中。γ-丁内酯、α-甲基-γ-丁内酯、γ-戊内酯、γ-己内酯、α-戊基-γ-丁内酯、丙位癸内酯等饱和γ-内酯主要存在于生咖啡豆中，它们具有浓郁水果香味。γ-巴豆酸内酯、2，3-二甲基丁-2-烯-4-内酯、2-甲基戊-2-烯-4-内酯、3-甲基戊-2-烯-4-内酯、2，3-二甲基戊-2-烯-4-内酯、2-羟基-3-甲基戊-2-烯-4-内酯、2-羟基-3-甲基己-2-烯-4-内酯等α，β-不饱和γ-内酯主要存在于焙炒咖啡香气成分中。

Viani（1965）等首次在焙炒咖啡中发现γ-丁内酯，Gianturco等（1966）在焙炒咖啡中发现γ-巴豆酸内酯，Stoffelsma等（1968）在焙炒咖啡中发现α-甲基-γ-丁内酯、γ-戊内酯、γ-内酯、3-甲基戊-2-烯-4-内酯和2，3-二甲基戊-2-烯-4-内酯。

到目前为止，研究发现咖啡挥发性香气成分中内酯类化合物共15种，其中生咖啡特有挥发性内酯类化合物5种（表8-21），焙炒咖啡特有挥发性内酯类化合物7种（表8-22），生咖啡与焙炒咖啡共有挥发性内酯类化合物3种（表8-23）。

表 8－21　生咖啡特有挥发性内酯类化合物

序号	名称	CAS 号	分子式	结构式
1	γ－己内酯	695－06－7	$C_6H_{10}O_2$	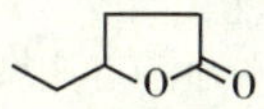
2	α－戊基－γ－丁内酯	104－61－0	$C_9H_{16}O_2$	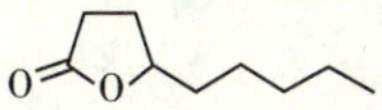
3	丙位癸内酯	706－14－9	$C_{10}H_{18}O_2$	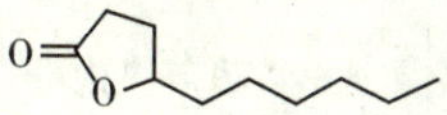
4	二氢猕猴桃内酯	15356－74－8	$C_{11}H_{16}O_2$	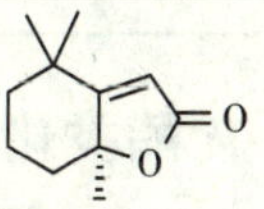
5	东莨菪内酯	92－61－5	$C_{10}H_8O_4$	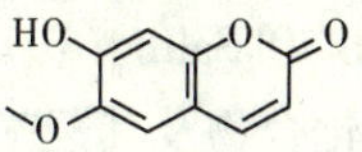

表 8－22　焙炒咖啡特有挥发性内酯类化合物

序号	名称	CAS 号	分子式	结构式
1	α－甲基－γ－丁内酯	1679－47－6	$C_5H_8O_2$	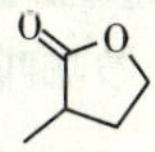
2	γ－巴豆酰内酯	497－23－4	$C_4H_4O_2$	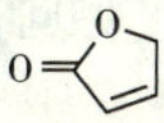
3	2，3－二甲基丁－2－烯－4－内酯	1575－46－8	$C_6H_8O_2$	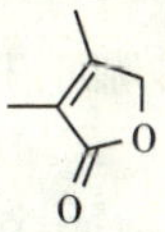
4	2－甲基戊－2－烯－4－内酯	5584－69－0	$C_6H_8O_2$	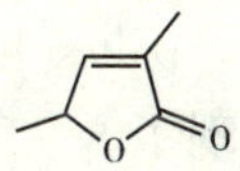
5	3－甲基戊－2－烯－4－内酯	10547－85－0	$C_6H_8O_2$	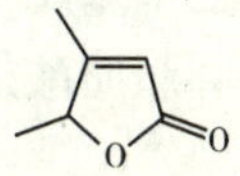
6	2，3－二甲基戊－2－烯－4－内酯	33488－51－6	$C_7H_{10}O_2$	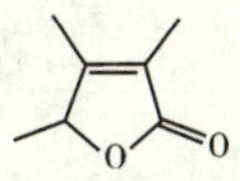
7	2－羟基－3－甲基己－2－烯－4－内酯	698－10－2	$C_7H_{10}O_3$	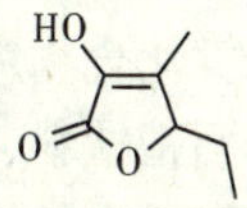

表 8-23　生咖啡与焙炒咖啡共有挥发性内酯类化合物

序号	名称	CAS 号	分子式	结构式
1	γ-丁内酯	96-48-0	$C_4H_6O_2$	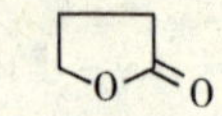
2	γ-戊内酯	108-29-2	$C_5H_8O_2$	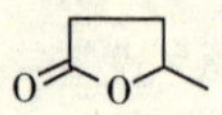
3	葫芦巴内酯	28664-35-9	$C_6H_8O_3$	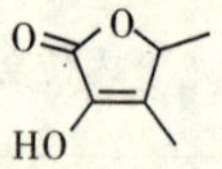

二、内酯类化合物对咖啡风味的影响

Latif 和 Salib（1975）以生咖啡和焙炒咖啡为原料，研究了咖啡挥发性香气成分中的内酯类化合物及其羟基酸。研究发现使用强碱处理后，焙炒咖啡香气消失；当碱性萃取物被中和后，再使用脱水试剂处理，焙炒咖啡香气恢复。研究结果表明：内酯类化合物的风味前体物质是羟基酸，其对咖啡风味有很大作用。当使用碱萃取生咖啡再进行焙炒时，原有焙炒咖啡香味特征消失；当使用碱性萃取物与低温浓缩的硫黄酸对焙炒咖啡进行酸化处理后，焙炒咖啡释放出特征香味。研究人员将羟基酸分离后进行内酯化处理，发现其残留物具有焙炒咖啡的大部分特征香气。

三、咖啡风味中内酯类化合物的形成途径

1990—1992 年期间，Maier 等研究发现 γ-奎宁内酯是在焙炒过程中产生的，主要存在于焙炒咖啡中。γ-奎宁内酯是奎宁酸的内酯，中度焙炒咖啡的 γ-奎宁内酯含量达到最大值。

Walter 和 Fagerson（1968）在葡萄糖加热产生的挥发性成分中，首次分离出 γ-巴豆酸内酯。Baltes 和 Bochmann（1987）在丝氨酸与蔗糖、苏氨酸与蔗糖的模拟反应体系中，研究发现了 γ-丁内酯、γ-巴豆酸内酯、γ-内酯、2-甲基戊-2-烯-4-内酯、2，3-二甲基戊-2-烯-4-内酯以及 100 多种单环呋喃。Watanabe 和 Sato（1971）研究发现饱和脂肪酸加热氧化产生 γ-内酯和 δ-内酯。

第八节　酚类化合物

酚类化合物广泛存在于自然界中，通常以结合态形式存在。Maga（1978）在酒精饮料、非酒精饮料、牛奶、奶酪、坚果、蔬菜与水果等食物中鉴定出 140 多种酚类化合物。由于苯酚具有低挥发性与晶体状态，所以苯酚是食品风味中最早鉴定的芳香化合物。咖啡挥发性香气成分中酚类化合物的发现历程如图 8-1 所示。

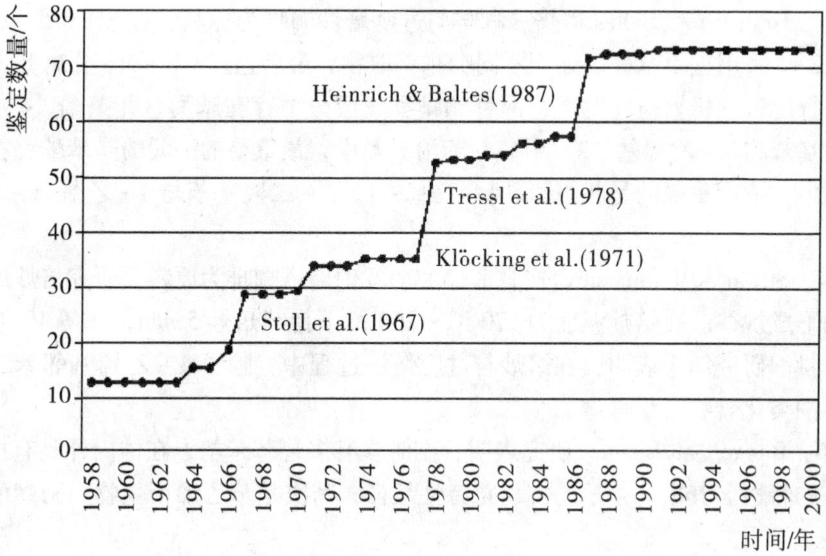

图 8-1　咖啡挥发性香气成分中酚类化合物的发现历程

一、酚类化合物的发现历程

1786 年，Scheele 首次在焙炒咖啡香气成分中分离出没食子酸，并发现没食子酸通常与单宁结合在一起。但是，没食子酸是生咖啡香气成分中的游离酸，且没食子酸与氯化铁会发生化学反应。

1880 年，Bernheimer 首次在焙炒咖啡香气成分中分离鉴定出对苯二酚、2-甲氧基-4-甲基-苯酚和藜芦醚。

1926 年，Reichstein 和 Staudinger 在焙炒咖啡挥发性香气成分中，鉴定出苯酚、儿茶酚、邻甲氧基苯酚、乙烯基邻甲氧基苯酚和 2，3-二羟基乙酰苯酚。

随着气相色谱分离技术在咖啡风味化学中的应用，咖啡中酚类化合物的研究进入了转变时期。1949 年，Hughes 和 Smith 以不同焙炒程度咖啡为原料，使用福林试剂定量分析焙炒咖啡的挥发性苯酚类物质。研究结果表明：随着焙炒程度的增加，咖啡香气成分中总挥发性苯酚类物质的含量也在增加。

1960—1970 年，Gianturco 与 Stoll 等研究人员在咖啡挥发性香气成分中分离鉴定出许多酚类化合物。1970 年，Pypker 和 Brouwer 采用顶空与 GC-MS 分析不同品种咖啡的挥发性香气成分，研究发现罗伯斯塔咖啡中苯酚类物质的含量比阿拉比卡咖啡中的高。

1970—1980 年，Tressl 等以罗伯斯塔、阿拉比卡与阿拉巴斯塔杂交种焙炒咖啡为原料，通过不同 pH 条件蒸馏萃取、吸附套色版分离、GC-MS 等方法分离鉴定出一元酚、二元酚、三元酚及其衍生物等 30 多种酚类化合物，其中 11 种酚类化合物是首次在咖啡香气成分中发现的。研究结果表明：罗伯斯塔咖啡的一元酚和邻甲氧基苯酚含量最高，其次是阿拉巴斯塔咖啡和阿拉比卡咖啡；咖啡品种与焙炒条件影响酚类化合物的类型与数量，特别是过度焙炒咖啡的二甲基苯酚与三甲基苯酚。在过度焙炒过程中，4-乙烯基邻甲氧基苯酚含量降低。

1987 年，Heinrich 和 Baltes 以焙炒咖啡与过度焙炒咖啡为原料，在 pH 6.5 ~ 6.8 条件下蒸馏萃取，再采用三甲基硅烷处理不同咖啡萃取物，最后通过 GC - MS 分离鉴定苯酚类物质，并进行定量分析。研究发现这两种咖啡香气成分中存在苯酚、儿茶酚、4 - 乙基 - 1，2 - 二羟基苯和 4 - 乙烯基 - 2 - 甲氧基苯酚。其中，最重要的一元酚是苯酚；在二元酚及其衍生物中，依次重要的是儿茶酚、4 - 乙基 - 1，2 - 二羟基苯与 4 - 乙烯基 - 2 - 甲氧基苯酚。

1993 年，Silwar 和 Lullmann 以产自菲律宾的罗伯斯塔咖啡为原料，研究焙炒过程中苯酚类物质的形成规律。在焙炒温度为 170 ℃ ~ 260 ℃下持续焙炒 5 min，每隔 10 ℃测定苯酚类物质含量。研究结果表明：在焙炒与过度焙炒过程中，除了 4 - 乙烯基邻苯二酚与香草醛，所有酚类化合物含量都增加。

2000 年，Bungert 和 Eichner 研究表明：咖啡含有多羟基苯酚，在体内外具有抗氧化与清除自由基的特性。其中儿茶酚的抗氧化特性最强，其次是苯乙烯衍生物，阿魏酸、芥子酸和咖啡酸、苯甲酸。

二、咖啡风味中酚类化合物的形成途径

食品风味中简单酚类化合物的形成途径主要有两条：苯酚羧基酸通过去碳酸基形成；木质素加热降解形成酚类化合物，这条途径包括细菌、真菌、酵母酶与糖苷反应（Maga，1978）。

咖啡风味中酚类化合物的形成途径主要有六条：

1. 生咖啡豆中木质素加热产生

焙炒咖啡的酚类化合物来源于生咖啡豆的木质素部分，生咖啡豆的木质素加热降解产生阿魏酸与其他酚类化合物。咖啡在高温焙炒过程中产生阿魏酸；咖啡在高温无氧条件焙炒过程中产生邻甲氧基苯酚、4 - 乙烯基 - 邻甲氧基苯酚、4 - 乙基 - 邻甲氧基苯酚、4 - 甲基 - 邻甲氧基苯酚的衍生物；咖啡在高温有氧条件焙炒过程中产生香草醛、香荚兰乙酮与香草酸；咖啡在 245 ℃发生热降解的第一阶段产生酚类化合物。这些酚类化合物都是焙炒咖啡风味物质成分（Fiddler et al.，1967）。

2. 阿魏酸加热分解产生

阿魏酸在 200 ℃加热 2 h，热降解产生邻甲氧基苯酚、4 - 乙烯基 - 邻甲氧基苯酚、4 - 乙基 - 邻甲氧基苯酚、4 - 甲基 - 邻甲氧基苯酚的衍生物（Tressl et al.，1976）；阿魏酸残留物反应产生邻甲氧基苯酚、2 - 甲氧基 - 4 - 甲基苯酚、4 - 乙基 - 2 - 甲氧基苯酚、4 - 乙烯基邻甲氧基苯酚等邻甲氧基酚类化合物。

3. 奎宁酸加热分解产生

奎宁酸加热分解产生一些简单酸类化合物、苯酚类物质与多酚化合物（Tressl et al.，1978）；奎宁酸残留物反应产生儿茶酚与焦酚。

4. 咖啡酸残留物降解产生

咖啡酸残留物降解产生乙基儿茶酚、乙烯基儿茶酚与 3，4 - 二羟基肉桂醛（Clifford，1979）。

5. 咖啡色素水解产生

咖啡色素水解产生3，4－二羟基苯甲醛、间羟基苯甲酸、对羟基苯甲酸、3，4－二羟基苯甲酸、3，5－二羟基苯甲酸、香草酸、没食子酸、咖啡酸、阿魏酸和焦棓酸等小分子酚类化合物。

6. ρ－香豆酸生物合成

苯乙烯加热降解产生 ρ－香豆酸和芥子酸，ρ－香豆酸再生物合成不同酚酸类化合物（Friedrich，1976）。

三、咖啡品种对咖啡风味中酚类化合物的影响

与阿拉比卡焙炒咖啡相比，罗伯斯塔焙炒咖啡的苯酚类物质与苯酚醚物质含量高些，这是因为罗伯斯塔生咖啡的绿原酸与3－阿魏酰奎宁酸的含量比阿拉比卡生咖啡的高（Silwar & Lullmann，1993）。

四、咖啡挥发性香气成分中酚类化合物的种类

目前，研究发现咖啡挥发性香气成分中酚类化合物共90种，其中生咖啡特有挥发性酚类化合物8种（表8－24），焙炒咖啡特有挥发性酚类化合物65种（表8－25），生咖啡与焙炒咖啡共有挥发性酚类化合物17种（表8－26）。

表8－24　生咖啡特有挥发性酚类化合物

序号	名称	CAS号	分子式	结构式
1	1，2－二甲氧基苯	91－16－7	$C_8H_{10}O_2$	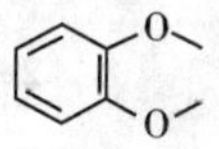
2	1，3－二甲氧基苯	151－10－0	$C_8H_{10}O_2$	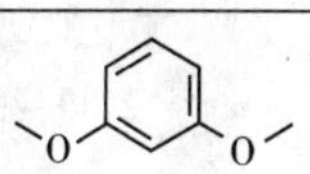
3	对苯二甲醚	150－78－7	$C_8H_{10}O_2$	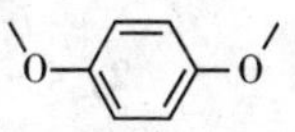
4	4－乙基－1，2－二甲氧基苯	5888－51－7	$C_{10}H_{14}O_2$	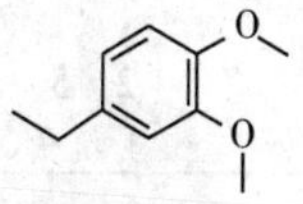
5	3，4－二甲氧基苯甲醛	120－14－9	$C_9H_{10}O_3$	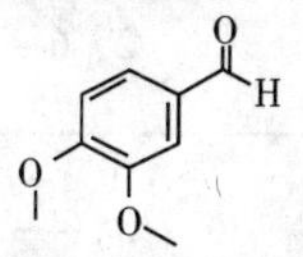
6	水杨酸乙酯	118－61－6	$C_9H_{10}O_3$	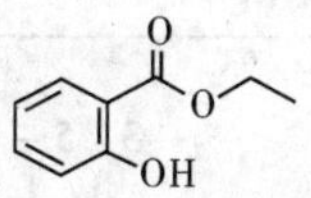

（续上表）

序号	名称	CAS 号	分子式	结构式
7	2-乙基-6-羟基苯甲酸甲酯	55836-64-1	$C_{10}H_{12}O_3$	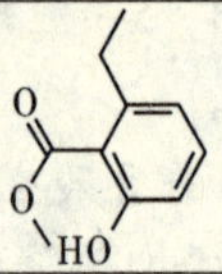
8	2，4，6-三氯（苯）酚（TCP）	88-06-2	$C_6H_3Cl_3O$	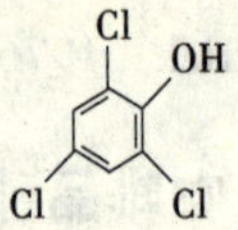

表 8-25　焙炒咖啡特有挥发性酚类化合物

序号	名称	CAS 号	分子式	结构式
1	2-甲酚	95-48-7	C_7H_8O	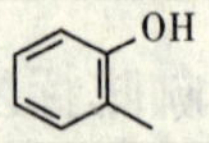
2	4-甲基苯酚	106-44-5	C_7H_8O	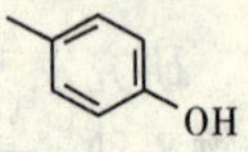
3	2-乙基苯酚	90-00-6	$C_8H_{10}O$	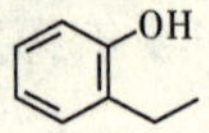
4	3-乙基苯酚	620-17-7	$C_8H_{10}O$	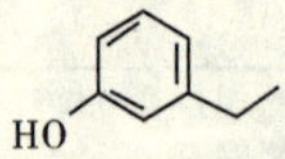
5	2-丙基苯酚	644-35-9	$C_9H_{12}O$	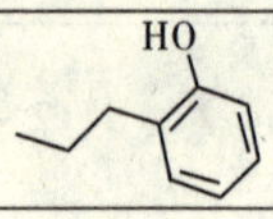
6	2，3-二甲基苯酚	526-75-0	$C_8H_{10}O$	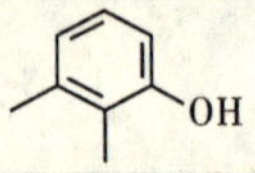
7	2，4-二甲基苯酚	105-67-9	$C_8H_{10}O$	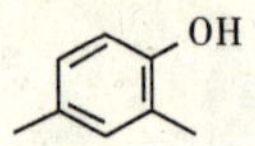
8	2，5-二甲基苯酚	95-87-4	$C_8H_{10}O$	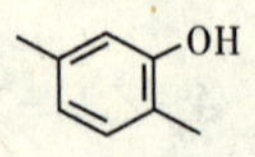
9	2，6-二甲基苯酚	576-26-1	$C_8H_{10}O$	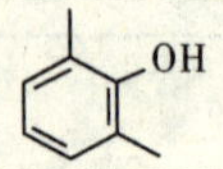
10	3，4-二甲基苯酚	95-65-8	$C_8H_{10}O$	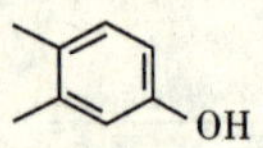
11	3，5-二甲基苯酚	108-68-9	$C_8H_{10}O$	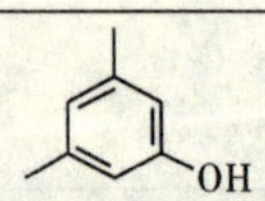

（续上表）

序号	名称	CAS 号	分子式	结构式
12	2－乙基－4－甲基苯酚	3855－26－3	$C_9H_{12}O$	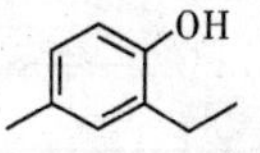
13	4－乙基－2－甲基苯酚	2219－73－0	$C_9H_{12}O$	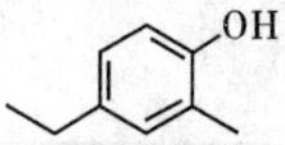
14	4－甲基－2－丙基苯酚	4074－46－8	$C_{10}H_{14}O$	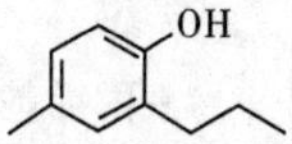
15	2，3，5－三甲基苯酚	697－82－5	$C_9H_{12}O$	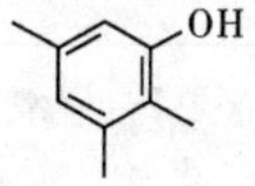
16	2，3，6－三甲基苯酚	2416－94－6	$C_9H_{12}O$	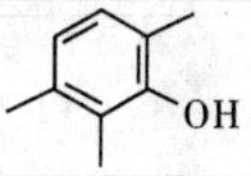
17	2，4，5－三甲基苯酚	496－78－6	$C_9H_{12}O$	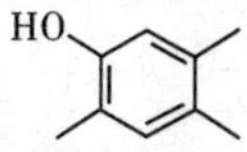
18	1－乙氧基－4－甲基苯	622－60－6	$C_9H_{12}O$	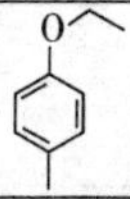
19	1，3－苯二酚	108－46－3	$C_6H_6O_2$	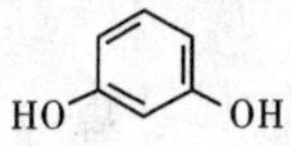
20	对苯二酚	123－31－9	$C_6H_6O_2$	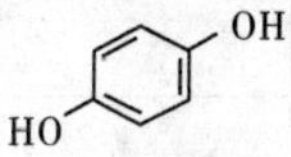
21	3－甲基苯邻二酚	488－17－5	$C_7H_8O_2$	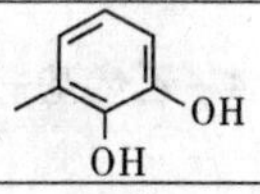
22	4－甲基邻苯二酚	452－86－8	$C_7H_8O_2$	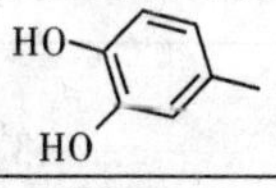
23	3－乙基－1，2－邻苯二酚	933－99－3	$C_8H_{10}O_2$	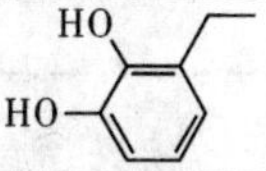
24	4－乙基苯邻二酚	1124－39－6	$C_8H_{10}O_2$	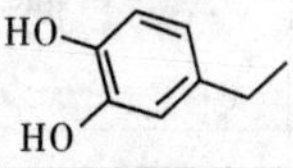
25	4－甲基－1，3－邻苯二酚	496－73－1	$C_7H_8O_2$	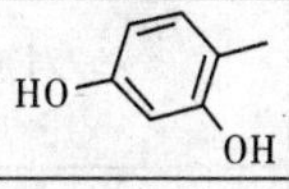
26	4－乙基－1，3－苯二酚	2896－60－8	$C_8H_{10}O_2$	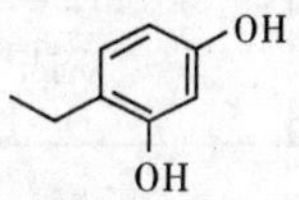

（续上表）

序号	名称	CAS 号	分子式	结构式
27	2－甲氧基－4－甲基苯酚	93－51－6	$C_8H_{10}O_2$	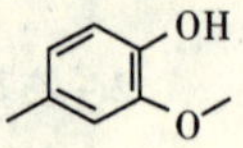
28	丁香酚	97－53－0	$C_{10}H_{12}O_2$	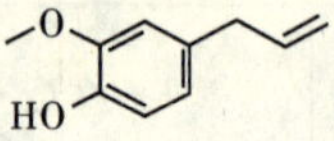
29	4－丙烯基－2－甲氧基苯酚	97－54－1	$C_{10}H_{12}O_2$	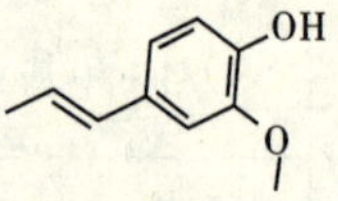
30	2－甲氧基－6－（1－丙烯基）－苯酚	1076－55－7	$C_{10}H_{12}O_2$	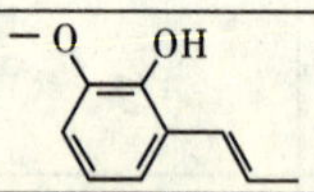
31	1，2，3－苯三酚	87－66－1	$C_6H_6O_3$	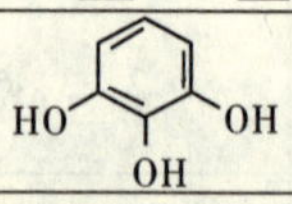
32	1，2，4－苯三酚	533－73－3	$C_6H_6O_3$	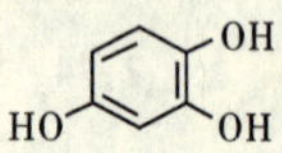
33	2，6－二甲氧基苯酚	91－10－1	$C_8H_{10}O_3$	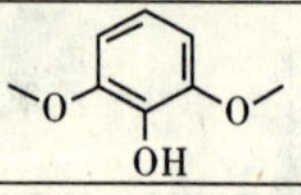
34	4－乙基－2，6－二甲氧基苯酚	14059－92－8	$C_{10}H_{14}O_3$	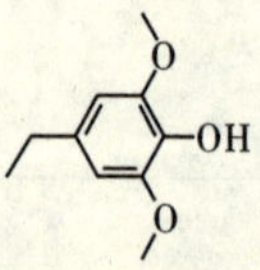
35	4－乙烯基－2，6－二甲氧基苯酚	28343－22－8	$C_{10}H_{12}O_3$	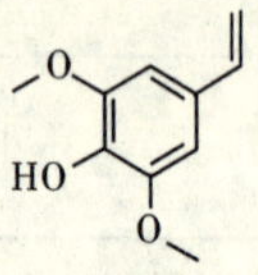
36	邻羟基苯甲醛	90－02－8	$C_7H_6O_2$	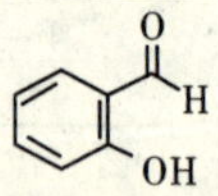
37	间羟基苯甲醛	100－83－4	$C_7H_6O_2$	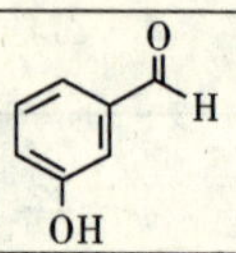
38	对羟基苯甲醛	123－08－0	$C_7H_6O_2$	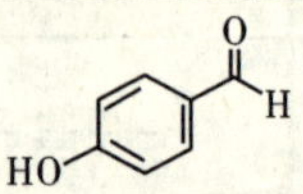
39	对甲氧基苯甲醛	123－11－5	$C_8H_8O_2$	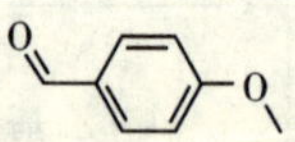

（续上表）

序号	名称	CAS 号	分子式	结构式
40	2，3－二羟基苯甲醛	24677－78－9	$C_7H_6O_3$	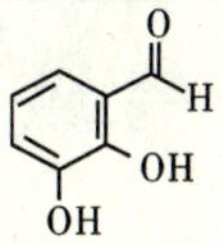
41	3，4－二羟基苯甲醛	139－85－5	$C_7H_6O_3$	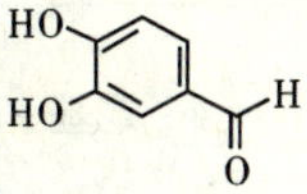
42	3（3，4－二羟基苯基）－2－丙烯醛	68149－78－0	$C_9H_8O_3$	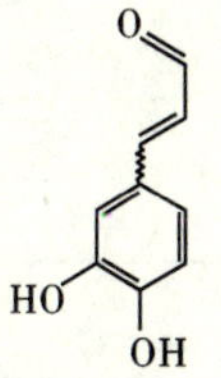
43	3－(4－羟基－3－甲氧基苯基)丙醛	80638－48－8	$C_{10}H_{12}O_3$	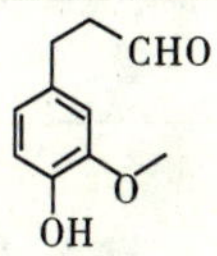
44	邻羟基苯乙酮	118－93－4	$C_8H_8O_2$	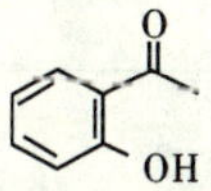
45	3－羟基苯乙酮	121－71－1	$C_8H_8O_2$	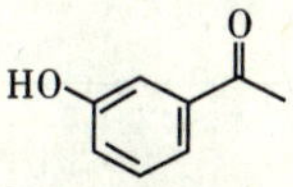
46	对羟基苯乙酮	99－93－4	$C_8H_8O_2$	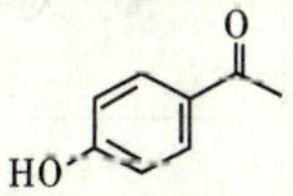
47	2，3－二羟基苯乙酮	13494－10－5	$C_8H_8O_3$	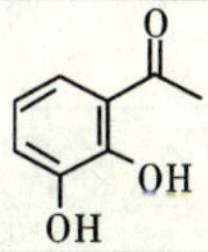
48	3，4－二羟基苯乙酮	1197－09－7	$C_8H_8O_3$	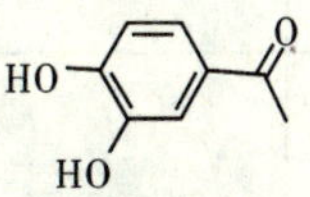
49	3，4－二甲氧基苯乙酮	1131－62－0	$C_{10}H_{12}O_3$	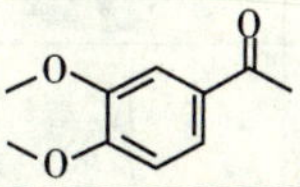
50	2，5－二羟基苯甲酸	490－79－9	$C_7H_6O_4$	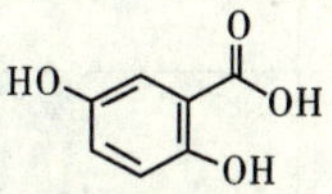
51	3，4－二羟基苯甲酸	99－50－3	$C_7H_6O_4$	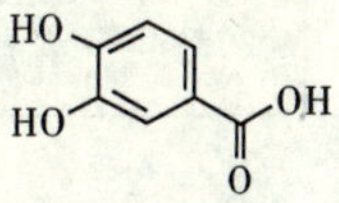

（续上表）

序号	名称	CAS 号	分子式	结构式
52	3，5 – 二羟基苯甲酸	99 – 10 – 5	$C_7H_6O_4$	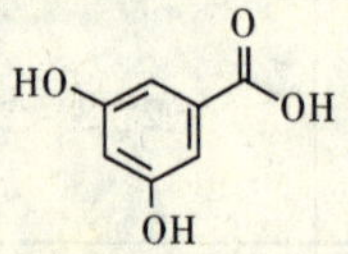
53	4 – 羟基 – 3 – 甲氧基苯甲酸	121 – 34 – 6	$C_8H_8O_4$	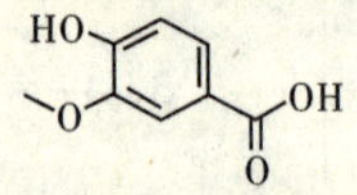
54	没食子酸	149 – 91 – 7	$C_7H_6O_5$	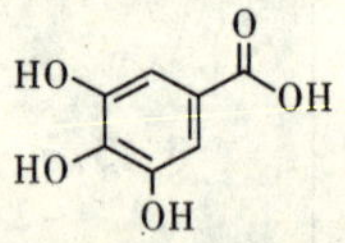
55	4 – 甲氧基苯氧基丙酸	13794 – 15 – 5	$C_{10}H_{12}O_4$	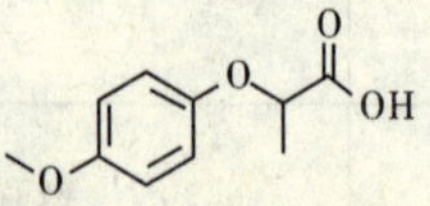
56	3 – 羟基苯甲酸甲酯	19438 – 10 – 9	$C_8H_8O_3$	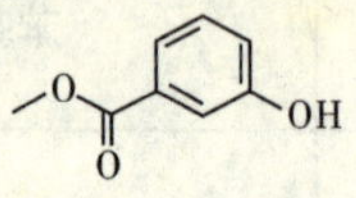
57	邻羟基肉桂酸	583 – 17 – 5	$C_9H_8O_3$	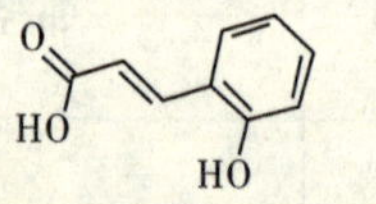
58	对羟基肉桂酸	7400 – 08 – 0	$C_9H_8O_3$	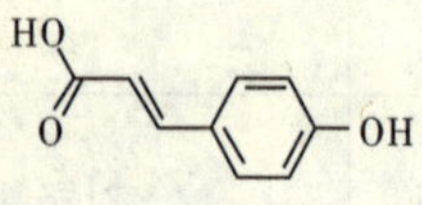
59	对甲氧基肉桂酸	830 – 09 – 1	$C_{10}H_{10}O_3$	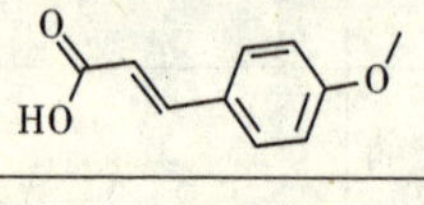
60	咖啡酸	331 – 39 – 5	$C_9H_8O_4$	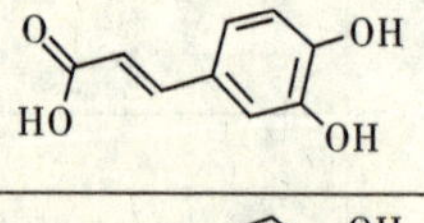
61	阿魏酸	1135 – 24 – 6	$C_{10}H_{10}O_4$	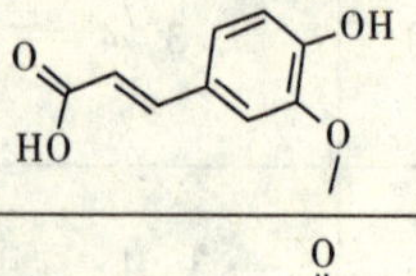
62	异阿魏酸	537 – 73 – 5	$C_{10}H_{10}O_4$	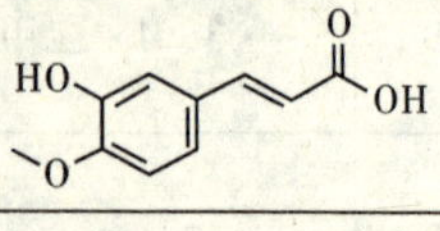
63	3，4 – 二甲氧基肉桂酸	2316 – 26 – 9	$C_{11}H_{12}O_4$	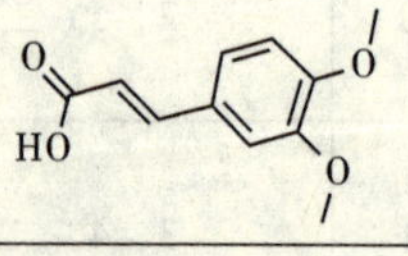

（续上表）

序号	名称	CAS 号	分子式	结构式
64	芥子酸	530－59－6	$C_{11}H_{12}O_5$	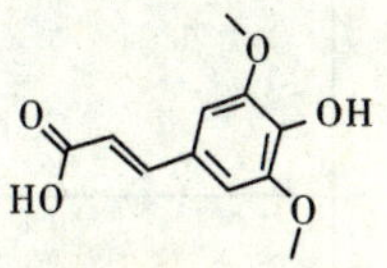
65	3，4，5－三甲氧基肉桂酸	90－50－6	$C_{12}H_{14}O_5$	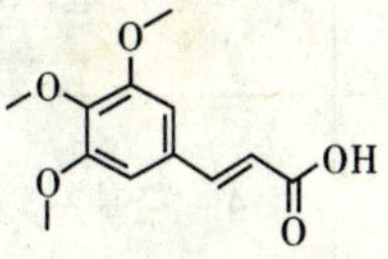

表 8－26　生咖啡与焙炒咖啡共有挥发性酚类化合物

序号	名称	CAS 号	分子式	结构式
1	苯酚	108－95－2	C_6H_6O	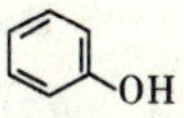
2	间甲酚	108－39－4	C_7H_8O	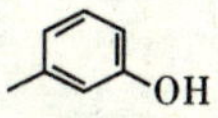
3	对乙基苯酚	123－07－9	$C_8H_{10}O$	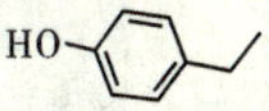
4	4－乙烯基苯酚	2628－17－3	C_8H_8O	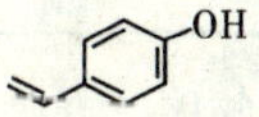
5	邻苯二酚	120－80－9	$C_6H_6O_2$	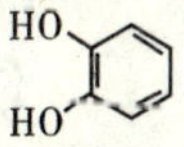
6	4－乙烯基邻苯二酚	6053－02－7	$C_8H_8O_2$	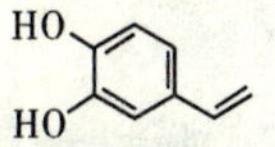
7	愈创木酚	90－05－1	$C_7H_8O_2$	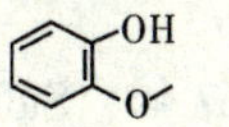
8	4－乙基－2－甲氧基苯酚	2785－89－9	$C_9H_{12}O_2$	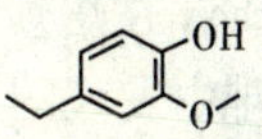
9	4－乙烯基－2－甲氧基苯酚	7786－61－0	$C_9H_{10}O_2$	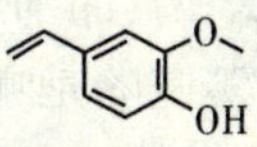
10	3，4－二甲氧基苯乙烯	6380－23－0	$C_{10}H_{12}O_2$	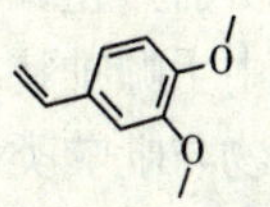

（续上表）

序号	名称	CAS 号	分子式	结构式
11	香草醛	121－33－5	$C_8H_8O_3$	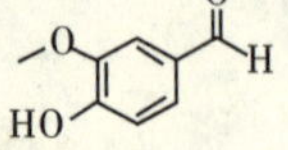
12	2－羟基－5－甲基苯乙酮	1450－72－2	$C_9H_{10}O_2$	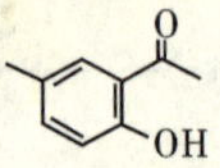
13	4－羟基－3－甲氧基苯乙酮	498－02－2	$C_9H_{10}O_3$	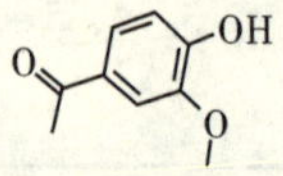
14	间羟基苯甲酸	99－06－9	$C_7H_6O_3$	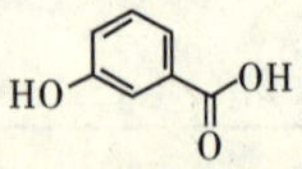
15	对羟基苯甲酸	99－96－7	$C_7H_6O_3$	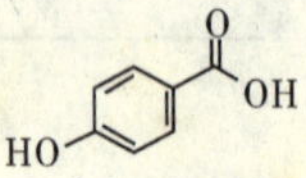
16	水杨酸甲酯	119－36－8	$C_8H_8O_3$	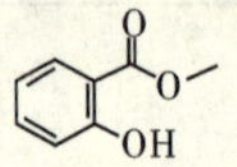
17	2，4，6－三氯苯甲醚（TCA）	87－40－1	$C_7H_5Cl_3O$	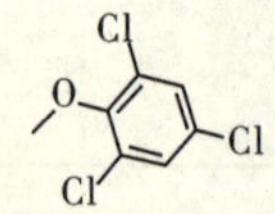

第九节　呋喃类化合物与吡喃类化合物

一、咖啡挥发性香气成分中呋喃类化合物与吡喃类化合物的种类

1967 年，Stoll 等在焙炒咖啡风味化合物中鉴定出 49 种呋喃化合物。1976 年，Vitzhum 和 Werkhoff 在焙炒咖啡风味化合物中鉴定出 50 种呋喃化合物，其中 15 种呋喃化合物是首次在咖啡中发现的，特别是 2－乙烯基呋喃与其八烯基呋喃和甲基乙烯基呋喃等系列同族体是首次在食品加热过程中被报道。通常，呋喃衍生物是咖啡香气的重要成分，例如呋喃与2－甲基呋喃是咖啡特征香气的主要成分（Merritt et al.，1963）。

到目前为止，研究发现咖啡挥发性香气成分中呋喃类化合物与吡喃类化合物共 148 种，其中生咖啡特有呋喃类化合物与吡喃类化合物 2 种（表 8－27），焙炒咖啡特有呋喃类化合物与吡喃类化合物 127 种（表 8－28），生咖啡与焙炒咖啡共有呋喃类化合物与吡喃类化合物 19 种（表 8－29）。

表 8-27 生咖啡特有呋喃类化合物与吡喃类化合物

序号	名称	CAS 号	分子式	结构式
1	反式 6-乙烯基四氢-2，2，6-三甲基-二氢吡喃-3-醇	39028-58-5	$C_{10}H_{18}O_2$	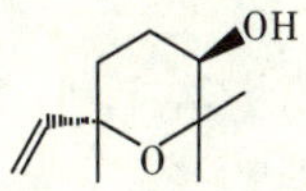
2	顺式 6-乙烯基四氢-2，2，6-三甲基-二氢吡喃-3-醇	14009-71-3	$C_{10}H_{18}O_2$	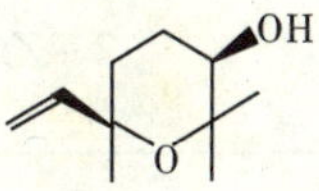

表 8-28 焙炒咖啡特有呋喃类化合物与吡喃类化合物

序号	名称	CAS 号	分子式	结构式
1	3-乙基呋喃	67363-95-5	C_6H_8O	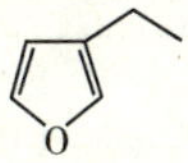
2	2-正丙基呋喃	4229-91-8	$C_7H_{10}O$	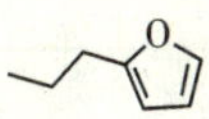
3	2-异丙基呋喃	10599-59-4	$C_7H_{10}O$	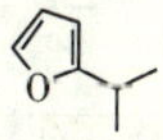
4	2-庚基呋喃	3777-71-7	$C_{11}H_{18}O$	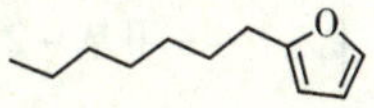
5	3，4-二甲基呋喃	20843-07-6	C_6H_8O	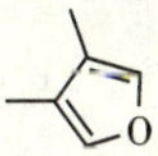
6	2-乙基-5-甲基呋喃	1703-52-2	$C_7H_{10}O$	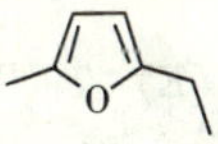
7	2-甲基-5-丙基呋喃	1456-16-2	$C_8H_{12}O$	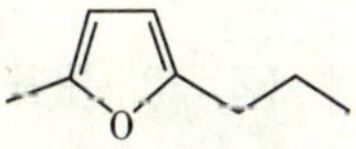
8	2-异丙基-5-甲基呋喃	10504-05-9	$C_8H_{12}O$	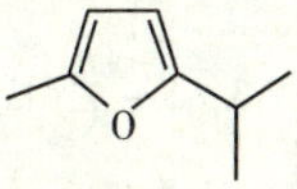
9	2，3，4-三甲基呋喃	10599-57-2	$C_7H_{10}O$	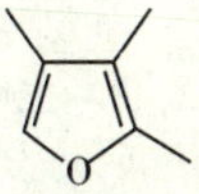
10	2，3，5-三甲基呋喃	10504-04-8	$C_7H_{10}O$	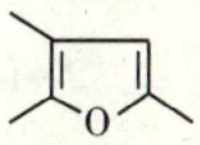

（续上表）

序号	名称	CAS 号	分子式	结构式
11	2，3，4，5－四甲基呋喃	10599－58－3	$C_8H_{12}O$	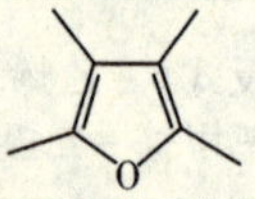
12	2－乙烯基呋喃	1487－18－9	C_6H_6O	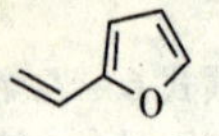
13	2－(1－丙烯基）呋喃	10599－55－0	C_7H_8O	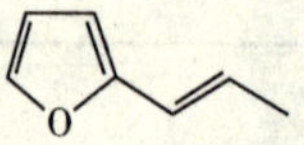
14	2－(2－丙烯基）呋喃	75135－41－0	C_7H_8O	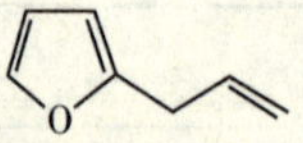
15	2－(2－甲基－1－丙烯基）呋喃	10504－11－7	$C_8H_{10}O$	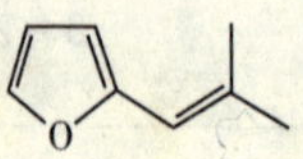
16	3－甲基－2－乙烯基呋喃	52559－01－0	C_7H_8O	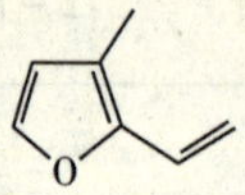
17	4－甲基－2－乙烯基呋喃	59417－61－7	C_7H_8O	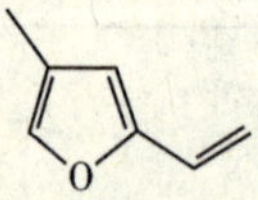
18	2－甲基－5－乙烯基呋喃	10504－13－9	C_7H_8O	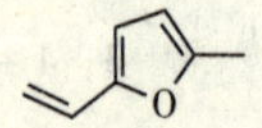
19	(E)－2－甲基－5－乙烯基呋喃	10504－10－6	$C_8H_{10}O$	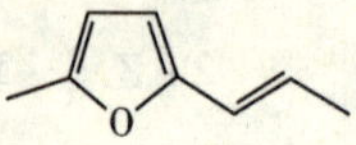
20	(Z)－2－甲基－5－乙烯基呋喃	10504－12－8	$C_8H_{10}O$	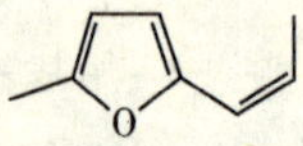
21	3，5－二甲基－2－乙烯基呋喃	59417－62－8	$C_8H_{10}O$	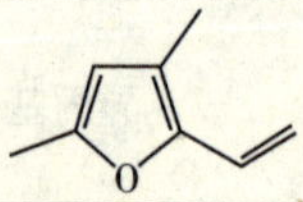
22	2，3－二甲基－5－乙烯基呋喃	59417－63－9	$C_8H_{10}O$	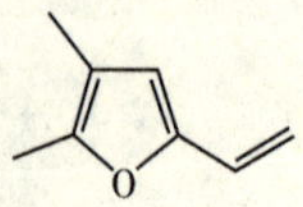
23	2－(2－呋喃）呋喃	5905－00－0	$C_8H_6O_2$	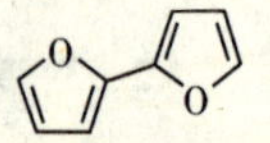
24	2，3'－双环呋喃	27521－86－4	$C_8H_6O_2$	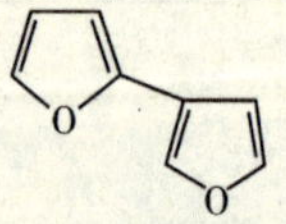

（续上表）

序号	名称	CAS 号	分子式	结构式
25	3，3'－双环呋喃	13803－57－1	$C_8H_6O_2$	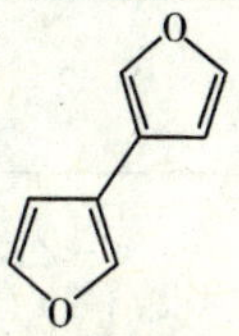
26	5－甲基－2，2'－双环呋喃	16303－61－0	$C_9H_8O_2$	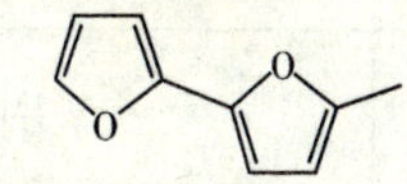
27	2－糠基呋喃	1197－40－6	$C_9H_8O_2$	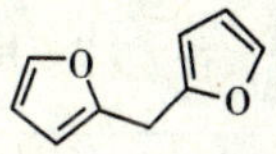
28	3－糠基呋喃	107716－11－0	$C_9H_8O_2$	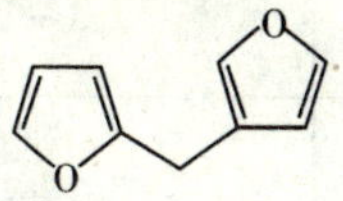
29	3－(3－呋喃甲醇）呋喃	146699－68－5	$C_9H_8O_2$	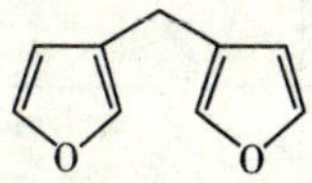
30	2－糠基－5－甲基呋喃	13678－51－8	$C_{10}H_{10}O_2$	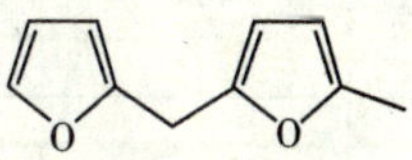
31	2－(3－呋喃甲醇）－5－甲基呋喃	107716－12－1	$C_{10}H_{10}O_2$	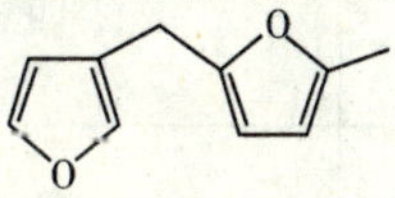
32	4－(3－呋喃甲醇）－2－甲基呋喃	107716－12－1	$C_{10}H_{10}O_2$	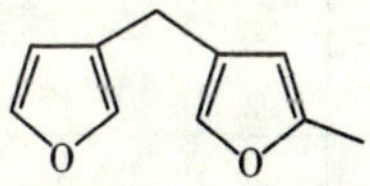
33	2－(5－甲基糠基）－5－甲基呋喃	13679－43－1	$C_{11}H_{12}O_2$	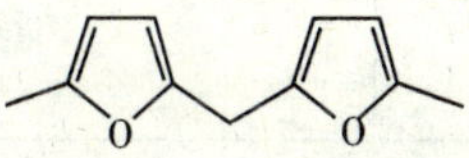
34	(E）－2，2'－1，2－双（呋喃）乙烯	1439－19－6	$C_{10}H_8O_2$	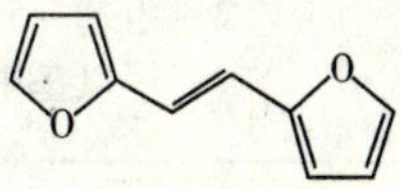
35	(Z）－2，2'－1，2－双（呋喃）乙烯	18266－93－8	$C_{10}H_8O_2$	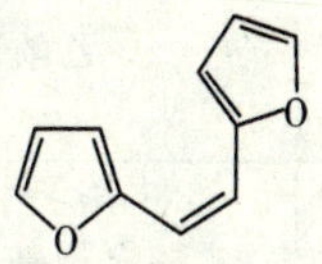
36	2，5－二氢呋喃	1708－29－8	C_4H_6O	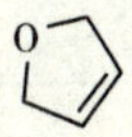
37	2，3－二氢－4－甲基呋喃	34314－83－5	C_5H_8O	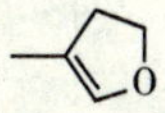

（续上表）

序号	名称	CAS 号	分子式	结构式
38	2－甲基四氢呋喃	96－47－9	$C_5H_{10}O$	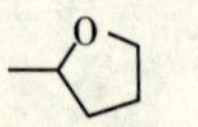
39	2－乙烯基－2－甲基－5－（1－甲基乙烯基）四氢呋喃	13679－86－2	$C_{10}H_{16}O$	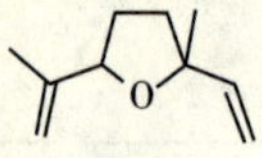
40	苯并呋喃	271－89－6	C_8H_6O	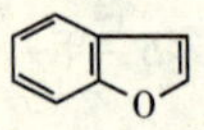
41	2－甲基苯并呋喃	4265－25－2	C_9H_8O	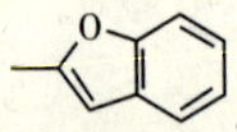
42	2，3－二氢苯并呋喃	496－16－2	C_8H_8O	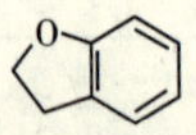
43	5－甲基呋喃－2－甲醇	3857－25－8	$C_6H_8O_2$	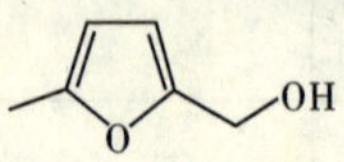
44	四氢－2－甲基呋喃－2－醇	7326－46－7	$C_5H_{10}O_2$	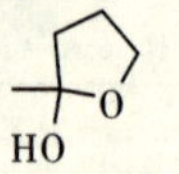
45	四氢糠醇	97－99－4	$C_5H_{10}O_2$	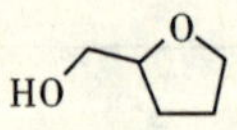
46	糠基甲醚	13679－46－4	$C_6H_8O_2$	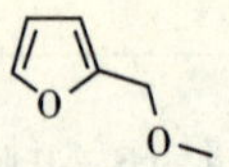
47	二糠基醚	4437－22－3	$C_{10}H_{10}O_3$	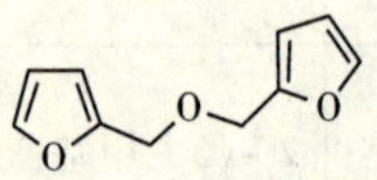
48	2－甲基－5－（2－呋喃－甲氧基甲基）呋喃	13678－72－3	$C_{11}H_{12}O_3$	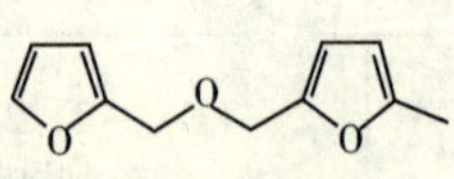
49	乙酰甲基糠基醚	147380－69－6	$C_8H_{10}O_3$	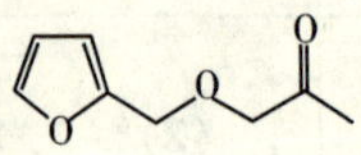
50	3－甲基－2－呋喃甲醛	33342－48－2	$C_6H_6O_2$	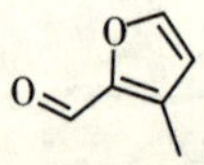
51	4－甲基－2－呋喃甲醛	33342－49－3	$C_6H_6O_2$	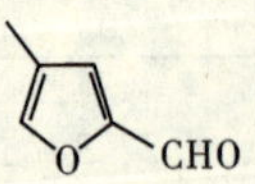

（续上表）

序号	名称	CAS 号	分子式	结构式
52	5－乙基－2－糠醛	23074－10－4	$C_7H_8O_2$	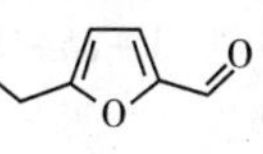
53	3－糠醛	498－60－2	$C_5H_4O_2$	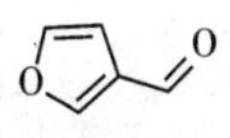
54	2－(2－呋喃）乙醛	15022－16－9	$C_6H_6O_2$	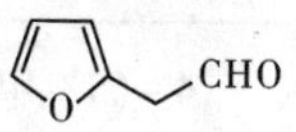
55	反－3－(2－呋喃基）丙烯醛	623－30－3	$C_7H_6O_2$	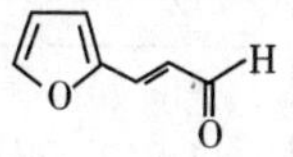
56	3－(2－呋喃）丙烯醛	39511－08－5	$C_7H_6O_2$	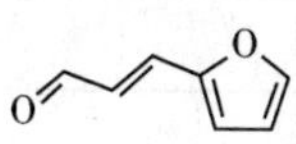
57	3－(5－甲基－2－呋喃）丙烯－2－醛	5555－90－8	$C_8H_8O_2$	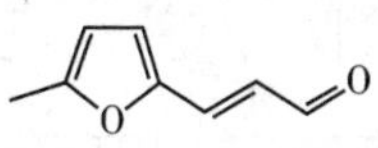
58	5－羟甲基糠醛	67－47－0	$C_6H_6O_3$	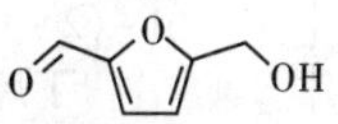
59	5－甲基－2－乙酰基呋喃	1193－79－9	$C_7H_8O_2$	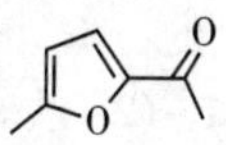
60	2－丙酰呋喃	3194－15－8	$C_7H_8O_2$	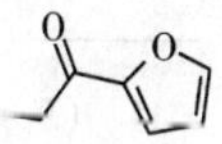
61	2－甲基－5－丙酰呋喃	10599－69－6	$C_8H_{10}O_2$	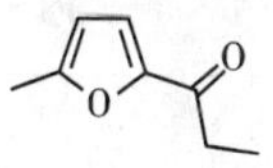
62	2－丁酰呋喃	4208－57－5	$C_8H_{10}O_2$	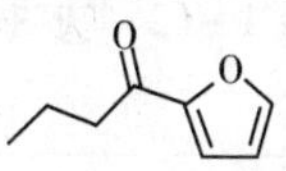
63	2－异丁酰呋喃	4208－53－1	$C_8H_{10}O_2$	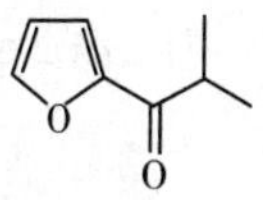
64	2－呋喃基乙酮	6975－60－6	$C_7H_8O_2$	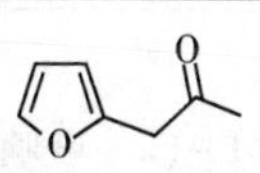
65	2－丙酮基－5－甲基呋喃	13678－74－5	$C_8H_{10}O_2$	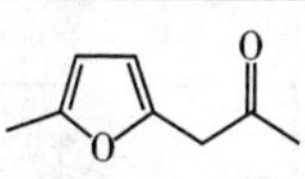
66	乙基糠基酮	4208－63－3	$C_8H_{10}O_2$	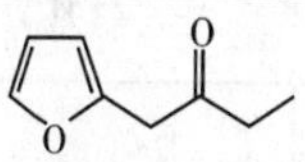

（续上表）

序号	名称	CAS 号	分子式	结构式
67	1 -（5 - 甲基 - 2 - 呋喃基）丁 - 2 - 酮	13678 - 70 - 1	$C_9H_{12}O_2$	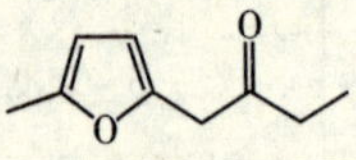
68	2 - 呋喃甲基丙酮	699 - 17 - 2	$C_8H_{10}O_2$	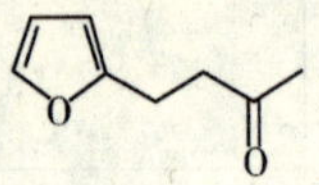
69	4 -（5 - 甲基 - 2 - 呋喃基）丁 - 2 - 酮	13679 - 56 - 6	$C_9H_{12}O_2$	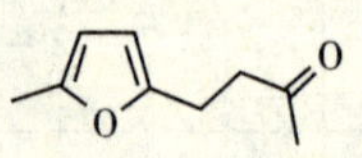
70	1 -（2 - 呋喃基）戊 - 3 - 酮	69978 - 21 - 8	$C_9H_{12}O_2$	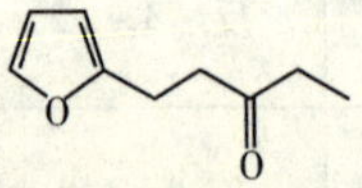
71	5 -（5 - 甲基 - 2 - 呋喃基）戊 - 2 - 酮	106060 - 94 - 0	$C_{10}H_{14}O_2$	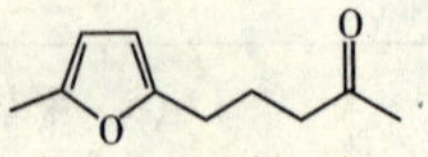
72	4 -（2 - 呋喃基）- 3 - 丁烯 - 2 - 酮	623 - 15 - 4	$C_8H_8O_2$	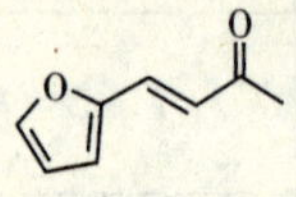
73	1 -（2 - 呋喃基）丙 - 1，2 - 二酮	1438 - 92 - 2	$C_7H_6O_3$	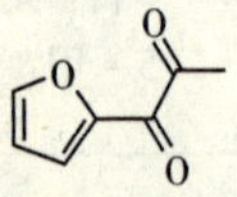
74	1 -（5 - 甲基 - 2 - 呋喃基）丙 - 1，2 - 二酮	1197 - 20 - 2	$C_8H_8O_3$	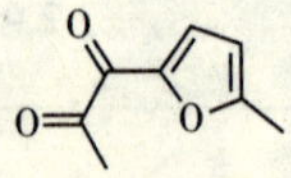
75	1 -（2 - 呋喃基）丁 - 1，2 - 二酮	438 - 90 - 0	$C_8H_8O_3$	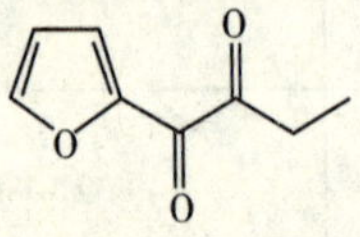
76	1 -（5 - 甲基 - 2 - 呋喃基）丁 - 1，2 - 二酮	13678 - 76 - 7	$C_9H_{10}O_3$	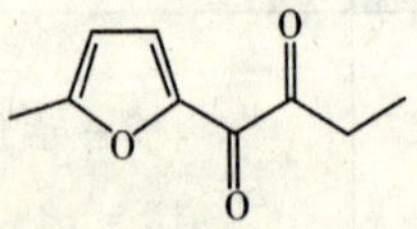
77	1 -（2 - 呋喃基）戊 - 1，2 - 二酮	20894 - 91 - 1	$C_9H_{10}O_3$	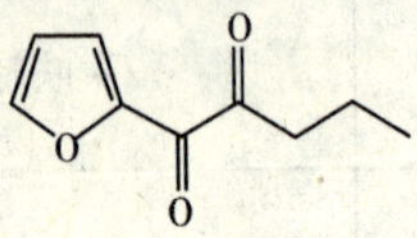
78	1 -（3 - 羟基 - 2 - 呋喃基）乙 - 1 - 酮	3420 - 59 - 5	$C_6H_6O_3$	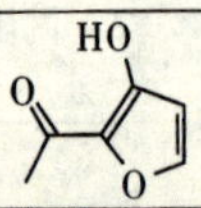
79	1 -（四氢 - 2 - 呋喃基）乙 - 1 - 酮	25252 - 64 - 6	$C_6H_{10}O_2$	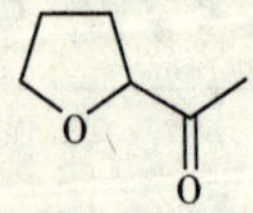

（续上表）

序号	名称	CAS 号	分子式	结构式
80	2–甲基–3（2H）–呋喃酮	41763–99–9	$C_5H_6O_2$	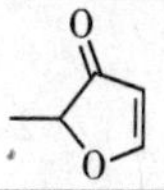
81	2，4–二甲基–3(2H)–呋喃酮	37713–48–7	$C_6H_8O_2$	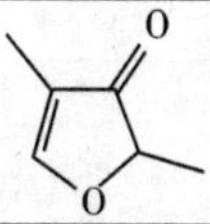
82	2，5–二甲基–3（2H）–呋喃酮	14400–67–0	$C_6H_8O_2$	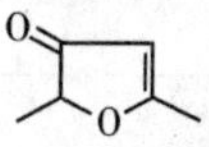
83	2，4，5–三甲基–3（2H）–呋喃酮	64880–73–5	$C_7H_{10}O_2$	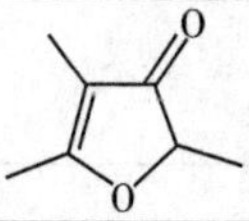
84	4–羟基–2，5–二甲基–3（2H)呋喃酮	3658–77–3	$C_6H_8O_3$	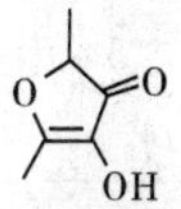
85	2–乙基–4–羟基–5–甲基–3（2H）–呋喃酮	27538–10–9	$C_7H_{10}O_3$	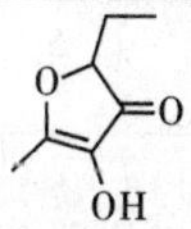
86	5–乙基–4–羟基–2–甲基–3（2H）–呋喃酮	27538–09–6	$C_7H_{10}O_3$	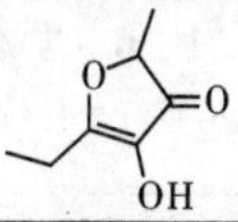
87	2–糠酸甲酯	611–13–2	$C_6H_6O_3$	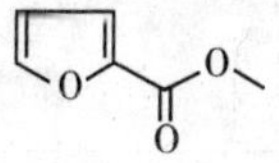
88	2–糠酸乙酯	614–99–3	$C_7H_8O_3$	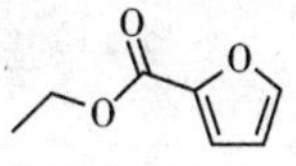
89	5–甲基–2–呋喃甲酸甲酯	2527–96–0	$C_7H_8O_3$	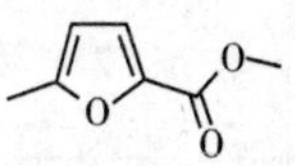
90	甲酸糠酯	13493–97–5	$C_6H_6O_3$	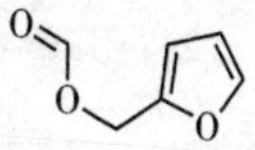
91	丙酸2–呋喃甲酯	623–19–8	$C_8H_{10}O_3$	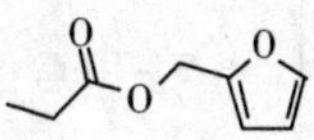
92	1–苄氧基–3–碘苯	623–21–2	$C_9H_{12}O_3$	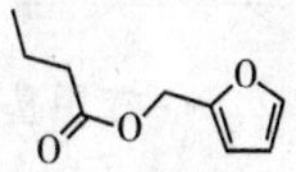
93	异丁酸糠酯	6270–55–9	$C_9H_{12}O_3$	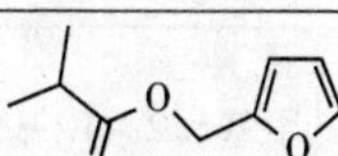

（续上表）

序号	名称	CAS 号	分子式	结构式
94	2 – 甲基丁酸糠酯	13678 – 61 – 0	$C_{10}H_{14}O_3$	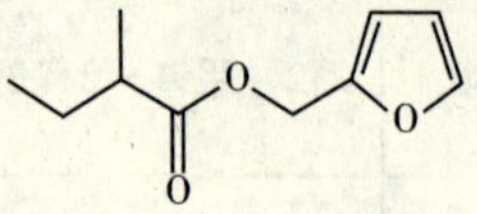
95	异戊酸糠酯	13678 – 60 – 9	$C_{10}H_{14}O_3$	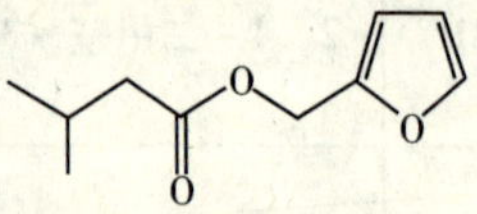
96	丁烯酸糠酯	59020 – 84 – 7	$C_8H_6O_3$	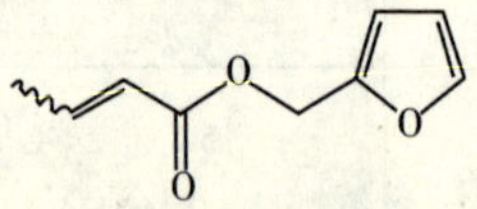
97	3 – 甲基 – 2 – 丁烯酸糠酯	13678 – 62 – 1	$C_{10}H_{12}O_3$	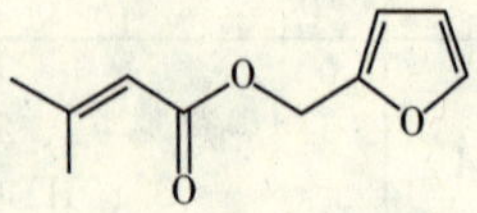
98	5 – 甲基 – 2 – 糠腈	13714 – 86 – 8	C_6H_5NO	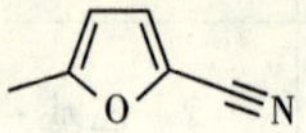
99	1，6 – 二氧杂螺［4，5］癸烷	177 – 23 – 1	$C_5N_4Cl_2F_2$	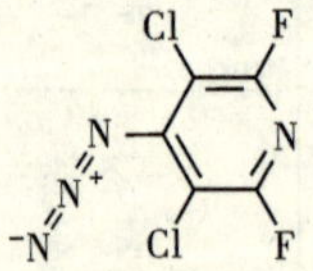
100	7 – 甲基 – 1，6 – 二氧杂螺［4，5］癸烷	73046 – 13 – 6	$C_9H_{16}O_2$	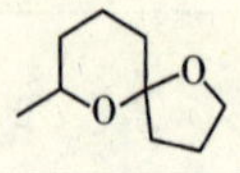
101	2 – 甲基 – 3 – 呋喃硫醇	28588 – 74 – 1	C_5H_6OS	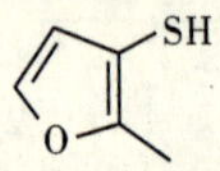
102	2 –（甲硫基）呋喃	13129 – 38 – 9	C_5H_6OS	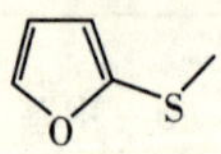
103	2 – 甲基 – 5 –（甲硫基）呋喃	13678 – 59 – 6	C_6H_8OS	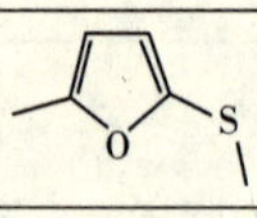
104	2 – 甲基 – 3 – 甲硫基呋喃	63012 – 97 – 5	C_6H_8OS	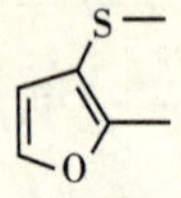
105	2，5 – 二甲基 – 3 –（甲硫基）呋喃	63359 – 63 – 7	$C_7H_{10}OS$	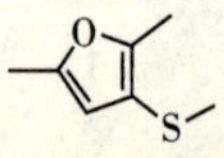
106	甲基（2 – 甲基 – 3 – 呋喃基）二硫	65505 – 17 – 1	$C_6H_8OS_2$	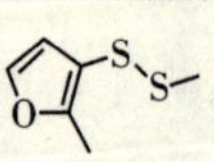

（续上表）

序号	名称	CAS 号	分子式	结构式
107	2，5－二甲基－3－（甲基二硫基）呋喃	61197－06－6	$C_7H_{10}OS_2$	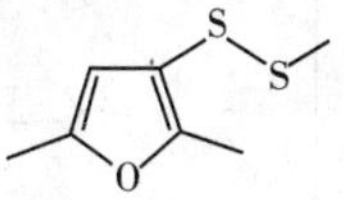
108	双（2－甲基－3－呋喃基）二硫醚	28588－75－2	$C_{10}H_{10}O_2S_2$	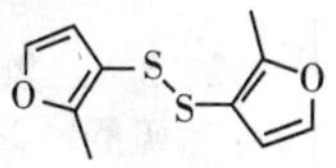
109	糠（基）硫醇	98－02－2	C_5H_6OS	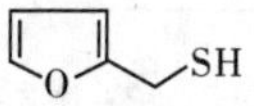
110	5－甲基糠基硫醇	59303－05－8	C_6H_8OS	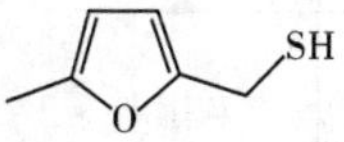
111	糠基甲基硫醚	1438－91－1	C_6H_8OS	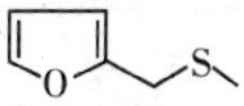
112	乙基糠基硫醚	2024－70－6	$C_7H_{10}OS$	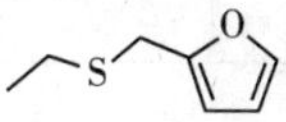
113	2－甲基－5－［（甲基硫醇）甲基］呋喃	13679－60－2	$C_7H_{10}OS$	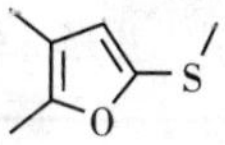
114	二糠基硫醚	13678－67－6	$C_{10}H_{10}O_2S$	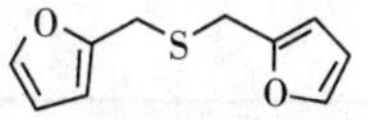
115	甲基糠基二硫	57500－00－2	$C_6H_8OS_2$	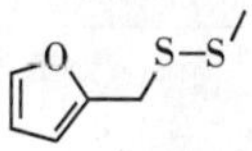
116	甲基－5－甲基糠基二硫	78818－78－7	$C_7H_{10}OS_2$	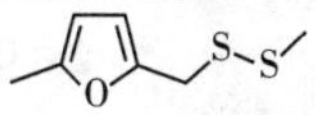
117	二糠基二硫醚	4437－20－1	$C_{10}H_{10}O_2S_2$	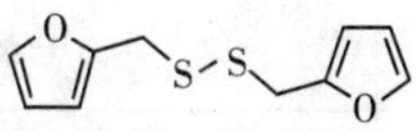
118	环（5－甲基糠基）二硫	78818－79－8	$C_{12}H_{14}O_2S_2$	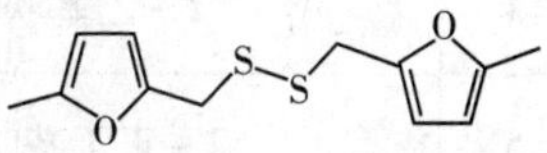
119	糠酸甲硫醇酯	13679－61－3	$C_6H_6O_2S$	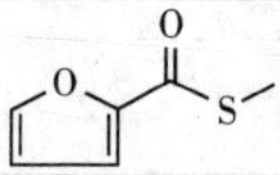
120	醋酸糠硫醇酯	13678－68－7	$C_7H_8O_2S$	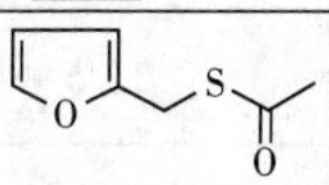
121	咖啡呋喃	26693－24－3	C_7H_8OS	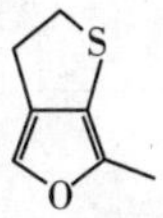

（续上表）

序号	名称	CAS 号	分子式	结构式
122	乙基咖啡呋喃	26693－24－3	$C_8H_{10}OS$	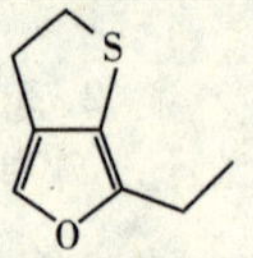
123	2，3－二氢－4，6－二甲基硫醇［2，3－c］呋喃	78798－06－8	$C_8H_{10}OS$	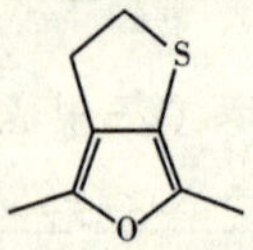
124	3，4－二氢－2H－吡喃	110－87－2	C_5H_8O	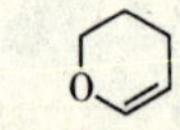
125	2－甲基－3－羟基－4－吡喃酮	118－71－8	$C_6H_6O_3$	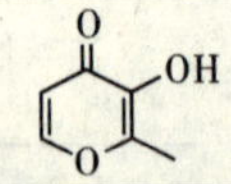
126	3，5－二羟基－2－甲基－4H－吡喃－4－酮	1073－96－7	$C_6H_6O_4$	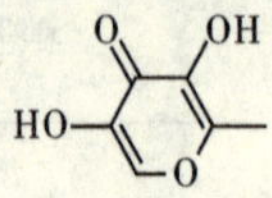
127	2，3－二氢－3，5－二羟基－6－甲基－4H－吡喃－4－酮	28564－83－2	$C_6H_8O_4$	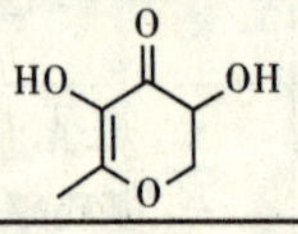

表 8－29　生咖啡与焙炒咖啡共有呋喃类化合物与吡喃类化合物

序号	名称	CAS 号	分子式	结构式
1	呋喃	110－00－9	C_4H_4O	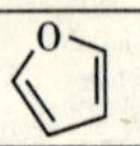
2	2－甲基呋喃	534－22－5	C_5H_6O	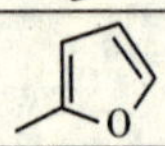
3	3－甲基呋喃	930－27－8	C_5H_6O	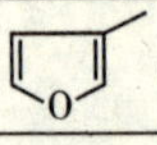
4	2－乙基呋喃	3208－16－0	C_6H_8O	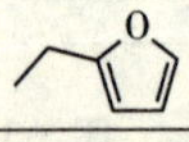
5	2－正丁基呋喃	4466－24－4	$C_8H_{12}O$	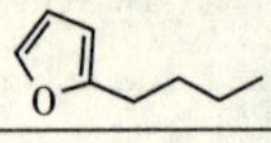
6	2－正戊基呋喃	3777－69－3	$C_9H_{14}O$	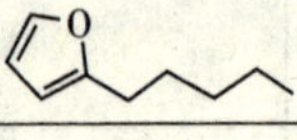
7	2，5－二甲基呋喃	625－86－5	C_6H_8O	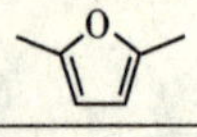
8	3－苯基呋喃	13679－41－9	$C_{10}H_8O$	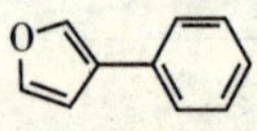
9	四氢呋喃	109－99－9	C_4H_8O	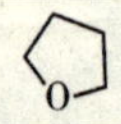

（续上表）

序号	名称	CAS 号	分子式	结构式
10	糠醇	98 - 00 - 0	$C_5H_6O_2$	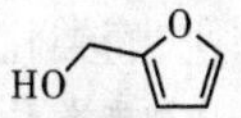
11	顺式沉香醇氧化物	5989 - 33 - 3	$C_{10}H_{18}O_2$	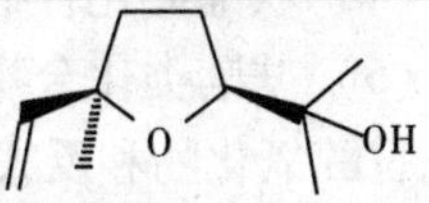
12	反式沉香醇氧化物	34995 - 77 - 2	$C_{10}H_{18}O_2$	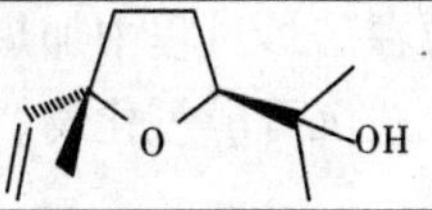
13	呋喃甲醛	98 - 01 - 1	$C_5H_4O_2$	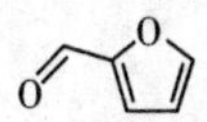
14	5 - 甲基呋喃醛	620 - 02 - 0	$C_6H_6O_2$	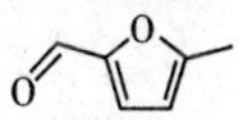
15	2 - 乙酰基呋喃	1192 - 62 - 7	$C_6H_6O_2$	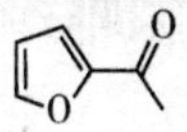
16	2 - 甲基四氢呋喃 - 3 - 酮	3188 - 00 - 9	$C_5H_8O_2$	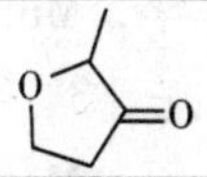
17	2 - 呋喃甲酸	88 - 14 - 2	$C_5H_4O_3$	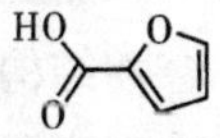
18	5 - 羟甲基 - 2 - 呋喃甲酸	6338 - 41 - 6	$C_6H_6O_4$	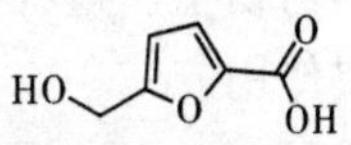
19	乙酸糠酯	623 - 17 - 6	$C_7H_8O_3$	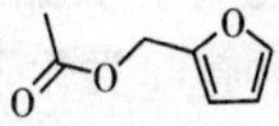

二、咖啡风味中呋喃类化合物与吡喃类化合物的形成途径

实际上，呋喃类化合物是环醚类物质，主要由碳水化合物发生褐变反应产生。生咖啡含有大量蔗糖与其他糖类物质，因此研究人员通常假设呋喃类化合物是在咖啡焙炒过程中产生的，并且通过鉴定焦糖化产物证实了这个假设。例如，D - 葡萄糖与糖类聚合物加热降解反应生成呋喃化合物，而且呋喃化合物是其最主要的分解产物（Heyns，1966）；D - 葡萄糖高温分解产生 28 种呋喃化合物（Fagerson，1969）。

Baltes 和 Bochmann 等（1986，1987）在丝氨酸与蔗糖、苏氨酸与蔗糖的模拟反应体系中，鉴定出 350 种杂环化合物，其中有 100 多种是简单呋喃类化合物，13 种呋喃酮化合物（包括 γ - 内酯），8 种化合物具有 2 个呋喃环，这些化合物大部分是焙炒咖啡的香气成分。研究表明：只有蔗糖参与反应才能生成呋喃衍生物。一般来说，阿拉比卡焙炒咖啡的挥发性呋喃类化合物的含量比罗伯斯塔焙炒咖啡的高，这是因为阿拉比卡生咖啡中蔗糖的含量比罗伯斯塔生咖啡的高。

事实上，焙炒食品中呋喃类化合物的形成途径有很多。Mottram（1991）研究报道呋喃类化合物的形成途径主要有五条：

（1）呋喃类化合物是碳水化合物美拉德反应的特征产物。

（2）呋喃类化合物是由脂类加热氧化产生的。

（3）呋喃类化合物是维生素 B1 降解产生的。

（4）呋喃类化合物是核苷酸分解产生的。

（5）呋喃类化合物是由其风味前体物质——生咖啡中萜烯类化合物产生的。例如：顺式沉香醇氧化物和反式沉香醇氧化物这两种呋喃沉香醇氧化物是由生咖啡脂类物质的高级萜烯在焙炒过程中加热分解产生的。然而，Cantergiani 等（2001）在墨西哥生咖啡中发现了顺式沉香醇氧化物、反式沉香醇氧化物及其丙酮形式。

第十节　噻吩类化合物

一、咖啡挥发性香气成分中噻吩类化合物的发现历程

1973 年，Mulders 首次在焙炒咖啡挥发性香气成分中，研究发现了 2 种噻吩并噻吩物质：噻吩并［3，2－b］噻吩和噻吩并［3，4－b］噻吩。

1975 年，Maga 发表了一篇关于噻吩类化合物在食品风味中作用的综述文章，阐述了噻吩类化合物结构，噻吩类化合物及其衍生化合物的有机化学性质，噻吩衍生化合物是抗组胺剂药物生产过程中有用的中间物质，以及含硫杂环化合物对食品感官特性与风味化学的重要作用。

1976 年，Vitzthum 与 Werkhoff 在焙炒咖啡风味化合物中鉴定出 14 种噻吩类化合物，其中 3 种噻吩类化合物是首次在焙炒咖啡风味化合物中发现的。他们研究发现：在焙炒咖啡香气成分中，共有 27 种挥发性噻吩类化合物。

1988 年，Whitfield 等在核糖与胱氨酸模拟反应体系中，发现了 3 种烷基噻吩类化合物和 8 种酰基噻吩类化合物。其中，2 种烷基噻吩类化合物存在于焙炒咖啡风味物质中，7 种酰基噻吩化合物存在于焙炒咖啡风味物质中。

1989 年，Tressl 研究表明：罗伯斯塔焙炒咖啡的噻吩衍生化合物与阿拉比卡焙炒咖啡的差异十分显著，比含硫化合物、糠基类化合物之间的差异更显著。

1995 年，Mottram 与 Whitfield 在焙炒咖啡挥发性香气成分中，研究发现 2 种噻吩并噻吩物质：噻吩并［3，2－b］噻吩和噻吩并［2，3－b］噻吩，并且噻吩并［2，3－b］噻吩的含量比噻吩并［3，2－b］噻吩丰富许多。

1995 年，Umano 等研究胱氨酸模拟反应体系或胱氨酸与葡萄糖模拟反应体系产生的挥发性化合物，发现这两种模拟反应体系产生的挥发性化合物中只有一种含氧噻吩类化合物——2－噻吩甲醇，其他噻吩类化合物都是烷基噻吩类化合物。研究结果表明：2－噻吩甲醇的形成需要葡萄糖的参与，约三分之一的烷基噻吩类化合物也是焙炒咖啡挥发性香气成分。

咖啡挥发性香气成分中噻吩类化合物的发现历程如图 8－2 所示。

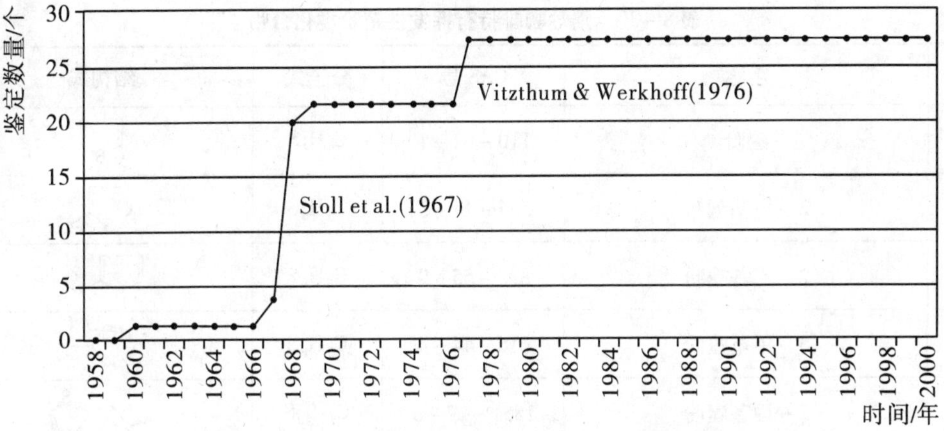

图 8－2　咖啡挥发性香气成分中噻吩类化合物的发现历程

二、噻吩类化合物的形成途径

噻吩类化合物主要存在于不同加热程度的食品中，在焙炒咖啡中特别明显，说明加热导致形成噻吩类化合物的系列反应发生。例如，胱氨酸与 α－二酮加热反应产生含氢硫基乙醛和 2－丁烯醛，而含氢硫基乙醛和 2－丁烯醛是形成 3－甲基噻吩醛与 5－甲基噻吩－2－甲醛的风味前体物质（Mulders，1973）；在半胱氨酸、胱氨酸或植物水解蛋白的褐变反应模拟体系中，能够检测到噻吩类化合物。在不添加糖类的胱氨酸模拟反应体系中，胱氨酸氧化降解产生烷基噻吩类化合物；在胱氨酸与糖类模拟反应体系中，形成酰基噻吩类化合物（Sheldon & Shibamoto，1987）。

焙炒咖啡风味中噻吩类化合物的形成途径主要有六条：

（1）胱氨酸高温分解产生。

（2）氨酸与丙酮醛反应形成。

（3）半胱氨酸与核糖的模拟反应形成。

（4）胱氨酸与核糖的模拟反应形成。

（5）D－葡萄糖或糠醛在硫化氢作用下形成。

（6）α－γ－不饱和十一碳二烯醛反应形成长链烷基噻吩类化合物（Shibamoto，1977；Mottram，1991）。

三、咖啡挥发性香气成分的噻吩类化合物

到目前为止，研究发现咖啡挥发性香气成分的噻吩类化合物共 29 种，都存在于焙炒咖啡香气成分中（表 8－30）。

表 8－30　焙炒咖啡特有挥发性噻吩类化合物

序号	名称	CAS 号	分子式	结构式
1	噻吩	110－02－1	C_4H_4S	
2	2－甲基噻吩	554－14－3	C_5H_6S	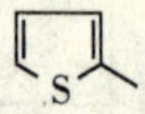
3	2－乙基噻吩	872－55－9	C_6H_8S	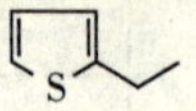
4	3－甲基噻吩	616－44－4	C_5H_6S	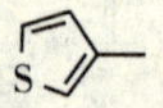
5	2－丙基噻吩	1551－27－5	$C_7H_{10}S$	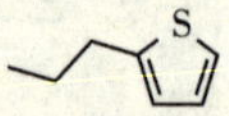
6	2－丁基噻吩	1455－20－5	$C_8H_{12}S$	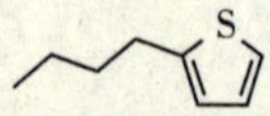
7	4－乙基－2－甲基噻吩	13678－54－1	$C_7H_{10}S$	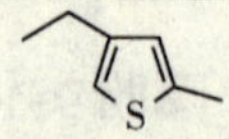
8	3－乙烯基噻吩	13679－64－6	C_6H_6S	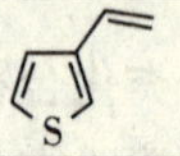
9	苯并噻吩	95－15－8	C_8H_6S	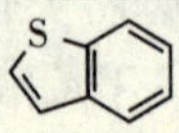
10	噻吩并［3，2－b］噻吩	251－41－2	$C_6H_4S_2$	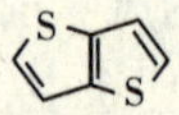
11	噻吩并［2，3－b］噻吩	250－84－0	$C_6H_4S_2$	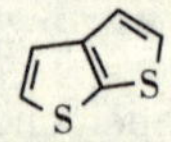
12	2－噻吩甲醇	636－72－6	C_5H_6OS	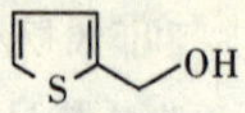
13	2－噻吩甲醛	98－03－3	C_5H_4OS	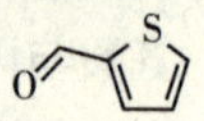
14	3－甲基噻吩醛	5834－16－2	C_6H_6OS	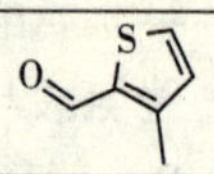
15	5－甲基－2－噻吩甲醛	13679－70－4	C_6H_6OS	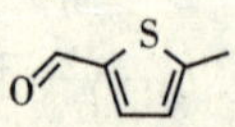
16	2－乙酰基噻吩	88－15－3	C_6H_6OS	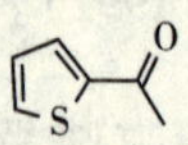
17	3－乙酰基噻吩	1468－83－3	C_6H_6OS	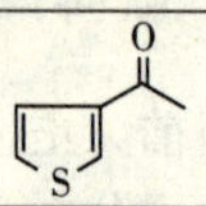
18	1－(2－噻吩基）－1－丙酮	13679－75－9	C_7H_8OS	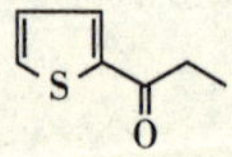

（续上表）

序号	名称	CAS 号	分子式	结构式
19	2-乙酰-3-甲基噻吩	13679-72-6	C_7H_8OS	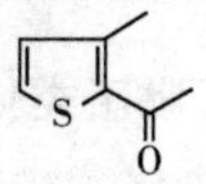
20	2-乙酰-4-甲基噻吩	13679-73-7	C_7H_8OS	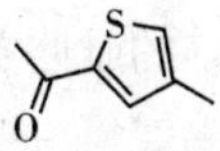
21	2-乙酰-5-甲基噻吩	13679-74-8	C_7H_8OS	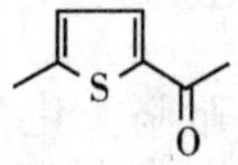
22	1-(2-乙酰)-1，2-丙二酮	13678-69-8	$C_7H_6O_2S$	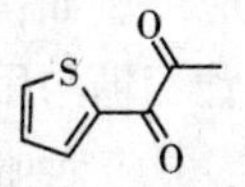
23	1-(3-乙酰)-1，2-丙二酮	13678-78-9	$C_7H_6O_2S$	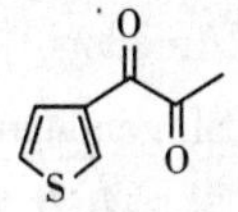
24	γ-硫代丁内酯	1003-10-7	C_4H_6OS	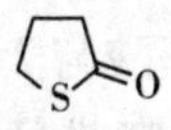
25	四氢噻吩酮	1003-04-9	C_4H_6OS	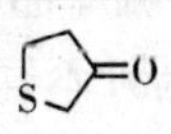
26	二氢-2-甲基-3（2H）-噻吩酮	13679-85-1	C_5H_8OS	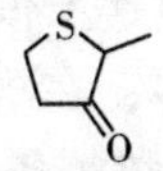
27	噻吩-2-羧酸甲酯	5380-42-7	$C_6H_6O_2S$	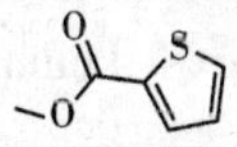
28	噻吩甲酯	13679-76-0	$C_6H_6O_2S$	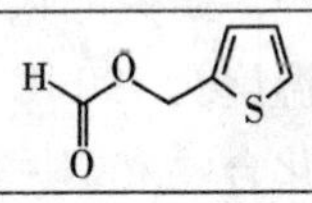
29	噻吩乙酯	13679-77-1	$C_7H_8O_2S$	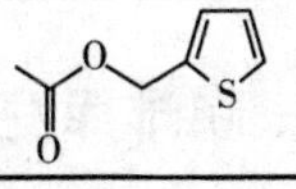

第十一节　吡咯类化合物

一、咖啡风味中吡咯类化合物的发现历程

1981 年，Maga 发表了一篇关于食物中吡咯类化合物的综述文章，提到食品中发现的 20 种吡咯类化合物，他认为吡咯类化合物是与食品风味相关的重要化合物。

1960—1970 年，Gianturco、Stoll、Vizthum 和 Werkhoff 等研究团队首次在咖啡香气成分中鉴定了大量吡咯类化合物。目前，在咖啡挥发性香气成分中鉴定了 80 多种吡咯类化

合物，并且这些吡咯类化合物对咖啡风味起着十分重要的作用。

二、吡咯类化合物的形成机理

（一）吡咯类化合物的形成途径

吡咯类化合物主要是在加热反应过程中产生的，新鲜生食物中吡咯类化合物含量很少。生咖啡的吡咯类化合物只有 1－甲基－1H－吡咯、1H－吲哚、2－乙酰基吡咯、3－乙基－2，5－二氢－4－甲基吡咯－2，5－二酮。咖啡风味中吡咯类化合物的形成途径主要有三条：

（1）吡咯类化合物的形成主要通过醛糖与烷基胺或木糖与烷基胺反应，主要是还原糖与氨基酸反应。例如：葡萄糖与丙氨酸的缩合反应、葡萄糖与脯氨酸或葡萄糖与羟脯氨酸的缩合反应。葡萄糖与甲胺、L－鼠李糖与氨水、D－葡萄糖与氨水的模拟反应可以产生 8 种吡咯类化合物，这 8 种吡咯类化合物也存在于焙炒咖啡挥发性香气成分中。

（2）Amadori 中间产物（如脱氧－1－L－脯氨酸－1－D－果糖）加热降解生成吡咯类化合物（Shigematsu et al.，1975）。

（3）呋喃衍生物与 α－氨基酸加热反应产生吡咯类化合物。例如，α－氨基酸与糠醛或 α－氨基酸与 2－乙酰基呋喃模拟反应生成 N－烷基－2－酰基吡咯（Rizzi，1974）。

（二）咖啡品种对吡咯类化合物的影响

咖啡品种不同对风味中吡咯类化合物的含量影响显著。阿拉比卡咖啡中烷基吡咯类化合物的含量比罗伯斯塔咖啡的少，阿拉比卡咖啡中 N－糠基吡咯类化合物的含量比罗伯斯塔咖啡的多；在焙炒咖啡保存期间，N－取代吡咯类化合物含量增加（Tressl，1981）。

（三）焙炒条件对吡咯类化合物的影响

Silwar 和 Lullmann（1993b）以罗伯斯塔咖啡为原料，研究其焙炒过程中芳香物质的形成过程。研究结果表明：当焙炒温度为 200 ℃～210 ℃时，形成 N－烷基吡咯类化合物；当焙炒温度为 190 ℃～200 ℃时，形成 N－糠基化合物；当焙炒温度为 250 ℃时，N－烷基吡咯类化合物和 N－糠基化合物都大量增加。

三、咖啡挥发性香气成分中吡咯类化合物的种类

目前，研究发现咖啡挥发性香气成分中吡咯类化合物共 79 种，其中生咖啡特有吡咯类化合物 1 种（表 8－31），焙炒咖啡特有吡咯类化合物 75 种（表 8－32），生咖啡与焙炒咖啡共有吡咯类化合物 3 种（表 8－33）。

表 8－31 生咖啡特有吡咯类化合物

序号	名称	CAS 号	分子式	结构式
1	3－乙基－4－甲基吡咯－2，5－二酮	20189－42－8	$C_7H_9NO_2$	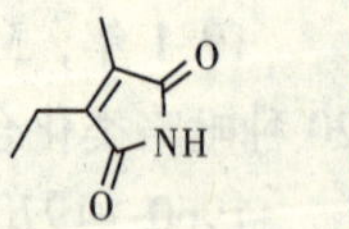

表 8－32 焙炒咖啡特有吡咯类化合物

序号	名称	CAS 号	分子式	结构式
1	吡咯	109－97－7	C_4H_5N	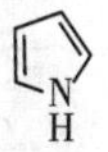
2	2－甲基吡咯	636－41－9	C_5H_7N	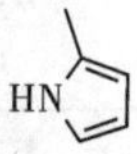
3	N－乙吡啶	617－92－5	C_6H_9N	
4	2－乙基吡咯	1551－06－0	C_6H_9N	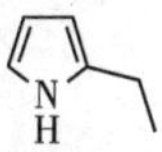
5	1－丙基－1H－吡咯	5145－64－2	$C_7H_{11}N$	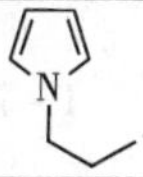
6	1－丁基－1H－吡咯	589－33－3	$C_8H_{13}N$	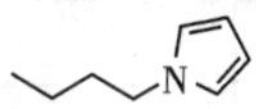
7	1－戊基－1H－吡咯	699－22－9	$C_9H_{15}N$	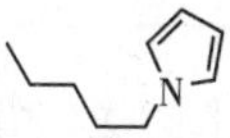
8	2－戊基－1H－吡咯	1551－12－8	$C_9H_{15}N$	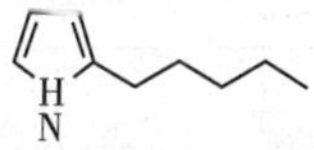
9	1－异丁基吡咯	20884－13－3	$C_8H_{13}N$	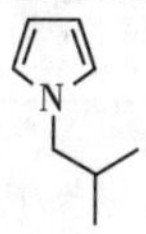
10	2－异丁基吡咯	38954－30－2	$C_8H_{13}N$	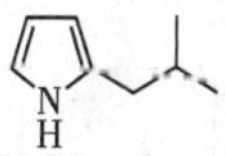
11	1－(2－甲基丁基）－1H－吡咯	13678－55－2	$C_9H_{15}N$	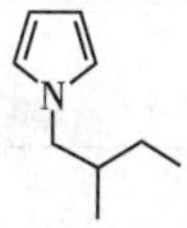
12	1－(3－甲基丁基）－1H－吡咯	13679－79－3	$C_9H_{15}N$	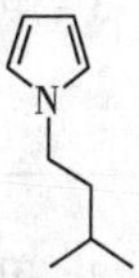
13	1，2－二甲基－1H－吡咯	600－29－3	C_6H_9N	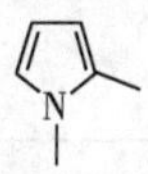
14	1，3－二甲基－1H－吡咯	10524－65－9	C_6H_9N	

（续上表）

序号	名称	CAS 号	分子式	结构式
15	2，4－二甲基－1H－吡咯	625－82－1	C_6H_9N	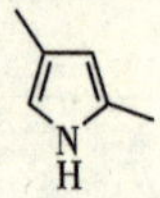
16	2，5－二甲基－1H－吡咯	625－84－3	C_6H_9N	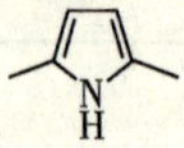
17	1－乙基－2－甲基－1H－吡咯	19983－83－6	$C_7H_{11}N$	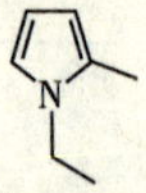
18	1－乙基－3－甲基－1H－吡咯	13028－51－8	$C_7H_{11}N$	
19	2－乙基－1－甲基－1H－吡咯	24037、－61－4	$C_7H_{11}N$	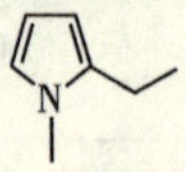
20	2－乙基－5－甲基－1H－吡咯	765－94－6	$C_7H_{11}N$	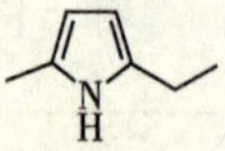
21	2－甲基－1－丙基－1H－吡咯	24517－26－8	$C_8H_{13}N$	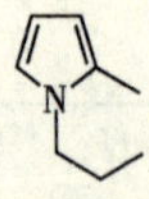
22	2－甲基－1－（2－甲基丁基）－1H－吡咯	78368－65－7	$C_9H_{15}N$	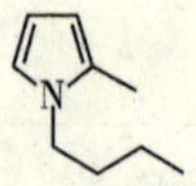
23	2－甲基－1－（2－甲基丙基）－1H－吡咯	78368－63－5	$C_9H_{15}N$	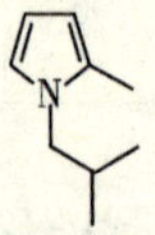
24	3－甲基－1－（2－甲基丙基）－1H－吡咯	78368－64－6	$C_9H_{15}N$	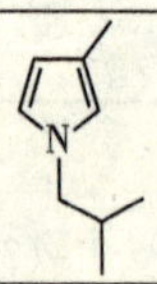
25	2－甲基－1－（2－甲基丁基）－1H－吡咯	78368－65－7	$C_{10}H_{17}N$	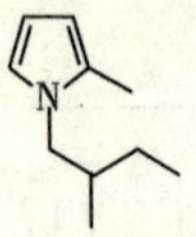
26	3－甲基－1－（2－甲基丁基）－1H－吡咯	78368－66－8	$C_{10}H_{17}N$	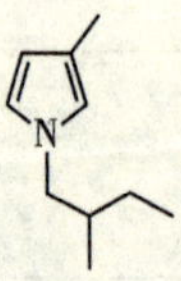

（续上表）

序号	名称	CAS 号	分子式	结构式
27	2－甲基－1－（3－甲基丁基）－1H－吡咯	78368－67－9	$C_{10}H_{17}N$	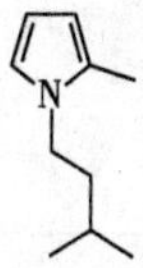
28	3－甲基－1－（3－甲基丁基）－1H－吡咯	78368－68－0	$C_{10}H_{17}N$	
29	1，2，5－三甲基－1H－吡咯	930－87－0	$C_7H_{11}N$	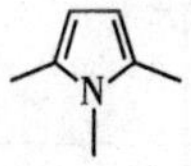
30	3－乙基－2，4－二甲基－1H－吡咯	517－22－6	$C_8H_{13}N$	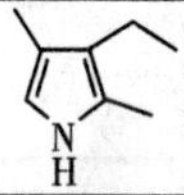
31	1－异丁基－2，5－二甲基－1H－吡咯	21407－84－1	$C_{10}H_{17}N$	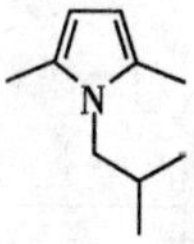
32	2，5－二甲基－1－（2－甲基丁基）－1H－吡咯	78368－69－1	$C_{11}H_{19}N$	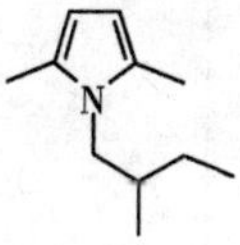
33	2，5－二甲基－1－（3－甲基丁基）－1H－吡咯	78368－70－4	$C_{11}H_{19}N$	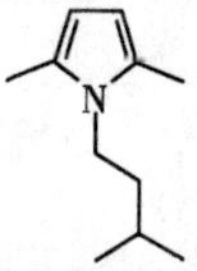
34	1－（2－苯乙基）－1H－吡咯	50691－29－7	$C_{12}H_{13}N$	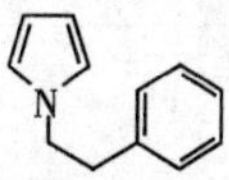
35	四氢吡咯	123－75－1	C_4H_9N	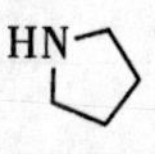
36	1－甲基吲哚	603－76－9	C_9H_9N	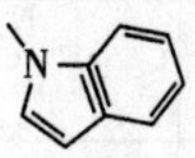
37	2－甲基吲哚	95－20－5	C_9H_9N	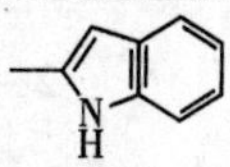
38	3－甲基吲哚	83－34－1	C_9H_9N	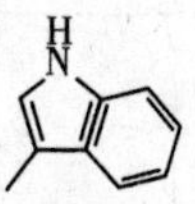

（续上表）

序号	名称	CAS 号	分子式	结构式
39	1-（2-羟乙基）吡咯	6719-02-4	C_6H_9NO	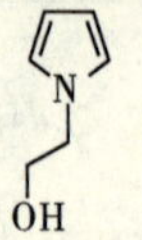
40	2-吡咯甲醛	1003-29-8	C_5H_5NO	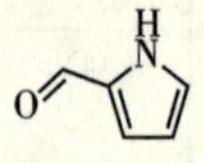
41	N-甲基-2-吡咯甲醛	1192-58-1	C_6H_7NO	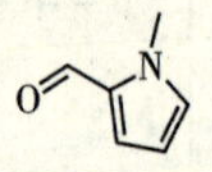
42	5-甲基吡咯醛	1192-79-6	C_6H_7NO	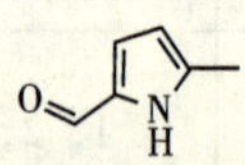
43	N-乙基-2-吡咯醛	2167-14-8	C_7H_9NO	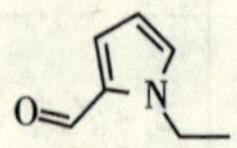
44	1-（2-甲基丁基）吡咯-2-甲醛	13678-71-2	$C_{10}H_{15}NO$	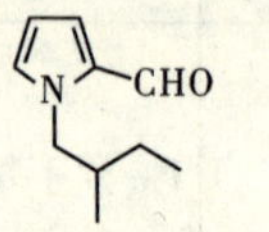
45	1-异戊基吡咯- 2-甲醛	13678-79-0	$C_{10}H_{15}NO$	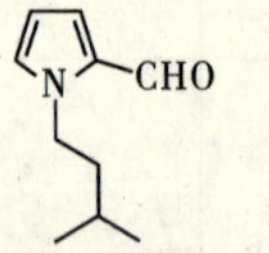
46	2-甲酸基-1，5-二甲基吡咯	1193-59-5	C_7H_9NO	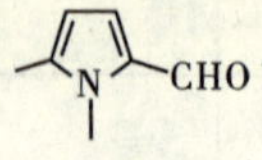
47	N-乙酰基吡咯	609-41-6	C_6H_7NO	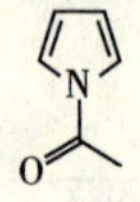
48	N-乙酰基-2-甲基吡咯	38207-11-3	C_7H_9NO	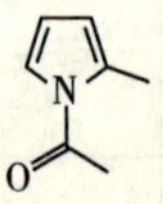
49	N-乙酰基-3-甲基吡咯	823-75-6	C_7H_9NO	
50	2-乙酰基-1-甲基吡咯	932-16-1	C_7H_9NO	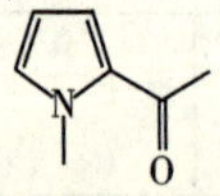
51	2-乙酰基-5-甲基吡咯	6982-72-5	C_7H_9NO	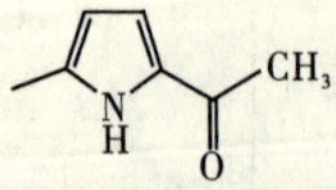

（续上表）

序号	名称	CAS 号	分子式	结构式
52	2－乙酰基－1－乙烷基吡咯	39741－41－8	$C_8H_{11}NO$	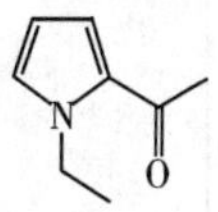
53	1－乙酰基－2，5－二甲基吡咯	5044－31－5	$C_8H_{11}NO$	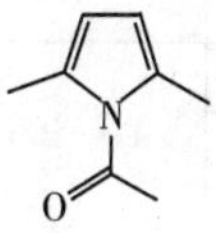
54	N－丙酰基吡咯	59303－16－1	C_7H_9NO	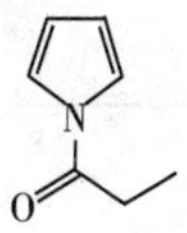
55	2－丙酰基吡咯	1073－26－3	C_7H_9NO	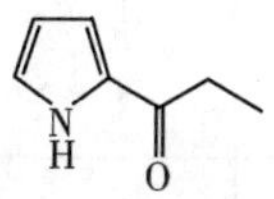
56	1－丙酮基吡咯	4805－24－7	C_7H_9NO	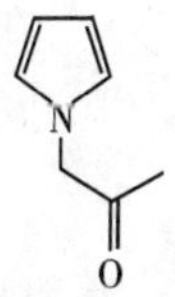
57	1－（2－丁酮基）吡咯	98612－19－2	$C_8H_{11}NO$	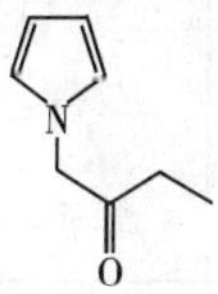
58	2－（1，2－二氧丁基）吡咯	13678－77－8	$C_8H_9NO_2$	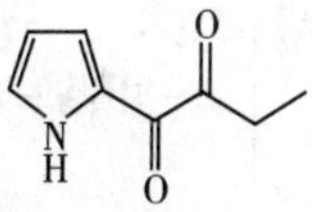
59	1－丙基－2－吡咯烷酮	3470－99－3	$C_7H_{13}NO$	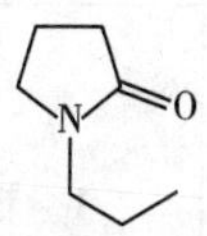
60	1，3－二甲基吡咯烷－2，5－二酮	15542－96－8	$C_6H_9NO_2$	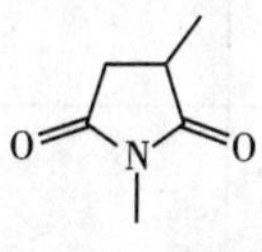
61	1，2－二氢－3H－吲哚－3－酮	67285－12－5	C_8H_7NO	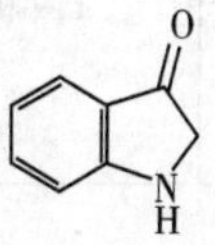

（续上表）

序号	名称	CAS 号	分子式	结构式
62	N－糠基吡咯	1438－94－4	C_9H_9NO	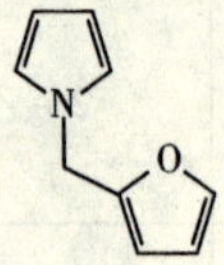
63	1－糠基－2－甲基吡咯	1438－95－5	$C_{10}H_{11}NO$	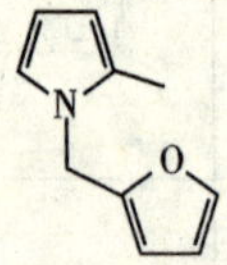
64	1－糠基－3－甲基吡咯	78368－71－5	$C_{10}H_{11}NO$	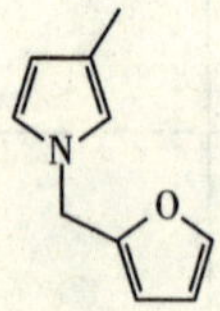
65	1－（3－甲基糠基）吡咯	78368－72－6	$C_{10}H_{11}NO$	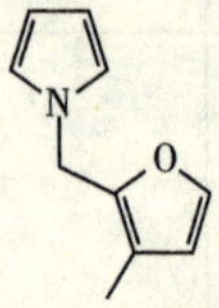
66	1－（5－甲基糠基）吡咯	13678－52－9	$C_{10}H_{11}NO$	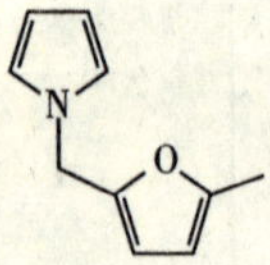
67	2－甲基－1－（5－甲基糠基）吡咯	78368－73－7	$C_{11}H_{13}NO$	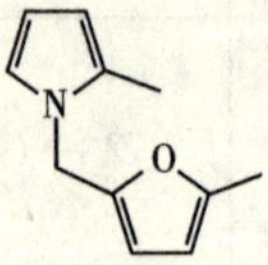
68	1－糠基－2，3－二甲基吡咯	78368－74－8	$C_{11}H_{13}NO$	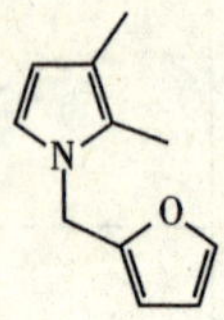
69	1－糠基－2，5－二甲基吡咯	5049－47－8	$C_{11}H_{13}NO$	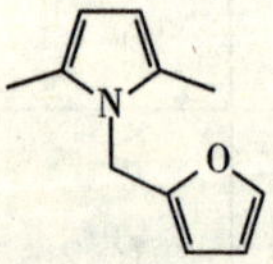

（续上表）

序号	名称	CAS 号	分子式	结构式
70	2－乙基－1－糠基－5－甲基吡咯	78368－75－9	$C_{12}H_{15}NO$	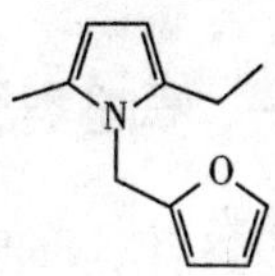
71	1－糠基－2，3，5－三甲基吡咯	78368－76－0	$C_{12}H_{15}NO$	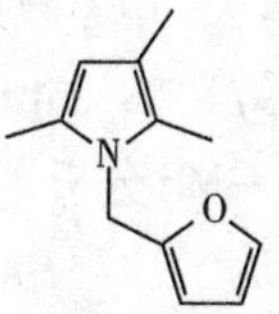
72	1－糠基吡咯－2－甲醛	13788－32－4	$C_{10}H_9NO_2$	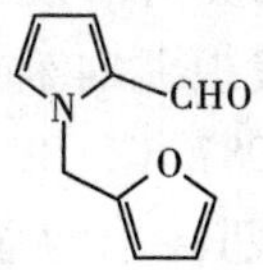
73	1－（5－甲基糠基）吡咯－2－甲醛	78368－77－1	$C_{11}H_{11}NO_2$	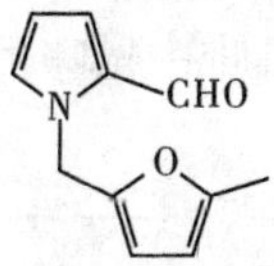
74	2－乙酰基－1－糠基吡咯	13678－73－4	$C_{11}H_{11}NO_2$	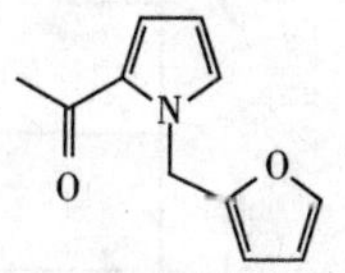
75	N－（5－甲基糠基）－2－乙酰基吡咯	145209－09－2	$C_{12}H_{13}NO_2$	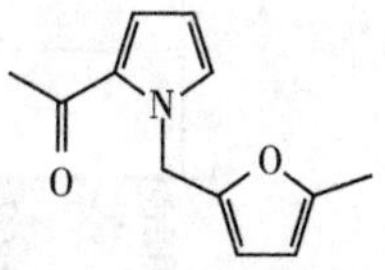

表 8－33　生咖啡与焙炒咖啡共有吡咯类化合物

序号	名称	CAS 号	分子式	结构式
1	N－甲基吡咯	96－54－8	C_5H_7N	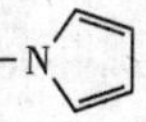
2	吲哚	120－72－9	C_8H_7N	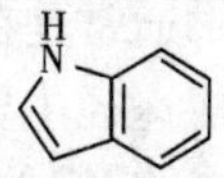
3	2－乙酰基吡咯	1072－83－9	C_6H_7NO	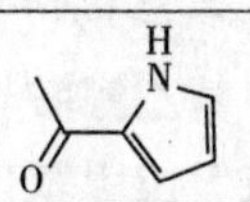

第十二节　噁唑类化合物

一、噁唑类化合物的发现历程

1968 年，Stoffelsma 和 Pypker 首次在焙炒咖啡挥发性香气风味成分中鉴定出了 5 - 乙酰基 - 2 - 甲基噁唑。

1974 年，Vitzthum 和 Werkhoff 以焙炒咖啡为原料，通过同时蒸馏萃取、吸附—解吸附方式和 GC - MS 分析，研究发现了大量噁唑类化合物，其中 20 种噁唑类化合物的浓度在1 ppb ~ 10 ppb。

1986 年，Carlin 等以法式炸薯条为原料，研究其挥发性香气成分中的噁唑类化合物，研究发现了 24 种烷基噁唑，其中 7 种烷基噁唑也存在于焙炒咖啡香气成分中。

1987 年，Baltes 和 Bochmann 在丝氨酸与蔗糖、苏氨酸与蔗糖的模拟反应体系中，研究发现其挥发性香气成分中含有 20 种噁唑类化合物，这 20 种噁唑类化合物也存在于焙炒咖啡香气成分中。

咖啡中噁唑类化合物的发现历程如图 8 - 3 所示。

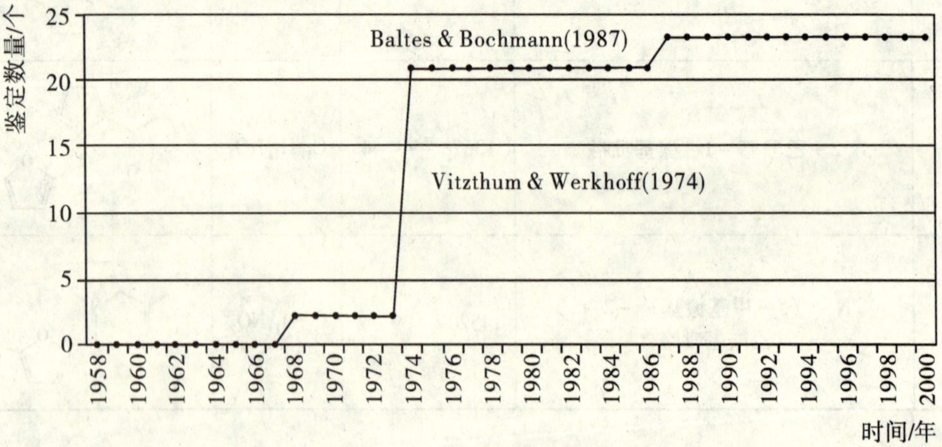

图 8 - 3　咖啡挥发性香气成分中噁唑类化合物的发现历程

二、咖啡风味中噁唑类化合物的形成机理

噁唑啉通常是在低温下加热产生的，它是噁唑形成的中间产物。咖啡风味中噁唑类化合物的形成途径主要有两条（Vitzthum & Werkhoff，1974）。

（1）一条形成途径是：丝氨酸或苏氨酸去碳酸基后变成乙醇胺或甲基乙醇胺，然后乙醇胺或甲基乙醇胺与醛类化合物缩合成噁唑烷，然后噁唑烷氧化成 5 位未被取代的噁唑类化合物或 5 位甲基化噁唑类化合物，最后形成 2 位烷基噁唑类化合物或 2 位酰基噁唑类化合物。

（2）另一条形成途径是：氨基酸与α－二羰基化合物之间发生缩合反应，接着发生Strecker降解反应形成α－氨基酮，最后α－氨基酮在酰化作用下发生加热缩合反应形成噁唑类化合物。α－二酮形成4位取代烷基噁唑类化合物和5位取代烷基噁唑类化合物，烷基基团在酰化剂作用下形成2位取代噁唑类化合物。

三、咖啡挥发性香气成分中噁唑类化合物的种类

到目前为止，研究发现咖啡挥发性香气成分中噁唑类化合物共24种，共同存在于生咖啡与焙炒咖啡挥发性香气成分中（表8－34）。

表8－34 生咖啡与焙炒咖啡共有噁唑类化合物

序号	名称	CAS号	分子式	结构式
1	2，4－二甲基噁唑	7208－05－1	C_5H_7NO	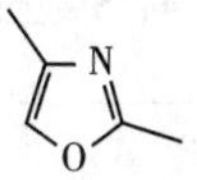
2	2，5－二甲基噁唑	23012－11－5	C_5H_7NO	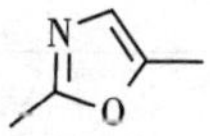
3	4，5－二甲基噁唑	20662－83－3	C_5H_7NO	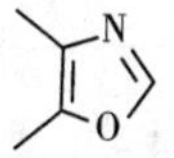
4	2－乙基－4－甲基噁唑	24667－03－6	C_6H_9NO	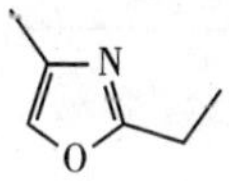
5	2－乙基－5－甲基噁唑	42463－54－7	C_6H_9NO	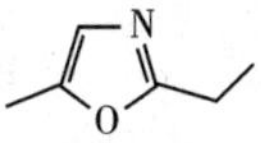
6	4－乙基－2－甲基噁唑	53833－20－8	C_6H_9NO	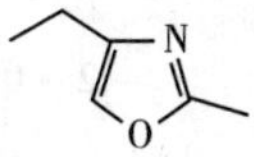
7	4－乙基－5－甲基噁唑	53833－28－6	C_6H_9NO	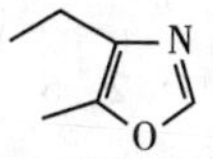
8	5－乙基－2－甲基噁唑	53833－29－7	C_6H_9NO	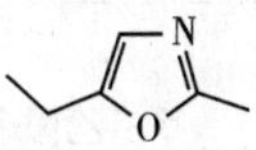
9	5－乙基－4－甲基噁唑	29584－92－7	C_6H_9NO	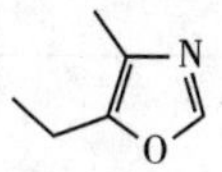
10	5－甲基－2－丙基噁唑	53833－31－1	$C_7H_{11}NO$	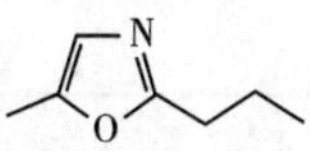

（续上表）

序号	名称	CAS 号	分子式	结构式
11	2，4，5－三甲基噁唑	20662－84－4	C_6H_9NO	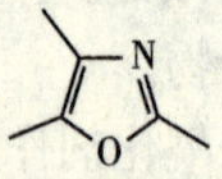
12	2－乙基－4，5－二甲基噁唑	53833－30－0	$C_7H_{11}NO$	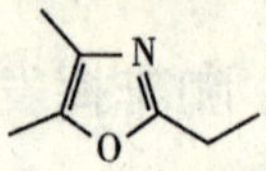
13	4－乙基－2，5－二甲基噁唑	30408－61－8	$C_7H_{11}NO$	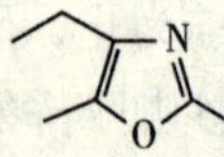
14	5－乙基－2，4－二甲基噁唑	33318－74－0	$C_7H_{11}NO$	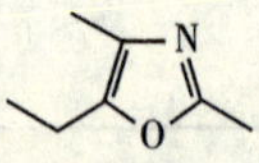
15	4，5－二甲基－2－丙基噁唑	53833－32－2	$C_8H_{13}NO$	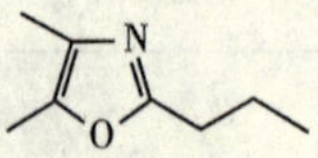
16	2，5－二甲基－4－丙基噁唑	30674－60－3	$C_8H_{13}NO$	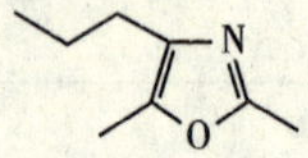
17	2－异丙基－4，5－二甲基噁唑	19519－45－0	$C_8H_{13}NO$	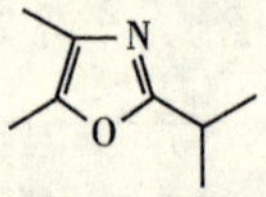
18	4－丁基－2，5－二甲基噁唑	30408－62－9	$C_9H_{15}NO$	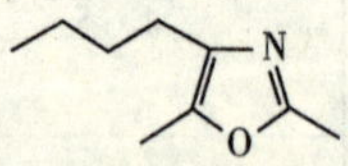
19	2－苯基噁唑	20662－88－8	C_9H_7NO	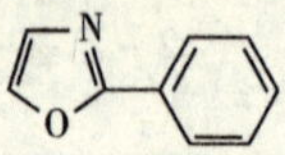
20	苯并噁唑	273－53－0	C_7H_5NO	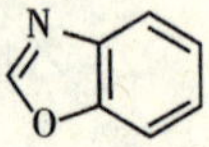
21	2－甲基苯并噁唑	95－21－6	C_8H_7NO	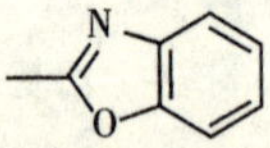
22	2，5－二甲基苯并噁唑	5676－58－4	C_9H_9NO	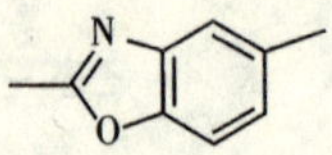
23	5－乙酰基－2－甲基噁唑	78503－09－0	$C_6H_6NO_2$	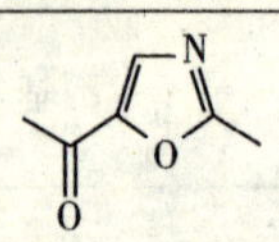
24	5－乙酰基－2，4－二甲基噁唑	23012－25－1	$C_7H_9NO_2$	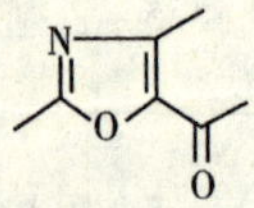

第十三节　噻唑类化合物

一、咖啡风味中噻唑类化合物的发现历程

1966 年，Arnold 等首次在食品香气成分中分离出烷基噻唑类化合物，并认识到烷基噻唑类化合物对食品感官风味的重要影响。例如，烷基噻唑类化合物对焙炒咖啡风味、焙炒可可豆风味、焙炒花生风味、煮牛肉风味起着十分重要的作用。

1967 年，Stoll 等首次在焙炒咖啡香气成分中鉴定出 2－乙酰基－4－甲基噻唑与 2－丙酰基－4－甲基噻唑。

1974 年，Vitzthum 与 Werkhoff 对咖啡香气成分的含氮杂环化合物进行了研究，鉴定出了 23 种新噻唑类化合物。他们采用聚苯乙烯型色谱固定相蒸馏吸附与乙醚萃取得到咖啡萃取物后，再使用玻璃毛细管与 GC－MS 相结合进行分离得到噻唑类化合物。

咖啡中噻唑类化合物的发现历程如图 8－4 所示。

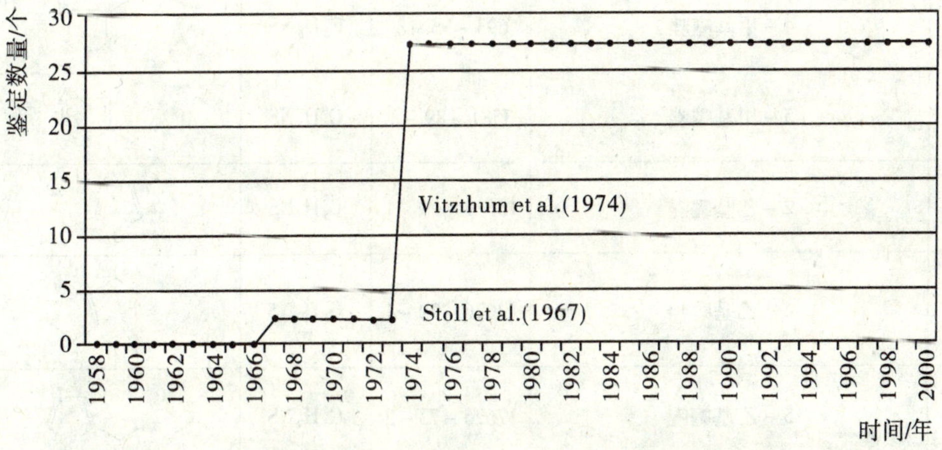

图 8－4　焙炒咖啡挥发性香气成分中噻唑类化合物的发现历程

二、咖啡风味中噻唑类化合物的形成机理

关于烷基噻唑类化合物的形成途径有许多研究报道，咖啡风味中噻唑类化合物的形成途径主要有五条：

（1）半胱氨酸去碳酸基形成巯乙胺，接着糖降解产物之间发生缩合反应，最后发生系列氧化反应形成烷基噻唑类化合物（Ledl & Severin，1973）。

（2）巯乙胺酸与碳水化合物、胱氨酸与碳水化合物首先反应形成噻唑烷化合物，接着噻唑烷化合物氧化成噻唑化合物（Mulders，1973）。

（3）巯乙胺与乙醛反应形成噻唑烷化合物，接着噻唑烷化合物氧化成噻唑化合物。

(4) L-胱氨酸与羰基化合物反应形成噻唑类化合物（Kato et al.，1973）。

(5) 巯乙胺与 D-葡萄糖、乙二醛、小量乙醛反应形成噻唑啉与噻唑烷化合物（Sakaguchi & Shibamoto，1978）。

三、咖啡挥发性香气成分中噻唑类化合物的种类

目前，研究发现咖啡挥发性香气成分中噻唑类化合物共 28 种，共同存在于生咖啡与焙炒咖啡挥发性香气成分中（表 8-35）。

表 8-35　生咖啡与焙炒咖啡共有噻唑类化合物

序号	名称	CAS 号	分子式	结构式
1	噻唑	288-47-1	C_3H_3NS	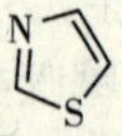
2	2-甲基噻唑	3581-87-1	C_4H_5NS	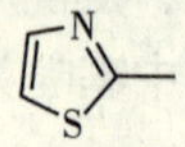
3	4-甲基噻唑	693-95-8	C_4H_5NS	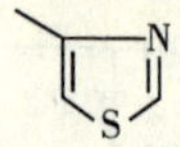
4	5-甲基噻唑	3581-89-3	C_4H_5NS	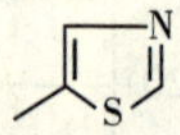
5	2-乙基噻唑	15679-09-1	C_5H_7NS	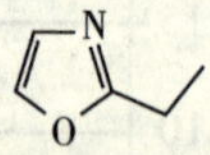
6	4-乙基噻唑	17626-72-1	C_5H_7NS	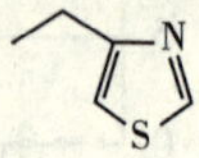
7	5-乙基噻唑	17626-73-2	C_5H_7NS	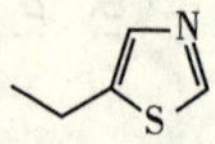
8	2-丙基噻唑	17626-75-4	C_6H_9NS	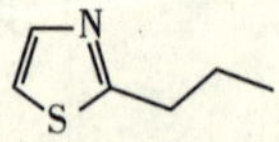
9	4-丁基噻唑	53833-33-3	$C_7H_{11}NS$	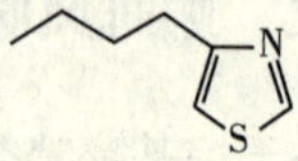
10	2，4-二甲基噻唑	541-58-2	C_5H_7NS	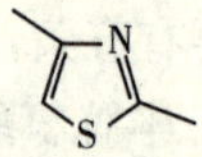
11	2，5-二甲基噻唑	4175-66-0	C_5H_7NS	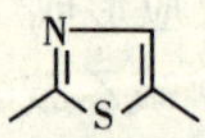

（续上表）

序号	名称	CAS 号	分子式	结构式
12	4，5－二甲基噻唑	3581－91－7	C_5H_7NS	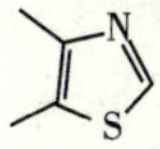
13	2－乙基－4－甲基噻唑	15679－12－6	C_6H_9NS	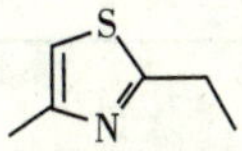
14	4－乙基－2－甲基噻唑	32272－48－3	C_6H_9NS	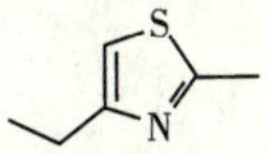
15	4－乙基－5－甲基噻唑	52414－91－2	C_6H_9NS	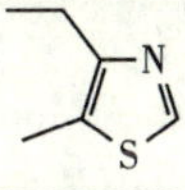
16	5－乙基－2－甲基噻唑	19961－52－5	C_6H_9NS	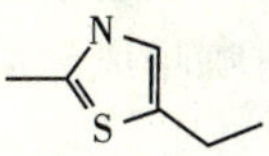
17	5－乙基－4－甲基噻唑	31883－01－9	C_6H_9NS	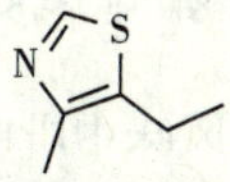
18	2，4－二乙基噻唑	32272－49－4	$C_7H_{11}NS$	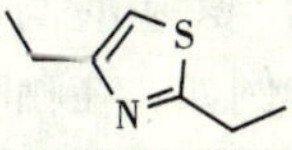
19	2，5－二乙基噻唑	15729－76－7	$C_7H_{11}NS$	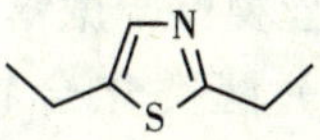
20	5－乙基－2－丙基噻唑	54300－07－1	$C_8H_{13}NS$	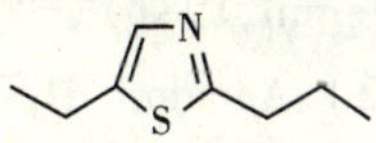
21	2，4，5－三甲基噻唑	13623－11－5	C_6H_9NS	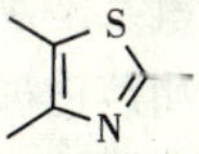
22	5－乙基－2，4－二甲基噻唑	38205－61－7	$C_7H_{11}NS$	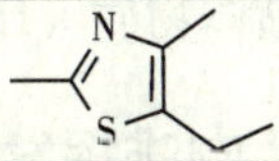
23	4－乙基－2，5－二甲基噻唑	32272－57－4	$C_7H_{11}NS$	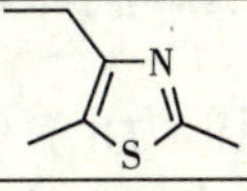
24	2－乙基－4，5－二甲基噻唑	873－64－3	$C_7H_{11}NS$	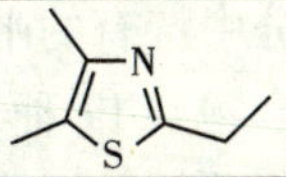
25	苯并噻唑	95－16－9	C_7H_5NS	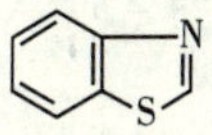
26	2－乙酰基噻唑	24295－03－2	C_5H_5NOS	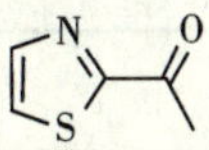
27	2－乙酰基－4－甲基噻唑	7533－07－5	C_6H_7NOS	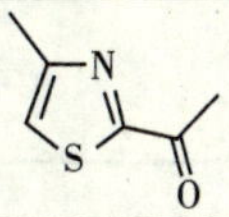

（续上表）

序号	名称	CAS 号	分子式	结构式
28	4-甲基-2-丙酰基噻唑	13679-83-9	C_7H_9NOS	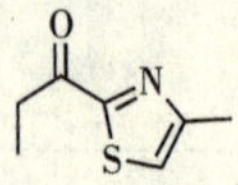

第十四节 吡啶类化合物

1895 年，Monari 和 Scoccianti 首次在焙炒咖啡挥发性香气成分中发现了吡啶类化合物。随着气相色谱的应用，许多吡啶类化合物被鉴定发现。咖啡挥发性香气成分的吡啶类化合物对咖啡风味起着重要作用（Baltes & Bochmann，1987）。

一、咖啡风味中吡啶类化合物的形成机理

咖啡风味中吡啶类化合物的形成途径主要有五条：

（1）氨基酸与糖类物质高温加热分解产生大量吡啶类化合物（Ledl & Severin，1973）。例如，在咖啡挥发性香气成分中鉴定了 15 种吡啶类化合物，其中 13 种吡啶类化合物是丝氨酸与蔗糖、苏氨酸与蔗糖模拟反应体系的产物（Baltes & Bochmann，1987）。

（2）醛类化合物进行醇醛缩合，然后氨分子内进行环化作用形成吡啶类化合物（Vernin,1981）。例如，氨与十一碳二烯醛反应形成 2-烷基吡啶（Mottram，1991）。

（3）Amadori 中间产物加热降解可以形成吡啶类化合物。

（4）氨基酸高温分解形成吡啶类化合物（Fujimaki et al.，1969）。

（5）葫芦巴碱高温分解形成吡啶类化合物，生咖啡中葫芦巴碱是焙炒咖啡吡啶化合物的风味前体物质（Horman & Viani，1973）。

二、咖啡挥发性香气成分中吡啶类化合物的种类

到目前为止，研究发现咖啡挥发性香气成分中吡啶类化合物共 27 种，生咖啡挥发性香气成分中特有的吡啶类化合物 1 种（表 8-36），焙炒咖啡挥发性香气成分中特有的吡啶类化合物共 17 种（表 8-37），共同存在于生咖啡与焙炒咖啡挥发性香气成分中的吡啶类化合物共 9 种（表 8-38）。

表 8-36 生咖啡特有吡啶类化合物

序号	名称	CAS 号	分子式	结构式
1	苯并吡啶	91-22-5	C_9H_7N	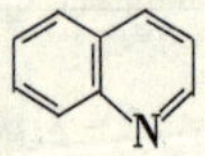

表 8－37　焙炒咖啡特有吡啶类化合物

序号	名称	CAS 号	分子式	结构式
1	3－甲基吡啶	108－99－6	C_6H_7N	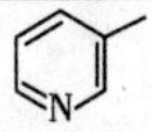
2	4－乙基吡啶	536－75－4	C_7H_9N	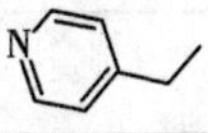
3	3－丙基吡啶	4673－31－8	$C_8H_{11}N$	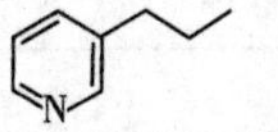
4	3－丁基吡啶	539－32－2	$C_9H_{13}N$	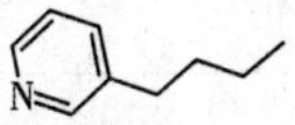
5	2，4－二甲基吡啶	108－47－4	C_7H_9N	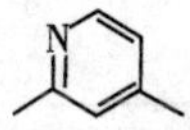
6	2－乙基－5－甲基吡啶	18113－81－0	$C_8H_{11}N$	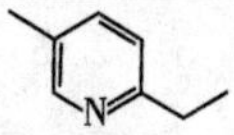
7	2－乙基－6－甲基吡啶	1122－69－6	$C_8H_{11}N$	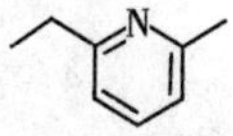
8	5－乙基－2－甲基吡啶	104－90－5	$C_8H_{11}N$	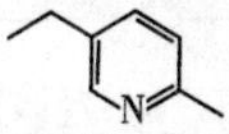
9	2－甲基－5－丙基吡啶	874－75－9	$C_9H_{13}N$	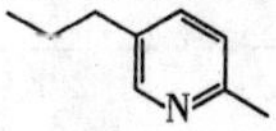
10	2－丁基－6－甲基吡啶	5335－76－2	$C_{10}H_{15}N$	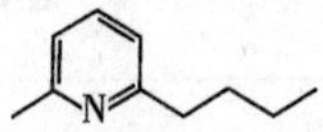
11	哌啶	110－89－4	$C_5H_{11}N$	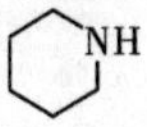
12	4－甲基喹啉	491－35－0	$C_{10}H_9N$	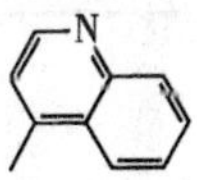
13	2－羟甲基吡啶	586－98－1	C_6H_7NO	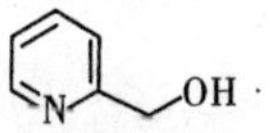
14	3－甲氧基吡啶	7295－76－3	C_6H_7NO	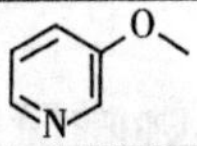
15	烟酸甲酯	93－60－7	$C_7H_7NO_2$	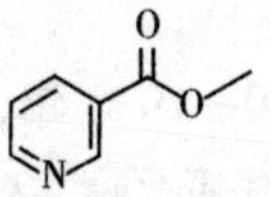
16	3－甲基喹诺酮	2721－59－7	$C_{10}H_9NO$	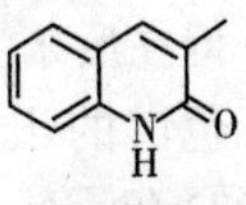
17	2－羟基－4－甲基喹啉	84909－43－3	$C_{10}H_9NO$	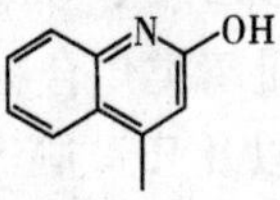

表 8-38　生咖啡与焙炒咖啡共有吡啶类化合物

序号	名称	CAS 号	分子式	结构式
1	吡啶	110-86-1	C_5H_5N	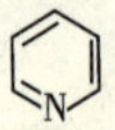
2	2-甲基吡啶	109-06-8	C_6H_7N	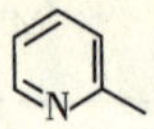
3	2-乙基吡啶	100-71-0	C_7H_9N	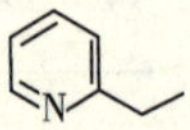
4	3-乙基吡啶	536-78-7	C_7H_9N	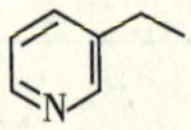
5	2，6-二甲基吡啶	108-48-5	C_7H_9N	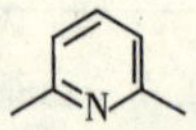
6	4-乙烯基吡啶	100-43-6	C_7H_7N	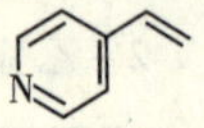
7	2-乙酰基吡啶	1122-62-9	C_7H_7NO	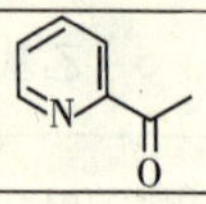
8	3-乙酰基吡啶	350-03-8	C_7H_7NO	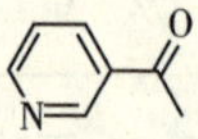
9	烟酸	59-67-6	$C_6H_5NO_2$	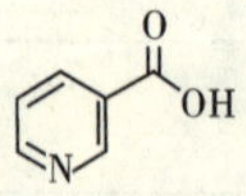

第十五节　吡嗪类化合物

一、咖啡风味中吡嗪类化合物的发现历程

1920—1930 年，Reichstein 和 Staudinger（1926）首次在咖啡挥发性香气成分中鉴定了吡嗪、甲基吡嗪、2，5-二甲基吡嗪、2，6-二甲基吡嗪，这是咖啡风味化学中十分重要的事件。但在后来 40 多年中，他们的分析研究较少且没有成果。

气相色谱的出现，极大地推动了食品挥发性风味成分中新吡嗪类化合物的鉴定。1960—1972 年，Goldman、Bondarovich、Stoffelsma 和 Friedel 等研究发现了咖啡风味成分中的其他吡嗪类化合物，并且发表了 22 种烷基吡嗪类化合物和烯基吡嗪类化合物的相对保留时间以及 IR 与 MS 数据。研究结果表明：焙炒过程中，氨基酸与糖的美拉德反应产生吡嗪衍生物，这些吡嗪衍生物占总体挥发性成分的 14%。

二、咖啡挥发性香气成分中吡嗪类化合物的种类

到目前为止，研究发现咖啡挥发性香气成分中吡嗪类化合物共 99 种，生咖啡挥发性香气成分中特有的吡嗪类化合物共 3 种（表 8－39），焙炒咖啡挥发性香气成分中特有的吡嗪类化合物共 71 种（表 8－40），同时存在于生咖啡和焙炒咖啡挥发性香气成分中的吡嗪类化合物共 25 种（表 8－41）。

表 8－39　生咖啡特有吡嗪类化合物

序号	名称	CAS 号	分子式	结构式
1	2－甲氧基－3－甲基吡嗪	2847－30－5	$C_6H_8N_2O$	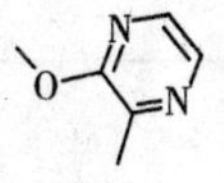
2	2－乙基－3－甲氧基吡嗪	25680－58－4	$C_7H_{10}N_2O$	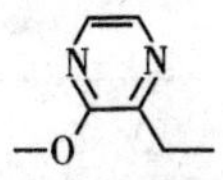
3	2－甲氧基－3－仲丁基吡嗪	24168－70－5	$C_9H_{14}N_2O$	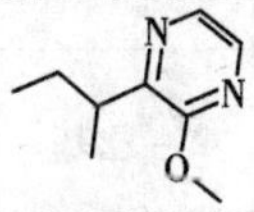

表 8－40　焙炒咖啡特有吡嗪类化合物

序号	名称	CAS 号	分子式	结构式
1	2－甲基－5－丙基吡嗪	29461－03－8	$C_8H_{12}N_2$	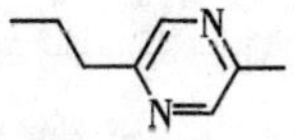
2	2－乙基－3－甲基吡嗪	15707－23－0	$C_7H_{10}N_2$	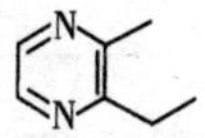
3	2－甲基－3－丙基吡嗪	15986－80－8	$C_8H_{12}N_2$	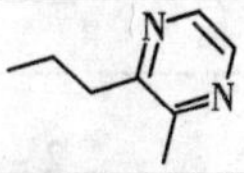
4	2－甲基－6－丙基吡嗪	29444－46－0	$C_8H_{12}N_2$	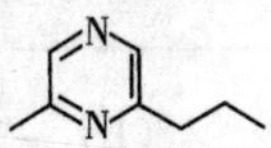
5	2－丁基－3－甲基吡嗪	15987－00－5	$C_9H_{14}N_2$	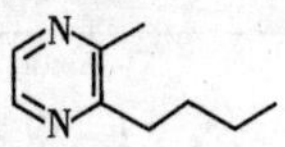
6	2－甲基－3－（2－甲基丙基）吡嗪	13925－06－9	$C_9H_{14}N_2$	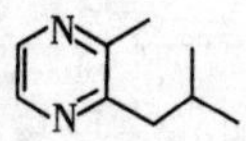
7	2－乙基－6－丙基吡嗪	32736－92－8	$C_8H_{12}N_2$	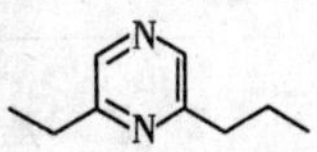

（续上表）

序号	名称	CAS 号	分子式	结构式
8	2，3－二甲基－5－乙基吡嗪	15707－34－3	$C_8H_{12}N_2$	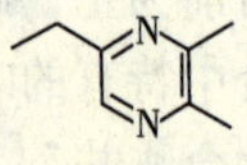
9	2，5－二甲基－3－丙基吡嗪	18433－97－1	$C_9H_{14}N_2$	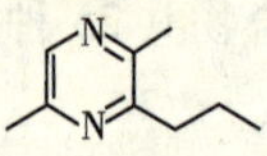
10	3，5－二甲基－2－丙基吡嗪	32350－16－6	$C_9H_{14}N_2$	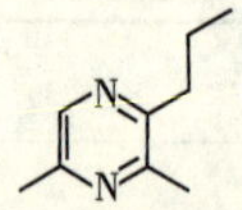
11	2，3－二乙基－5－甲基吡嗪	18138－04－0	$C_9H_{14}N_2$	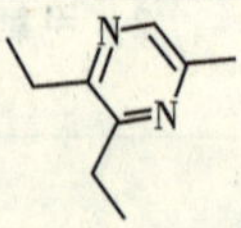
12	2，5－二甲基－3－（2－甲基丙基）吡嗪	32736－94－0	$C_{10}H_{15}N_2$	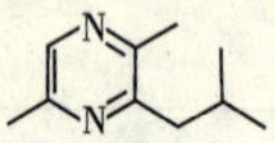
13	2－乙基－3，5，6－三甲基吡嗪	17398－16－2	$C_9H_{14}N_2$	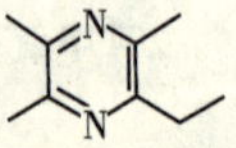
14	2，3－二乙基－5，6－二甲基吡嗪	106060－96－2	$C_{10}H_{15}N_2$	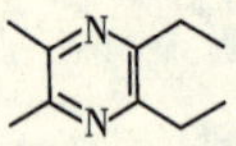
15	2，5－二乙基－3，6－二甲基吡嗪	18903－30－5	$C_{10}H_{15}N_2$	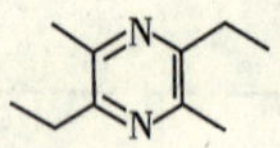
16	2，6－二乙基－3，5－二甲基吡嗪	18940－74－4	$C_{10}H_{15}N_2$	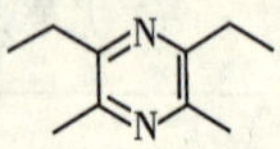
17	三乙基甲基吡嗪	106073－56－7	$C_{11}H_{18}N_2$	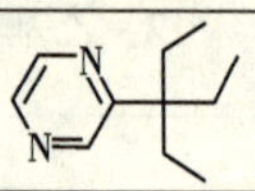
18	2－乙烯基吡嗪	4177－16－6	$C_6H_6N_2$	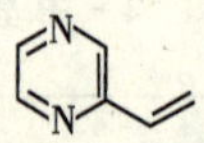
19	（E）－1－丙烯基吡嗪	34413－32－6	$C_7H_8N_2$	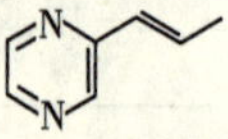
20	1－甲基乙烯基吡嗪	38713－41－6	$C_7H_8N_2$	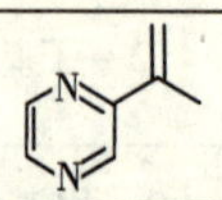
21	2－甲基－3－乙烯基吡嗪	25058－19－9	$C_7H_8N_2$	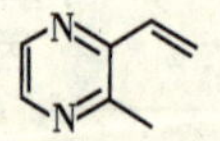
22	2－乙烯基－6－甲基吡嗪	13925－09－2	$C_7H_8N_2$	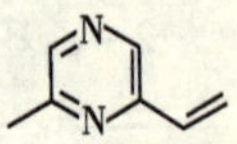

（续上表）

序号	名称	CAS 号	分子式	结构式
23	2－甲基－5－（1－丙烯基）吡嗪	18217－82－8	$C_8H_{10}N_2$	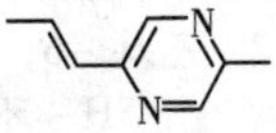
24	2－甲基－6－（1－丙烯基）吡嗪	18217－81－7	$C_8H_{10}N_2$	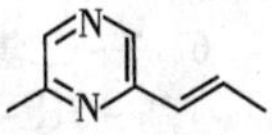
25	2－乙烯基－6－乙基吡嗪	32736－90－6	$C_8H_{10}N_2$	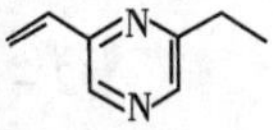
26	2－乙烯基－3，5－二甲基吡嗪	157615－33－3	$C_8H_{10}N_2$	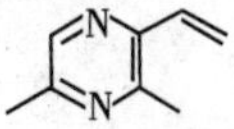
27	2－乙烯基－3－乙基－5－甲基吡嗪	181589－32－2	$C_9H_{12}N_2$	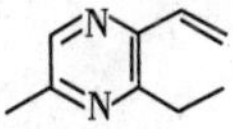
28	3－乙烯基－3－乙基－5－甲基吡嗪	181589－32－2	$C_9H_{12}N_2$	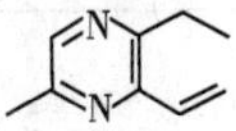
29	6，7－二氢－5H－环戊二烯并吡嗪	23747－47－9	$C_7H_8N_2$	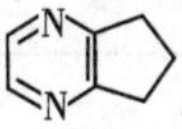
30	6，7－二氢－2－甲基－5H－环戊二烯并吡嗪	23747－46－8	$C_8H_{10}N_2$	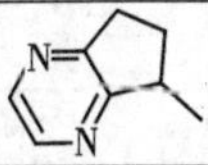
31	5－甲基－6，7－二氢－5H－环戊并吡嗪	23747－48－0	$C_8H_{10}N_2$	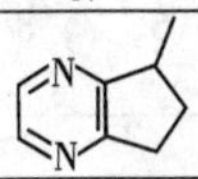
32	2－乙基－6，7－二氢－5H－环戊二烯并吡嗪	38917－60－1	$C_9H_{12}N_2$	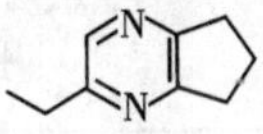
33	5－乙基－6，7－二氢－5H－环戊二烯并吡嗪	52517－53－0	$C_9H_{12}N_2$	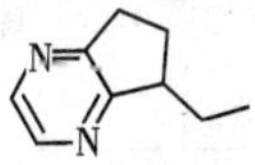
34	6，7－二氢－2，3－二甲基－5H－环戊二烯并吡嗪	38917－63－4	$C_9H_{12}N_2$	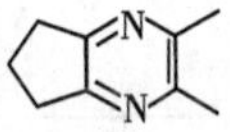
35	6，7－二氢－2，5－二甲基－5H－环戊二烯并吡嗪	38917－61－2	$C_9H_{12}N_2$	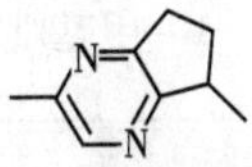
36	6，7－二氢－2，6－二甲基－5H－环戊二烯并吡嗪	61928－63－0	$C_9H_{12}N_2$	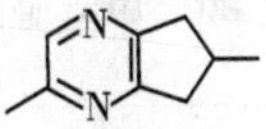
37	6，7－二氢－2，7－二甲基－5H－环戊二烯并吡嗪	38917－62－3	$C_9H_{12}N_2$	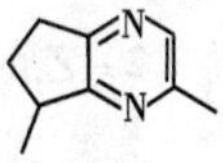
38	6，7－二氢－5，7－二甲基－5H－环戊二烯并吡嗪	41330－21－6	$C_9H_{12}N_2$	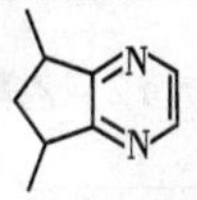

（续上表）

序号	名称	CAS 号	分子式	结构式
39	2-乙基-6，7-二氢-3-甲基-5H-环戊二烯并吡嗪	41330-35-2	$C_{10}H_{14}N_2$	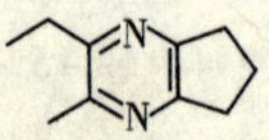
40	6，7-二氢-2，3，5-三甲基-5H-环戊二烯并吡嗪	41330-39-6	$C_{10}H_{14}N_2$	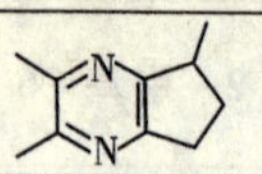
41	2-甲基喹喔啉	7251-61-8	$C_9H_8N_2$	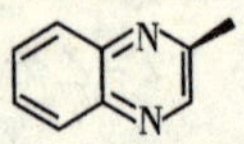
42	5-甲基喹喔啉	13708-12-8	$C_9H_8N_2$	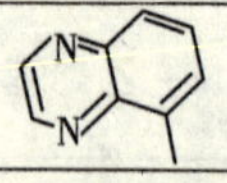
43	2，3-二甲基喹戊啉	2379-55-7	$C_{10}H_{10}N_2$	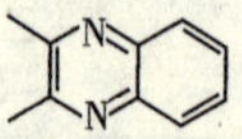
44	2，5-二甲基喹恶啉	26941-20-8	$C_{10}H_{10}N_2$	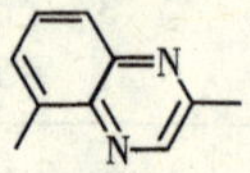
45	5，6，7，8-四氢喹喔啉	34413-35-9	$C_8H_{10}N_2$	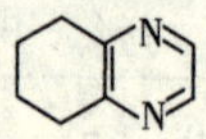
46	5，6，7，8-四氢-2-甲基喹恶啉	38917-65-6	$C_9H_{12}N_2$	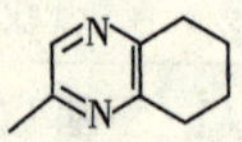
47	5，6，7，8-四氢-5-甲基喹恶啉	52517-54-1	$C_9H_{12}N_2$	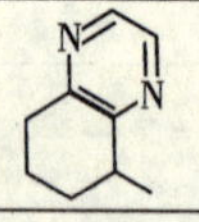
48	2-乙基-5，6，7，8-四氢喹恶啉	55968-42-8	$C_{10}H_{14}N_2$	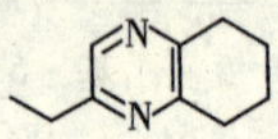
49	5，6，7，8-四氢-2，3-二甲基喹恶啉	35149-10-1	$C_{10}H_{14}N_2$	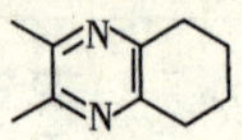
50	1-甲基吡咯［1，2-α］吡嗪	64608-59-9	$C_8H_8N_2$	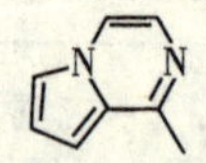
51	4-甲基吡咯［1，2-α］吡嗪	64608-60-2	$C_8H_8N_2$	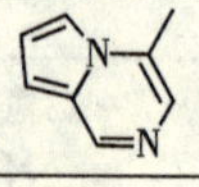
52	2-乙酰基-3-甲基吡嗪	23787-80-6	$C_7H_8N_2O$	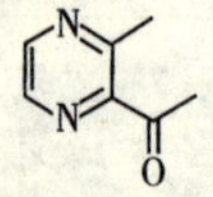
53	2-乙酰基-5-甲基吡嗪	22047-27-4	$C_7H_8N_2O$	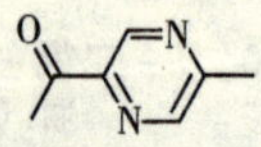

（续上表）

序号	名称	CAS 号	分子式	结构式
54	2-乙酰基-6-甲基吡嗪	22047-26-3	$C_7H_8N_2O$	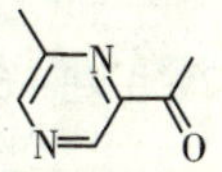
55	2-乙酰基-3-5-二甲基吡嗪	54300-08-2	$C_8H_{10}N_2O$	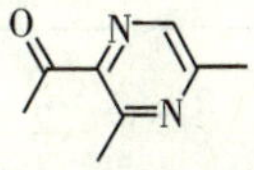
56	2-乙酰基-3，6-二甲基吡嗪	54300-09-3	$C_8H_{10}N_2O$	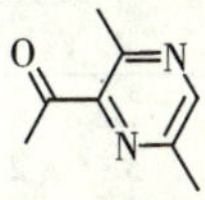
57	2-乙酰基-5，6-二甲基吡嗪	54300-10-6	$C_8H_{10}N_2O$	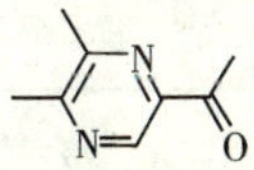
58	（2-呋喃）吡嗪	32736-95-1	$C_8H_6N_2O$	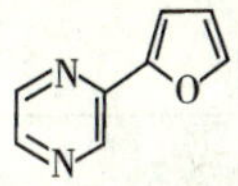
59	2-（2-呋喃）-3-甲基吡嗪	32737-01-2	$C_9H_8N_2O$	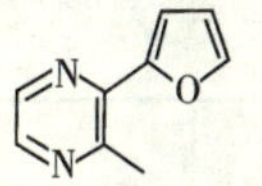
60	2-（2-呋喃）-5-甲基吡嗪	27610-38-4	$C_9H_8N_2O$	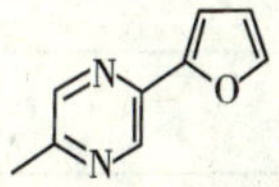
61	2-（2-呋喃）-6-甲基吡嗪	32737-03-4	$C_9H_8N_2O$	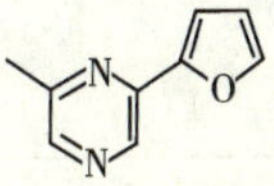
62	2-甲基-3-（4-甲基-2-呋喃）吡嗪	54300-16-2	$C_{10}H_{10}N_2O$	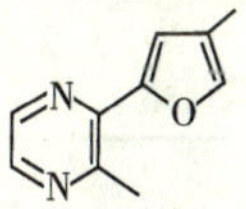
63	2-甲基-3-（5-甲基-2-呋喃）吡嗪	54300-13-9	$C_{10}H_{10}N_2O$	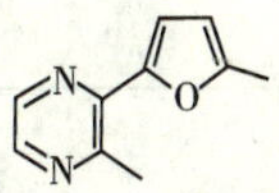
64	2-甲基-5-（4-甲基-2-呋喃）吡嗪	54300-17-3	$C_{10}H_{10}N_2O$	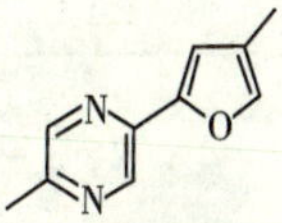
65	2-甲基-6-（5-甲基-2-呋喃）吡嗪	54300-14-0	$C_{10}H_{10}N_2O$	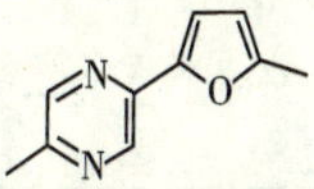
66	2-甲基-6-（4-甲基-2-呋喃）吡嗪	54300-18-4	$C_{10}H_{10}N_2O$	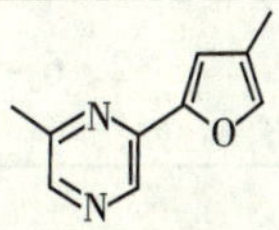

（续上表）

序号	名称	CAS号	分子式	结构式
67	2－甲基－6－（5－甲基－2－呋喃）吡嗪	54300－15－1	$C_{10}H_{10}N_2O$	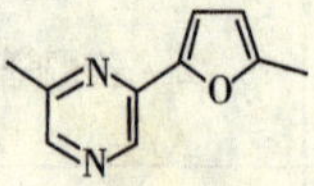
68	5－（2－呋喃）－2，3－二甲基吡嗪	36238－34－3	$C_{10}H_{10}N_2O$	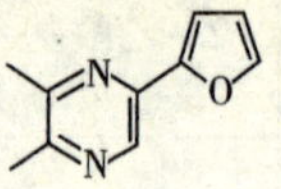
69	3－（2－呋喃）－2，5－二甲基吡嗪	54300－12－8	$C_{10}H_{10}N_2O$	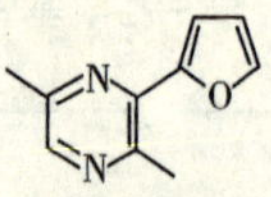
70	2－（2－呋喃）－3，5－二甲基吡嗪	54300－11－7	$C_{10}H_{10}N_2O$	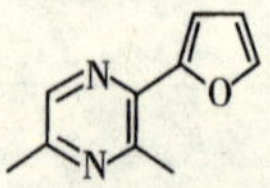
71	糠基吡嗪	110674－44－7	$C_9H_8N_2O$	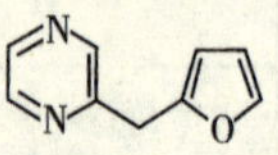

表8－41　生咖啡与焙炒咖啡共有吡嗪类化合物

序号	名称	CAS号	分子式	结构式
1	吡嗪	290－37－9	$C_4H_4N_2$	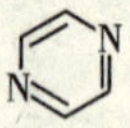
2	2－甲基吡嗪	109－08－0	$C_5H_6N_2$	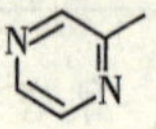
3	2－乙基吡嗪	13925－00－3	$C_6H_8N_2$	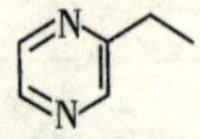
4	2－丙基吡嗪	18138－03－9	$C_7H_{10}N_2$	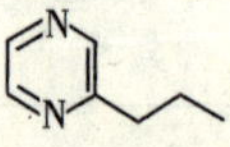
5	2，3－二甲基吡嗪	5910－89－4	$C_6H_8N_2$	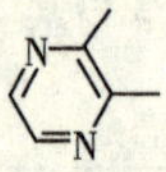
6	2，5－二甲基吡嗪	123－32－0	$C_6H_8N_2$	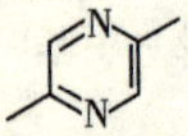
7	2，6－二甲基吡嗪	108－50－9	$C_6H_8N_2$	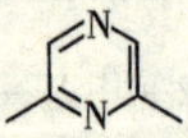

（续上表）

序号	名称	CAS 号	分子式	结构式
8	2－乙基－5－甲基吡嗪	13360－64－0	$C_7H_{10}N_2$	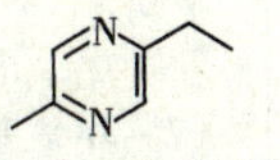
9	2－乙基－6－甲基吡嗪	13925－03－6	$C_7H_{10}N_2$	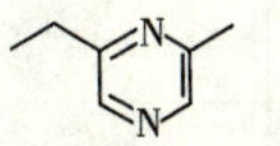
10	2－甲基－5－异丙基吡嗪	13925－05－8	$C_8H_{12}N_2$	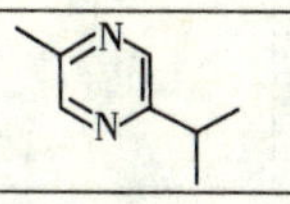
11	2，3－二乙基吡嗪	15707－24－1	$C_8H_{12}N_2$	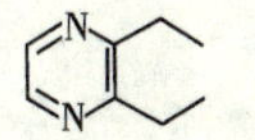
12	2，5－二乙基吡嗪	13238－84－1	$C_8H_{12}N_2$	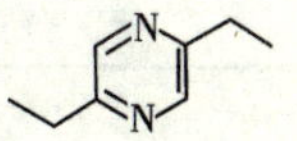
13	2，6－二乙基吡嗪	13067－27－1	$C_8H_{12}N_2$	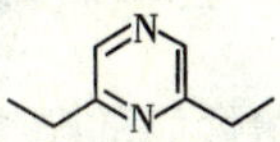
14	2，3，5－三甲基吡嗪	14667－55－1	$C_7H_{10}N_2$	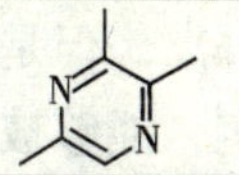
15	3－乙基－2，5－甲基吡嗪	13360－65－1	$C_8H_{12}N_2$	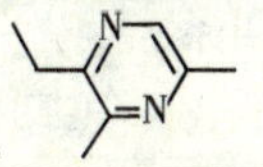
16	2－乙基－3，5－二甲基吡嗪	13925－07－0	$C_8H_{12}N_2$	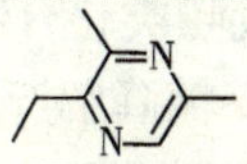
17	2，5－二乙基－3－甲基吡嗪	32736－91－7	$C_9H_{14}N_2$	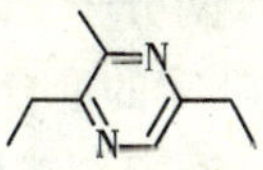
18	3，5－二乙基－2－甲基吡嗪	18138－05－1	$C_9H_{14}N_2$	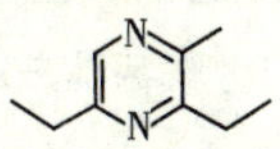
19	2，3，5，6－四甲基吡嗪	1124－11－4	$C_8H_{12}N_2$	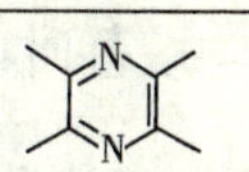
20	2－乙烯基－5－甲基吡嗪	13925－08－1	$C_7H_8N_2$	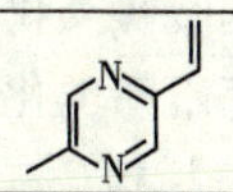
21	苯并吡嗪	91－19－0	$C_8H_6N_2$	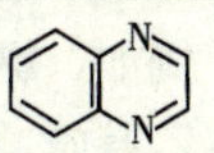
22	2－异丙基－3－甲氧基吡嗪	25773－40－4	$C_8H_{12}N_2O$	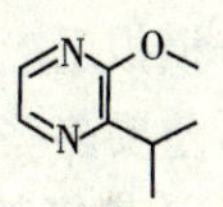

（续上表）

序号	名称	CAS 号	分子式	结构式
23	2－甲氧基－3－异丁基吡嗪	24683－00－9	$C_9H_{14}N_2O$	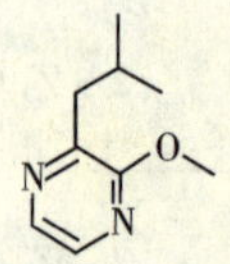
24	2－甲氧基－3，5－二甲基吡嗪	92508－08－2	$C_7H_{10}N_2O$	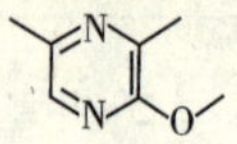
25	2－乙酰基吡嗪	22047－25－2	$C_6H_6N_2O$	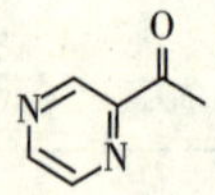

三、二氢吡嗪类化合物

刚焙炒好的咖啡中存在二氢吡嗪，由于二氢吡嗪极不稳定，因此在分析研究中很难被萃取和分离。但是，氨或二胺与α－二酮浓缩形成2，3－二氢吡嗪。这种2，3－二氢吡嗪十分稳定，能够被分离与蒸馏纯化（Flament & Stoll，1967）。二氢吡嗪类化合物形成途径主要有四条：

（1）α－氨基酮或氨基羟基化合物在 Strecker 降解反应中自动缩合反应形成。这是形成二氢吡嗪类化合物的一条主要途径。

（2）糖降解产生的不同羰基化合物之间发生缩合反应形成中间产物2，5－二氢吡嗪。

（3）两分子2，3－二氢吡嗪能通过歧化反应形成其相对应吡嗪化合物与1，2，3，4－四氢吡嗪的混合物（Sheldon et al.，1986）。

（4）2，3－二甲基－5，6－二氢吡嗪在脱氢作用后，形成2，3－二甲基－1，2，5，6－四氢吡嗪与5－乙基－2，3－二甲基吡嗪的歧化化合物（Masuda et al.，1980）。

四、烷基吡嗪类化合物

烷基吡嗪类化合物在食品中广泛分布，如咖啡、可可和茶的风味化合物中均含此类物质。烷基吡嗪类化合物的形成途径主要有四条。

（1）模拟反应体系中α－氨基酸与烃类化合物之间发生系列复杂反应形成烷基吡嗪类化合物。例如，糖与氨水模拟反应体系中，生成的烷基吡嗪类化合物主要是吡嗪、甲基吡嗪和甲基乙基吡嗪。Shibamoto 和 Bernhard（1977）研究结果表明：戊糖—氨水与己糖—氨水两个模拟反应体系产生的吡嗪类化合物种类相同，但是戊糖比己糖反应产生的吡嗪类化合物含量要多些。

（2）游离氨基酸高温加热生成。Baltes 和 Bochmann（1986，1987）以生咖啡豆中的丝氨酸、苏氨酸和蔗糖为原料，模拟咖啡焙炒条件建立反应体系。在该模拟反应体系中鉴定了350种杂环类化合物和120种吡嗪类化合物，其中65种化合物是烷基吡嗪类化合物、烯基吡嗪类化合物和酰基吡嗪类化合物。因为罗伯斯塔生咖啡中游离氨基酸含量比阿拉比卡的高，焙炒后罗伯斯塔生咖啡中吡嗪类化合物含量也比阿拉比卡的高（Silwar & Lullmann，1993）。

（3）酮类化合物与胺类化合物发生缩合反应生成。例如，α－二酮与α－二胺进行缩合反应后，再在亚铬酸铜催化作用下脱氢形成2，3－二烷基吡嗪（Flament & Stoll，1967）。

（4）碱性烯糖醇解溶液在高温条件下氧化形成。例如，碱性乙烯糖醇解溶液在140 ℃～190 ℃氧化形成2，3－二烷基吡嗪（Nakatani & Yanatori，1973）。

第十六节　胺类化合物与含氮化合物

一、咖啡风味中胺类化合物与含氮化合物的发现

胺类化合物是渔业产品与奶酪的特征性成分，胺类化合物被认为是咖啡不需要的腐败产物。但是，胺类化合物在酒、水果、蔬菜和谷物等食品风味中起着十分重要的作用。目前，已经在咖啡挥发性香气成分中鉴定出少量低分子胺类化合物。例如，在焙炒咖啡挥发性香气成分中鉴定了甲胺、氨和三甲胺（Jaeckle，1898）。

1963年，Merritt 等首次在咖啡挥发性香气成分中鉴定出腈类化合物。

1977年，Vitzthum 首次在生咖啡豆中发现了苯胺及其同族体等芳香胺、甲基氨基苯甲酸酯。Amorim 等（1977）在生咖啡豆挥发性香气成分中分离鉴定出三种多胺化合物：腐胺、亚精胺与精胺；在浅度焙炒咖啡挥发性香气成分中鉴定出腐胺。研究结果表明：亚精胺与精胺在咖啡焙炒过程中会发生降解。

二、咖啡风味中胺类化合物与含氮化合物的形成机理

咖啡风味中胺类化合物与含氮化合物的形成途径主要有三条：

（1）氨基酸高温分解产生。例如，含硫氨基酸高温分解产生氨与多种烷基氨化合物、烯基氨化合物（Fujimaki et al.，1969）。

（2）含醛或酮官能团的糖类化合物与氨、胺反应产生。在咖啡焙炒过程中，含醛或酮官能团的糖类化合物与氨、胺反应产生大量降解产物，形成醛亚胺、酮亚胺与含氮杂环化合物。

（3）醛类化合物与氨基酸反应形成胺类化合物。例如，糠醛与氨基酸进行缩合反应，再通过 Schiff Base 水解分裂反应形成胺类化合物。咖啡豆中含有适量的维生素 C 有助于抑制咖啡挥发性香气成分中亚硝胺的形成（Baltes，1979）。

三、咖啡挥发性香气成分中胺类化合物与含氮化合物的种类

到目前为止，研究发现咖啡挥发性香气成分中胺类化合物与含氮化合物共32种，生咖啡特有胺类化合物与含氮化合物8种（表8－42），焙炒咖啡特有胺类化合物与含氮化

合物共20种（表8-43），生咖啡与焙炒咖啡共有的胺类化合物与含氮化合物共4种（表8-44）。

表8-42　生咖啡特有胺类化合物与含氮化合物

序号	名称	CAS号	分子式	结构式
1	亚精胺	124-20-9	$C_7H_{19}N_3$	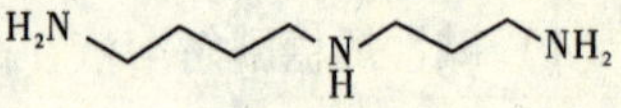
2	精胺	71-44-3	$C_{10}H_{26}N_4$	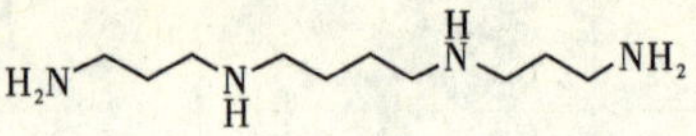
3	N-甲基苯胺	100-61-8	C_7H_9N	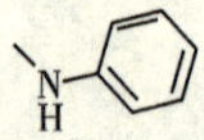
4	N-乙基苯胺	103-69-5	$C_8H_{11}N$	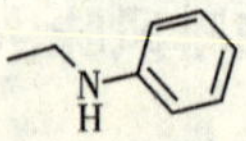
5	邻甲苯胺	95-53-4	C_7H_9N	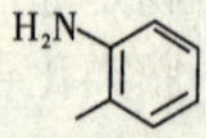
6	3-茴香胺	536-90-3	C_7H_9NO	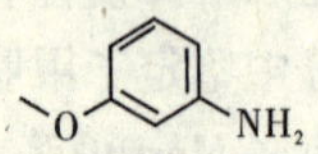
7	间氨基苯乙酮	99-03-6	C_8H_9NO	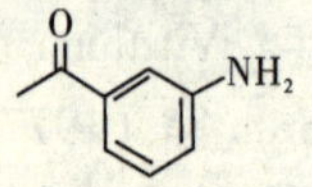
8	氨茴酸甲酯	134-20-3	$C_8H_9NO_2$	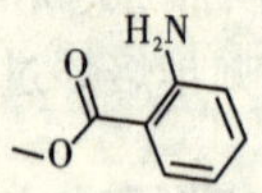

表8-43　焙炒咖啡特有胺类化合物与含氮化合物

序号	名称	CAS号	分子式	结构式
1	氨	7664-41-7	NH_3	NH_3
2	甲胺	74-89-5	CH_5N	H_2N—
3	乙胺	75-04-7	C_2H_7N	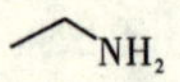
4	正戊胺	110-58-7	$C_5H_{13}N$	
5	异丁胺	78-81-9	$C_4H_{11}N$	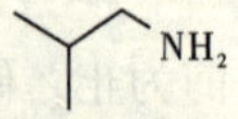

（续上表）

序号	名称	CAS号	分子式	结构式
6	异戊胺	107－85－7	$C_5H_{13}N$	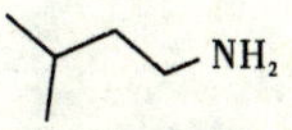
7	二甲胺	124－40－3	C_2H_7N	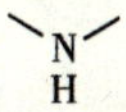
8	N－乙基甲胺	624－78－2	C_3H_9N	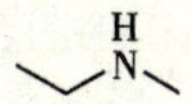
9	均三甲苯二胺	3102－70－3	$C_9H_{14}N_2$	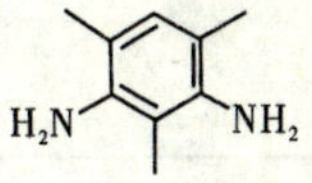
10	邻甲氧基苯胺	90－04－0	C_7H_9NO	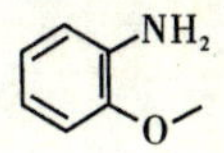
11	N－甲基苄胺	103－67－3	$C_8H_{11}N$	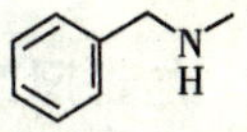
12	乙腈	75－05－8	C_2H_3N	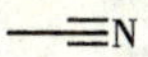
13	丙烯腈	107－13－1	C_3H_3N	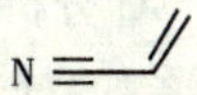
14	3－丁烯腈	109－75－1	C_4H_5N	
15	2－亚氨－氰基－1－环戊烷	2321－76－8	$C_6H_8N_2$	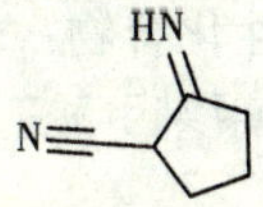
16	丁醛肟	110－69－0	C_4H_9NO	
17	吗啡啉	110－91－8	C_4H_9NO	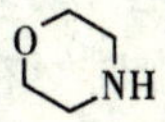
18	嘧啶	289－95－2	$C_4H_4N_2$	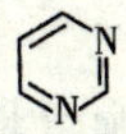
19	2－甲基嘧啶	5053－43－0	$C_5H_6N_2$	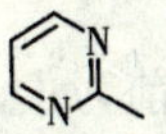
20	1，2，4－三氮杂苯	290－38－0	$C_3H_3N_3$	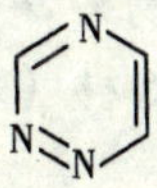

表 8 - 44　生咖啡与焙炒咖啡共有胺类化合物与含氮化合物

序号	名称	CAS 号	分子式	结构式
1	正丙胺	107 - 10 - 8	C_3H_9N	
2	三甲胺	75 - 50 - 3	C_3H_9N	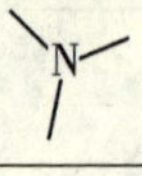
3	1，4 - 丁二胺	110 - 60 - 1	$C_4H_{12}N_2$	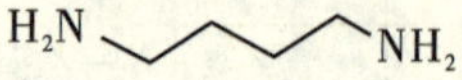
4	苯胺	62 - 53 - 3	C_6H_7N	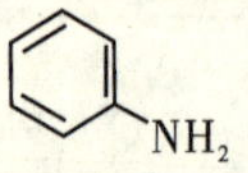

第十七节　含硫化合物

一、咖啡风味中含硫化合物的发现历程

1926 年，Reichstein 和 Staudinger 首次在咖啡挥发性香气成分中发现含硫化合物。

1978 年，Nurok 等以阿拉比卡和罗伯斯塔焙炒咖啡、咖啡油、咖啡饮料为研究对象，使用顶空 GC 分析含硫化合物，研究结果表明：不同品种咖啡挥发性香气成分中含硫化合物差异显著，罗伯斯塔咖啡中含硫化合物的含量是阿拉比卡咖啡的 20 多倍。这种差别导致在阿拉比卡咖啡品种中即使混入 1% 的罗伯斯塔咖啡品种，也能检测出来。

1992 年，Holscher 等通过同时蒸馏萃取，GC - O 分析咖啡挥发性香气成分，鉴定出三种特征性化合物：3 - 甲基 - 2 - 丁烯 - 1 - 硫醇、3 - 巯基 - 3 - 甲基 - 1 - 丁醇、3 - 巯基 - 3 - 甲基甲酸丁酯。

二、咖啡风味中含硫化合物的形成途径

含硫化合物对焙炒咖啡的风味起着重要作用。咖啡风味中含硫化合物的形成途径有三条：①生咖啡豆在植物自然生长代谢过程中形成；②咖啡焙炒过程中形成；③在咖啡保存期间形成。

三、咖啡挥发性香气成分中含硫化合物的种类

到目前为止，研究发现咖啡挥发性香气成分中含硫化合物共 30 种，焙炒咖啡特有的含硫化合物共 24 种（表 8 - 45），共同存在于生咖啡与焙炒咖啡挥发性香气成分中的含硫化合物共 6 种（表 8 - 46）。

表 8－45　焙炒咖啡特有含硫化合物

序号	名称	CAS 号	分子式	结构式
1	乙硫醇	75－08－1	C_2H_6S	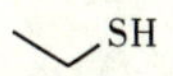
2	丙硫醇	107－03－9	C_3H_8S	
3	2－甲基－1－丁硫醇	1878－18－8	$C_5H_{12}S$	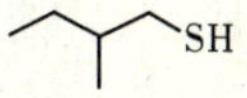
4	3－甲基－1－丁硫醇	541－31－1	$C_5H_{12}S$	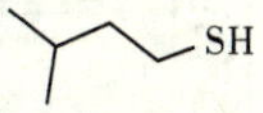
5	2－丙基硫醇	75－33－2	C_3H_8S	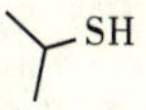
6	2－戊硫醇	2084－19－7	$C_5H_{12}S$	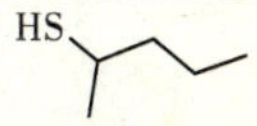
7	叔丁基硫醇	75－66－1	$C_4H_{10}S$	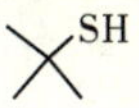
8	异戊烯基硫醇	5287－45－6	$C_5H_{10}S$	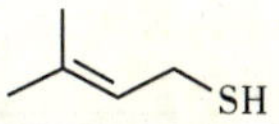
9	甲基乙基硫醚	624－89－5	C_3H_8S	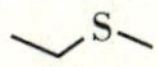
10	乙硫醚	352－93－2	$C_4H_{10}S$	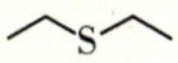
11	二甲基二硫	624－92－0	$C_2H_6S_2$	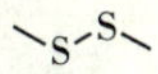
12	乙基甲基二硫醚	20333－39－5	$C_3H_8S_2$	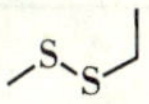
13	乙基二硫醚	110－81－6	$C_4H_{10}S_2$	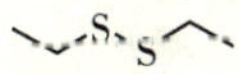
14	二甲基三硫	3658－80－8	$C_2H_6S_3$	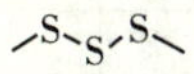
15	3－巯基－3－甲基－1－丁醇	34300－94－2	$C_5H_{12}OS$	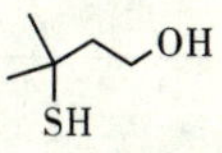
16	3－甲硫基丙醇	505－10－2	$C_4H_{10}OS$	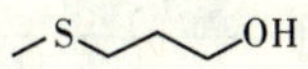
17	1－甲硫基－2－丁酮	13678－58－5	$C_5H_{10}OS$	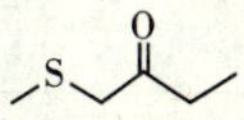
18	硫代乙酸甲酯	1534－08－3	C_3H_6OS	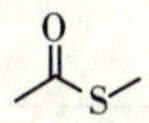
19	茴香硫醚	100－68－5	C_7H_8S	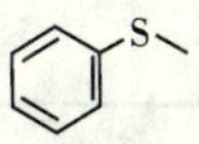

（续上表）

序号	名称	CAS 号	分子式	结构式
20	2-羟基茴香硫醚	1073-29-6	C_7H_8OS	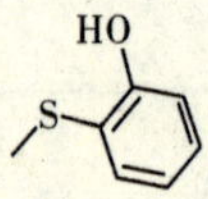
21	3，3-二甲基-1，2-二硫戊环	58384-57-9	$C_5H_{10}S_2$	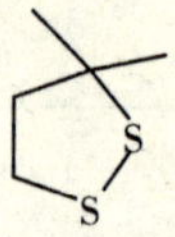
22	3，3-二甲基-1，2-二硫戊环-4-酮	62738-29-8	$C_5H_8S_2O$	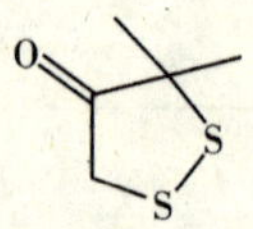
23	二甲基亚砜	67-68-5	C_2H_6OS	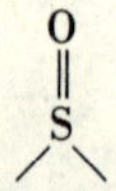
24	二甲基砜	67-71-0	$C_2H_6O_2S$	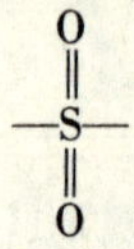

表 8-46　生咖啡与焙炒咖啡共有含硫化合物

序号	名称	CAS 号	分子式	结构式
1	硫化氢	7783-06-4	H_2S	SH_2
2	甲硫醇	74-93-1	CH_4S	HS—
3	二甲基硫	75-18-3	C_2H_6S	
4	3-甲硫基丙醛	3268-49-3	C_4H_8OS	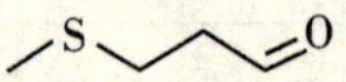
5	二氧化硫	7446-09-5	SO_2	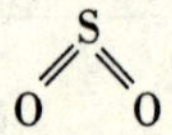
6	二硫化碳	75-15-0	CS_2	CS_2

参考文献

中文部分

[1] 蔡瑞玲，韩英素，赵晋府等．焙炒条件对咖啡风味影响的研究．饮料工业，2004（6）．

[2] 陈祎平，梁振益，林尤全等．咖啡油香气成分的初步分析．食品科学，2004（11）．

[3] 陈祎平，林昭华，梁振益等．咖啡渣油脂的提取及其脂肪酸组成研究．食品科技，2006（12）．

[4] 伍颜贞，黎仕钊．确定焙炒咖啡最佳工艺条件的初步研究——核磁共振技术的应用．热带作物科技，1992（3）．

[5] 丁耐克．食品风味化学．北京：中国轻工业出版社，1996．

[6] 高碧华．品味咖啡．北京：中国宇航出版社，2003．

[7] 黄家雄．小粒种咖啡标准化生产技术．北京：金盾出版社，2009．

[8] [日] 田口护．咖啡品鉴大全．书锦缘译．沈阳：辽宁科学技术出版社，2009．

[9] [英] 索恩．咖啡鉴赏手册．杨树译．上海：上海科学技术出版社，2000．

英文部分

[1] Baltes W., Bochmann G. Model Reactions on Roast Aroma Formation. *Journal of Agricultural and Food Chemistry*, 1987（3）.

[2] Bertrand B., Boulanger R., Dussert S., et al. Climatic Factors Directly Impact the Volatile Organic Compound Fingerprint in Green Arabica Coffee Bean as Well as Coffee Beverage Quality. *Food Chemistry*, 2012（4）.

[3] Bicchi C., Iori C., Rubiolo P., et al. Headspace Sorptive Extraction（HSSE）, Stir Bar Sorptive Extraction（SBSE）, and Solid Phase Microextraction（SPME）Applied to the Analysis of Roasted Arabica Coffee and Coffee Brew. *Journal of Agricultural and Food Chemistry*, 2002（3）.

[4] Bonnländer B., Cappuccio R., Liverani F. S., et al. Analysis of Enantiomeric Linalool Ratio in Green and Roasted Coffee. *Flavour and Fragrance Journal*, 2006（4）.

[5] Buffo R. A., Cardelli F. C. Coffee Flavour: an Overview. *Flavour and Fragrance Journal*, 2004（2）.

[6] Bungert K., Eichner K. Radical Scavenging and Antioxidative Properties of Phenolic

Compounds in Relation to Their Chemical Structure. *American Chemical Society*, 2000.

[7] Cantergiani E., Brevard H., Krebs Y., et al. Characterisation of the Aroma of Green Mexican Coffee and Identification of Mouldy/Earthy Defect. *European Food Research and Technology*, 2001 (6).

[8] Cardelli C., Labuza T. P. Application of Weibull Hazard Analysis to the Determination of the Shelf Life of Roasted and Ground Coffee. *LWT—Food Science and Technology*, 2001 (5).

[9] Chaintreau A. Simultaneous Distillation-Extraction: from Birth to Maturity—Review. *Flavour and Fragrance Journal*, 2001 (2).

[10] Clarke R., Vitzthum O. G. Coffee: Recent Developments. *John Wiley & Sons*, 2008.

[11] Clifford M. N. The Composition of Green and Roasted Coffee Beans. *Process Biochemistry*, 1975.

[12] Czerny M., Grosch W. Potent Odorants of Raw Arabica Coffee. Their Changes During Roasting. *Journal of Agricultural and Food Chemistry*, 2000 (3).

[13] De Maria C. A. B., Trugo L. C., Neto F. R., et al. Composition of Green Coffee Water-Soluble Fractions and Identification of Volatiles Formed During Roasting. *Food Chemistry*, 1996 (3).

[14] De Azevedo A. B. A., Mazzafera P., Mohamed R. S., et al. Extraction of Caffeine, Chlorogenic Acids and Lipids from Green Coffee Beans Using Supercritical Carbon Dioxide and Co-solvents. *Brazilian Journal of Chemical Engineering*, 2008 (3).

[15] Dimick K. P., Corse J. Gas Chromatography—A New Method for the Separation and Identification of Volatile Materials in Foods. *Food Technology*, 1956 (10).

[16] Farah A., De Paulis T., Trugo L. C., et al. Effect of Roasting on the Formation of Chlorogenic Acid Lactones in Coffee. *Journal of Agricultural and Food Chemistry*, 2005 (5).

[17] Flament I., Bessière-Thomas Y. *Coffee Flavor Chemistry Chichester: Wiley*, 2002.

[18] Franca A. S., Mendonça J. C. F., Oliveira S. D. Composition of Green and Roasted Coffees of Different Cup Qualities. *LWT—Food Science and Technology*, 2005 (7).

[19] Frega N., Bocci F., Lercker G. High Resolution Gas Chromatographic Method for Determination of Robusta Coffee in Commercial Blends. *Journal of High Resolution Chromatography*, 1994 (5).

[20] Ginz M., Engelhardt U. H. Identification of Proline-Based Diketopiperazines in Roasted Coffee. *Journal of Agricultural and Food Chemistry*, 2000 (8).

[21] Ginz M., Balzer H. H., Bradbury A. G. W., et al. Formation of Aliphatic Acids by Carbohydrate Degradation During Roasting of Coffee. *European Food Research and Technology*, 2000 (6).

[22] Grosch W. Key Odorants of Roasted Coffee: Evaluation, Release, Formation. *Colloque Scientifique International sur le Cafe*, 1999.

[23] Grosch W., Mayer F. Release of Odorants from Roasted Coffee. *American Chemical Society*, 2000.

[24] Gianturco M. A., Friedel P., Giammarino A. S. The Volatile Constituents of Coffee Ⅲ: The Structures of Two Heterocyclic Compounds and the Synthesis of Atetrahydrofuranones. *Tetrahedron*, 1964 (7).

[25] Hofmann T. 4 - Alkylidene - 2 - imino - 5 - [4 - alkylidene - 5 - oxo - 1, 3 - imidazol - 2 - intl] aza - ethylidene - 1, 3 - imidazolidone: A Novel Colored Substructure in Melanoidin Formed by Maillard Reactions of Bound Arginine with Glyoxal and Furan - 2 - Carboxaldehyde. *Journal of Agricultural and Food Chemistry*, 1998 (10).

[26] Huck C. W., Guggenbichler W., Bonn G. K. Analysis of Caffeine, Theobromine and Theophylline in Coffee by Near Infrared Spectroscopy (NIRS) Compared to High-Performance Liquid Chromatography (HPLC) Coupled to Mass Spectrometry. *Analytica Chimica Acta*, 2005 (1).

[27] Hughes W. J., Thorpe T. M. Determination of Organic Acids and Sucrose in Roasted Coffee by Capillary Gas Chromatography. *Journal of Food Science*, 1987 (4).

[28] Hwang C. F., Chen C. C., Ho C. T. Contribution of Coffee Proteins to Roasted Coffee Volatiles in a Model System. *International Journal of Food Science & Technology*, 2012 (10).

[29] Ismail I., Anuar M. S., Shamsudin R. Effect on the Physico-Chemical Properties of Liberica Green Coffee Beans under Ambient Storage. *International Food Research Journal*, 2013 (1).

[30] Kamm W., Dionisi F., Fay L. B., et al. Rapid and Simultaneous Analysis of 16 - O - methylcafestol and Sterols as Markers for Assessment of Green Coffee Bean Authenticity by On-Line LC - GC. *Journal of the American Oil Chemists' Society*, 2002 (11).

[31] Kataoka H., Lord H. L., Pawliszyn J. Applications of Solid-Phase Microextraction in Food Analysis. *Journal of Chromatography A*, 2000 (1).

[32] Kölling - Speer I. A New Method for the Determination of 16 - O - Methylcafestol in Roasted Coffee. *Colloque Scientifique International sur le Café*, 1999.

[33] Kölling - Speer I., Kurt A., Speer K. Cafestol an Dehydrocafestol in Roasted Coffee. *Association Scientifique International*, 1997.

[34] Kölling - Speer I., Strohschneider S., Speer K. Determination of Free Diterpenes in Green and Roasted Coffees. *Journal of High Resolution Chromatography*, 1999 (1).

[35] Kumar R., Bhondekar A. P., Kaur R., et al. A Simple Electronic Tongue. *Sensors and Actuators B: Chemical*, 2012.

[36] Ky C. L., Louarn J., Dussert S., et al. Caffeine, Trigonelline, Chlorogenic Acids and Sucrose Diversity in Wild Coffea Arabica L. and C. Canephora P. Accessions. *Food Chemistry*, 2001 (2).

[37] Perez Locas C., Yaylayan V. A. Origin and Mechanistic Pathways of Formation of the Parent Furan a Food Toxicant. *Journal of Agricultural and Food Chemistry*, 2004 (22).

[38] Ludwig I. A., Bravo J., De Peña M. P., et al. Effect of Sugar Addition (Torrefacto) During Roasting Process on Antioxidant Capacity and Phenolics of Coffee. *LWT—Food Science and*

Technology, 2013 (2).

[38] Maeztu L. , Sanz C. , Andueza S. , et al. Characterization of Espresso Coffee Aroma by Static Headspace GC-MS and Sensory Flavor Profile. *Journal of Agricultural and Food Chemistry*, 2001 (11).

[39] Marin K. , Požrl T. , Zlatić E. , et al. A New Aroma Index to Determine the Aroma Quality of Roasted and Ground Coffee During Storage. *Food Technology and Biotechnology*, 2008 (4).

[40] Mathieu F. , Malosse C. , Frérot B. Identification of the Volatile Components Released by Fresh Coffee Berries at Different Stages of Ripeness. *Journal of Agricultural and Food Chemistry*, 1998 (3).

[41] Mayer F. , Czerny M. , Grosch W. Influence of Provenance and Roast Degree on the Composition of Potent Odorants in Arabica Coffees. *European Food Research and Technology*, 1999 (3-4).

[42] Mayer F. , Czerny M. , Grosch W. Sensory Study of the Character Impact Aroma Compounds of a Coffee Beverage. *European Food Research and Technology*, 2000 (4).

[43] Mills C. E. , Oruna C. M. J. , Mottram D. S. , et al. The Effect of Processing on Chlorogenic Acid Content of Commercially Available Coffee. *Food Chemistry*, 2013 (4).

[44] Murkovic M. , Derler K. Analysis of Amino Acids and Carbohydrates in Green Coffee. *Journal of Biochemical and Biophysical Methods*, 2006 (1).

[45] Nie S. , Huang J. , Hu J. , et al. Effect of pH, Temperature and Heating Time on the Formation of Furan in Sugar - Glycine Model Systems. *Food Science and Human Wellness*, 2013 (2).

[46] Pardo M. , Niederjaufner G. , Benussi G. , et al. Data Preprocessing Enhances the Classification of Different Brands of Espresso Coffee with an Electronic Nose. *Sensors and Actuators B: Chemical*, 2000 (3).

[47] Perez Locas C. Perrone D. , Donangelo C. M. , Farah A. Fast Simultaneous Analysis of Caffeine, Trigonelline, Nicotinic Acid and Sucrose in Coffee by Liquid Chromatography-Mass Spectrometry. *Food Chemistry*, 2008 (4).

[48] Pham N. M. , Nanri. A, Kurotani K. , et al. Green Tea and Coffee Consumption is Inversely Associated with Depressive Symptoms in a Japanese Working Population. *Public Health Nutrition*, 2013.

[49] Prodolliet J. , Bruelhart M. , Lador F. , et al. Determination of Free and Total Carbohydrate Profile in Soluble Coffee. *Journal of AOAC International*, 1994 (3).

[50] Ramos E. , Valero E. , Ibáñez E. , et al. Obtention of a Brewed Coffee Aroma Extract by an Optimized Supercritical CO_2—Based Process. *Journal of Agricultural and Food Chemistry*, 1998 (10).

[51] Redgwell R. J. , Trovato V. , Curti D. , et al. Effect of Roasting on Degradation and Structural Features of Polysaccharides in Arabica Coffee Beans. *Carbohydrate Research*, 2002 (5).

[52] Rhoades J. W. Sampling Method for Analysis of Coffee Volatiles by Gas Chromatography. *Journal of Food Science*, 1958 (3).

[53] Rhoades J. W. Coffee Volatiles, Analysis of the Volatile Constituents of Coffee. *Journal of Agricultural and Food Chemistry*, 1960 (2).

[54] Riul Jr A., Dantas C. A. R., Miyazaki C. M., et al. Recent Advances in Electronic Tongues. *Analyst*, 2010 (10).

[55] Rizzi G. P., Sanders R. A. Mechanism of Pyridine Formation from Trigonelline under Coffee Roasting Conditions. *Special Publications of the Royal Society of Chemistry*, 1996.

[56] Rodríguez J., Durán C., Reyes A. Electronic Nose for Quality Control of Colombian Coffee Through the Detection of Defects in "Cup Tests". *Sensors*, 2009 (1).

[57] Schenker S., Handschin S., Frey B., et al. Pore Structure of Coffee Beans Affected by Roasting Conditions. *Journal of Food Science*, 2000 (3).

[58] Semmelroch P., Grosch W. Analysis of Roasted Coffee Powders and Brews by Gas Chromatography-Olfactometry of Headspace Samples. *LWT—Food Science and Technology*, 1995 (3).

[59] Semmelroch P., Grosch W. Studies on Character Impact Odorants of Coffee Brews. *Journal of Agricultural and Food Chemistry*, 1996 (2).

[60] Tressl R., Silwar R. Investigation of Sulfur-Containing Components in Roasted Coffee. *Journal of Agricultural and Food Chemistry*, 1981 (5).

[61] Vitzthum O. G., Werkhoff P. Cycloalkapyrazines in Coffee Aroma. *Journal of Agricultural and Food Chemistry*, 1975 (3).

[62] Yeretzian C., Jordan A., Badoud R., et al. From the Green Bean to the Cup of Coffee: Lnvestigating Coffee Roasting by On-Line Monitoring of Volatiles. *European Food Research and Technology*, 2002 (2).